X-FAB MEMS Foundry GmbH
Haarbergstr. 67
99097 Erfurt

Herbert Reichl (Hrsg.)

Direktmontage

Springer-Verlag Berlin Heidelberg GmbH

Herbert Reichl (Hrsg.)

Direktmontage

Handbuch über die Verarbeitung ungehäuster ICs

Mit 218 Abbildungen

Prof. Dr. HERBERT REICHL
Fraunhofer Institut für Zuverlässigkeit
und Mikrointegration
Gustav-Meyer-Allee 25
13355 Berlin

ISBN 978-3-642-63775-9

Die Deutsche Bibliothek - CIP Einheitsaufnahme
Direktmontage: Handbuch für die Verarbeitung ungehäuster ICs / Hrsg.: Herbert Reichl. - Berlin;
Heidelberg; New York; Barcelona; Budapest; Hongkong; London; Mailand; Paris; Santa Clara;
Singapur; Tokio: Springer, 1998
ISBN 978-3-642-63775-9   ISBN 978-3-642-58884-6 (eBook)
DOI 10.1007/978-3-642-58884-6

Dieses Werk ist urheberrechtlich geschützt. Die dadurch begründeten Rechte, insbesondere die der
Übersetzung, des Nachdrucks, des Vortrags, der Entnahme von Abbildungen und Tabellen, der
Funksendung, der Mikroverfilmung oder Vervielfältigung auf anderen Wegen und der Speicherung
in Datenverarbeitungsanlagen, bleiben, auch bei nur auszugsweiser Verwertung, vorbehalten. Eine
Vervielfältigung dieses Werkes oder von Teilen dieses Werkes ist auch im Einzelfall nur in den
Grenzen der gesetzlichen Bestimmungen des Urheberrechtsgesetzes der Bundesrepublik Deutschland vom 9. September 1965 in der jeweils geltenden Fassung zulässig. Sie ist grundsätzlich
vergütungspflichtig. Zuwiderhandlungen unterliegen den Strafbestimmungen des Urheberrechtsgesetzes.

© Springer-Verlag Berlin Heidelberg 1998
Ursprünglich erschienen bei Springer-Verlag Berlin Heidelberg New York 1998
Softcover reprint of the hardcover 1st edition 1998

Die Wiedergabe von Gebrauchsnamen, Handelsnamen, Warenbezeichnungen usw. in diesem Buch
berechtigt auch ohne besondere Kennzeichnung nicht zu der Annahme, daß solche Namen im Sinne
der Warenzeichen- und Markenschutz-Gesetzgebung als frei zu betrachten wären und daher von
jedermann benutzt werden dürften.

Sollte in diesem Werk direkt oder indirekt auf Gesetze, Vorschriften oder Richtlinien (z.B. DIN, VDI,
VDE) Bezug genommen oder aus ihnen zitiert worden sein, so kann der Verlag keine Gewähr für die
Richtigkeit, Vollständigkeit oder Aktualität übernehmen. Es empfiehlt sich, gegebenenfalls für die
eigenen Arbeiten die vollständigen Vorschriften oder Richtlinien in der jeweils gültigen Fassung
hinzuzuziehen.

Einbandentwurf: Struve & Partner, Heidelberg
Satz: Camera ready Vorlage durch Autoren
SPIN: 10573160   62/3020 - 5 4 3 2 1 0 - Gedruckt auf säurefreiem Papier

Vorwort

Der Trend der Entwicklung der Mikroelektronik eröffnet neue Anwendungsmöglichkeiten im Bereich der Mobilkommunikation, Kfz-Technik, Meß- und Automatisierungstechnik und Medizin. Durch die Leistungsfähigkeit der Speicher und Prozessoren können ganze Systeme mit einem einzigen oder nur wenigen Chips realisiert werden. Zukünftig wird es möglich, über alternative Dateneingabeprinzipien (Sprache, Bild) auch kleinsten Systemen, die drahtlos mit Datennetzen verbunden sind, Informationen zuzuführen. Dies ist ein Grund, Systeme noch kleiner herzustellen, um den Forderungen der Mobilkommunikation Rechnung tragen zu können.

Für die Realisierung solch kleiner Produkte werden Systemintegrationsverfahren benötigt, die erlauben, diese Produkte mit extremer Miniaturisierung bei kleinstem Gewicht und größtmöglicher Zuverlässigkeit herzustellen. Mit der Direktmontage ungehäuster Halbleiter auf Substraten (z.B. COB, COF, MCM, CSP) wird diese Forderung erfüllt und eine neue Qualität in der Aufbau- und Verbindungstechnik (Systemintegration, Packaging) eingeführt.

Der Fachausschuß 4.9., Aufbau- und Verbindungstechnik der VDE/VDI-Gesellschaft Mikroelektronik, Mikro- und Feinwerktechnik (GMM) hat sich entschlossen, die derzeit verfügbaren Ergebnisse aus den verschiedenen Technologiebereichen der Direktmontage ungehäuster Halbleiter zusammenzutragen und sie in Form eines Handbuches zu veröffentlichen.

Durch die Zusammenarbeit von Mitgliedern aus der Industrie und Wissenschaft konnten Neuentwicklungen frühzeitig aufgezeigt und gleichzeitig deren Umsetzung und Anwendbarkeit kritisch beurteilt werden. Neben den rein technischen Fragestellungen werden auch wirtschaftliche Überlegungen im vorliegenden Handbuch angesprochen. Weiterhin wird der Versuch einer Bewertung der einzelnen Verfahren unternommen und damit eine Hilfestellung zur Auswahl von entsprechenden Technologien gegeben.

Ich möchte mich im Namen der GMM bei allen Fachausschußmitgliedern und Autoren recht herzlich bedanken. Ich danke auch den Mitgliedern des Fachausschusses, die sich an der redaktionellen Arbeit beteiligt haben. Mein besonderer Dank gilt Frau Dr. Simsek für die Zusammenfassung der Beiträge und für ihr überaus großes Engagement.

Insgesamt bin ich beeindruckt, in welch relativ kurzer Zeit es möglich war, dieses Handbuch zu erstellen.

Herbert Reichl
Fraunhofer Institut für Zuverlässigkeit und Mikrointegration
Mitglied des Vorstandes der GMM
Leiter des Fachausschusses 4.9

Inhaltsverzeichnis

1 **Einführung**
H.-J. Hacke 1

2 **Chip und Chippräparation**
   2.1 Problematik der Nacktchipmontage
   H.-J. Hacke 5
   2.2 Waferausführung
   J. Wolf, H. Reichl 8
      2.2.1 Charakterisierung der Siliziumwafer 8
      2.2.2 Spezifikation von Silizium-Wafern.................................. 9
      2.2.3 Metallisierungsschichten... 11
      2.2.4 Passivierungsschichten 13
      2.2.5 Designrichtlinien für Bondpads 15
   2.3 Methoden der Bumperzeugung.. 17
      2.3.1 Bumping unter Verwendung von umschmelzbaren
            Metallen/Legierungen
            C. Wenzel, E. Meusel 18
            2.3.1.1 Technologievarianten 18
            2.3.1.2 Fotolithografie für die Bumperzeugung 22
            2.3.1.3 Abscheidung und Strukturierung der
                    Unterbumpmetallisierung.................................... 25
            2.3.1.4 Galvanische Bumperzeugung 30
            2.3.1.5 Die vakuumtechnische Lotabscheidung............. 40
            2.3.1.6 Lottransfer Verfahren
            J. Wolf, H. Reichl 45
            2.3.1.7 Lotbumperstellung durch Drahtbonden
            E. Jung, H. Reichl 48
            2.3.1.8 Bumping durch Plazieren von Lotkugeln und
                    Aufschmelzen mit einem Laserpuls
            G. Azdasht, H. Reichl 53
            2.3.1.9 Bumperzeugung durch Schablonendruck
            E. Reese, J. Kloeser 55
      2.3.2 Bumping mit nicht umschmelzbaren Metallen/Metallsystemen... 63
            2.3.2.1 Bumping mittels stromloser Metallabscheidung
            A. Ostmann, H. Reichl 63

2.3.2.2 Bumping mit nicht umschmelzbaren Metallen
L. Dietrich, G. Engelmann, J. Wolf, O. Ehrmann, H. Reichl 67
2.3.2.3 Bumpherstellung durch Drahtbonden
E. Jung, H. Reichl 79
2.3.3 Bumps auf Polymerbasis
R. Aschenbrenner, H. Reichl 83
2.3.4 Spezielle Bumptechnologien für III/V-Halbleiter
H. Richter 87
2.4 Zusammenfassende qualitative Bewertung der Methoden
H. Richter 90
2.5 Firmen/Institute mit Bumping Serviceleistungen 92

3 Montage- und Kontaktiertechnologien

3.1 Drahtkontaktierung (Chip and Wire)
K. D. Lang, F. Rudolf, K.-H. Segsa 95
   3.1.1 Verfahrenscharakteristika 96
   3.1.2 Chipbeschaffenheit und Lieferform 98
   3.1.3 Anforderungen an das Verdrahtungssubstrat 98
   3.1.4 Chipbefestigung (Die-Bonden) 102
       3.1.4.1 Löten 103
       3.1.4.2 Eutektisches Legieren 103
       3.1.4.3 Kleben
       W. Keller, K.-H. Segsa 103
   3.1.5 Drahtbondverfahren
   K. D. Lang, F. Rudolf, K.-H. Segsa 109
       3.1.5.1 Charakteristische Drähte 109
       3.1.5.2 Ultraschallverfahren 111
       3.1.5.3 Thermosonicbonden 114
       3.1.5.4 Bondgeräte 116
   3.1.6 Reparaturmöglichkeiten 120
   3.1.7 Umhüllung 121
       3.1.7.1 Anforderungen an Umhüllungsmaterialien 121
       3.1.7.2 Glob-Top-Massen, Marktangebot 122
       3.1.7.3 Ausrüstungen 123
       3.1.7.4 Auftrags- und Härtetechnologie / Materialauswahl 124
       3.1.7.5 Zuverlässigkeit 125
   3.1.8 Prüfmethoden 127
   3.1.9 Layoutregeln 133
   3.1.10 Wertung der Gesamttechnologie 136
   3.1.11 Firmen/Institute mit Serviceleistungen 137
3.2 Tape Automated Bonding (TAB)
   3.2.1 Verfahrenscharakteristika
   H.-J. Hacke 141
       3.2.1.1 Höcker 141

3.2.1.2 Spider 142
3.2.1.3 Innenkontaktierung 143
3.2.2 Verwendete Bauelemente und Lieferform 144
3.2.3 Verwendete Verdrahtungselemente 147
3.2.4 Bauelementemontage 149
3.2.5 Reparaturmöglichkeiten
W. Möller 154
3.2.6 Prüfmethoden
R. Leutenbauer, H.Reichl 155
    3.2.6.1 Prüfmethoden der Innenkontaktierung 155
    3.2.6.2 Prüfmethoden der Außenkontaktierung 161
3.2.7 Layoutregeln
A. Simsek, H. Reichl 164
    3.2.7.1 Geometrie des Tapes 164
    3.2.7.2 Entwurfsschritte 165
    3.2.7.3 Film-Format 169
    3.2.7.4 OLB-Fenster 169
    3.2.7.5 Test-Pads 170
    3.2.7.6 Inner-Lead-Bereich 171
    3.2.7.7 Fan-Out-Bereich 172
    3.2.7.8 Galvano-Rahmen 173
    3.2.7.9 Thermomechanische Aspekte 174
3.2.8 Wertende Betrachtung der Gesamttechnologie
H.-J. Hacke 174
3.2.9 Firmen / Institute mit Serviceleistungen
A. Simsek, H. Reichl 177
3.3 Flipchip-Technologie
   3.3.1 Verfahrenscharakteristika
H. Richter 178
   3.3.2 Flipchip-Löten 180
      3.3.2.1 Verwendete Bauelemente und Lieferform 180
      3.3.2.2 Anforderungen an den Schaltungsträger 181
      3.3.2.3 Bauelementemontage 184
      3.3.2.4 Reparaturmöglichkeiten 186
      3.3.2.5 Harzunterfüllung 187
      3.3.2.6 Prüfmethoden 188
      3.3.2.7 Layoutregeln 188
   3.3.3 Alternative Flipchip-Verfahren 191
      3.3.3.1 Thermokompressionsbonden 191
      3.3.3.2 Flip Chip Klebetechnik
R. Aschenbrenner, H. Reichl 193
   3.3.4 Wertende Betrachtung der Gesamttechnologie
H. Richter 203
   3.3.5 Firmen/Institute mit Serviceleistungen 205

4 Modellierung und Simulation von Einbaufällen

4.1 Voraussetzungen für Modellbildung und Simulation
R. Dümcke, H. Reichl 207
- 4.1.1 Ziele 207
- 4.1.2 Methoden 208
- 4.1.3 Voraussetzungen 210
- 4.1.4 Aufwand 211
- 4.1.5 Grenzen der Verfahren 211

4.2 Methoden zur Simulation und Optimierung elektrischer Eigenschaften
A. Simsek, H. Reichl 213
- 4.2.1 Einleitung 213
- 4.2.2 Einflüsse der Chipverbindungen 213
- 4.2.3 Modellierungskonzept 222
- 4.2.4 Analyse und Modellierung 224
- 4.2.5 Vergleich der elektrischen Eigenschaften der Montagetechnologien 226

4.3 Methoden zur Simulation und Optimierung thermischer Eigenschaften
M. Töpfer, A. Kamp, B. Michel, H. Reichl 228
- 4.3.1 Wärmeabfuhr 228
- 4.3.2 Physikalische Grundlagen thermischer Widerstände 229
  - 4.3.2.1 Die Wärmeleitung von Schichten 231
  - 4.3.2.2 Wärmeverteilung mit Hilfe von Wärmespreizern 233
  - 4.3.2.3 Wärmetransport aus dem System 236
- 4.3.3 Thermische Abschätzungen am Beispiel von Single Chip Aufbauten 239
  - 4.3.3.1 Abschätzung eines geklebten Chips 240
- 4.3.4 Thermische Abschätzung eines Flip Chip gebondeten Chips 247

4.4 Methoden zur Simulation und Optimierung mechanischer Eigenschaften
F. Feustel, E. Meusel 255
- 4.4.1 Einleitung 255
- 4.4.2 Methodik 255
- 4.4.3 Darstellung am Beispiel: Kontaktformoptimierung an einem FC-Kontakt 257
- 4.4.4 Hard- und Software-Anforderungen 261

4.5 Bewertung der Zuverlässigkeit an Beispielen
A. Schubert, R. Dudek, B. Michel 262
- 4.5.1 Einführende Bemerkungen 262
- 4.5.2 Simulation thermomechanischer Beanspruchungen 263
  - 4.5.2.1 Relevante Beanspruchungen 263
  - 4.5.2.2 Modellbildung 263
  - 4.5.2.3 Geometriebestimmung 264
  - 4.5.2.4 Charakterisierung der Materialeigenschaften 265
  - 4.5.2.5 Anwendung von Finite-Elemente-Softwaretools 267
- 4.5.3 Beispiel Hybridmodul mit Glob-Top-Abdeckung 269

    4.5.4 Mechanisch-thermische Zuverlässigkeit von Chipkarten 273
        4.5.4.1 Prinzipieller Aufbau von Chipkarten 273
        4.5.4.2 Belastungsanalyse an Chipkarten mittels Finite-
               Elemente-Simulation 275
        4.5.4.3 Lokale Deformationsanalyse an Chipkarten mittels
               MicroDAC-Verfahren im Rasterelektronenmikroskop 279

5 Produktbeispiele aus den Montagetechnologien

H. Kergel 281
  5.1 Elektronischer Schlüssel 281
  5.2 Elektrischer Rasierapparat 283
  5.3 Magnetsensor 285
  5.4 Chipkarten 286
  5.5 Hörgerät 289
  5.6 Computer-Interface 291

6 Vergleich der Eigenschaften der Montagetechnologien

W. Möller, H. Reichl 293
  6.1 Allgemeines 293
  6.2 Anwendungen 294
  6.3 Kosten und Aufwand 295
  6.4 Bewertungskriterien 299
    6.4.1 Elektrische Eigenschaften 299
    6.4.2 Mechanische und thermomechanische Eigenschaften 299
    6.4.3 Thermische Eigenschaften 300
    6.4.4 Ausbeute der Fertigungsverfahren 300
    6.4.5 Langzeit- Zuverlässigkeit 301
  6.5 Tabellarischer Vergleich der Kontaktierungstechniken 303

7 Ausblick auf verwandte Montageverfahren

H. Oppermann, H. Reichl 307
  7.1 Ball Grid-Array 307
    7.1.1 Gehäusetypen 309
        7.1.1.1 Plastik BGA 310
        7.1.1.2 Tape BGA 312
        7.1.1.3 Keramik BGA 313
        7.1.1.4 Metall BGA 314
    7.1.2 Elektrisches Verhalten 315
    7.1.3 Thermisches Verhalten 315
    7.1.4 Herstellung und Verarbeitung 315
        7.1.4.1 Lotkugelbestückung 315
        7.1.4.2 Leiterplattenlayout 316
        7.1.4.3 Lotauftrag 318

Inhaltsverzeichnis

```
                    7.1.4.4  Montage ........................................................... 318
                    7.1.4.5  Koplanarität .................................................... 319
                    7.1.4.6  Lötprozeß ....................................................... 319
                    7.1.4.7  Feuchteaufnahme ........................................... 319
                    7.1.4.8  Zuverlässigkeit ............................................... 320
                    7.1.4.9  Ausbeute ........................................................ 320
                    7.1.4.10 Test und Inspektion ..................................... 321
                    7.1.4.11 Reperaturverfahren ...................................... 321
           7.1.5  Standardisierung ......................................................... 322
                    7.1.5.1  PBGA .............................................................. 322
                    7.1.5.2  TBGA .............................................................. 323
                    7.1.5.3  CBGA/CCGA ................................................ 323
    7.2  Chip Size Package ............................................................................ 323
           7.2.1  Gehäusetypen .............................................................. 324
                    7.2.1.1  Flexible Schaltungsträger ............................... 324
                    7.2.1.2  Starre Schaltungsträger ................................... 325
                    7.2.1.3  Angepaßte Lead-Frames ................................. 326
                    7.2.1.4  Molded CSP .................................................... 326
                    7.2.1.5  Wafer-Level CSP ............................................ 327
                    7.2.1.6  TCP Lead-Frame ............................................. 328
```

Literatur **331**

Autoren **349**

Sachverzeichnis **357**

1 Einführung

In der Aufbau- und Verbindungstechnik (Packaging) beginnen die üblichen Hierarchiestufen bei den Bauelementen, die mit Subsystemen, Leiterplatten und anderen Substraten die Baugruppen bilden, und gehen über zusammenfassende Rückwandverdrahtungen bis hin zum Schrank oder Gerät. Ziel der Entwicklung ist, die Packungsdichte und Funktionsintegration zu erhöhen und damit die Vorteile der Großintegration der Chips auf die weiteren Aufbauebenen eines Gerätes fortzusetzen, um auch dort die Anzahl an Funktionen pro Flächen-, Volumen- oder Gewichtseinheit zu erhöhen.

Die treibenden Faktoren dafür können ganz unterschiedlicher Art sein und reichen von der Leistungssteigerung bei Rechnern und Vermittlungsanlagen über Komfort und Mobilität bei Mobiltelefon, Camcorder, Notebook usw. bis hin zur Lebensqualität bei medizinischen Geräten wie Herzschrittmacher, Hörgeräte oder Insulindosierer.

In jeder der erwähnten Hierarchiestufen gibt es Ansatzpunkte zur Erhöhung der Packungsdichte. So muß mit der Verkleinerung des Anschlußrasters der Bauelemente natürlich eine Strukturverfeinerung auf der Leiterplattenseite einhergehen. Mit höherem Funktionsinhalt muß auch die Verdrahtungsdichte erhöht werden und das geschieht durch intensive Nutzung der Mehrlagentechnik verbunden mit immer besseren Verfahren der photo- und ätztechnischen Strukturerzeugung. Das gilt insbesondere auch bei konsequenter Nutzung der Oberflächenmontage, mit der die beidseitige Bestückung möglich wird und auf deren Gebiet sich eine dynamische Weiterentwicklung abspielt.

Hohe Integration, z.B. bei kundenspezifischen Schaltkreisen (ASICs), läßt die Anschlußzahlen auf der Basis der Rentschen Regel steigen. Diese Steigerung wirkt sich nur teilweise in der Gehäusegröße aus. Vorzugsweise versucht man nämlich, eine Vergrößerung durch Schrumpfung des Anschlußrasters zu umgehen. Auf diese Weise kommen z.B. bei den hochpoligen P-QFP (Plastic Quad Flatpack)-Gehäusen die Anschlußraster unter 0,5 mm, nämlich 0,3 und 0,25 mm zustande. Auch auf dem Speichergebiet ist bei mäßig steigender Anschlußzahl allgemein eine Reduzierung des Anschlußrasters, des Volumens, Gewichts, der Einbaufläche und der Dicke hin zu extrem kleinen und dünnen Bauformen, z.B. den VTSOPs (Very Thin Small Outline Packages) festzustellen, die zum Teil nur noch 0,5 mm dick sind.

All das aber sind gehäuste Bauformen und daher noch mit relativ herkömmlichen Bestückmethoden auf üblichen durchkontaktierten, auch mehrlagigen, Leiterplatten beherrschbar. Das wird zwar für die Masse der Anwendungen auf absehbare Zeit auch so bleiben, aber der Zwang zu weiterer Erhöhung der Packungsdichte, insbesondere bei miniaturisierungsgetriebenen Anwendungen und in der Mikrosystemtechnik, führt zu vermehrter Verwendung gehäuseloser Bauformen für die sogenannte Direktmontage. Wenn auch vielleicht in der Einführungsphase technische Gründe für den Einsatz derartiger Montageverfahren überwiegen, müssen sie zu ihrer weiteren Verbreitung Kostenvorteile erbringen.

Im Rahmen des Handbuchs werden die einzelnen Montagetechnologien skizziert, und es wird der Versuch einer Bewertung unternommen. Unter Technologie in diesem Sinne wird dabei nicht ein Einzelprozeß verstanden, sondern jeweils das ganze System aus Entwurf, verwendeten Bauelementen und Verdrahtungen sowie den notwendigen Verarbeitungs- und Prüfvorgängen, das für die Realisierung angewandt wird. Die eigentliche Halbleiter-Prozeßtechnik bleibt dabei generell außer Betracht. Da die Bauelemente und ihre Montage im wesentlichen diese Technologien bestimmen, wird die Gliederung nach den Montagearten für Bauelemente vorgenommen.

Die Technologie mit dem größten Erfahrungshintergrund ist die heute noch zu etwa 40 % angewandte Einsteckmontage der Bauelemente. Sie wurde überflügelt von der Oberflächenmontage. Beide bedienen sich gekapselter Bauelemente, während bei der Direktmontage, die auch eine Art Oberflächenmontage ist, ungekapselte Bauelemente zu Anwendung kommen. Abbildung 1.1 zeigt den prognostizierten Anteil der verschiedenen Montagearten bezogen auf die Gesamtstückzahl an ICs. Schlüsselt man die Montagearten nach der Anschlußzahl der damit kontaktierten Bauelemente auf, so wird deutlich, daß vorzugsweise höherpolige Bauelemente in Direktmontage kontaktiert werden.

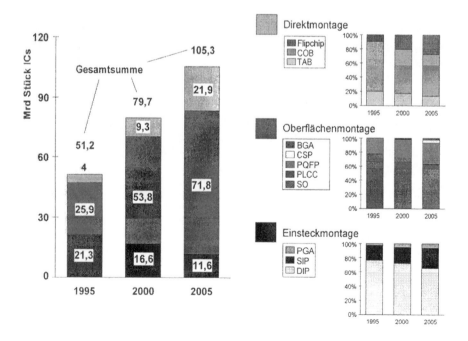

Abb. 1.1. Prognose der Montagearten (nach BPA 96)

1 Einführung

Wie bereits erwähnt, handelt es sich bei der Direktmontage um die Kontaktierung ungekapselter integrierter Schaltungen direkt auf die Verdrahtungsträger. Mit der Direktmontage können heute am ehesten die Forderungen nach hoher Leistungsfähigkeit, Miniaturisierung, Zuverlässigkeit und teilweise auch nach geringeren Kosten erfüllt werden. Betrachtet man den für das Jahr 2000 prognostizierten Anteil direkt montierter ICs von 11 % an der Gesamtstückzahl von etwa 80 Mrd, der überwiegend im Bereich höherer Anschlußzahlen angesiedelt ist, so wird die Bedeutung dieser Technologie in zukünftigen elektronischen Geräten klar. Der erwähnte Anteil verteilt sich zu etwa 60 % auf die Drahtkontaktierung und zu etwa je 20 % auf die TAB- und die Flipchiptechnik, die als eigene Technologien nachfolgend behandelt werden.

Während man bei den bisherigen Montagearten passive und aktive Bauelemente immer gemeinsam betrachtete - man konnte sie auch mit der gleichen Methode kontaktieren - verhält sich das bei der Direktmontage anders. Hier sind zunächst nur die aktiven Bauelemente, also ICs, angesprochen. Alle passiven Bauelemente müssen entweder in einer der anderen Montagearten, in der Regel durch Löten oder Kleben, aufgebracht werden, was in vielen Fällen den problematischen Komplex der Mischbestückung mit sich bringt, oder sie müssen, soweit möglich, in das Verdrahtungssubstrat mit integriert werden.

Die Direktmontage ist besonders effizient im Zusammenhang mit der Multichip-Modultechnik. Hier werden Verdrahtungen in unterschiedlicher Technologie, aber immer für die Montage ungehäuster ICs, eingesetzt. Bei Schaltungen der Typen MCM-C (Mehrlagenkeramik und Dickschichtaufbauten) und MCM-D (Dünnfilmaufbauten), z.T. auch schon bei MCM-L (Leiterplattenaufbauten), ist die Integration gewisser passiver Bauelemente in das Verdrahtungssubstrat möglich. Die IC-Montage kann dann mit bekannten, meist auf einem Substrat einheitlichen Techniken, erfolgen. Im Hinblick auf die Fertigungstechnik ist das bereits ein wesentlicher Beweggrund für die Verwendung von Multichip-Modulen. Weitere sind die Bildung überschaubarer Subsysteme, um mit vertretbarer Ausbeute fertigen zu können und die Möglichkeit der Auskopplung neuer Technologien in der Anfangsphase. Natürlich kommen auf der Anwendungsseite die Gründe höherer Performance und Miniaturisierbarkeit für mehr Komfort, Mobilität usw. hinzu ebenso wie die Möglichkeiten zur Einsparung von Gehäusekosten und Aufwand für Verdrahtungen. All dies sind Gründe, die neben vielen anderen, dem Schlagwort Multichip-Modul und der Direktmontage zunehmendes Interesse verschaffen.

2 Chip und Chippräparation

2.1 Problematik der Nacktchipmontage

Mit der Verarbeitung ungehäuster Integrierter Schaltkreise tut sich für den Verarbeiter ein ganz neuer Problemkreis auf, der ihn bisher nicht berührte. Er erweitert nämlich sein Fertigungsspektrum in Richtung IC-Technologie und begibt sich auf das angestammte Gebiet des Halbleiterherstellers. Dort sind im sogenannten Halbleiter-Backend-Prozeß die Chipmontageverfahren zur Herstellung von Einzelgehäusen angesiedelt, die jetzt direkt für die Montage der Systeme angewandt werden sollen. In Abb. 2.1. ist diese Problematik stichpunktartig dargestellt.

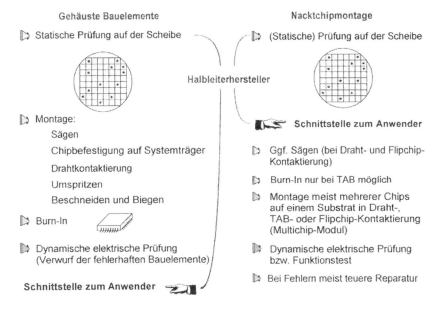

Abb. 2.1. Problematik der Direktmontage

Der übliche Weg beim Halbleiterhersteller führt nach der statischen elektrischen Prüfung auf der Scheibe über das Sägen, die Chipbefestigung auf dem Systemträger, die Drahtkontaktierung, das Umspritzen, Beschneiden und Biegen bis hin zum Burn-In und zur dynamischen elektrischen Endprüfung. Der Anwender erhält ein zu 100 % geprüftes gehäustes Bauelement mit spezifizierten Eigenschaften.

Ganz anders ist die Situation bei der Nacktchipmontage. Hier liegt die Schnittstelle zum Verarbeiter gleich nach der statischen Prüfung auf der Scheibe. Wird nicht der Chip schon als Einzelelement bezogen, beginnt bereits mit dem Sägen der Siliziumscheibe, des Wafers, die Reihe der für den herkömmlichen Verarbeiter ungewohnten Prozesse. Ungewohnt deshalb, weil neue Verfahrenstechnologien auf anderen, meist teueren Maschinen anzuwenden sind, das Personal darauf anzulernen ist und ganz andere Anforderungen an Handhabung und räumliche Bedingungen zu stellen sind als bisher. Bewegt man sich bei der Einsteck- und Oberflächenmontage noch in den gewohnten Bereichen von Lötbarkeit und Montagetoleranz, hat man es nun mit Bondbarkeit und Positionierung im Mikrobereich zu tun.

Während die Drahtkontaktierung keine weitere Präparation des Chips zur Verarbeitung benötigt, ist das für die Flipchip- und TAB-Kontaktierung sehr wohl der Fall. Beide benötigen spezielle Höcker, sogenannte Bumps, und die TAB-Methode braucht zusätzlich eine Montagespinne, in die der Chip vor der Weiterverarbeitung kontaktiert werden muß. Hinzu kommen ganz neue Anforderungen an die Verdrahtungssubstrate hinsichtlich Verdrahtungsdichte und Kompatibilität mit den neuen Montageverfahren.

Es ist also einzusehen, daß die Einführung der Direktmontage allein schon unter diesen Bedingungen nicht leicht ist. Hinzu kommt aber ein Problemkreis, der mit der Bezeichnung „Known Good Die (KGD)" die Forderung nach vollständiger dynamischer Prüfung und Spezifikation auch bei ungekapselten ICs umschreibt. Vergegenwärtigt man sich, daß sich bei Mehrchipanordnungen die Einzelausbeuten der Chips sehr schnell zu einer geringeren Gesamtausbeute multiplizieren, eine Einzelausbeute von 90 % führt z.B. bereits bei fünf Chips zu einer Gesamtausbeute von nur 60 %, bei zehn nur noch zu etwa 35 %, so wird die große Bedeutung dieser Forderung klar. Reparatur kann und darf nicht die Lösung des Problems sein, zumal sie meist technisch sehr aufwendig, wenn nicht sogar unmöglich ist. Sie liegt vielmehr in der Lösung der Prüfprobleme auf der Chipseite und ist zusammen mit sicheren Verarbeitungsprozessen der Schlüssel zu allgemeiner Verbreitung der Montage ungehäuster ICs, insbesondere bei Multichipmodulen.

Die Komplexität wird deutlich, wenn man einige Gegebenheiten des Themas betrachtet. So ist ein KGD wesentlich einfacher und mit weniger Aufwand zu erreichen, wenn es sich um einen IC aus eingefahrenen Prozessen, also um ein reifes Produkt handelt, das bereits mit hoher Ausbeute gefertigt wird. Ganz anders ist es bei Chips, die sich z.B. gerade in der Einführungsphase einer neuen Technologie befinden, mit der Erfahrungskurve gerade beginnen und dementsprechend noch relativ geringe Scheibenausbeuten haben. Auch können die Fehlerraten „reifer" ICs sehr viel niedriger liegen als die „neuer" ICs. KGD wird nicht nur durch die elektrische Prüfung unter Einsatz- oder verschärften Bedingungen erreicht, sondern produktabhängig auch durch Anwendung von Burn in, also durch ein „Einbrennen". Fortschrittliche Mikroprozessoren, ASICs und komplexe Speicherbausteine sind am ehesten Kandidaten für diese zusätzliche Behandlung.

2.1 Problematik der Nacktchipmontage

Hohe Kosten für eine umfangreiche Komplettprüfung, die ja eine besondere Art der Kontaktierung voraussetzt, sei es über zuverlässige Andruckkontakte oder temporäre Zwischenträger, führen bei den meisten Halbleiterherstellern zu einer Einteilung in Abnahmeklassen. Damit wird den unterschiedlichen Notwendigkeiten je nach Chipart, aber auch den verschiedenen Bedürfnissen der Anwender Rechnung getragen. Das Schlagwort „Good Enough Die" kennzeichnet diese Siutation. Auf der anderen Seite sind die Halbleiterhersteller bemüht, dadurch die Kosten zu senken, daß die notwendigen Prüfprozeduren noch auf der Scheibenebene und nicht am Einzelchip durchgeführt werden.

Die Lieferform von Nacktchips, zumindest als „Known Good Dies", ist üblicherweise das sogenannte Gel-Pak oder ein Waffle Pack. TAB-Bausteine können im Band oder im Diarahmen geliefert werden. Chips für das Drahtbonden können ebenso wie Chips, die noch einer besonderen Behandlung zur Höckererzeugung unterworfen werden sollen, auch im Scheibenverbund geliefert werden. Die KGD-Zusicherung wird sich bis zur Realisierung der vorerwähnten Komplettprüfung auf der Scheibenebene hier jedoch auf eine statische Prüfung mit Kennzeichnung der dabei ausgefallenen Bauelemente beschränken, was sowohl durch Farbtupfer als auch über entsprechende Software geschehen kann.

Da der Halbleiterhersteller nur ungern auf einen Teil seiner Veredelungsleistung durch Montage zu Gehäusen verzichtet ist die Verfügbarkeit von Nacktchips noch oft eingeschränkt. Der Druck vom Markt wächst jedoch und zunehmend sind Halbleiterhersteller zur Lieferung von Nacktchips bereit. Wegbereiter ist derzeit die Fa. Intel, die im Rahmen ihres SmartDie-Programmes vollständig dynamisch geprüfte Nacktchips mit gleichen Spezifikationen und zu gleichen Preisen liefert wie gehäuste. Auf der anderen Seite scheut natürlich der Anwender das geschilderte Problemfeld und dazu gehört nach wie vor die Frage nach der Verantwortlichkeit bei nach Einbau fehlerhaftem Bauelement trotz vorheriger sorgfältiger Prüfung. Die Direktmontage kann nur über gewichtige Vorteilsargumente wie Packungsdichte, Performance und Kostenersparnis ihren Einsatz begründen.

Insgesamt gesehen aber dürfte die Problematik nur in einer Übergangsphase wirksam sein. Die heute noch neuen Verfahren werden sich als Standardverfahren erweisen und die steigende Nachfrage nach Nacktchips wird die Halbleiterhersteller dazu zwingen, Chips in der für die verschiedenen Kontaktiermethoden angepaßten Präparation zu liefern.

2.2 Waferausführung

Im Rahmen dieses Abschnitts sollen lediglich die Voraussetzungen, wie sie für die Direktmontage erforderlich sind, diskutiert werden. Für eine ausführliche Beschreibung wird auf die entsprechende Literatur [1-21] verwiesen.

2.2.1 Charakterisierung der Siliziumwafer

Aufgrund der ausgezeichneten mechanischen und chemischen Eigenschaften gegenüber anderen Elementhalbleitern und binären oder ternären Verbindungshalbleitern ist Silizium der dominante Halbleiterwerkstoff in der Mikroelektronik. Als Ausgangsmaterial für die Realisierung integrierter Schaltungen (IC) dient einkristallines Silizium in Scheibenform (Wafer). Die Wafer werden heute mit einem Durchmesser bis zu 200 mm in der Fertigung eingesetzt und 300 mm Wafer sind bereits in der Fertigungsvorbereitung. Typische Werkstoffkennwerte von Silizium bei Raumtemperatur sind in Tabelle 2.1 angegeben [1-4].

Zur Kennzeichnung der Kristallorientierung und des Leitungstyps des Wafers dienen 2 Fasen (*primary* flat, *secondary* flat). Abbildung 2.2 stellt den Zusammenhang zwischen Lage der Flats und Wafertypisierung dar.

Tabelle 2.1 Eigenschaften von Silizium 300° K

Kennwert	Wert
relative Dielektrizitätskonstante ε (RT, 1 MHz)	11,9
Durchbruchfeldstärke [V/cm]	10^5
Therm. Leitfähigkeit [W/m*K]	150
Therm. Ausdehnungskoeff. (RT) [10^{-6}/K]	2,6
Dichte [g/cm^3]	2,33
Spez. Wärmekapazität [Ws/g*K]	0,71
Mittleres Elastizitätsmodul [kN/mm^2]	170
Mittlere Poisson Zahl	0,222

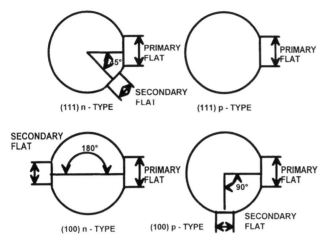

Abb. 2.2. Kennzeichnung von Si-Wafern mittels Fase (Flat) (Semi Standard)

2.2.2
Spezifikation von Silizium-Wafern

Zur Spezifizierung von Si-Wafern für die Fertigung integrierter Schaltungen wurden Standards erarbeitet, die jährlich von der American Society for Testing and Materials (ASTM) und dem Semiconductor Equipment and Material Institute (SEMI) aktualisiert werden [4 - 7].
Einige ausgewählte Spezifikationen sind nachfolgend aufgeführt:

Elektrische Spezifikation
Leitfähigkeitstyp: n- oder p-leitend
Spezif. Widerstand (Ω cm) und ortsabhängige Abweichung der Leitfähigkeit nach ASTM Standard F-81, F-225

Geometrische Spezifikation
Kristallzucht- und Dotierungsmethode [Czochralski (CZ) oder Floating Zone (FZ)],
Durchmesser (mm) nach ASTM Std. F-613
Flat Dimension
Dicke und Dickenabweichung [Total Thickness Variation-TTV]
Durchbiegung (Bow) nach ASTM Standard F 534-84
Welligkeit (Warp) nach ASTM Standard F 657-80
Ebenheit (Flatness), [Focal Plane Deviation-FPD, Total Indicator Reading-TIR] nach SEMI M1-85

2 Chip und Chippräparation

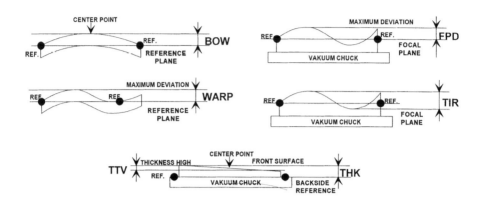

Abb. 2.3. Definition geometrischer Kenngrößen von Si-Wafern (Semi Standard)

Tabelle 2.2 Spezifikation für polierte Si-Einkristall-Wafer [7]

Parameter	100 mm	125 mm	150 mm	200 mm	300 mm
Durchmesser [mm]	100 ± 1	125 ± 1	150 ± 1	200 ± 1	300 ± 0,2
Dicke [µm]	375 - 575	575 - 675	575 - 725	675 - 790	775 ± 25
Länge - primary flat [mm]	30 - 35	40 - 45	55 - 60		
Länge - secondary flat [mm]	16 - 20	25 - 30	35 40		
Widerstand [Ω cm] max. min.		20,0 (n-Si), 40,0 (p-Si) 0,008 (n-Si), 0,010 (p-Si)			
Durchbiegung max. [µm]	35	40	50		
Dickenvariation [µm]	50	65	50		10
Focal Plane Deviation (FPD), max. [µm]	5	5	5,5		
Oberflächen- orientierung		(100) ± 1° (111) ± 1°			(001) ± 1°

Einige typische Kennwerte für polierte Si-Einkristallwafer verschiedener Durchmesser sind in Tabelle 2.2 zusammengefaßt. Siliziumwafer werden in 3 Qualitätsklassen (Prime, Monitor, Test) eingestuft. In der höchsten Qualitätsstufe (Prime) sind die Anforderungen wie z.B. der spez. Widerstand anwenderspezifiziert, wobei bei einem Monitorwafer hier eine Toleranz von +/- 30 % möglich ist.

Die Wafer werden nach der Kristallzucht und Vereinzelung in einem mechanisch/chemischen Prozeß gedünnt. Hierzu wird die Chipoberseite mit einer Schutzschicht abgedeckt und die Rückseite in einem Läpp-/Ätz-Prozeß bearbeitet.

Die Enddicke des Wafers nach der Bearbeitung ist anwendungsbezogen und kann im minimalen Fall im Bereich von 200-250 µm liegen. Typische Werte liegen jedoch bei 500-550 µm.

2.2.3
Metallisierungsschichten

Metallisierungsschichten dienen einerseits sowohl zur elektrischen Ankontaktierung der aktiven Bereiche der integrierten Schaltung und der Realisierung der elektrischen Verbindung der aktiven Bereiche untereinander, andererseits stellen sie den Kontakt (I/O, Power, Ground) der Chips nach außen dar. Abbildung 2.4 zeigt die prinzipielle Schichtstruktur am Beispiel eines Mehrlagenaufbaus mit 3-Lagenmetallisierung, Dielektrikum, Passivierungsschicht und Anschlußpad [8].

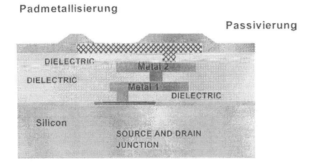

Abb. 2.4. Schematischer Aufbau einer Chip-Mehrlagenmetallisierung

Allgemein werden an die Metallisierungsschicht folgende Anforderungen gestellt:
- niederohmiger ohmscher Kontakt zu Silizium (n-, p-dotiert)
- hohe Leitfähigkeit und hohe Stromtragfähigkeit (elektromigrationsbeständig)
- gute technologische Verarbeitung (Strukturierbarkeit, einfache Prozessierung)
- gute Haftfestigkeit
- hohe mechanische und chemische Stabilität
- hohe Temperaturfestigkeit

Aluminium ist heute das am meisten verwendete Material für die Metallisierung. Es stellt eine Kompromißlösung zu den allgemeinen Anforderungen dar. Von besonderem Vorteil ist der niedrige spezifische Widerstand und die hohe Adhäsion auf Siliziumdioxid. Die Dicke der polykristallinen Aluminiumschicht bewegt sich im Bereich von 0,5-1,5 µm (typisch 0,7 µm). Die entscheidenden Nachteile von Aluminium liegen in der Limitierung der nachfolgenden Prozeßtemperaturen und der eingeschränkten mechanischen und chemischen Stabilität sowie der Elektromigrationsanfälligkeit.

Al-Metallisierungsschichten werden heute üblicherweise mittels Sputtern aufgebracht. Als Target werden Legierungstargets (99 M% Al, 1 M% Si) verwendet. Dem Abscheideprozeß ist eine Reinigung der Oberfläche mittels Rücksputtern (Ar-Ionen) vorgelagert [9].

Zur Reduzierung der abscheidebedingten Defektdichte, sowie zur Realisierung eines guten Kontaktwiderstandes (Si-Al) und einer guten Haftung erfolgt eine Temperung (450 °C, 10 - 30 min) in Formiergas. Während des Temperprozesses kommt es bei reinem Aluminium zum Ausdiffundieren von Si und Al, was zur Entstehung sogenannter Spikes führt. Diese Ausdiffusion wird durch die Zugabe von 1 % Si in die Al-Schicht verhindert. Die Eigenschaften der Al-Metallisierungsschichten werden stark von den Abscheidebedingungen wie z.B. durch Restgaseinbau von Sauerstoff-, Stickstoff- und Wasserstoffatomen beeinflußt. Kleinste Mengen von Sauerstoff führen zum Anstieg des Schichtwiderstandes und beeinflussen die Härte der Al-Schicht. Die Härte wiederum beeinflußt direkt die Bondbarkeit beim Wire-Bonding. Die optimale Härte für Al-Schichten liegt bei 60 H_B (Brinell-Härte). Der Stickstoffanteil in den abgeschiedenen Al-Schichten beeinflußt den Stress und ein erhöhter Wasserstoffanteil fördert die Entstehung von Hillocks (Si-111-Kristalle auf der Al-Oberfläche). Diese entstehen jedoch auch bei der Temperung selbst. Durch Zugabe von Kupfer (0,5 - 3,0 M%) kann die Hillockbildung unterdrückt werden [10].

Tabelle 2.3. Eigenschaften von Aluminium (300 K) für die Chip-Metallisierung

Kennwert	Wert
spezif. Widerstand [$\mu\Omega$cm]	
Al (Dünnfilm-Sputtermetallisierung)	2,7 (Bulk: 2,5)
Al-Si(1,8 %)	2,89
Al-Si(1 %)-Cu(1,5 - 4 %)	$\geq 3,0$
therm. Leitfähigkeit [W/m*K]	239
therm. Ausdehnungskoeff. (RT) [10^{-6}/K]	23,2
Dichte [g/cm^3]	2,71
spez. Wärmekapazität [Ws/g*K]	0,88
Elastizitätsmodul [kN/mm^2]	70
mittlere Poisson Zahl	0.346

Die Strukturierung der Aluminiumschichten kann sowohl naßchemisch (heute nicht mehr üblich), als auch mit reaktivem Ionenätzen (RIE) erfolgen. Wichtig hierbei ist, daß eine Selektivität zu den Siliziumoxid und -nitridschichten erreicht wird.

Das reaktive Ionenätzen erfolgt mit chlorhaltigen Gasen (Cl_2, Cl_2/Ar, Cl_2H_2, CCl_4, BCl_3) Das Reaktionsprodukt $AlCl_3$ ist gasförmig. Besonders zu beachten ist, daß geringste Spuren von Luftfeuchtigkeit zur Bildung von HCl führen, das die Aluminiummetallisierung angreift. Dies erfordert aufwendige Schleusenanlagen und Prozeßtechniken.

Für die Kontaktierung ist es wichtig, daß die Al-Schichten frei von Fremdschichten (u.a. Photolacke, Ätzreste) sind und die sich bildende Oxidschicht auf dem Aluminium nicht dicker als 100 nm ist [11-13].

An der Entwicklung von Cu-Metallisierungssystemen mit einer hohen Elektromigrationsbeständigkeit wird derzeit gearbeitet. Es ist zu erwarten, daß diese ab ca. 1998 zum Einsatz kommen.

Rückseitenmetallisierung
Im allgemeinen ist für integrierte Schaltungen (CMOS) keine Rückseitenmetallisierung erforderlich. Die Chipmontage erfolgt in den überwiegenden Fällen durch Kleben auf das entsprechende Substrat. In speziellen Fällen, in denen der Chipaufbau eine elektrische Ankontaktierung über die Chiprückseite erfordert, ist die Realisierung eines „ohmschen Kontaktes" notwendig. Dies kann sowohl direkt, d.h. ohne eine zusätzliche aufgebrachte Metallisierung erfolgen als auch mit einer zusätzlichen Metallisierung auf der Waferrückseite.

Tabelle 2.4 enthält eine Zusammenstellung verwendeter Rückseitenmetallisierungssysteme.

Tabelle 2.4. Rückseitenmetallisierung (Auswahl)

Schichtsystem		Verbindungstechnik
Au (0,3-1,5 µm)		Löten / Kleben
Ti (NiSi, AuSb) / Ni /Ag (Au)	n-Si	Löten
Al (Cr, Au) / Ni / Ag (Au)	p-Si	Löten
Al / Ti / Ag		Kleben

2.2.4
Passivierungsschichten

Passivierungsschichten haben die Aufgabe, die darunter liegenden aktiven und passiven Schichten vor äußeren Einflüssen (mechanisch, chemisch) zu schützen. Sie dienen als Schutz vor mechanischen Beschädigungen, Korrosionsschutz der Metallisierung, Diffusionsbarriere und Getterschicht gegenüber Verunreinigungen sowie als Schutz vor α-Strahlung. An ihre Güte werden entsprechend hohe Anforderungen gestellt [14] - [15]. Zum Einsatz gelangen hauptsächlich Siliziumoxid und Siliziumnitridschichten. Polymere werden teilweise als zusätzliche Schutzschicht oder selbständige Passivierungsschicht eingesetzt. Die Dicke der Passivierungsschichten ist infolge des hohen internen Stresses und der damit verbundenen Gefahr der Rißbildung und der Delamination je nach eingesetztem Material auf ca. 1 µm begrenzt.

Siliziumoxidschichten
Zur Anwendung als Passivierungsschicht wird Phosphorsilikatglas (PSG) eingesetzt. PSG ist ein binäres Glas aus den Komponenten P_2O_5 und SiO_2. Die Herstellung erfolgt mittels Chemical Vapour Deposition (CVD) aus Silan (SiH_4), Phosphin (PH_3) und Sauerstoff. Die Abscheidebedingungen müssen so gewählt sein, daß sie der begrenzten Temperaturstabilität der Al-Metallisierung gerecht werden

und keine Veränderungen an darunterliegenden Schichtsystemen z.B. am Al-Si Interface erzeugt werden. Aus diesem Grund werden Niedertemperaturverfahren, wie das plasmaunterstützte CVD-Verfahren (PE-CVD, 300 - 400°C) eingesetzt:

$$SiH_4 + O_2 \longrightarrow SiO_2 + 2 H_2$$

$$4 PH_3 + 5 O_2 \longrightarrow 2 P_2O_5 + 6 H_2$$

Die mechanischen und elektrischen Eigenschaften der abgeschiedenen Schichten wie Stress, Durchbruchfeldstärke, Dielektrizitätskonstante, Brechungsindex und Ätzrate sind stark von den Abscheidebedingungen abhängig und unterscheiden sich von denen thermischen Siliziumoxids. Als Indikator für die Qualität der Oxidschichten wird oft die Abweichung des Brechungsindex von dem des thermischen Oxids (n=1,46) verwendet.

PSG zeichnet sich dadurch aus, daß es einen geringeren Stress und eine gute Kantenbedeckung der darunterliegenden Schichten (Al-Metallisierung) ermöglicht sowie eine sehr gute Barriere gegenüber Natriumionen und Feuchtigkeit darstellt. Der Phosphoranteil ist auf 6 Gew.% begrenzt, da ein höherer Anteil zur Schädigung der Al-Metallisierung führt. Die Strukturierung von PSG kann naßchemisch mit einer HF/HNO$_3$- Lösung oder mittels reaktivem Ionenstrahlätzen (RIE) erfolgen.

Siliziumnitridschichten
Siliziumnitridpassivierungsschichten (Si_xN_y) zeichnen sich durch ihre sehr guten Barriereeigenschaften gegenüber Natriumionen und Feuchtigkeit aus. Sie gewährleisten eine gute Kantenbedeckung der darunterliegenden Metallisierungsschicht (Al) bei niedriger pin-hole Dichte.

Die Herstellung erfolgt mittels PE-CVD bei 300-400 °C aus SiH_4, NH_3, und N_2. Diese Schichten weisen eine nichtstöchiometrische Zusammensetzung mit einem hohen Wasserstoffanteil (10-30 Atom%) auf.

Die Strukturierung erfolgt mittels reaktivem Ionenätzen (CF_4, NF_3). Die naßchemische Strukturierung von Si_xN_y ist ebenfalls möglich (Phosporsäure, 180 °C). Dies erfordert jedoch eine temperaturbeständige Ätzmaske (SiO_2).

Si_xN_y-Schichten zeigen wegen des höheren thermischen Ausdehnungskoeffizienten einen höheren Stress. Durch eine Doppelschicht aus SiO_2/Si_xN_y bei angepaßten Schichtdicken kann im Si-Interface nahezu Streßfreiheit erzielt werden.

Polymerschichten
Polymere werden in jüngster Zeit auch als vollständiger Ersatz für PSG-Schichten verwendet. Zum Einsatz gelangen hierbei sowohl Polyimide als auch Benzocyclobuten (BCB), welches infolge seines geringen Stresses, der niedrigen Wasseraufnahme und der niedrigeren Prozeßtemperaturen Vorteile gegenüber den Polyimiden aufweist (Tabelle 2.5). Das Aufbringen der Polymerschichten erfolgt durch Aufschleudern (Spin-coating) und in der Regel photochemischer Strukturierung und thermischer Aushärtung. Die Dicke der Polymer-Passivierungsschichten liegt bei typ. 5 µm. Ein allgemeiner Vergleich verschiedener Passivierungsschichten, ist in Tabelle 2.5 angegeben. Tabelle 2.6 enthält einige spezifische Kennwerte von BCB-und Polyimid-Passivierungsschichten [15-19].

Tabelle 2.5. Allgemeiner Vergleich der Passivierungsschichten

	PSG	SiO_2 / Si_xN_y	Polymere Polyimide	BCB
Schichtdicke [µm]	0,6 - 1	0,6 - 1	2	2-4
Widerstand [Ωcm]	$1 \cdot 10^{16}$	$1 \cdot 10^{14}$	$> 1 \cdot 10^{16}$	$9 \cdot 10^{19}$
Ausdehnungs-koeffizient [ppm/K]	0,5	2,5	30 - 40	52
Durchschlagsspannung [V/cm]	$1 \cdot 10^7$	$1 \cdot 10^7$	$2 \cdot 10^6$	$4 \cdot 10^6$
rel. Diel.-Konst. ε_r	3,9	7,5	$\approx 3,0$	2,7
Eigenschaften positiv	spannungsarm Ionen-Getterung	sehr gute Diffusionsbarriere	gute α-Stabilität	gute α-Stabilität keine Wasserabsorb.
negativ	Korrosion von Al (bei hoher Luftfeuchte)	hohe innere Spannung	Wasserabsorb. Stress durch Shrinking	
Strukturierung	RIE naßchemisch (HF/HNO_3)	RIE naßchemisch (H_3PO_4)	photochem. RIE	photochemisch

Tabelle 2.6. Eigenschaften von photostrukturierbaren Polymerpassivierungsschichten

Material	BCB	PI	PI
Hersteller	Dow Chemical	Du Pont	Ciba Geigy
Handelsname	Cyclotene 4026-46	Pyralin 2722	Probimid 400
relat. Diel.-Konst. ε_r (1 kHz)	2,7	3,3	2,9
tan δ	0,0008	0,002	0,006
Durchbruchspannung [10^6 V/cm]	3	2,4	2,5
Widerstand [Ωcm]	$> 10^{19}$	$> 10^{16}$	$> 10^{16}$
therm. Leitfähigkeit [W/mK]	0,2	0,2	0,2
therm. Ausdehnungskoeff. [1/K]	$52 \cdot 10^{-6}$	$40 \cdot 10^{-6}$	$35 \cdot 10^{-6}$
Glasübergangstemperatur Tg [°C]	> 350	310	360
Wasseraufnahme [%]	0,2	3,0	2,5

2.2.5
Designrichtlinien für Bondpads

Da die Drahtkontaktierung sowohl bei den gehäusten Bauformen als auch bei der Direktmontage gegenwärtig das dominierende Chipankontaktierungsverfahren ist, sind die Anschlüsse (I/O) der Chips vorwiegend entlang der Chipkanten peripher angeordnet. Spezielle hochpolige integrierte Schaltungen weisen eine gestaggerte

16 2 Chip und Chippräparation

Padanordnung in Doppelreihe auf. Für die Flip Chip Kontaktierung, die eine Verteilung der Anschlußkontakte über die gesamte Chipfläche erlaubt, gibt es eigene Pad-Design-Regeln, die sich an den IBM-Standard für den C4-Prozeß orientieren [20].

Das Al-Bondpad für die Drahtkontaktierung hat eine quadratische Form bei einer typischen Kantenlänge von 70-100 µm. Die Kantenlänge der Passivierungsöffnung beträgt entsprechend 60-90 µm, was einer allseitigen Überlappung der Passivierungsschicht von 5 µm entspricht. Das Raster der Bondpads (pitch) beträgt typischerweise 115-200 µm bei einer einreihiger Anordnung. In Abb. 2.5 sind als Beispiel Pad-Design-Richtlinien für einen VLSI-CMOS-Prozeß dargestellt. Für Testzwecke sind bei integrierten Schaltungen zusätzliche Testpads (F) angeordnet, die in ihren Abmessungen bei 75 µm Kantenlänge und einer Passivierungsöffnung von 65 µm x 65 µm liegen [21].

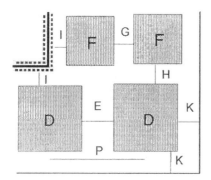

Al-Bondpad	D	typ. 90 µm
Abstand zwischen den Bondpads	E	typ. 90 µm
Testpad	F	typ. 75 x 75 µm²
Abstand zwischen den Testpads	G	typ. 30 µm
Abstand zwischen Bondpad und Testpad	H	typ. 30 µm
Pitch	P =D+E	typ. 180 µm

	Kenn-zeichen	CMOS Technologie	
		1,5 µm	0,8 µm
Al-Bondpad	D	126,8 µm x 126,8 µm	100 µm x 100 µm
Passivierungsöffnung		116,8 µm x 116,8 µm	90 µm x 90 µm
Abstand zwischen Passivierungsöffnungen		33,2 µm	25 µm
Pad-Pitch	P	150 µm	115 µm
Abstand zum aktiven Bereich	I	25 µm	15 µm
Abstand Bond-Pad - Chipkante	K	120-220 µm	70-170 µm
Sägespur		50 µm	50 µm

Abb. 2.5. Design-Richtlinien für Anschlußpads (VLSI-CMOS). Die angegebenen Daten variieren zwischen den unterschiedlichen IC-Herstellern

2.3
Methoden der Bumperzeugung

Die Anwendung der Flip Chip-Technik (FC) erfordert zwangsläufig die Realisierung von Kontaktierungshöckern, den sogenannten Bumps, entweder auf den Anschluß-Pads der Chips und/oder auf den korrespondierenden Pads auf dem Substrat.

Beginnend mit der C4-Technologie von IBM, die die erstmalige Anwendung der FC-Technik bereits in den 60er Jahren darstellt und bis zum gegenwärtigen Zeitpunkt eingesetzt wird, sind in den letzten Jahren zahlreiche alternative Verfahren entwickelt wurden. Alle Bumping Verfahren lassen sich grundsätzlich in die in Abb. 2.6 angegebenen Kategorien, Aufdampfen, galvanische Abscheidung, stromlose Abscheidung und mechanische Verfahren einteilen. Unter Berücksichtigung von nichtumschmelzbaren (Metal-Bumps) und umschmelzbaren Materialien (Solder-Bumps) gibt Abb. 2.6 die Zuordnung zu den einzelnen Verfahren wieder. Berücksichtigt wurden ausschließlich die Materialien und Verfahren, die von praktischer Bedeutung sind und den folgenden Abschnitten diskutiert werden. Weitere sich gegenwärtig in Entwicklung befindende alternative Verfahren wie z.B. das Ink-Jetting für PbSn-Lot-Bumps werden nicht betrachtet. Zu beachten ist weiterhin, daß bestimmte Bumping-Technologien eine Kombination der Einzelverfahren darstellen können. So erfordern z.B. alle mechanische Verfahren für Lot-Bumps eine lötfähige Untermetallisierung [Under Bump Metallization (UBM), Ball Limited Metallurgy (BLM)], die z.B. mittels stromloser Verfahren auf der Basis von Nickel realisiert werden kann. Auch Polymer-Bumps erfordern z.Z. eine vorherige Abscheidung von Nickel/Gold, Palladium oder Gold-Bumps.

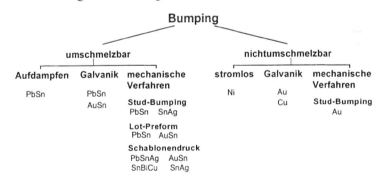

Abb. 2.6. Bumpingverfahren (Übersicht)

Eine allgemeingültige Regel für die Auswahl eines Bumpingverfahrens ist nicht möglich. Entscheidend hierzu sind die spezifischen Randbedingungen wie z.B. Wahl der Kontaktierungsmethode, Einsatzbedingungen, Anzahl und Pitch der I/Os, Waferverfügbarkeit, Kosten u.a..

2.3.1
Bumping unter Verwendung von umschmelzbaren Metallen/Legierungen

2.3.1.1
Technologievarianten

Die Erzeugung von Bumps mit umschmelzbaren Metallen bzw. Legierungen für die Flip-Chip-Kontaktierung erfordert ausgereifte Techniken zur Herstellung einer sog. Unterbumpmetallisierung (UBM) und zur strukturierten Abscheidung des umschmelzbaren Bumpwerkstoffs [22, 23]. Hinzu kommt die Beherrschung von Prozessen zur Reinigung von strukturierten Oberflächen, zur Fotolithografie (Herstellung von Resistdicken zwischen 1 und 20 (50) µm) und zur sog. Bumpformierung. Letzterer ist i.a. ein Umschmelzprozeß, bei dem sich die eigentliche Legierung ausbildet und der Bump aufgrund der hohen Oberflächenspannungen des Bumpwerkstoffs eine kugelkappenähnliche Form annimmt. In Abb. 2.7 ist der mögliche schematische Aufbau eines Lotbumps dargestellt.

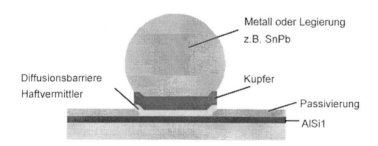

Abb. 2.7. Schematischer Aufbau eines Metall-Bumps für die Flip-Chip-Kontaktierung

Die Unterbumpmetallisierung hat eine haftvermittelnde und eine diffusionshemmende Funktion zu erfüllen. Gleichzeitig muß eine Kompatibilität zum Bumpwerkstoff gegeben sein. Für SnPb-Lote ist z.B. Kupfer ein geeigneter Werkstoff. Da dieser aber keine diffusionshemmenden Eigenschaften hinsichtlich einer Weichlot-Aluminiummetallisierung-Wechselwirkung besitzt, ist zusätzlich dazu eine Diffusionsbarriere zwischen Kupfer und Aluminium einzusetzen.

Die Herstellung der Bumps kann auf verschiedene Weise erfolgen. In der Regel werden die Unterbumpmetallisierung mittels PVD (Physical Vapour Deposition) und der Bumpwerkstoff mittels Mikrogalvanik erzeugt. Da das galvanische Abscheiden strukturiert erfolgt, ist nachfolgend nur die Unterbumpmetallisierung zu ätzen, wobei der Bump als Ätzmaske dienen kann. Ein Überblick über diese Technologie und weitere Alternativen sind in Abb. 2.8 und folgende zusammengefaßt. Hinsichtlich der Werkstoffauswahl und der Verwendung spezieller Abscheideverfahren sind Abweichungen von dieser Darstellung möglich.

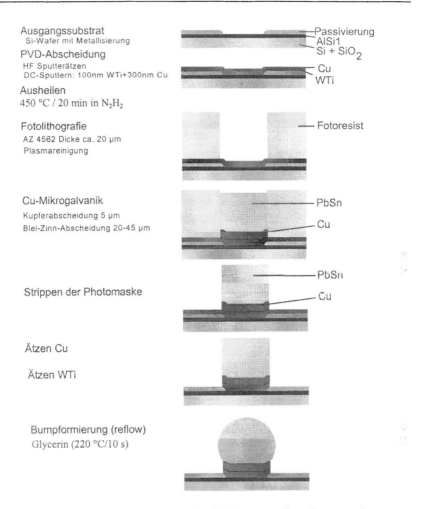

Abb.2.8. Zusammenfassung von technologischen Varianten zur Herstellung von Bumps aus umschmelzbaren Metallen und Legierungen - Galvanik/Naßätz -Variante

Die Wechselwirkung der Ätzmittel zur Strukturierung der PVD-Dünnschichten mit der Oberfläche des Bumpwerkstoffes kann zu einer negativen Beeinflussung des Kontaktiervorgangs führen, insbesondere wenn ein flußmittelfreies Löten beabsichtigt ist. Zur Minimierung dieses Einflusses sollte die Strukturierung der PVD-Dünnschichten mittels des Lift-off-Prozesses erfolgen. Unter Lift-off-Prozeß wird hier und im Folgenden eine Technologievariante verstanden, bei der auf die Substrate zunächst ganzflächig Fotolack aufgetragen, anschließend strukturiert und dann ganzflächig metallisch beschichtet wird, so daß an den nicht mit Fotolack bedeckten Stellen eine direkte Beschichtung zwischen Substrat und Metall stattfindet. Erfolgt anschließend eine Resistentfernung mit geeigneten Lösungsmitteln („liften"), wird die darauf befindliche Metallschicht mit entfernt und es bleiben nur die Substratstellen beschichtet, die vorher im Fotolack geöffnet waren. In der Regel wird eine galvanische Abscheidung favorisiert. Dies erfordert jedoch eine zusätzlich abzuscheidende durchgängige Metallisierungsschicht, die nach dem Strippen des Resists für die Mikrogalvanik wieder entfernt werden muß. Eine Übersicht über diese Technologie gibt Abb. 2.9.

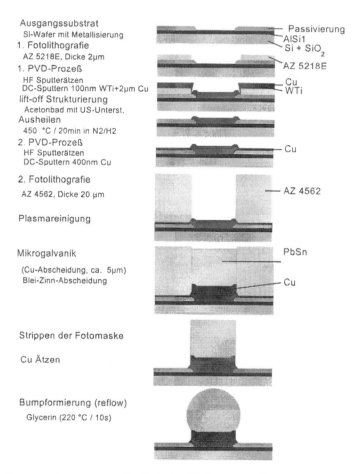

Abb. 2.9. Zusammenfassung von technologischen Varianten zur Herstellung von Bumps aus umschmelzbaren Metallen und Legierungen - Kombinierte Lift-off-Galvanik - Naßätz-Variante

Soll auf das Naßätzen verzichtet werden, bieten sich weitere Alternativen an, die durch eine durchgängige Verwendung von PVD-Abscheideprozessen und ausschließliche Lift-off-Strukturierung gekennzeichnet sind. Für die Herstellung von Bumps mit Kantenlängen von >100 µm bietet sich eine Wechselmaskentechnik an. Der mögliche technologische Ablauf kann sich in der Zahl der fotolithografischen Schritte unterscheiden. Wünschenswert sind natürlich Technologien, die nur wenige Teilschritte aufweisen. Die für diesen Fall einstufige PVD-Lift-off-

Variante bietet aber auch eine Reihe von Nachteilen, die sich auf die erreichbaren Bumphöhen und den eingeschränkten Einsatz von Dünnschichtdiffusionsbarrieren konzentrieren. Anlagenspezifische Variationen (Kammergeometrie, Beschichtungsverfahren etc.) können diese Einschränkungen teilweise wieder aufheben. In Abb. 2.10 und 2.11 ist sowohl eine einstufige als auch eine zweistufige Variante dargestellt.

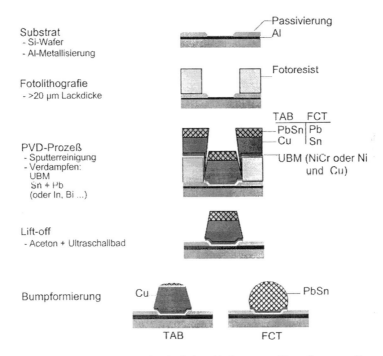

Abb. 2.10. Zusammenfassung von technologischen Varianten zur Herstellung von Bumps aus umschmelzbaren Metallen und Legierungen einstufige PVD-Lift-off-Variante

Es wird auch die Möglichkeit aufgezeigt, die einzelnen Schichtdicken eines Teils der UBM (hier: Kupfer) und des Bumpwerkstoffes so variieren zu können, daß eine Verwendung der Bumps für TAB (Tape Automated Bonding) oder Flip-Chip-Technik (FC) ermöglicht wird.

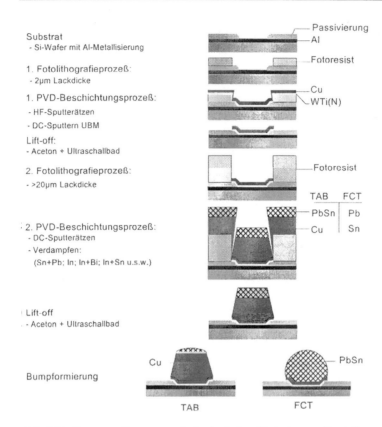

Abb. 2.11. Zusammenfassung von technologischen Varianten zur Herstellung von Bumps aus umschmelzbaren Metallen und Legierungen - zweistufige PVD-Lift-off-Variante

2.3.1.2
Fotolithografie für die Bumperzeugung

Im folgenden Abschnitt wird die fotolithografische Herstellung von Resistmasken für folgende Technologien beschrieben:
- die Lift-off-Galvanik - Naßätz-Variante (s. Abb. 2.9)
- die einstufige PVD-Lift-off-Variante (s. Abb. 2.10)

Lift-off-fähige Resistmaske für Herstellung der UBM
Als Voraussetzung für die erfolgreiche Anwendung der Lift-off-Technologie beim Strukturieren von Metallschichten muß die Fotolithografie eine temperaturstabile hinterschnittene Resistfensterflanke herstellen. Eine solche Resistflanke führt zu einer Bedeckungslücke beim PVD-Beschichtungsprozess, durch die das Lösungsmittel beim Lift-off-Vorgang den Resist angreifen kann [23]. Gute Ergebnisse lassen sich z. B. mit dem Hoechst Resist AZ 5218 E erreichen.

2.3 Methoden der Bumperzeugung

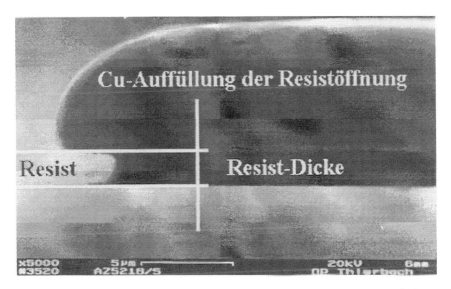

Abb. 2.12. Indirekte Darstellung des negativen Resistprofiles anhand eines im Resistfenster abgeschiedenen Cu-Hügels, der die Resistkante sehr stark überwachsen hat. Der Resist wurde gestrippt.

Technologische Daten für Wafer ohne Relief:

- Beschichtung   3000 U/min (2,1 µm)
- Trocknung   125 °C/60 sec
- Belichtung   Dosis E_0 = 80 mJ/cm^2
- Entwicklung (Sprühentwickler)   15 sec (22 °C) mit Hoechst Developer AZ 351B (1:3)

Resistmaske für die galvanische Bumpabscheidung
Für die Strukturierung der Bumpmetallisierung bei zweistufigen Bumping-Prozessen bzw. für die Strukturierung von UBM und Bumpwerkstoff beim einstufigen PVD/Lift-off-Prozeß werden wesentlich dickere Resistmasken benötigt. Um allen Anforderungen der galvanischen Bumpabscheidung gerecht zu werden, sollte der Schichtdickenbereich des Resistes von 10-80 µm verfügbar sein. Typische Ergebnisse mit dem Hoechst Resist AZ4562 an einem 25 µm-Masken-Fenster sind in Tabelle 2.7 als Beispiele aufgeführt.

2 Chip und Chippräparation

Tabelle 2.7. Strukturierung von dicken Resistmasken mit AZ4562

Resistdicke	Kantenmaß der Grundfläche	Oberkantenmaß	Böschungsbreite	Böschungswinkel
9,50 µm	26,0 µm	26,5 µm	0,25 µm	88,8 Grad
19,45 µm	26,5 µm	28,5 µm	1,0 µm	86,2 Grad
49,40 µm	28,1 µm	35,5 µm	3,7 µm	85,7 Grad
79,20 µm	29,5 µm	39,0 µm	4,75 µm	86,6 Grad

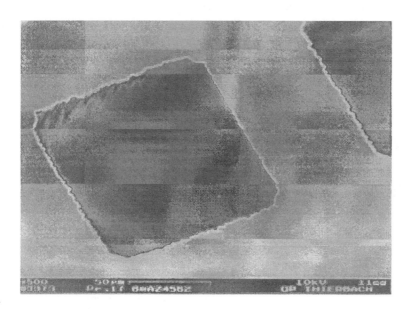

Abb. 2.13. 100 µm-Struktur, Resisthöhe 80 µm

Zur Herstellung konventioneller Lotbumps kann eine Resistmaske mit einer Dicke von 20 µm zum Einsatz kommen [25].

Technologische Daten

- 1. Beschichtung   2000 U/min
- 1. Trocknung   70 °C/30 sec + 120 °C/60 sec
- Randentlackung (Eliminierung der Randwulst)
- 2. Beschichtung   2000 U/min
- 2. Trocknung   70 °C/60 sec + 120 °C/60 sec
- Zusatztrocknung   120 °C/120 sec
- Belichtung   Dosis E_0= 175 mJ/cm^2
- Entwicklung (Sprühentwickler)   90 sec (22 °C) mit Hoechst Developer AZ 351B (1:3)

2.3.1.3
Abscheidung und Strukturierung der Unterbumpmetallisierung

Sowohl die Diffusionsbarriere als auch die benetzungsfähige Schicht (z. B. Cu, Au) für den darüberliegenden Bumpwerkstoff lassen sich durch Magnetronsputtern oder/und Elektronenstrahlverdampfen abscheiden. Mittels Magnetronsputtern kann ein breiteres Spektrum von Barrierematerialien verarbeitet werden. Die Auswahl der Diffusionsbarriere (z. B. WTi, WTi(N), Cr, CrNi oder Ni) richtet sich nach den zu erwartenden Belastungen des Kontaktes und den existierenden Herstellungsmöglichkeiten [26-28]. In allen Fällen muß eine ausreichend gute Haftfestigkeit zwischen Diffusionsbarriere und Al-Leiterbahnmetallisierung (AlSi1, AlCu etc.) erzielt werden, und es darf keine wesentliche Kurzschlußdiffusion von Kupfer bzw. Aluminium durch die Barriereschicht hindurch erfolgen. Weiterhin darf durch die Bildung von intermetallischen Verbindungen zwischen Bumpwerkstoff und UBM keine Beeinflussung der Barrierewirkung und der Schichthaftung auftreten. Diese Forderungen erfüllen i. a. die aufgeführten Werkstoffe. Es sind jedoch auch Alternativen denkbar. So können z. B. auch Ta, V und WRe als Diffusionsbarriere Verwendung finden [27-28]. Hinsichtlich des Bumpwerkstoffes ist die breite Palette der Weichlote, wie z. B. Sn-In-/ und Bi-In-Legierungen, herstellbar [29-30]. Es sollten jedoch bei der Werkstoffauswahl neben der Schmelztemperatur auch immer die jeweiligen Werkstoffeigenschaften an den Kontaktanforderungen und an der Eignung der UBM gespiegelt werden.

Präparation der Padmetallisierung
Für zuverlässige Kontakte mit niedrigen Übergangswiderständen (< 10 mΩ) ist vor der Abscheidung der UBM eine Reinigung der Padoberfläche notwendig. Diese Reinigung sollte sowohl die Beseitigung von Resten bei der Fensteröffnung als auch die des natürlichen Aluminiumoxids bzw. anderweitiger Korrosionsprodukte zum Ziel haben. Es hat sich gezeigt, daß unmittelbar vor dem PVD-Prozeß ein naßchemisches Ätzen mit H_3PO_4/CH_3COOH (Mischungsverhältnis 7:1) und nachfolgender Spülung und Trocknung nützlich ist. In der Beschichtungskammer oder einer dazu separierten Vakuumkammer sollte dann eine physikalische Reinigung (HF- oder DC-Ionenstrahlätzen) und danach sofort die Schichtabscheidung ausgeführt werden. Typische HF-Ätzparameter sind z. B.: p_{Ar} = 3 mTorr; HF-Leistung = 400-600 W; Ätzzeit = 1-2 min.

Durch das HF-Sputterätzen (Ionenenergien bis ca. 2 keV) können bei CMOS-Wafern Strahlenschäden entstehen. Abbildung 2.14 zeigt Ergebnisse von Schwellspannungsverschiebungen in Abhängigkeit von der Ätzdauer für o. g. typische Ätzparameter. Nach einem Formierungstempern bei 450 °C/20 min (nach dem Liften der UBM) können diese Strahlenschäden ausgeheilt bzw. drastisch reduziert werden. Die Ergebnisse der Kontaktwiderstandsmessung sowohl für das Schichtsystem Al-(CrNi+Cu) als auch für Al-(WTi+Cu) ergeben Werte von < 10 mΩ nach allen technologischen Teilschritten des Bumpingprozesses (Abb. 2.15). Die Barrierematerialien garantieren dabei eine ausreichende Stabilität hinsichtlich der Diffusion von Cu.

2 Chip und Chippräparation

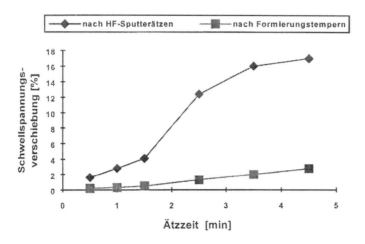

Abb. 2.14. Schwellspannungsverschiebung durch HF-Sputterätzen

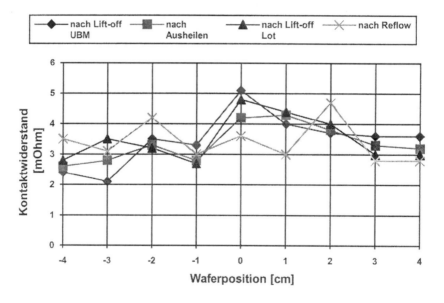

Abb. 2.15. Technologieeinfluß auf den Kontaktwiderstand Al-WTi/Cu

Bei der Wahl der Cu-Schichtdicke für Lotbumps gilt es zu beachten, daß im Ergebnis nachfolgender thermischer Prozesse (Reflow, Flip-Chip-Kontaktierung) noch eine ausreichende Cu-Schicht vorhanden sein muß, weil sonst die Haftfestigkeit des Lotes auf der UBM drastisch reduziert wird. Anhand von REM Aufnahmen von Schliffen von aufgeschmolzenen Lotbumps mit einer UBM 100 nm WTi + 600 nm Cu (Abb. 2.16a) und 100 nm WTi + 2000 nm Cu (Abb. 2.16b) soll dies verdeutlicht werden. Es ist ersichtlich, daß die 600 nm Cu-Schicht vom Ausgangszustand bereits nach dem Reflow im Lot aufgrund der Bildung intermetallischer Verbindungen zwischen Cu und Sn teilweise aufgelöst ist. Nach dem FC-Kontaktieren scheren die Kontakte deshalb im Bereich zwischen WTi und Lot ab. Bei 2000 nm Cu im Ausgangszustand sind jedoch nach dem Reflow noch ca. 1600 nm geschlossene Cu-Schicht vorhanden, so daß zuverlässige FC-Kontakte realisiert werden können. Die unterschiedlichen Lotschichtdicken in Abb. 2.16 sollen einen Eindruck vermitteln, in welchen Bereichen eine Variation der Hügelhöhe möglich und sinnvoll ist.

Der PVD - Prozeß
Die vakuumtechnische Abscheidung der UBM sollte mittels Magnetronsputtern erfolgen. Getrennte Abscheidekammern für die Diffusionsbarriere und die benetzungsfähige Schicht sind nicht erforderlich. Für CrNi, WTi bzw. WTi(N) und Cu ist ein DC-Sputtern ausreichend. Die entsprechenden Abscheideparameter sind für das jeweilige Barrierenmaterial zu optimieren, insbesondere wenn ein reaktives Sputtern zur Erhöhung der Barrierenstabilität erforderlich wird. Für eine dünne Kupferschicht sollte die DC-Leistung 3 kW nicht übersteigen, was bei 3 mTorr etwa einer Beschichtungsrate von 150 nm/min entspricht.

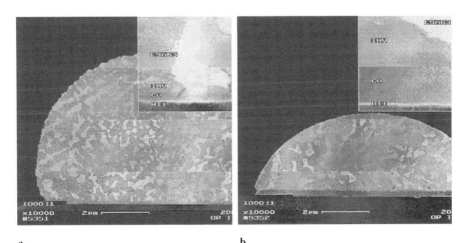

a b
Abb. 2.16. REM-Bilder von Schliffen aufgeschmolzener LSn63-Bumps (RE-Bild) (a) UBM: 100 nmWTi + 600 nmCu (b) UBM: 100 nmWTi +2000 nmCu

Die Lift-off-Strukturierung der UBM
Zur Minimierung des Ätzangriffs auf das Lotmaterial ist die Strukturierung mittels Lift-off-Technik zu bevorzugen. Soll eine nachfolgende galvanische Abscheidung der Bumpmetallisierung erfolgen, muß nach dem Liften der UBM eine dünne ganzflächige Cu-Schicht als Elektrode aufgebracht werden.

Beim zweistufigen Lift-off-Prozeß und bei der kombinierten Lift-off-/ Galvanikvariante erfolgt eine getrennte Strukturierung von UBM und Bumpmetallisierung. Deshalb wird für diesen Prozeßschritt der speziell dafür entwickelte Resist AZ 5218 eingesetzt, der sehr stabil ist gegen die hohen thermischen Belastungen beim HF-Sputterätzen und DC-Sputtern. Der Lift-off-Prozeß erfolgt in einem Aceton-Bad mit Ultraschallunterstützung. Aufgrund der hohen Partikelgeneration ist dabei der Reinigung der Wafer besondere Aufmerksamkeit zu widmen. Abbildung 2.17 zeigt einen Wafer nach dem Sputtern der UBM. An der unbeschichteten Resistkante kann beim Liften das Aceton den Lack angreifen und damit die darüberliegende UBM ablösen. Zur Erhöhung der Zuverlässigkeit der Kontakte überdeckt die UBM auch Teile der Passivierung. Das Ergebnis des Lift-off-Prozesses wird in Abb. 2.18 veranschaulicht.

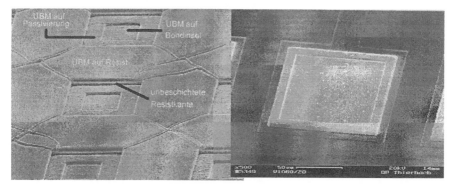

Abb. 2.17. AZ 5218-Lift-off-Maske beschichtet mit 100 nm WTi + 2 µm Cu

Abb. 2.18. Unterbumpmetallisierung (UBM) 100 µm x 100 µm Grundfläche

Die naßchemische Strukturierung der UBM
Vor dem Entfernen der Grundmetallisierung muß die Lackmaske entfernt werden. Die in der Halbleitertechnologie üblichen Verfahren, die Sauerstoff-Plasma oder aggressive Medien wie Chromschwefelsäure oder Laugen verwenden, scheiden wegen des Angriffs auf die Lotmaterialien aus. In Gegenwart der Lotmetalle wird ein vollständiges Auflösen der Lackmaske durch mehrmaliges Spülen mit Aceton, Isopropanol und Wasser erreicht. Bei über die Lackmaske hinausgewachsenen Bumps hat sich Ultraschallunterstützung als günstig erwiesen.

Bei Anwendung des naßchemischen Ätzens kann durch die Wahl der Ätzmedien, der Konzentration, der Temperatur, des elektrochemischen Potentials und der hydrodynamischen Bedingungen eine Anpassung an das verwendete Werkstoffsystem erfolgen. Die anodische Ätzung unter Zuhilfenahme eines äußeren elektrischen Stromes kann in solchen Fällen eingesetzt werden, in denen unterhalb der zu ätzenden Schicht noch eine weitere vorliegt, die zur Stromzuführung verwendet werden kann. Dabei können Schichten geätzt werden, die bei einer rein chemischen Ätzung nur sehr geringe Ätzraten aufweisen oder bei denen sich wegen der notwendigen aggressiven Medien die Selektivität stark vermindert. Nachteilig im Vergleich zur rein chemischen Ätzung ist bei der anodischen Ätzung die erforderliche elektrische Kontaktierung, weshalb die Scheiben einzeln bearbeitet werden müssen.

2.3 Methoden der Bumperzeugung

Die naßchemische Auflösung der polykristallinen oder teilweise amorphen Metallschichten verläuft meist isotrop, also nach allen Richtungen mit gleicher Geschwindigkeit. Daraus resultieren Unterätzungen und Kantenverschiebungen. Über das Substrat hinweg müssen gleichmäßige Strömungsverhältnisse vorliegen. Zu erreichen ist dies z. B. mit einer senkrecht zur Substratoberfläche fließenden Staupunktströmung. Da mit dem gleichen Anlagenprinzip auch die Galvanisierung durchgeführt werden kann, resultieren von der Ausrüstungsseite her Vereinfachungen. Andere mögliche Ausrüstungen basieren auf dem Sprühstrahl-, dem Sprühnebel- oder dem Sprühschleuderverfahren. Für ammoniakalische Cu-Ätzlösungen hat sich ein Tauchverfahren mit Luftrührung bewährt.

Unabdingbar beim Strukturieren von Mehrfachschichten ist eine hohe Selektivität jedes einzelnen Schrittes, da die bereits geätzte obere Schicht jeweils als Maske für die Abtragung der darunterliegenden Schicht fungiert. Für Cu-Schichten können die in größerer Anzahl aus der Leiterplattentechnik bekannten Ätzmedien nicht eingesetzt werden, da sie mit dem Lotmaterial in unzulässiger Weise reagieren. Das betrifft sowohl saure Ätzmittel wie Schwefelsäure/Wasserstoffperoxid oder Kupferchlorid/Salzsäure als auch alkalische wie die ammoniakalische Kupferchloridlösung. Durch Austausch des Chlorides gegen Sulfat und verminderte Konzentration kann jedoch eine zufriedenstellende Ätzung auch in Gegenwart von Sn-Pb-Lot vorgenommen werden. Für Ätzungen von Cu in Gegenwart von In, das im Vergleich zum SnPb-Lot noch unedler und reaktionsfähiger ist, kann die ammoniakalische Ätzlösung nur in Gegenwart passivierender Zusätze verwendet werden. Die Kontrolle des Ätzvorganges in der ammoniakalischen Lösung ist durch die Erfassung des elektrochemischen Potentials möglich, das sich gegenüber der Ätzlösung einstellt [31]. In diesem Falle läßt sich der Abtrag der Cu-Schicht sehr gut an der Kurvenform erkennen, die den Übergang des Cu-Potentials zum Mischpotential der verbleibenden Metallanteile charakterisiert und das Ätzende signalisiert (Abb. 2.19). Wenn eine solche Überwachung nicht möglich ist, muß eine empirische Bestimmung der erforderlichen Ätzdauer vorgenommen werden. Dabei empfiehlt sich der Einsatz zusätzlicher Testfelder, wie z.B. in Absch. 2.3.1.4 beschrieben. Solche Testfelder leisten sehr gute Dienste, da sie anhand der Streifenelemente unterschiedlicher Breite eine schnelle optische Bewertung des Unterätzgrades erlauben, der ohne derartige Hilfsmittel nur durch kompliziertere und in der Regel zerstörende Untersuchungen zugänglich ist. Das Abfallen von Streifen tritt dann ein, wenn die Unterätzung der halben Streifenbreite entspricht.

Ein Beispiel für eine rein chemisch nur schwer ätzbare Barriereschicht ist CrNi. Es kann nur mit sehr aggresiven und stark oxidierend wirkende Medien in Lösung gebracht werden, die das vorhandene Lot ebenfalls angreifen. In diesem Falle und für vergleichbare passive Metallschichten bietet sich die anodische Auflösung an, die im Falle des CrNi in einer neutralen Phosphatlösung bei einem geeigneten elektrochemischen Potential problemlos vorgenommen werden kann. Voraussetzung für diese Methode ist eine genügend gut leitende Grundmetallisierung, z.B. Al, die selbst ohne Schwierigkeiten ätzbar sein muß. Anhand des zeitlichen Verlaufes des Ätzstromes ist dieser Vorgang sehr einfach überwachbar [31]. Nach dem Abtrag der Hauptmasse der Schicht fällt der Strom meist sehr schnell auf

30   2 Chip und Chippräparation

einen Restwert, der im wesentlichen von der Ätzung unterhalb der Bumps herrührt. Damit ist eine einfache Festlegung des Ätzabbruches gegeben (Abb. 2.20).

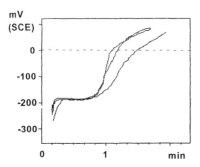 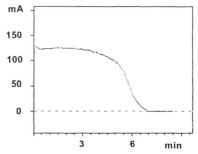

Abb. 2.19. Potentialsprung beim Ätzen von Kupfer auf einer WTi-Barriereschicht an drei Proben

Abb. 2.20. Strom-Zeit-Kurve beim Anodischen Ätzen einer CrNi-Barriere

2.3.1.4
Galvanische Bumperzeugung

Die galvanische Herstellung lötfähiger Bumps kann nach den Varianten gemäß Abb. 2.8 und 2.9 erfolgen. Gegenüber den Vakuumverfahren zeichnet sich die galvanische Bumpherstellung durch geringere Anlagen- und Betriebskosten, durch eine vollständige Nutzung des umgesetzten Metalls für den Bumpaufbau aus. Die galvanische Abscheidung feinster Strukturen ist bis in den Submikrometerbereich möglich und wurde auch für sehr große Aspektverhältnisse experimentell bestätigt (Abb. 2.21). Bei Maskendicken von 30...40 µm sind Öffnungen und Stegbreiten von wenigen µm galvanisch abformbar. Grenzen sind offenbar nur durch die Maskentechnik und durch Gefügegrößen des abgeschiedenen Metalls gegeben. Die Umweltverträglichkeit moderner galvanischer Verfahren ist gewährleistet. Auch die Vorbehalte gegen den Einsatz in der Schaltkreisfertigung wegen möglicher Korrosion oder Kontaminierung sind durch die Verwendung dichter und chemisch sehr stabiler Passivierungsschichten weitgehend abgebaut worden.

Die Wahl der Maskendicke hängt entscheidend vom Einsatzfall ab. Für die Herstellung höherer Bumps mit steilen Kanten sind sowohl Festresiste bis ca. 100 µm Dicke [36] als auch dicke Flüssigresiste verfügbar. Sofern genügend Platz zwischen den Anschlüssen verfügbar ist, kann man auch die technologisch einfacher zu beherrschenden dünnen Lackmasken verwenden, wobei das seitliche Überwachsen einen pilzkopfartigen Bump ergibt (Abb. 2.22).

2.3 Methoden der Bumperzeugung 31

Abb. 2.21. Einzelbump mit hohem Aspektverhältnis

Abb. 2.22. Pilzkopf-Bump bei Verwendung dünner Lackmasken

2 Chip und Chippräparation

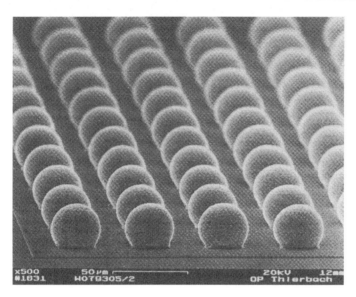

Abb. 2.23. Aufgeschmolzene Bumps

Derartige Bumps können viel Material speichern. Durch anschließendes Umschmelzen der Lotmasse ergeben sich auf diese Weise gerundete Bumps größerer Höhe als im abgeschiedenen Zustand (Abb. 2.23).

Die Form übergewachsener Bumps spiegelt die Feldverteilung und die Transportverhältnisse an der Resistoberkante wider (Abb. 2.24). Nachteilig kann sich bei übergewachsenen Bumps wegen des behinderten Flüssigkeitszutritts der enge Spalt zwischen Kappe und Grundmetallisierung beim anschließenden Strippen des Resists und beim Ätzen auswirken. Vor der Auswahl des Resists ist die Verträglichkeit mit dem galvanischen Elektrolyt zu überprüfen, um Störungen in Form deformierter Bumps oder falscher Legierungszusammensetzungen zu vermeiden.

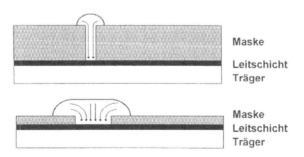

Abb. 2.24. Transportverhältnisse bei der Metallabscheidung in unterschiedlich geformten Resistöffnungen

2.3 Methoden der Bumperzeugung

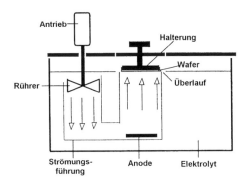

Abb. 2.25. Schema eines Bumpplaters mit Flüssigkeitstransport durch einen Propellerantrieb

Zielgrößen bei der galvanischen Bumpherstellung sind die gute Haftung auf dem Untergrund, verbunden mit einem niedrigen Übergangswiderstand, eine gleichmäßige Hügelhöhe auf dem gesamten Substrat und angepaßte Werkstoffeigenschaften. Voraussetzungen dafür sind einwandfrei saubere und für die galvanische Beschichtung geeignete Galvanisierflächen. Die Vorbehandlung kann mit Reinigungslösungen, durch Anätzen der Leitschicht oder durch eine Plasmareinigung erfolgen. Die Höhenverteilung der Bumps spiegelt die Stromdichteverteilung auf dem Substrat wider und hängt bei einheitlichem Zustand der Oberfläche in erster Näherung von der Verteilung des elektrischen Feldes zwischen Anode und Katode ab. Durch die geometrische Gestaltung des Beschichters kann in begrenztem Maße auf diese Verteilung Einfluß genommen werden, beispielsweise durch eine zylindrische Ausbildung des Zwischenraumes (Abb. 2.25). Bei kommerziellen Beschichtern oder Bumpplatern, die das in Abb. 2.25 dargestellte Schwall- oder Fontänenprinzip nutzen, lassen sich zu diesem Zweck Blenden, Hilfskatoden oder Strömungsgitter in den Raum zwischen Anode und Katode einfügen. Die waagerechte Anordnung des Substrats erleichtert die Handhabung und vermeidet die Benetzung der Rückseite. Zum Umwälzen des Elektrolyten werden häufig Pumpen in Kombination mit Partikelfiltern verwendet. In der Halterung muß auch die elektrische Kontaktgabe realisiert werden.

Moderne Elektrolyte mit entsprechenden Zusätzen sind in der Lage, den geometrisch bedingten Einfluß weitgehend zu kompensieren, weil sie eine hohe Streufähigkeit besitzen und selbst bei ungünstiger geometrischer Gestaltung der Substrate noch eine weitgehend gleichmäßige Schichtdickenverteilung sichern. Bei der Abscheidung von Bumps aus derartigen Elektrolyten treten nur noch unmittelbar an den Substraträndern überhöhte Schichtdicken auf. In ihnen lassen sich Wafer auch ohne geometrische und strömungstechnische Vorkehrungen mit zufriedenstellender Höhenverteilung in einer einfachen vertikalen Anordnung beschichten (Abb. 2.26). Der dargestellte Blasenschleier sorgt für eine gleichmäßige Rührung. Für die oxidationsempfindlichen SnPb-Elektrolyte muß mit Inertgas gearbeitet werden. Die genannten Vorteile moderner Elektrolyte werden aber

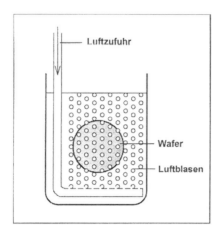

Abb. 2.26. Beschichter mit vertikaler Scheibenanordnung

meist mit dem Einbau von Bestandteilen der Zusätze in das Metall erkauft. Dabei können Materialeigenschaften wie elektrische Leitfähigkeit, Kristallitgröße, Duktilität und Alterungsverhalten ungünstig beeinflußt werden. Falls diese Abweichungen nicht toleriert werden können, muß auf zusatzfreie oder zusatzarme Elektrolyte und die oben erwähnten Maßnahmen zurückgegriffen werden. Gezielt lassen sich die Werkstoffeigenschaften durch die Art des Elektrolyten, durch die Abscheidestromdichte und ihren zeitlichen Verlauf sowie durch die Temperatur beeinflussen.

Lotbumps werden vorwiegend aus Sn-Pb-Legierungen aufgebaut. Entsprechende Legierungselektrolyte stehen für die erforderlichen Zusammensetzungen des Lotes zur Verfügung. Für spezielle Einsatzfälle können auch Indium und seine Legierungen mit Zinn, Wismut oder Blei galvanisch abgeschieden werden. Obwohl auch für derartige Lotlegierungen galvanische Elektrolyte bekannt sind, ist es zweckmäßiger, die einzelnen Metalle schichtweise aufeinander abzuscheiden.

Durch anschließendes Aufschmelzen ist auf diese Weise mit wenigen Elektrolyten eine große Vielfalt von Legierungen zugänglich. Die Instandhaltung und Überwachung von Legierungselektrolyten erfordert deutlich mehr Aufwand als bei Elektrolyten für einzelne Metalle.

Herstellung von Sn-Pb- und Sn-Bumps

In der Montagetechnik werden bevorzugt die eutektische SnPb-Legierung mit ca. 63 % Sn und einem Schmelzpunkt von ca. 180 °C sowie die mechanisch stärker belastbare bleireiche Legierung mit 3–5 % Sn und einem Schmelzpunkt von ca. 315 °C eingesetzt. Die verwendbaren Elektrolyte enthalten neben den Metallsalzen einen Säureüberschuß, der für die hohe Streufähigkeit erforderlich ist, sowie organische Zusätze, die die Streufähigkeit weiter verbessern und die Kristallitstruktur beeinflussen. Die Badüberwachung und die Auswahl und Wartung der Anoden ist bei allen Elektrolyten nach den Richtlinien des Herstellers vorzunehmen und muß die Konstanthaltung der Konzentrationen aller Komponenten sichern. Nachbesserungen sind gemäß den Analysenwerten oder nach bestimmten Materialumsätzen, bezogen auf das eingesetzte Lösungsvolumen, festzulegen. Problematisch kann die Oxidation des eingesetzten Sn^{2+} durch Luftsauerstoff zu Sn^{4+} werden, wenn letzteres in Form des schwer löslichen SnO_2 ausfällt und zur Partikelbildung führt. Um das angestrebte Metallverhältnis in der Legierung sicher zu erreichen, ist die vorgeschriebene Stromdichte bei der Abscheidung einzuhalten, wozu die exakte Kenntnis der freien Fläche in der Maske erforderlich ist. Als Möglichkeit zur schnellen optischen Einschätzung der Abscheidequalität sind Testfelder zweckmäßig.

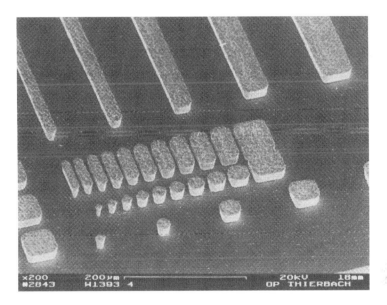

Abb. 2.27. Testfeldausschnitt

Obwohl die Metallabscheidung ohne nennenswerte Nebenreaktionen verläuft, ist eine Überprüfung anhand von Testabscheidungen mit anschließender Höhenmessung zweckmäßig. Dabei wird eine empirische Abscheiderate erhalten, die den elektrochemischen Prozeß und das aufzufüllende Volumen berücksichtigt. Die Leitschicht muß für die galvanische Abscheidung des vorgesehenen Metalls geeignet sein. Das trifft für SnPb uneingeschränkt bei Cu-, Ag- und Au-Leitschichten zu. Vor der Abscheidung ist meist nur ein Tauchen in die Säure erforderlich, die dem galvanischen Elektrolyten zugrunde liegt. Die Haftung und der niedrige Übergangswiderstand werden durch die schon bei Zimmertemperatur beginnende Bildung intermetallischer Phasen begünstigt [32]. Bei anderen Leitschichten wie Ni oder Ni-Legierungen muß in der Regel eine gesonderte Vorbehandlung vorgenommen werden, während für eine Vielzahl von Metallen oder Legierungen wie Al, Cr, NiCr, Ti oder W eine galvanische Beschichtung nur nach hohem Aufwand

36 2 Chip und Chippräparation

in der Vorbereitung und meist nur unter Einsatz aggresiver Chemikalien möglich ist.

Bei exakter Einhaltung der Prozeßführung lassen sich auch auf großflächigen Wafern Bumps mit einer Höhentoleranz von ±1 µm pro Chipplatz bei Höhen um 50 µm sicher erreichen (Abb. 2.28).

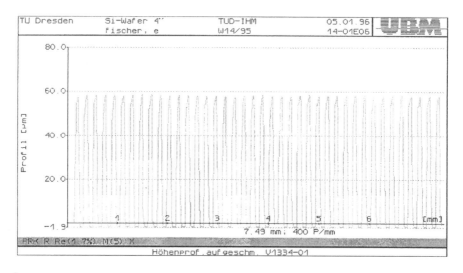

Abb. 2.28. Höhenprofil einer Bumpreihe auf einem Chip mit 184 I/O

Für die Herstellung von reinen Sn-Bumps gelten weitgehend analoge Gesichtspunkte wie für die SnPb-Bumps. Die Badüberwachung vereinfacht sich, da nur ein reines Metall vorliegt. Die verwendbaren Elektrolyte kommen in der Grundzusammensetzung denen für SnPb-Legierungen ohne den Pb-Anteil nahe. In der Auswahl der Säuren bestehen mehr Möglichkeiten, da die Verträglichkeit mit den Pb-Verbindungen nicht zu berücksichtigen ist.

Abscheidung eines Cu-Sockels

Die oben genannten Leitschichten bilden mit dem Lot, wie schon beschrieben, beim Umschmelzen und bei Lötprozessen Legierungen oder intermetallische Phasen, die die mechanische Stabilität der Bumps erheblich beeinträchtigen können. Um die völlige Umwandlung der Leitschicht auszuschließen, hat sich eine galvanische Verstärkung zu einem Sockel von mehreren µm Dicke bewährt, die vor der Lotabscheidung vorgenommen wird.

Für die Abscheidung des Cu, das in der Regel für den Sockel verwendet wird, sind wie bei der Lotabscheidung Elektrolyte der Leiterplattentechnik mit hoher Streufähigkeit geeignet. Die Anwesenheit organischer Zusätze zur Verbesserung der Streufähigkeit und zur Glanzbildung hat sich in den bisherigen Untersuchungen nicht negativ ausgewirkt. Der Vorbehandlung des Untergrundes muß große Aufmerksamkeit geschenkt werden, da die Haftung nicht wie an der Grenze Cu-

Lot durch Phasenbildung begünstigt wird. Eine oxidative Plasmareinigung mit anschließender Säurebehandlung führt aber zu sicheren Ergebnissen. Bei der naßchemischen Reinigung mit kommerziellen Naßreinigern ist zu testen, ob die nachfolgende Lotabscheidung dadurch nicht nachteilig beeinflußt wird.

Herstellung von Bumps aus niedrig schmelzenden Legierungen
Lote, die die Komponenten Indium, Wismut oder Zinn enthalten, erlauben in der Elektronikmontage Abstufungen im Schmelzbereich in Richtung niedrigerer Temperaturen, die Variation der mechanischen Eigenschaften sowie die Substitution von Blei. Als Einsatzgebiete leiten sich daraus z. B. die elektrische und mechanische Verbindung thermisch empfindlicher Halbleitermaterialien wie Cd-Hg-Tellurid mit Auswerteschaltungen [29-30], der Abbau mechanischer Spannungen, die durch unterschiedliche thermische Ausdehnung bedingt sind, oder Mehrfachlötungen ab. Beispiele für die Schmelzpunkte einiger wichtiger binärer Eutektika sind nachstehend angegeben (Tabelle 2.8). Bei der galvanischen Beschichtung sind jeweils die edleren vor den unedleren Metallen abzuscheiden.

Tabelle 2.8. Zusammensetzung und Schmelzpunkt eutektischer Lotlegierungen

System	Zusammensetzung/Gewichtsprozent	Schmelz-punkt [°C]
Sn/Pb	63/37	183
Sn/In	52/48	117
Sn/Bi	57/43	139
Bi/In	34/66	73

Indiumabscheidung
Die galvanische Abscheidung des Indiums aus Lösungen des stabilen In^{3+}-Ions wird in der Literatur als unproblematisch dargestellt und kann aus Elektrolyten auf Sulfat-, Sulfamat-, Fluoroborat-, Perchlorat oder Cyanidbasis sowie weiterer Anionen erfolgen. Bedingt durch das relativ unedle Verhalten des Indiums wird in sauren Elektrolyten parallel zum Metall Wasserstoff entwickelt. Bei der Abscheidung des Indiums in den Öffnungen von Resistmasken können sich Probleme ergeben, wenn es durch den in der Nebenreaktion entstehenden Wasserstoff zur Ablösung der Resistmaske kommt. Dieses Verhalten ist auch von anderen Metallen bekannt, die mit niedriger Stromausbeute abgeschieden werden, wie etwa vom Gold, und läßt sich durch Versiegeln der Resistkanten mittels eines Sockels aus Metallen umgehen, die wie Cu oder Ni den Nachteil der starken Wasserstoffentwicklung nicht aufweisen. Die unsicheren Werte der Stromausbeute für die abgeschiedenen Metallmassen erschweren aber auch die Erzeugung vorgegebener Legierungen. Verstärkt treten diese Probleme auf, wenn das Indium auf einer vorher galvanisch erzeugten Zinnschicht abgeschieden wird. Günstige Ergebnisse lassen sich mit einem Sulfamatelektrolyt [33] und durch Temperaturerhöhung auf 50 °C erreichen. Die Indiumabscheidung ist durch eine potentiostatische Abscheidung mit hoher Reproduzierbarkeit möglich. Durch diese Maßnahme läßt sich auch die durch Wasserstoffentwicklung bedingte Resistablösung völlig unterbinden. Im Falle der Mehrschichtabscheidung Sn-In gelingt es überhaupt nur durch diese Methode, die Abscheidung zu realisieren.

2 Chip und Chippräparation

Wismutabscheidung
Für die Wismutabscheidung kann ein Perchlorat/EDTA (Ethylen-diamintetraacetat)-Elektrolyt [34] verwendet werden. Die Abscheidung des Wismuts erfolgt aus dem obigen Elektrolyt in rötlich-grauer matter Form und mit einer katodischen Stromausbeute von nahe 100 %. Obwohl die Abscheidung eine grobkristalline Oberfläche ergibt, wird die Gleichmäßigkeit der in den einzelnen Resistöffnungen abgeschiedenen Massen nicht beeinträchtigt. Störungen können aber durch eine ungleichmäßige Bedeckung des Cu-Untergrundes auftreten. Dieser Nachteil läßt sich durch eine zu Beginn langsam ansteigende Stromdichte beseitigen. Die weitere Abscheidung kann danach galvanostatisch vorgenommen werden.

Charakterisierung der abgeschiedenen Strukturen
Die Zusammensetzung der Hügel läßt sich durch EDX (energiedispersive Röntgenspektroskopie) ermitteln. Ergänzend kann die DSC-Methode (Differential-Scanning-Calorimetry) eingesetzt werden, die im Gegensatz zur EDX eine auf das gesamte Volumen bezogene Aussage liefert. In Abb. 2.29 ist als Beispiel eine Meßkurve für eine In-Sn-Legierung dargestellt, die den eutektischen Peak bei ca. 119 °C und das Aufschmelzen der Restbestandteile zeigt. Da diese Methode mit geringen Materialmengen auskommt, sehr schnell ist und das gesamte Volumen der Legierung berücksichtigt, stellt sie eine wertvolle Ergänzung zu den analytischen Verfahren dar.

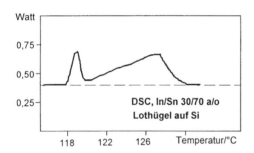

Abb. 2.29. Thermogramm eines Lotes

Umschmelzen von Loten
Die naßchemischen Bearbeitungsschritte führen zur Bildung dünner Oxid- oder anderer Deckschichten auf der Lotoberfläche. In Vorbereitung des Lötens der Bumps muß eine Oberfläche geschaffen werden, die frei von solchen Deckschichten ist. Zu diesem Zweck werden die galvanisch abgeschiedenen Lote umgeschmolzen. Die Qualität des Oberflächenzustandes nach dem Abkühlen wird beeinflußt von der Lotzusammensetzung, vom Fremdelementgehalt, vom Aufschmelzmittel, vom Temperatur-Zeit-Verlauf des Aufschmelzvorganges und vom Abkühlregime. Das Aufschmelzmittel schützt die frischen und oxidfreien Lotoberflächen während der Wärmeeinwirkung vor erneuter Oxidation und sichert die Ausbildung der sphärischen Oberflächenform (Abb. 2.30).

2.3 Methoden der Bumperzeugung

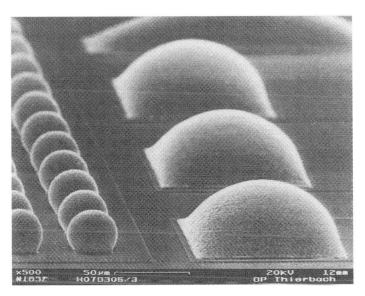

Abb. 2.30. Umgeschmolzene SnPb-Oberflächen mit sphärischer Oberfläche

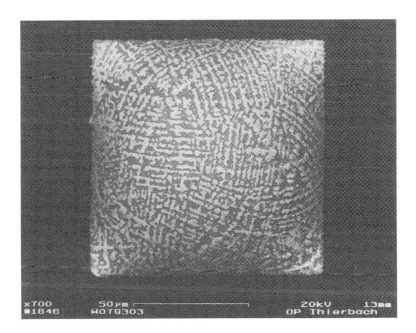

Abb. 2.31. Oberflächenstruktur eines aufgeschmolzenen SnPb-Hügels

Abbildung 2.31 zeigt deutlich die gleichmäßige Verteilung von Sn- und Pb-reichen Mischkristallen, die für eutektische Legierungen typisch ist. Das Temperatur-Zeit-

Regime hat Einfluß auf die Diffusion an den Grenzschichten und auf die Bildung intermetallischer Verbindungen. Als geeignete Methode für den Umschmelzprozeß der SnPb-Lothügel bei vertretbarer Temperaturbelastung der Metallisierungsschichten und des Substrates hat sich das Tauchen in wasserfreies Glyzerin für 10 bis 20 Sekunden bei einer Temperatur von ca. 40 K oberhalb der Schmelztemperatur des Lotes und anschließendes Abschrecken in DI-Wasser erwiesen. Bei Inhaltigen Loten bringt ein geringer Zusatz einer organischen Säure (z. B. Salicylsäure) zu einem mehrwertigen Alkohol als Aufschmelzmittel die gewünschte Oberflächenqualität.

2.3.1.5
Die vakuumtechnische Lotabscheidung

Der wesentliche Vorteil der vakuumtechnischen Lotabscheidung besteht darin, daß hochreine Lotmaterialien abgeschieden werden können und daß eine sehr breite Palette von Lotmaterialien und -legierungen zum Einsatz kommt. Bei der Auswahl eines geeigneten PVD-Verfahrens muß beachtet werden, daß aufgrund der für die PVD sehr großen Schichtdicken (10–100 µm) hohe Beschichtungsraten und Beschichtungsquellen mit großem Materialvorrat erforderlich sind und daß eine homogene Schichtdickenverteilung über das gesamte Substrat erreicht wird. Die Sputtertechnik, die hohe thermische Substratbelastungen mit sich bringt und nur geringe Beschichtungsraten erlaubt (bei hohen Sputterleistung verflüssigt sich das Lot des Targets), findet i. a. keine praktische Anwendung. Das Verdampfen aus einem großflächigen Tiegel erfüllt dagegen diese Forderungen für einzelne Lotkomponenten. Legierungen (SnPb, InSn etc.) sind meist jedoch dadurch gekennzeichnet, daß die einzelnen Komponenten sehr unterschiedliche Dampfdrücke aufweisen. Deshalb wird industriell (IBM C4-Technik mit SnPb95 [35]) mit induktiven Verdampfern gearbeitet, die Tiegelvolumina von mehr als 1 dm^3 besitzen, damit die Legierungszusammensetzung über einen langen Zeitraum im Tiegel konstant bleibt. Der Verarmung der Komponente mit dem höheren Dampfdruck kann auch durch ein kontinuierliches Nachfüttern begegnet werden. Für mittlere und kleine Stückzahlen und bei der Forderung nach hoher Flexibilität beim Einsatz der Lotmaterialien sind Elektronenstrahlverdampfer vorzuziehen. Als Strukturierungsverfahren kommt das Verdampfen über eine Haft- oder Wechselmaske zum Einsatz. Die Lift-off-Technik hat gegenüber der Metallmaskentechnik den Vorteil der hohen Flexibilität bezüglich Geometrie und Material der zu bumpenden Substrate und der Realisierbarkeit kleinster Strukturabmessungen der Bumps (bis 10 x 10 µm^2.) Ein ganzflächiges Aufdampfen mit nachträglichem Ätzen der Bumpmetallierung ist wegen der großen Schichtdicken und damit verbundener Unterätzungen bzw. der Verunreinigung der Lotoberfläche mit Ätzmittelrückständen nicht praktikabel.

Im Folgenden sind Ergebnisse und Erfahrungen bei der Herstellung von Lotbumps und TAB-Bumps mittels Elektronenstrahlverdampfen und Lift-off-Strukturierung dargestellt [36-37]. Die Abscheidung der Bumpmetallisierung (beim einstufigen Prozeß das gesamte Schichtsystem) wird mit einem 4-Tiegel-Elektronenstrahlverdampfer durchgeführt.

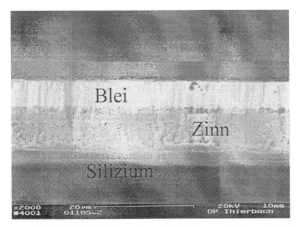

Abb. 2.32. REM-Bild eines Querschliffs eines aufgedampften Schichtsystems (Si, UBM, Sn, Pb)

Die Komponenten einer Lotlegierung werden dabei im stationären Betrieb sandwichartig aufgedampft (Abb. 2.32). Die Strukturierung erfolgt über eine Lift-off-Lackmaske. Um ein Aufschmelzen des Lotes während des Beschichtungsprozesses zu verhindern (in diesem Fall wäre ein Lösungsmittelangriff an den Lackkanten und damit das Liften nicht mehr möglich), ist eine Probenkühlung erforderlich. Für das Liften der Bumpmetallisierung hat sich der AZ 4582 als Haftmaske bewährt. In Abb. 2.33 ist für den einstufigen Lift-off-Prozeß schematisch der Zustand nach dem Aufdampfen des gesamten Metallisierungssystem (UBM + Bumpmetallisierung) am Beispiel eines TAB-Bumps dargestellt. Das Ergebnis des Liftens zeigt die REM-Aufnahme in Abb. 2.34. Untersuchungen mit unterschiedlichen Dicken von Resist und Lot haben ergeben, daß im Falle des stationären Elektronenstrahlverdampfens ein sicheres Liften sogar bei Lotschichten, die die Resistdicke um das Doppelte übersteigen, möglich ist (Abb. 2.35). Mit 20 µm dicken Lackdicken ist es also möglich, bis zu 50 µm dicke Lotschichten bei einem Pitch von 100 µm zu strukturieren. Bei Grundflächen von 100 x 100 µm^2 ergibt das im aufgeschmolzenen Zustand Bumphöhen bis zu 70 µm. Damit stehen für die Belange des FC-Bondens ausreichend hohe Kontaktpartner zur Verfügung.

2 Chip und Chippräparation

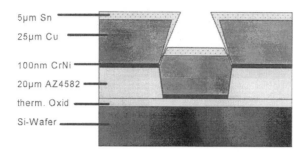

Abb. 2.33. Schematische Darstellung der Verhältnisse von Resistdicke und Dicke der Bumpmetallisierung nach dem Elektronenstrahlverdampfungsprozeß

Abb. 2.34. Einstufiger Lift-off-Prozeß (analog Abb. 2.10 / Grundfläche 25 x 25 µm²)

Abb. 2.35. Zweistufiger Lift-off-Prozeß (Resisthöhe ca. 22 µm /SnPb-Dicke ca. 45 µm)

Beim Reflow kommt es zur Durchmischung und damit zur Legierungsbildung. Die Legierungszusammensetzung im aufgeschmolzenen Zustand wird daher durch den Fehler bei der Abscheidung konstanter Materialmengenverhältnisse (Abb. 2.36) bestimmt. Mit zunehmender Schichtdicke verbessert sich die Genauigkeit der Legierungszusammensetzung (Tabelle 2.9).

Tabelle 2.9. Sn- und Pb-Konzentration für verschiedene Bumphöhen (gefordert LSN63)

Bumphöhe	Sn-Konzentration	Pb-Konzentration
15 µm	60,3 %	39,7 %
30 µm	61,7 %	38,3 %
45 µm	62,1 %	37,9 %

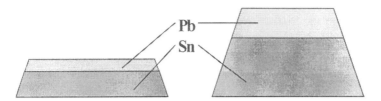

Abb. 2.36. Schematische Darstellung von Lotbumps, hergestellt mit dem Lift-off-Verfahren

Aussagen zur erreichbaren Schichtdickenhomogenitäten über einem 4"-Wafer nach dem Lift-off und dem Reflow sind aus Abb. 2.37 zu entnehmen. Die Schichtdickenungleichmäßigkeit liegt bei etwa 6-8 % über den Wafer und etwa 1 % pro Chip. Damit werden die Forderungen seitens des Kontaktierprozesses erfüllt.

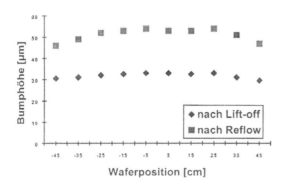

Abb. 2.37. Schichtdickenverteilung der Lotbumps über einem 4"-Wafer (Abstand Elektronenstrahlverdampferquelle / Substrat ca. 25 cm)

Sollen größere Substrate beschichtet werden, so kann der zum Rand hin stark zunehmenden Schichtdickeninhomogenität nur durch Vergrößerung des Abstandes Verdampferquelle/Substrat oder durch entsprechende Substratbewegungen entgegengewirkt werden.

Die Bumphöhe im aufgeschmolzenen Zustand ist durch das Volumen des Lotmaterials nach dem Lift-off-Prozeß und die Grundfläche der UBM festgelegt. Beim zweistufigen Lift-off-Prozeß ergibt sich daher die Möglichkeit, durch eine Vergrößerung der Schablonenmaße für die Lift-off-Maske zur Strukturierung der Lotschicht gegenüber denen für die Maske zur Strukturierung der UBM gleiche Volumina der Lotkomponenten mit geringerer Lotschichtdicken zu erreichen. Der Reflowprozeß begrenzt die Grundfläche des Bumps auf die Grundfläche der UBM (Abb. 2.38). Damit wird einerseits der Einsatz von Lackmasken mit geringerer Dicke möglich, und andererseits ergeben sich bei wesentlich geringeren Lotschichten gleiche Bumphöhen im aufgeschmolzenen Zustand (Abb. 2.39a,b).

44 2 Chip und Chippräparation

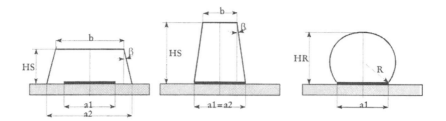

Abb. 2.38. Variation der Bumphöhe HR durch die Lotschichtdicke HS und das Verhältnis a1/a2 (a1: Grundfläche UBM; a2: Grundfläche Lotschicht)

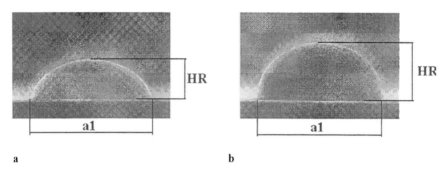

Abb. 2.39. Lotbumps nach Reflow (a) a1 = a2 = 110µm, HS = 15µm; HR = 35µm, (b) a1 = 110µm; a2 =140µm, HS = 15µm; HR = 48µm

Die vakuumtechnische Bumpmetallabscheidung in Kombination mit dem Lift-off-Prozeß stellt ein praktikables Verfahren zur Bumpherstellung dar, das gekennzeichnet ist durch:

1. Herstellung von FC- und TAB-Bumps auf 4"-Wafern mit hoher Reproduzierbarkeit
2. Breites Spektrum an Basislotwerkstoffen und Lotlegierung
3. Bumps mit minimalen Grundflächen 10 x 10 µm und Aspektverhältnissen >1
4. Wegfall der meisten naßchemischen Prozesse und damit Verbesserung der Aufschmelz- und Kontaktierbarkeit der Lotbumps (flußmittelfreie Benetzung)
5. Größere Variation hinsichtlich Bumpgeometrie bei zweistufigem Bumping-Prozeß

Jedoch ist die Belotung der Aufdampfanlagen durch die Abscheidung von relativ dicken Schichten hoch und erfordert eine stetige Reinigung.

2.3.1.6
Lottransfer Verfahren

Das Lottransfer Verfahren basiert prinzipiell auf der galvanischen Abscheidung des Lotes. Im Unterschied zum konventionellen Galvanikverfahren wird jedoch das Lot nicht auf dem Wafer oder Substrat direkt abgeschieden, sondern auf einem temporären Träger. Anschließend wird das Lot vom temporären Träger zum zu belotenden Substrat übertragen. Die Übertragung basiert auf der Entnetzung des Lotes vom temporären Träger beim Erwärmen der Anordnung temporärer Träger/Substrat über die Schmelztemperatur des Lotes. Voraussetzung für das Benetzen des Lotes auf dem zu belotenden Substrat ist allerdings eine lötfähige Untermetallisierung, die z.B. auf der Basis der stromlosen Abscheidung von Nickel vorher realisiert wird. Der Gesamtablauf des Verfahrens ist in Abb. 2.40 dargestellt.

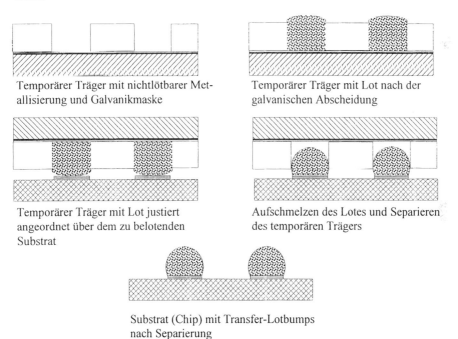

Abb. 2.40. Schematischer Prozeßablauf der Lottransfer Technik

Der Vorteil dieses Verfahrens besteht darin, daß der Wafer bzw. das Substrat nicht dem galvanischen Prozeß ausgesetzt ist und Ätzprozesse, die beim konventionellen galvanischen Lot-Bumping zum Strukturieren der Plating-Base notwendig sind, vermieden werden. Ein weitere Vorteil ergibt sich dadurch, daß auch Einzel-Chips unabhängig vom Waferverbund mit Bumps versehen werden können. Da die galvanische Abscheidung von Lotbumps eine kosteneffiziente Technologie zur Realisierung von Lotbumps im Bereich von 10 µm - 100 µm Durchmesser

46   2 Chip und Chippräparation

darstellt, ist dieses Verfahren besonders geeignet. Anwendung findet die Lottransfer Technik z.Z. beim eutektischen Blei/Zinn Bumping [38].

Der temporäre Träger muß so aufgebaut sein, daß dessen Metallisierung einerseits eine gute Basis für die galvanische Abscheidung ist und andererseits aber das Lot beim Aufschmelzen gut entnetzt. Hierfür wurden unterschiedliche Lösungen erarbeitet [38-40]. Am häufigsten wird eine Metallisierung (z.B. Au) angewendet, die die Eigenschaft hat, sich beim Aufschmelzen des Lotes im Lot zu lösen. Dies bringt jedoch den Nachteil mit, daß der temporäre Träger nach einem Transferdurchlauf nicht mehr verwendet werden kann. Gegenwärtig wird an Metallisierungssystemen gearbeitet, die eine Mehrfachverwendung des Trägers gestatten. Als Maske für die galvanische Abscheidung dient entweder Photolack (Einmalanwendung) oder Polymer (z.B. BCB) für Mehrfachanwendungen. Bei Mehrfachnutzung des temporären Trägers mit permanenter Maske ist nur eine einmalige Lithographie zur Strukturierung der Maske notwendig.

Als Beispiel der Anwendung der Lottransfer Technik soll das Bumping eines Chip Size Package (CSP) dienen [41]. Abb. 2.41 zeigt eine Ausführungsform auf der Basis einer On-Chip Umverdrahtung mit einer Dünnfilmmetallisierung (Ti:WCu / galv. Cu). Hierdurch wird der Pitch von peripher angeordneten I/O-Bondpads von 150 µm auf 350 µm (flächige Anordnung) erhöht.

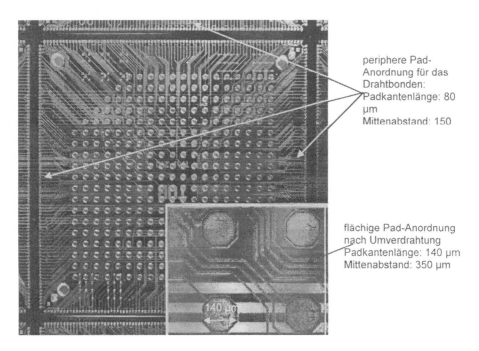

Abb. 2.41. Beispiel einer umverdrahteten I/O-Padanordnung für ein Chip Size Package mit 320 Anschlüssen bei einer Chip Kantenlänge von 8 mm

In Abb. 2.42 sind Lotdepots (eutekt. Blei/Zinn) auf dem temporären Träger nach der galvanischen Abscheidung zu sehen. Als Trägersubstrat wurde in diesem

2.3 Methoden der Bumperzeugung

Beispiel Silizium und als Passivierungsschicht BCB verwendet. Abb. 2.43 und 2.44 zeigen die aufgeschmolzenen Bumps nach dem Transfer auf dem Chip.

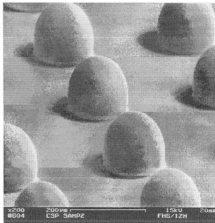

Abb. 2.42. Lotdeposits (PbSn63) nach der galv. Abscheidung auf dem temporären Träger

Abb. 2.43 Lotbumps nach dem Transfer auf dem Si-Chip

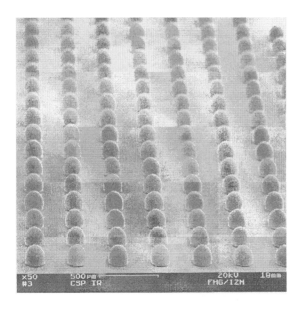

Abb. 2.44. Transfer Lotbumps (PbSn63)

2.3.1.7
Lotbumperstellung durch Drahtbonden

In Anlehnung an die Chipkontaktierung mit Golddraht lassen sich mit einem modifizierten Golddrahtbonder auch feine Blei-Zinn- und Silber-Zinn-Drähte in Durchmessern zwischen 30 µm und 100 µm verarbeiten. Beim Bumping wird zum Aufbringen des Kontakthöckers auf das Chippad vom Bondprozeß nur das Plazieren des Nailhead-Bonds durchgeführt. Anstatt den Kontakt zu einer zweiten Position zu ziehen, wird der Nailhead abgetrennt. Abbildung 2.45 zeigt schematisch den Verlauf des Bumping-Prozesses.

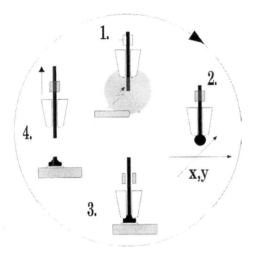

Abb. 2.45. Schematische Darstellung des Bumping-Prozesses unter Verwendung eines modifizierten Golddrahtbonders

Während des Anflammvorgangs zur Kugelbildung muß sichergestellt sein, daß das unter dem Bondwerkzeug herausragende Drahtende von einer Schutzgasatmosphäre umströmt wird. Diese beseitigt bestehende Oxidbedeckungen der Drahtoberfläche und verhindert eine Oxidation des Materials während des Aufschmelzens. Üblicherweise wird hier ein Gemisch aus Wasserstoff in Argon oder Stickstoff eingesetzt (Ar-H_2 10%, N_2-H_2 5%) [42,43]. Für viele Bondautomaten werden inzwischen Modifikationen zum Bumping mit Golddraht angeboten (s. Absch. 2.3.2.3). Diese Modifikationen erlauben es, unter Verwendung dieser Schutzgasatmosphäre im automatischen Modus auch mit Zinnlegierungen Ball Bumps mit einer Frequenz von 2-4 Hz zu plazieren

Tabelle 2.10 gibt einen Überblick über die verwendeten Anströmparameter.

Tabelle 2.10. Verwendete Prozeßgase und Anströmbedingungen

Prozeßgas	Durchströmter Querschnitt	Durchflußmenge
Ar-H_2 10% N_2-H_2 5%	7-20 mm^2	400 - 1500 cm^3/s

2.3 Methoden der Bumperzeugung

Da das zumeist auf den IC-Anschlußstellen verwendete Aluminium mit einer Oxidschicht bedeckt ist, läßt sich aufgrund der geringen Härte der Blei-Zinn-Legierungen hierauf ein Lothöcker nicht direkt haftfest plazieren. Zudem wird das nicht vorbehandelte Pad vom Lotmaterial bei einem Umschmelzvorgang nicht benetzt. Ähnlich wie bei den vorgenannten Verfahren der Lotabscheidung durch Mikrogalvanikprozesse bzw. PVD-Verfahren wird daher eine lotbenetzbare Unterbumpmetallisierung (UBM) auf die IC-Anschlußflächen aufgebracht.

Auch im Falle von Silber-Zinn-Legierungen, die aufgrund ihrer höheren Festigkeit die Oxidhaut des Aluminiumpads durchdringen und sich damit zum Bumping direkt auf das IC-Pad eignen, empfiehlt sich eine zusätzliche Unterbumpmetallisierung, da die dünne Aluminiummetallisierung des Pads infolge der Löslichkeit von Aluminium in Zinn rasch aufgelöst wird und die Haftfestigkeit des Bumps auf dem Pad sich stark verschlechtert [44].

Als sehr vorteilhaft erweist sich das Aufbringen der UBM in einem außenstromlosen Prozeß (siehe Abschnitt 2.3.2.1), der

– selektiv auf die IC-Pads wirkt,
– unabhängig von bestimmten IC-Eigenschaften ist,
– maskenlos durchgeführt werden kann und
– kostengünstig in Equipmentanschaffung und Prozeßführung ist [45].

Hierbei zeigte sich, daß die außenstromlose Abscheidung von Nickel (Schichtdicke ca. 7 µm) und, als Oxidationsschutz, die zementative Abscheidung von Gold auf Nickel als Abschlußschicht sehr gut geeignet sind, diese Forderungen zu erfüllen. Dieser Prozeß läßt sich in sehr wirtschaftlicher Form auf Waferebene durchführen. Auf eine solche UBM, die zudem die Eigenschaften einer Diffusionsbarriere erfüllt, kann das Aufbringen der Lothöcker sicher erfolgen.

Tabelle 2.11 faßt die derzeit kommerziell verfügbaren umschmelzbaren Lotdrähte mit ihren wesentlichen Eigenschaften zusammen.

Tabelle 2.11. Kommerziell verfügbare Lotdrähte

Drahtzusammensetzung (Hauptbestandteile)	T_L (°C)	Bruchlast (cN) bei 30µm-Draht	verfügbare Drahtdurchmesser (µm)	Lötfähige UBM (z.B. außenstromlos Nickel-Gold) nötig
PbSn61	183	2.6	30-100	ja
SnAg3.5	221	3.2	30-100	empfohlen
PbSn2	320	4.7	30-50	ja

Abhängig von der verwendeten Legierung und der vorhandenen Unterbumpmetallisierung müssen die Bondparameter entsprechend gewählt werden, um eine ausreichende Haftung des Nailheads auf dem Pad sicherzustellen. Vorteilhaft ist hier, daß eine Optimierung der Parameter nur zweitrangig ist, da während des Umschmelzprozesses eine vollständige Benetzung der UBM stattfindet und somit Unterschiede in der Haftfestigkeit egalisiert werden. Damit ist ein weites Bondfenster gegeben.

Sichergestellt werden muß nur, daß

- die Haftung des Nailheads auf dem Pad deutlich größer als die Bruchlast des Drahtes ist
- keine Schädigung unter dem IC-Pad durch übermäßiges Einbringen von Ultraschallenergie vorliegt und
- daß die Deformation der Balls nicht zur Berührung zwischen den Nailheads führt. Dies erzeugt sonst beim anschließenden Umschmelz- bzw. Kontaktiervorgang Brücken zwischen den Kontakten.

Tabelle 2.12 stellt für einige Legierungszusammensetzungen die Bumping-Parameter auf einer außenstromlosen Nickel-Gold-UBM von 7 µm Dicke zusammen.

Tabelle 2.12. Bumping Parameter zum Bumpen auf außenstromlosen Nickel-Gold-UBM, Kapillare: Gaiser 1570-18-437-P

Drahtlegierung	Ultraschalleistung	Ultraschallzeit	Bondtemperatur
PbSn61	0-40mW	0-20ms	130-160°C
SnAg3.5	120-200mW	40-60ms	150-190°C
PbSn2	100-130mW	25-40ms	200-220°C

Die erreichbaren minimalen Kontaktmittenabstände sind insbesondere durch das gewünschte Ballvolumen bzw. die Bumphöhe nach dem Umschmelzen begrenzt. In einem Prozeß mit einem PbSn-Drahtdurchmesser von 40 µm, resultierend in einem Lotvolumen von 1×10^6 µm^3 (entsprechend einem Lotbump von ca. 110 µm Höhe auf einem 80 µm Pad) konnten Kontaktmittenabstände von < 200 µm erzielt werden. Kontaktmittenabstände von < 150 µm wurden unter Verwendung von 30 µm-Draht erreicht. Hierbei ist das plazierte Volumen ca. 3×10^5 µm^3.

Abbildung 2.46 zeigt PbSn61-Lothöcker und Abb. 2.47 einen PbSn2-Lothöcker nach dem Bumping auf einer Nickel-Gold-Unterbumpmetallisierung.

Um die vollständige Benetzung der UBM sicherzustellen, wird der Bumping-Prozeß durch einen Umschmelzvorgang abgeschlossen. Dies kann für die eutektische PbSn61-Legierung, wie bereits in Absch. 2.3.1.1 beschrieben, in einem mehrwertigen Alkohol erfolgen oder aber auch mit handelsüblichen Flußmitteln, deren Rückstände mit geeigneten Reinigungsmitteln entfernt werden.

Für die hoch bleihaltigen PbSn2-Lothöcker mit einer Schmelztemperatur von ca. 318 °C hat sich die Verwendung von höherwertigen, hochsiedenden Alkoholen oder die Nutzung einer aktivierten Atmosphäre beim Umschmelzprozeß bewährt [46].

2.3 Methoden der Bumperzeugung 51

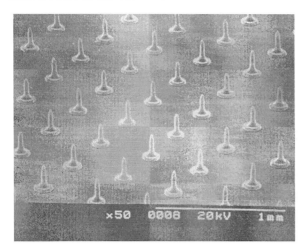

Abb. 2.46. PbSn63 Ball Bumps auf einem Testchip mit flächiger Kontaktanordnung

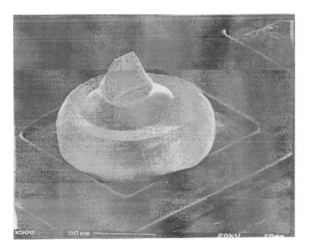

Abb. 2.47. PbSn2 Ball Bump auf einem Mikroprozessorchip

Abbildung 2.48 zeigt PbSn63-Bumps auf einem Testchip mit Nickel-Gold-UBM bei einem minimalen Kontaktmittenabstand von < 150 µm nach dem Umschmelzen in einem mehrwertigen Alkohol.

Abbildung 2.49 zeigt einen PbSn2-Bump auf einem Mikroprozessorchip nach dem Umschmelzen in aktivierter Atmosphäre.

52 2 Chip und Chippräparation

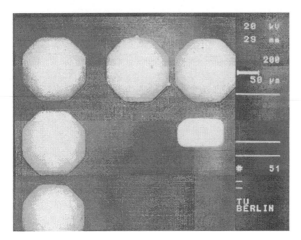

Abb. 2.48. PbSn63-Bumps auf Testchip, Kontaktmittenabstand < 150 μm

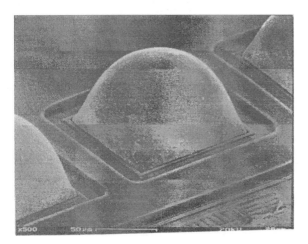

Abb. 2.49. PbSn2-Bump auf einem Mikroprozessorchip nach dem Umschmelzen in aktivierter Atmosphäre

2.3.1.8.
Bumping durch Plazieren von Lotkugeln und Aufschmelzen mit einem Laserpuls

Das zunehmende Interesse an der Flip Chip Technologie führte dazu, daß kommerzielle Anbieter von SMT-Materialien nun auch sphärische Preforms von Lotlegierungen anbieten, die für die Flip Chip-Kontaktierung geeignet sind. Tabelle 2.13 stellt einige verfügbare Legierungen zusammen.

Tabelle 2.13. Verfügbare Preformlegierungen und Kugeldurchmesser

Preformzusammensetzung	verfügbare Kugeldurchmesser
PbSn63	100µm-1mm
PbSn10	100µm-1mm
PbSn5	100µm-1mm
AuSn20	125µm

Diese Kugeln lassen sich mit einem automatischen Kugelplazierer schnell und sicher auf den mit einer UBM (z.B. außenstromlose Nickel-Gold-UBM mit 7 µm Dicke) beschichteten IC-Pads positionieren [47]. Ein Prototyp eines solchen Solder-Ball-Bumpers (SBB) verarbeitet Lotkugeln ab einem Durchmesser von 100 µm. Er verfügt über einen beheizbaren, in X- und Y-Richtung verfahrbaren Tisch, der einzelne Chips, Wafer oder andere Substrate bis zu einer Größe von 150 mm aufnehmen kann. Der rechnergesteuerte Prototyp erlaubt automatisches und manuelles Arbeiten. Im Automatikmodus kann derzeit mit einer Frequenz bis 3 Hz gearbeitet werden. Zukünftige Entwicklungen werden die Bumpgeschwindigkeit noch deutlich erhöhen. Analog zu einem Drahtbonder können die Bumpingpositionen entweder durch manuelles Teach-In programmiert oder als Datenfile importiert werden.

Unmittelbar nach der Plazierung der Lotkugeln werden diese durch einen Laserpuls aus einem gütegeschalteten Nd-YAG Laser flußmittelfrei auf der UBM umgeschmolzen. Der IC ist damit ohne weitere Arbeitsschritte zur Montage vorbereitet.

Das Herzstück des SBB's ist der in Z-Richtung bewegliche Bondkopf. In ihm sind die wesentlichen Komponenten

- Kugelreservoir
- Vereinzelungseinheit
- Kapillare für die Positionierung
- Faserleitsystem für die Zuführung der Laserenergie sowie
- Sensorik zur Kugeldetektion

integriert. Der prinzipielle Aufbau und die Funktionsweise des Bondkopfes sind in Abb. 2.50 dargestellt.

54   2 Chip und Chippräparation

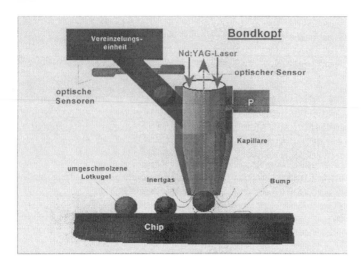

Abb. 2.50. Schematischer Aufbau des Bondkopfes des Solder Ball Bumpers (SBB)

Während der Bondkopf die Kapillare genau über die Bumpingposition fährt, werden simultan Lotkugeln aus dem Kugelreservoir durch eine Lochscheibe vereinzelt. Hat die Kapillare ihre Position erreicht, wird eine Lotkugel durch einen pneumatischen Impuls auf das vorbehandelte IC-Pad gefördert und dort mittels Laserenergie umgeschmolzen. Der Strahl des eingesetzen Nd-YAG-Lasers (λ = 1064 nm) wird in eine Glasfaser eingekoppelt und so in die Kapillare übertragen. Typische Laserparameter bei einer Kugelgröße von ca. 125 µm sind Leistungen zwischen 6 und 8 Watt bei einer Pulslänge von 1 ms. Eine Oxidation des schmelzflüssigen Lotes wird durch Inertgas (N_2), das laminar aus der Kapillare ausströmt, verhindert. Abbildung 2.51 zeigt eine so plazierte und umgeschmolzene Lotkugel auf einer Nickel-Gold-UBM.

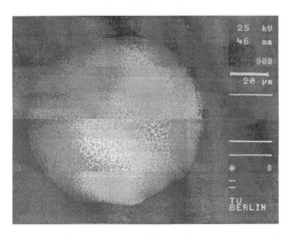

Abb. 2.51. Plazierte und durch Laserpuls umgeschmolzene Lotkugel (PbSn63)

Der gesamte Bump-Zyklus bestehend aus Vereinzelung, Transport und Umschmelzen der Lotkugel wird durch pneumatische und optische Sensoren überwacht und gesteuert.

Durch Wechsel der Lochscheibe und der Kapillare kann der Bondkopf problemlos an verschiedene Kugeldurchmesser adaptiert werden.

Aufgrund der hohen Prozeßflexibilität eignet sich der SBB hervorragend auch zur Reparatur von IC's, denen z.B. einzelne Lothöcker fehlen und nachträglich aufgesetzt werden müssen. Da der SBB nicht auf die mechanische Eignung eines Lotwerkstoffes zur Drahtherstellung angewiesen ist, sind hier hinsichtlich der verwendbaren Legierungssysteme kaum Grenzen gesetzt. So können auch auf Indium oder Wismut basierende, bleifreie Lote verarbeitet werden.

Weiterhin ist dieser Prozeß berührungsfrei, so daß auch empfindliche Aufbauten (Sensoren, oberflächensensitive Bauelemente, vertikale Aufbauten) mit Kontakthöckern bei einer äußerst geringen Temperaturbelastung versehen werden können.

2.3.1.9
Bumperzeugung durch Schablonendruck

Bei diesem Verfahren werden Lotdepots auf dem Wafer durch den Schablonendruck von Lotpaste erzeugt. In einem weiteren Prozeßschritt werden dann die aufgebrachten Lotdepots umgeschmolzen und die Flußmittelrückstände durch Reinigung der Wafer entfernt. Anschließend werden die Wafer gesägt, so daß vereinzelte, gebumpte IC's für die Flip-Chip Montage verfügbar sind. Als benetzbare Metallisierung für die gedruckten Lotpasten ist die bereits beschriebene naßchemische Nickel-Gold Abscheidung auf den Kontaktpads der Wafer hervorragend geeignet. Abbildung 2.52 zeigt das Prinzip des Lotpastendrucks (a) und den Prozeßfluß für die Bumperzeugung (b).

Diese in der Leiterplattentechnologie seit langem eingesetzte Technik muß für das Waferbumping so modifiziert werden, daß auch sehr feine Pitches und hohe Bumpanzahlen reproduzierbar mit hoher Homogenität realisiert werden können. Mit diesem Gesamtprozeß können derzeit Strukturen auf Wafern bis zu einer maximalen Größe von 8" (200 mm) und einem minimalen Pitch von 150 µm - 200 µm zuverlässig erzeugt werden [48].

Durch den hohen Durchsatz hat das Waferbumping durch Schablonendruck für die Massenproduktion das größte Potential und ist demnach für hohe Stückzahlen eine sehr kostengünstige Alternative im Vergleich zu den vorgenannten Verfahren. Abbildung 2.53 zeigt die einzelnen Prozeßschritte für das Waferbumping.

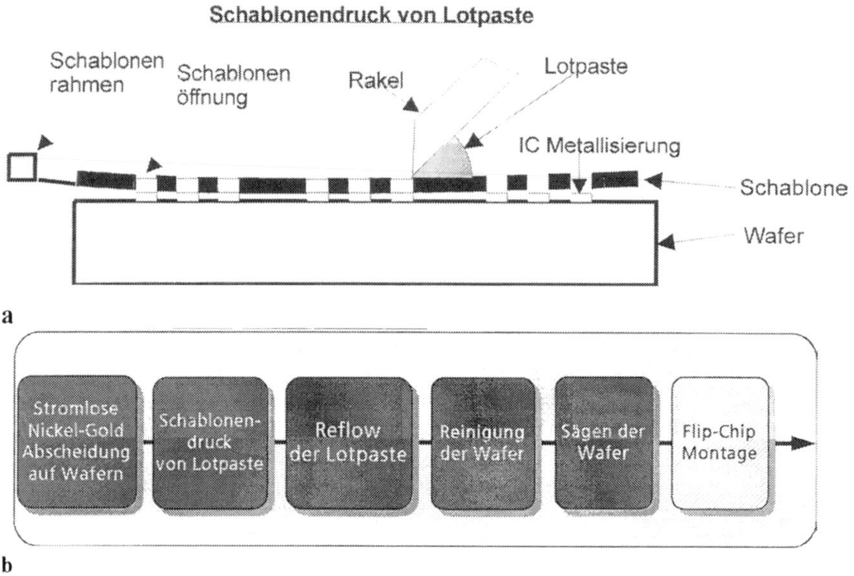

2 Chip und Chippräparation

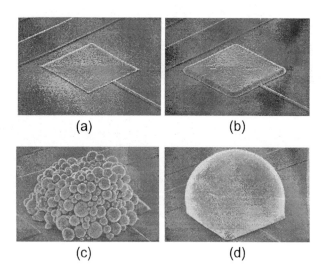

Abb. 2.52. (a) Prinzip des Lotpastendrucks auf einem Wafer (b) Prozeßfluß für die Bumperzeugung auf Wafern durch Schablonendruck

Abb. 2.53. Prozeßschritte für das Low Cost Waferbumping: a) Al-Bondpad im Ausgangszustand; b) Ni/Au Metallisierung; c) Schablonendruck von Lotpaste; d) Lotbump nach dem Reflow

2.3 Methoden der Bumperzeugung

Für den gesamten Bumpingprozeß werden vergleichsweise kostengünstige Anlagen, Geräte und Labore benötigt. Es können hierbei Maschinen, Techniken und Prozesse teilweise aus der SMT-Technologie übernommen werden, die demnach dem technischen Personal bereits vertraut sind.

Der Druckprozeß für ultra-fine-pitch Anwendungen beinhaltet eine Reihe von Variablen und Parametern, die hinsichtlich der Erzielung einer hohen Druckqualität genau kontrolliert und an den Prozeß angepaßt werden müssen. Hierzu gehören Druckverfahren, Gerätekomponenten und Materialien, die optimiert und sorgfältig aufeinander abgestimmt werden müssen. Weiterhin muß der Reflowvorgang sowie die Reinigung von Flußmittelrückständen als Bestandteil des gesamten Bumpingprozeß berücksichtigt werden. Die Haupteinflußfaktoren für die reproduzierbare Erzeugung von Lotbumps durch Schablonendruck sind somit gegeben durch:

Lotpaste	Partikelgröße, Partikelverteilung, Metallgehalt, Konturenschärfe, Flußmitteltyp, Aktivatoren, Rückstände, Viskosität, Rheologie, Tixotropie, Bestückzeit, Legierung
Druckschablone	Material, Herstellungsprozeß, Dicke, Lochdurchmesser, Genauigkeit
Schablonendrucker	Druckprinzip, Justiergenauigkeit, Druckgenauigkeit, Wiederholgenauigkeit, automatische Mustererkennung, Justiermarken, Zyklusdauer
Druckparameter	Absprung, Geschwindigkeit, Rakeldruck, Rakelmaterial
Reflowofen	Konvektion, Strahlung, Restsauerstoff
Reflowatmosphäre	Luft, Stickstoff, Stickstoffqualität, Restsauerstoffgehalt
Umgebung	Temperatur, Luftfeuchte, Staub
Flußmittelreinigung	Renigungsmaschine, Medium, Temperaturbelastung, Zyklusdauer

Für Fine-Pitch Anwendungen wurden in den letzten Jahren zahlreiche Verbesserungen im Bereich der Druckmaschinen und bei den entsprechenden Werkzeugen, wie z.B. dem Rakel erreicht. Ebenso wurden Reflowöfen entwickelt, die einen geringen Restsauerstoffgehalt garantieren und eine sehr homogene Temperaturverteilung in den jeweiligen Heizzonen aufweisen, so daß gedruckte Lotdepots auf Wafern bis 8" reproduzierbar umgeschmolzen werden können. Weiterhin sind professionelle Anlagen für die Reinigung der Druckschablonen sowie der Wafer erhältlich. Hierbei ist es notwendig, Pastenrückstände aus den Schablonenöffnungen vollständig zu beseitigen und sämtliche Flußmittelrückstände auf den Wafern sorgfältig zu entfernen. Die thermische und chemische Belastung insbesondere für Wafer muß dabei minimal sein.

Die Qualität und die Eigenschaften der verwendeten Druckschablonen wirken sich direkt auf die Druckergebnisse aus. Für die Flip-Chip Montage wird aus Zuverlässigkeitsgründen eine möglichst große Bumphöhe angestrebt. Die Bumphöhe nach dem Reflow ist proportional zum gedruckten Lotvolumen, wobei durch die Fläche der Lochöffnung und die Schablonendicke die Lotmenge beim Druckvorgang im wesentlichen bestimmt wird. Für Padgrößen von 90 µm und Pitches im Bereich um 200 µm weisen die Schablonen sehr feine Öffnungen auf. Sie müssen außerdem verhältnismäßig dünn sein, damit die Paste beim Drucken nicht in diesen Öffnungen haftet. Entscheidend für reproduzierbare Ergebnisse ist demnach das Verhältnis von Lochgröße zu Schablonendicke (> 1,5). Die Schablonen müssen so prozessiert werden, daß die Streuung der Lochdurchmesser gering ist und die Innenseiten der Lochzylinder möglichst glatt sind, damit die Paste beim Drukken vollständig auf die Pads des Wafer gedruckt wird. Die Prozessierung der Druckschablonen, d.h. die Herstellung der Löcher erfolgt durch Ätzen, Laserschneiden oder galvanische Nickelabscheidung.

Wesentliche Fortschritte beim Schablonendruck im ultra-fine-pitch Bereich konnten durch zahlreiche Neuentwicklungen bei den Lotpasten erzielt werden. Insbesondere durch die Verwendung kleinerer Lotpartikel können sehr feine Strukturen gedruckt werden. Ebenso wurden neuartige umweltfreundlichere Flußmittel entwickelt, die entweder wasserlöslich sind oder nach dem Lötvorgang auf der Schaltung verbleiben können, ohne Langzeitschäden zu verursachen.

Voraussetzung für homogene und reproduzierbare Lötergebnisse ist, daß eine ausreichende Zahl der Lotpartikel durch die kleinen Lochöffnungen der Schablonen (100 - 250 μm Durchmesser) auf die Pads der Wafer gelangen. Dies bedeutet, daß die metallische Komponente der Pasten aus sehr feinem Metallpulver besteht. Am besten eignen sich kugelartige Partikel, z.B. der Legierung Sn63Pb37, die in einer engen Korngrößenverteilung zwischen 15 μm und 25 μm hergestellt werden. Die Paste selber muß so beschaffen sein, daß eine hohe Konturenschärfe direkt nach dem Druckprozeß erreicht wird und das Auslaufen der Paste in laterale Richtung (Slump Effekt) vermieden wird. Mit diesen Pasten können derzeit reproduzierende Druckergebnisse selbst bei einem Rastermaß von 150 μm - 200 μm erzielt werden. Die deponierten Lotvolumina liegen hierbei in einer Größenordnung von $100 \times 100 \times 60 \, \mu m^3 = 6 \times 10^5 \, \mu m^3$.

Die obere Grenze der Partikelverteilung wird dadurch festgelegt, daß ab einem bestimmten Teilchendurchmesser damit zu rechnen ist, daß die Schablone zumindest partiell verstopft. Ein hoher Feinanteil (Partikeldurchmesser < 15 μm) ist ebenfalls nachteilig, da solche Partikel während des Reflowprozesses leicht mit der Harzkomponente der Paste ausgeschwemmt werden können. Dadurch verschlechtert sich die Konturenschärfe und es kann zur Ausbildung von Lotbrücken kommen. Darüber hinaus wächst die Gesamtoberfläche der metallischen Phase sehr rasch an, wenn sich die Verteilung zu kleineren Durchmessern verschiebt und damit steigt auch der Oxidgehalt des Pulvers.

Die große Gesamtoberfläche ist grundsätzlich problematisch bei ultra-fine-pitch Pasten, da nicht nur bereits an der Pulveroberfläche ein höherer Oxidgehalt vorhanden ist, sondern auch im Reflowprozeß ein größerer Anteil der Partikel direkt der Ofenatmosphäre ausgesetzt ist und nicht von Flußmittel oder anderen Metallteilchen umgeben ist. Damit die Ausbildung von Satellitenkügelchen (Solder Balling Effekt) nicht zu stark ansteigt, muß die Paste daher ausreichend aktiviert sein. Aber auch hier sind Einschränkungen zu berücksichtigen, die durch die spezifische Anwendung erforderlich werden: Auf dem Wafer dürfen keinesfalls korrosive Rückstände zu finden sein. Es sollten daher halogenfreie „no-clean" Pasten eingesetzt werden, die allerdings in der Regel unter Stickstoff gelötet werden müssen. Es zeigt sich, daß unter diesen Umständen auch Pulver mit hoher Gesamtoberfläche zu Pasten verarbeitet werden können, die zu einer sehr guten Ausbildung der Bumps im anschließenden Reflowprozeß (Abb. 2.54.a) und sehr guten Lötergebnissen bei der Flip-Chip - Montage führen. Die hohe Gleichmäßigkeit der durch Schablonendruck erzeugten Bumps zeigt Abb. 2.54.b. Die Strukturen können mit höchster Präzision gleichförmig über den ganzen Wafer erzeugt werden.

a

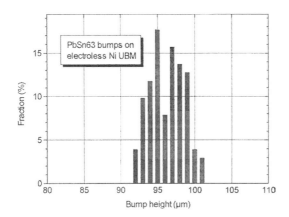

b
Abb. 2.54. (a) Umgeschmolzene gedruckte Bumps auf einem 4" Wafer, Lotpaste: Sn63/Pb37; Pitch: 300 µm, Anzahl der Bumps: 75 000; Bumphöhe: 95 µm (b) Bumphöhenverteilung auf einem 4"-Wafer

Für diese Anwendung wird bereits eine Reihe von Pasten mit unterschiedlichen Eigenschaften angeboten, eine Auswahl ist in Tabelle 2.14 aufgelistet. In [49] konnte demonstriert, daß die in Tabelle 2.14 aufgeführten Lotpasten für den Schablonendruck auf Wafern geeignet sind und somit in der Flip-Chip Technik eingesetzt werden können. Neben den in der SMT üblicherweise verwendeten Legierungen stehen derzeit auch eine Vielzahl alternativer und bleifreier Lote zur Verfügung. Die jeweiligen Eigenschaften und möglichen Einsatzgebiete der Lotpasten beinhaltet ebenfalls Tabelle 2.14.

60 2 Chip und Chippräparation

Tabelle 2.14. Verwendete Lotpasten für die Erzeugung von Bumps auf Wafern durch Schablonendruck

Lot Legierung	Produktname	Schmelzpunkt	Partikelgröße	Eigenschaften der Legierungen [48-52] Anwendungsgebiete
Bi/Sn 57/43	6616 0283	139 °C	10 - 25 µm	Preiswert, niedriger Schmelzpunkt, hohe Kriechfestigkeit und Ermüdungsfestigkeit Kostengünstige PCB
Sn/Pb 63/37	F 364 H 50	183 °C	15 - 25 µm	Standardlot, Referenz PCB, Keramiken
Sn/Pb/Ag 62/36/2	Sn 62 RA 90	179 °C	10 - 25 µm	Standardlot, Vermeidung des Ag-Transportes PCB, Keramiken
Sn/Pb/Ag 62/36/2	Rheomet 244 C	179 °C	10 - 25 µm	Standardlot, Vermeidung des Ag-Transportes PCB, Keramiken
Sn/Bi/Cu 90/9.5/0.5	BF 1	198 °C	25 - 45 µm	Potentielles Substitut für Sn/Pb-Lote, gute Benetzungsfähigkeit, Feinkorngefüge, gute Ermüdungsfestigkeit, hohe Kriechfestigkeit PCB, Keramiken
Sn/Ag 96.5/3.5	F 362 L 30	221 °C	25 - 45 µm	Sehr gute Benetzungseigenschaften, hohe Scherfestigkeit FR-4, FR-5 BT-Epoxy, Keramiken
Sn/Cu 97/3		227 °C	25 - 45 µm	Hoher Schmelzpunkt, Kostengünstig FR-4, FR-5 BT-Epoxy, Keramiken
Au/Sn 80/20	66 15 0001	280 °C	17 - 25 µm	Hoher Schmelzpunkt, flußmittelfreies Löten, hohe Ermüdungsfestigkeit, Medizinische Anwendungen, Optoelektronik, Keramiken

Derzeit steigt in zunehmenden Maße das Interesse nach bleifreien Lotpasten. Umweltaspekte und toxische Belastungen beim Umgang mit Blei haben eine Suche nach alternativen und akzeptablen Lotmaterialien für den Einsatz in der Elektronikindustrie ausgelöst. Neben der Erfüllung von ökologischen Forderungen müssen die neuen Lotlegierungen hinsichtlich Kosten, Verarbeitung und Prozessierbarkeit vergleichbare Eigenschaften zu den Standardloten besitzen. Bei der Entwicklung bleifreier Lote steht ebenfalls die Verbesserung der mechanischen Eigenschaften, wie z.B. höhere Zykelfestigkeit, höhere Festigkeit, günstigeres Ermüdungsverhalten und verbessertes Kriechverhalten im Vordergrund. Ebenso werden Lotlegierungen betrachtet, die für flußmittelfreie Lötungen geeignet sind. Speziell für die Flip-Chip Montage wird das Ziel verfolgt Lotlegierungen zu entwickeln, die die Zykelfestigkeit der Kontaktierungen erhöhen und damit die Zuverlässigkeit der montierten Chips signifikant steigern. Somit könnte für bestimmte Anwendungen auf ein Underfilling verzichtet werden.

Vielversprechende Lotpastensysteme sind z.B. Sn/Bi/Cu Legierungen, die hinsichtlich ihrer Zusammensetzung so gewählt werden können, daß der Schmelzpunkt im Bereich von eutektischen Sn/Pb Legierungen liegt. Alternative Lote bieten aber auch aufgrund von unterschiedlichen Schmelzpunkten den Vorteil eine hierarchische Lötabfolge im Packaging herzustellen. Ebenso werden derzeit für verschiedene Anwendungen Lote benötigt, die eine temperaturfeste Lötverbindung bei hohen Betriebstemperaturen herstellen können. Für den Einsatz in der Automobilindustrie sind eutektische Sn/Ag- und Sn/Cu-Lote mit einem Schmelzpunkt von 221°C, bzw. 227°C hervorragend geeignet. Flußmittelfreie Lötungen z.B. im Bereich der Medizintechnik und Optoelektronik lassen sich mit eutektischen Au/Sn Pasten realisieren. Sie besitzen außerdem eine hohe mechanische Festigkeit und Ermüdungsbeständigkeit. Für Anwendungen im unteren Temperaturbereich können kostengünstige Bi/Sn Lotpasten eingesetzt werden. Abbildung 2.55 zeigt Querschliffe von Lotbumps unterschiedlicher Lotlegierungen, die durch Schablonendruck auf dem Wafer erzeugt wurden.

Die Kombination von chemischer Abscheidung von Nickel-Gold und Schablonendruck von Lotpaste direkt auf dem Wafer hat sich als eine verhältnismäßig einfache und überaus kostengünstige Methode erwiesen, um die Anschlußmetallisierung und Belotung von IC für die Flip Chip Montage zu realisieren. Die Strukturen können mit höchster Präzision gleichförmig über den ganzen Wafer erzeugt werden. Der Prozeß ist in dieser Form problemlos auch für große Stückzahlen einzusetzen. Ein weiterer Vorteil dieses Prozesses ist seine hohe Flexibilität hinsichtlich des Einsatzes unterschiedlicher Lotlegierungen. Durch Verwendung bleifreier Lote können Umweltaspekte stärker berücksichtigt werden. Ebenso können entsprechend der Anwendung Lote mit verschiedenen Schmelzpunkten eingesetzt werden, wobei hierfür keine zeitaufwendigen Maschinenumrüstungen und Prozeßentwicklungen notwendig sind.

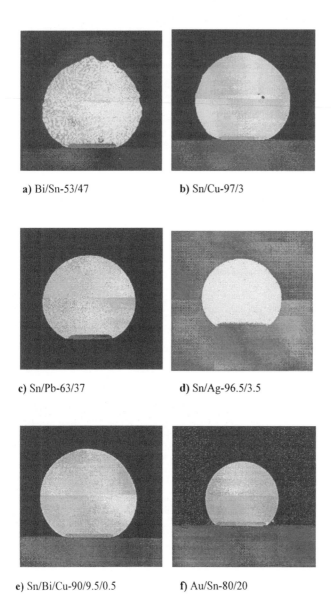

a) Bi/Sn-53/47
b) Sn/Cu-97/3
c) Sn/Pb-63/37
d) Sn/Ag-96.5/3.5
e) Sn/Bi/Cu-90/9.5/0.5
f) Au/Sn-80/20

Abb. 2.55. Durch Schablonendruck erzeugte Lotbumps auf dem Wafer, Wafermetallisierung: 5 µm Ni/Au

2.3.2
Bumping mit nicht umschmelzbaren Metallen/Metallsystemen

2.3.2.1
Bumping mittels stromloser Metallabscheidung

Die chemische Erzeugung von Bump basiert auf der außenstromlosen Metallabscheidung in chemischen Lösungen. Durch eine Wahl geeigneter Chemikalien sowie Prozeßschritte und -parameter ist es möglich, eine zuverlässige, selektive Metallisierung von Al-Kontaktpads zu erzielen. Ein naßchemischer Bumpingprozeß hat gegenüber physikalischen Verfahren, wie Sputtern oder Aufdampfen, mehrere Vorteile:

– keine kostspielige Vakuumtechnik erforderlich (Sputteranlage)
– keine Masken und lithographischen Prozesse
– weitgehend unabhängig von der Wafergröße
– nur Naßchemieequipment nötig
– sehr hoher Produktionsdurchsatz durch parallele Waferbearbeitung

Das chemische Bumpingverfahren besteht im wesentlichen aus vier Prozeßschritten, in denen die Halbleiterwafer naßchemisch behandelt werden. Abb. 2.56 zeigt schematisch den Ablauf des Prozesses.

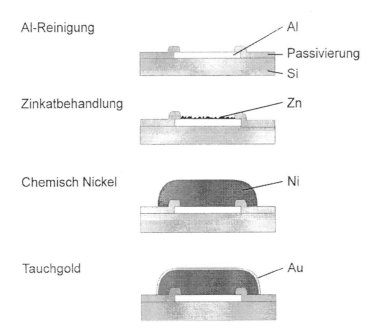

Abb. 2.56. Prozeßschritte bei der chemischen Bumpabscheidung

Im ersten Prozeßschritt erfolgt eine Entfernung der natürlichen Oxidschicht des Al sowie eine Mikroätzung der Oberfläche. Der zweite Schritt ist ein kurzes Tauchen in eine stark alkalische Zinkatlösung. Hier wird durch eine Austauschreaktion Zn selektiv auf den Bondpads abgeschieden. Das Zn ermöglicht die autokatalytische Ni-Abscheidung im nächsten Prozeßschritt und schützt das Al vor erneuter Oxidation.

Autokatalytische Ni-Bäder bestehen im wesentlichen aus einer wässrigen Lösung von Ni-Salzen und einem Reduktionsmittel (z. B. Natriumhypophosphit). Durch eine Redoxreaktion auf katalytisch aktiven Oberflächen erfolgt eine kontinuierliche Abscheidung von Ni, welche durch die Reaktion (1) beschrieben werden kann:

$$3NaH_2PO_2 + 3H_2O + NiSO_4 \rightarrow 3NaH_2PO_3 + H_2SO_4 + 2H_2 + Ni^0 \quad (1)$$

$$3NaH_2PO_2 \rightarrow NaH_2PO_3 + H_2O + 2NaOH + 2P \quad (2)$$

In der Nebenreaktion (2) entsteht Phosphor, welcher gleichzeitig mit dem Ni abgeschieden wird (ca. 10 %). Die Ni-Abscheidung erfolgt mit einer Rate von 10-20 µm/h. Die Wafer verbleiben im Bad, bis die gewünschte Bumphöhe erreicht ist. Für das FC-Löten sind 5 µm Ni hinreichend. Ist eine bestimmte Bumphöhe erforderlich, wie z. B. bei der FC-Kontaktierung mit anisotrop leitfähigem Klebstoff, können 20 µm oder mehr abgeschieden werden.

In einer Goldsalzlösung wird im letzten Prozeßschritt eine dünne Tauchgoldschicht abgeschieden. Diese dient zum Schutz des Ni vor Oxidation. Je nach Behandlungszeit lassen sich Au-Schichten bis 0,25 µm Dicke erzielen. Nach jedem der Prozeßschritte ist eine sorgfältige Spülung in DI-Wasser erforderlich. Bei den meisten Wafertypen ist während der chemischen Behandlung ein Abdecken der Rückseite erforderlich. Dies kann durch Aufschleudern eines beständigen Lackes erfolgen, welcher nach dem Bumping in einem organischen Lösungsmittel entfernt wird. In Tabelle 2.15 sind typische Prozeßparameter gezeigt.

Die Rate des Ni-Wachstums ist auch auf großen Waferflächen homogen, da im Gegensatz zur galvanischen Abscheidung keine Stromdichteverteilung die Reaktion kontrolliert. Es konnte gezeigt werden, daß im Batchbetrieb bis zu 25 Wafer gleichzeitig in einem Bad metallisiert werden können. Durch die parallele Bearbeitung ist ein sehr hoher Prozeßdurchsatz möglich. Neben ganzen Wafern können, nach Abdeckung der Kantenbereiche, auch Teilstücke metallisiert werden. Abb. 2.57 zeigt einen 150 mm CMOS Wafer mit Ni/Au-Bumps mit einer Höhe von 15 µm.

Tabelle 2.15. Typische Prozeßparameter des chemischen Bumpingverfahrens

	pH-Wert	Temperatur	Zeit
Al-Reinigung	alkalisch	60 °C	5 min
Aktivierung	stark alkalisch	20 °C	30 s
chemisch Nickel	leicht sauer	90 °C	15 min (5 µm)
			60 min (20 µm)
Tauchgold	alkalisch	70 °C	10 min

2.3 Methoden der Bumperzeugung

Abb. 2.57. 150 mm CMOS-Wafer mit chemisch abgeschiedenen Ni-Bumps

Für das chemische Bumping von Einzelchips ist derzeit noch kein für die industrielle Fertigung geeignetes Verfahren bekannt. Das Problem liegt hierbei in der erforderlichen vollständigen Abdeckung der gesägten Kanten sowie der Rückseite.

Die Ni-Bumps weisen eine gute Haftung auf Al auf. Die Scherkraft beträgt bei einer Padfläche von 100 x 100 µm² mehr als 100 cN (100 g); der Kontaktwiderstand liegt unter 10 mΩ. Die Grenzfläche Al/Ni weist bei Belastungstests eine hohe Zuverlässigkeit auf. Bei beschleunigter Alterung (200 °C) und Feuchtelagerung (85 °C/85 % rel. Feuchte) kann nach 10 000 h keine Verringerung der Bumphaftung gemessen werden. Weitere Tests wie thermisches Zyklen (-55 °C/+125 °C, 5000 Zyklen), Pressure Cooker (125 °C/2 bar, 200 h) führen gleichfalls zu keinen Ausfällen. Der Ni-Bump bewirkt keine hermetische Versiegelung des Al, wie dies bei Sputterschichten der Fall ist. Das Ni bietet jedoch einen guten Schutz gegenüber korrosiven Einflüssen. In einer 10 %igen NaOH-Lösung, welche ungeschütztes Dünnfilm-Al in Minuten auflöst, kann eine erste Korrosion der Al-Pads unter dem Ni erst nach 2 h beobachtet werden.

Die für die chemischen Bumpabscheidung geeigneten Wafer müssen bestimmte Design-Regeln erfüllen. Es ist derzeit möglich, Scheiben bis zu 200 mm Durchmesser zu bearbeiten. Die Dicke des Si sollte aufgrund der problematischen Handhabung dünner Wafer nicht unter 250 µm liegen. Die Beschaffenheit der Waferrückseite ist beliebig, da diese während des Bumpings abgedeckt ist.

Als Bondpadmetallisierung sind die Standardlegierungen AlSi1, AlSi1Cu0,5 und AlCu2 für den Prozeß geeignet. Die Al-Dicke sollte nicht unter 0,7 µm liegen, da während der ersten beiden Prozeßschritte (Reinigung und Aktivierung) 0,3-0,4 µm Al abgetragen werden. Die Geometrie der Bondpads bestimmt die mögliche Höhe der Ni-Bumps. Sie darf maximal die Hälfte der Strecke zwischen benachbarten offenen Al-Strukturen betragen, um einen Kurzschluß durch das laterale Ni-Wachstum zu vermeiden. Bei einem Kontaktraster von 200 µm und einer Padgröße von 100 µm dürfen beispielsweise die Bumps nicht größer als 50 µm werden.

Die Passivierung darf keine Risse oder Löcher (Pinholes) aufweisen, da darunterliegendes Al zu unerwünschtem Ni-Wachstum führen kann. Die Passivierung kann aus Nitrid- oder Oxidschichten bestehen. Ebenfalls ist eine zusätzliche Polyimidpassivierung zulässig. Metallisierte Teststrukturen im Ritzgrabenbereich werden ebenfalls mit Ni beschichtet. Beim Vereinzeln der Chips erwiesen sich Ni-Schichten bis 5 µm Dicke in diesem Sägebereich als unproblematisch. Tabelle 2.16 zeigt zusammenfassend, welches Waferdesign für eine chemische Metallisierung der Bondpads akzeptabel ist.

Die auf stromlosem Weg erzeugte Padpräparation liefert eine mit Lot benetzbare Oberfläche. Sie kann für Klebeverbindungen direkt verwendet werden. Zum Löten muß jedoch ein Lotdepot entweder auf dem Substrat oder auf dem Chip erzeugt werden. Das kann in einer der in 2.3.1.4 und 2.3.2.3 geschilderten Methoden erfolgen. Zusätzlich ist als Lottransfer ein Verfahren bekannt, bei dem zunächst auf einem Hilfsträger galvanisch im Muster abgeschiedene Lotdepots durch Umschmelzen auf die benetzbaren Chippads übertragen werden (siehe Abschnitt 2.3.1.7). Hierdurch können auch Padraster unter 200 µm belotet werden. Ist das Raster der Kontakte nicht kleiner als 200 µm, läßt sich auch der Schablonendruck von Lotpaste auf dem Wafer anwenden (siehe Abb. 258).

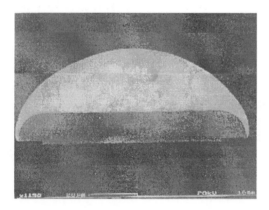

Abb. 2.58. Gedruckter und umgeschmolzener AuSn20-Bump auf Nickel-Gold-UBM, metallografischer Querschliff.

Tabelle 2.16. Akzeptables Waferdesign für das chemische Bumping

Wafergröße	bis 200 mm (8")
Si-Dicke	≥ 250 µm
Waferrückseite	beliebig (wird abgedeckt)
Al-Legierung	AlSi1, AlSi1Cu0.5, AlCu2
Al-Dicke	≥ 0,7 µm
maximale Bumphöhe	< ½ Abstand zwischen Al-Strukturen
Passivierung	defektfreies Nitrid, Oxid, Polyimid
Ritzgraben	isolierend (bis auf Teststrukturen)

2.3.2.2. Bumping mit nicht umschmelzbaren Metallen

Einleitung

Die Anwendungsgebiete nicht umschmelzbarer Bumps sind die Flip-Chip-Technik (FC) und das Tape Automated Bonding (TAB). Einen besonderen Anwendungsfall stellt die Chip on Glas Technologie dar, die gegenwärtig weiter an Bedeutung gewinnt.

Allgemein besteht der Bump aus einer unteren dünnen metallischen Haft- und Diffusionssperrschicht sowie dem eigentlichen Bumpmetall. Im folgenden wird die dünne Haft- und Diffusionssperrschicht sowie die Oxidationschutzschicht, die als Galvanikstartschicht (Platingbase) dient, als Under Bump Metallisierung (UBM) bezeichnet, während die oberste bondbare Metallschicht den eigentlichen Bump darstellt.

Als Under Bump Metallisierung (UBM) kommen Ti/Cu, Cr/Cu, Ti/Pt/Au, Cr/Pd/Au, Ti/Pd/Au, Pt/W/Ti, Cr/Cu/Au, Ti:W/Au und Ti:W(N)/Au zur Anwendung. Die Bumps selbst bestehen aus Au, Cu, Cu/Ni, Cu/Ni/Au oder Ni/Cu/Au, wobei für jede Bumpmetallisierung eine geeignete UBM gewählt wird [51 - 55].

Die Bumps werden durch galvanische Abscheidung in einer Fotoresistmaske additiv abgeformt. Als Fotoresist werden Trockenlaminate, flüssige Fotolacke oder fotoempfindliche Polyimid-Precursor verwendet [51, 53, 56]. Die Auswahl des Fotoresists hängt von der Art der verwendeten Elektrolyte, der gewünschten lithographischen Auflösung und der angestrebten Bumphöhe und -form ab.

Im folgenden wird am Beispiel eines Standard Gold-Wafer-Bumping-Prozesses, der z.B. an der TU Berlin verfügbar ist, auf die einzelnen Prozeßschritte genauer eingegangen. Der prinzipielle Prozeßablauf ist in Abb. 2.59 dargestellt. In einem ersten Schritt wird die Under Bump Metallisierung ganzflächig auf den Wafer aufgebracht. Diese besteht aus der Haft- und Diffusionssperrschicht (Ti:W(N)) und einer Au-Schicht, die als Oxidationsschutzschicht dient und als inerte Galvanikstartschicht (Platingbase) keiner besonderen Vorbehandlung beim Galvanisieren bedarf. Die Galvanikmaske wird durch Tiefenlithographie in einem dicken Fotolack strukturiert. Zur Abscheidung der Bumps wird ein Goldelektrolyt benutzt. Nach der Lackentfernung wird abschließend die freiliegende Platingbase von der Waferoberfläche geätzt [53].

Chip-Anschlußpad mit Passivierung

Rücksputtern und ganzflächiges Aufsputtern
der Under-Bump-Metallisierung (UBM)

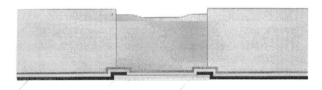

Aufschleudern und Strukturieren des Fotoresists

Galvanische Abformung mit Gold

Reststrippen und Differenzätzen
der freiliegenden Plating Base

Abb. 2.59: Herstellung von Goldbumps auf Chipanschlußflächen durch galvanische Abformung

2.3 Methoden der Bumperzeugung

Under Bump Metallisierung (UBM)
Im allgemeinen werden folgende Forderungen an die Under Bump Metallisierung gestellt:

- hermetische Abdichtung des Chippads gegen äußere chemische Einflüsse
- Vermeidung von intermetallischer Phasenbildung zwischen Pad- und Bumpmetall infolge von Diffusionsprozessen
- gute Hafteigenschaften des Schichtsystems an den Grenzflächen
- hohe thermische Stabilität der Diffusionssperrschicht
- hohe thermische und elektrische Leitfähigkeit
- geringer Kontaktwiderstand zu den Nachbarschichten
- Widerstandsfähigkeit gegenüber mechanisch und thermisch induzierten Spannungen
- homogene Schichtdickenverteilung auf der gesamten Waferfläche
- keine Schädigung der CMOS-Strukturen oder Funktionsbeeinträchtigung von Halbleiterbauelementen durch den Sputterprozeß

Das Aufbringen der Under Bump Metallisierung erfolgt in mehreren Prozeßschritten in einem geschlossenen Vakuumsystem. In einem ersten Schritt wird die auf den Aluminiumpads vorhandene dünne Oxidschicht sowie Verunreinigungen durch Rücksputtern mit Argon (Leistungsdichte: 0,7 W/cm², Zeit: 2 min) entfernt. Anschließend wird die zweischichtige Dünnfilmmetallisierung bestehend aus Ti:W(N) (230 nm) und Au (200 nm) aufgesputtert, ohne das Vakuum zu brechen. Das Ti:W(N) wirkt als Haftvermittler und verhindert wegen seiner ausgezeichneten Barriereeigenschaften die Ausbildung von intermetallischen Aluminium-Gold-Phasen. Die Goldschicht erfüllt die stromführende Funktion für die Galvanik und gleichzeitig schützt sie das darunterliegende Ti:W(N) vor Oxidation.

Das Sputtertarget für die Abscheidung der Ti:W - Schichten hat eine Zusammensetzung von 90 Gewichtsprozent Wolfram und 10 Gewichtsprozent Titan. Aufgrund ihrer geringeren Masse werden die Titan-Atome im Plasma stärker gestreut als die Wolfram-Atome, was zu einer Erhöhung der Wolfram-Konzentration in der abgeschiedenen Schicht führt. Dies resultiert in einer Zusammensetzung der aufgesputterten Schicht mit 95 Gewichtsprozent Wolfram und 5 Gewichtsprozent Titan.

Da Ti:W - Schichten hohe innere Spannungen aufweisen, muß der Streß durch Wahl der Prozeßparameter (Gasdruck, N_2-Konzentration) minimiert werden, um optimale Barriereeigenschaften der Ti:W zu erhalten. Durch Variation des Gasdrucks beim Sputtern kann die durch den Streß bedingte Durchbiegung der Wafer bestimmt und so der Gasdruck ermittelt werden, bei dem keine zusätzlich durch den Prozeß erzeugte Durchbiegung festzustellen ist. Die Diffusionssperreigenschaften der Ti:W(N)-Schichten können durch die N_2-Konzentration beim Sputtern beeinflußt werden. Untersuchungen mittels Temperaturlagerung bei 400°C (1 h) sowie AES-Tiefenprofilanalyse zeigten, daß bei einer Sputtergaszusammensetzung von 95 % Ar und 5 % N eine thermisch stabile Sperrschicht erzeugt werden kann, ohne daß deren Leitfähigkeit oder Ätzbarkeit beeinträchtigt wird. Der ermittelte Kontaktwiderstand eines Au-Bumps (100 x 100 µm²) liegt unter 1 mΩ / Bump.

Fotolithographische Strukturierung

Um den Mittenabstand (Pitch) der Bumps im gleichen Maße wie die Seitenlänge der Anschlußflächen verringern zu können, muß das horizontale Wachstum des Goldes auf der gesamten Bumphöhe begrenzt werden. Dies erfordert annähernd senkrechte Kanten an den Fotolacköffnungen sowie eine Fotolackschicht, die höher ist, als die zu erzeugende Bumphöhe. Für eine Bumphöhe von 25 µm werden Lacke mit einer Dicke von ≥ 30 µm verwendet. Auf diese Weise entstehen sogenannte „Straight-Wall-Bumps".

Die erforderlichen Lackstrukturen können mit positiv arbeitendem Fotolack hoher Viskosität und Transparenz (AZ 4000 Serie, Fa, Kalle Hoechst; ma-P Serie, Fa. micro resist technology) erzeugt werden. Diese Positivfotolacke sind Dreikomponentensysteme, bestehend aus einem Novolakharz, einer lichtempfindlichen Komponente und einem Lösemittelgemisch. Die Strukturierung erfolgt durch Energiedeposition von Licht, die eine chemische Veränderung des Fotolackmaterials bewirkt. Dabei wird bei einem Positivfotolack die Löslichkeit in einem wäßrig-alkalischen Entwickler erhöht. Derartige Lacksysteme stellen, wenn sie auf den darauffolgenden Galvanikprozeß abgestimmt sind, auf Grund der überlegenen Auflösung eine praktische Alternative zu fotoempfindlichen Polyimid-Precursoren und Festresisten dar [51, 56].

Um eine einwandfreie und gut haftende Beschichtung zu erhalten, wird die Galvanik-startschicht (plating base) auf dem Wafer als Erstes von Wasser, durch Backen bei hohen Temperaturen (≥ 200°C), bzw. von organischen Oberflächenbelägen durch ein O_2-Plasma befreit. Im Standardprozeß werden durch doppelte Schleuderbeschichtung Lackdicken bis 45 µm erreicht. Verwendet man ein geschlossenes Schleudersystem (z.B. Gyrset RC8, Fa. Karl Süss) können Schichten in guter Qualität bis zu Schichtdicken von 45 µm durch Einfachbeschichtung erzeugt werden. Bei Doppelbeschichtung mit diesem Schleudersystem sind Schichtdicken von > 90 µm prinzipiell möglich. Der entsprechende 75 µm-Lackprozeß erlaubt die Erzeugung von Lackstrukturen mit einem Aspektverhältnis von bis zu 13 [57]. Nach der Beschichtung wird die Lackschicht in einem Konvektionsofen (Standardprozeß: typ. 90°C, 90 min.) getrocknet (Prebake). Dabei wird das Lösemittel weitgehend ausgetrieben. Bleibt ein zu hoher Lösemittelanteil in der Lackschicht zurück, können die Lackstrukturen nicht mit der erforderlichen Steilheit der Lackkanten sowie Maßhaltigkeit der Lackstrukturen erzeugt werden.

Die für die Belichtung notwendige chrombeschichtete Glasmaske (Lime-Glas, Quartz) wird i.A. in Maskenzentren (z.B. FhG-IFT, München; Maskenzentrum Dresden) hergestellt. Das notwendige Design in Form eines GDS-Files liefert in der Regel der Bumpingdienstleister (z.B. FhG-IZM), da hierbei die technologiespezifischen Design-Regeln (siehe Abb. 2.63) berücksichtigt werden müssen.

Die Belichtung erfolgt im UV-Bereich bei 365-436 nm im Kontaktverfahren an einem Mask-Aligner (z.B. MA 8, Fa. Karl Süss). Um steile Lackkanten zu erhalten, ist ein besonders guter Kontakt zwischen Maske und Fotolackoberfläche wesentlich. Dies wird erreicht durch eine homogene Lackschichtdicke, einer Waferrandentlackung und der Belichtung im Vakuumkontaktmodus. Hierbei wird zwischen der Maske und dem Resist ein Vakuum erzeugt, um den Abstand zwischen Resistoberfläche und Maske so gering wie möglich zu halten und damit Streustrahlung zu verringern.

Die Belichtungszeiten und anschließenden Entwicklungszeiten in einer wässrig-alkalischen Lösung (Tauchentwicklung) richten sich nach dem eingesetzten Resist-System und der Schichtdicke. Typische Parameter für das System AZ 4562 bei einer Lackdicke von 30 µm sind Belichtungszeiten von 2 min (bei einer Lichtintensität von 13 mW/cm^2) und Entwicklungszeiten von ca. 6 min im Entwickler (AZ 400K : H$_2$O = 1:4).

Vor der galvanischen Metallabscheidung wird der Lack noch einmal im Ofen getrocknet, um die Lackschicht zu stabilisieren (Postbake; typ. 30 min bei 75°C, AZ-Serie, d = 30 µm). Um ein gutes Ergebnis, d.h. Strukturtreue, steile Kanten und hohe Galvanostabilität zu erzielen, sind alle Parameter der Lackprozessierung insbesondere die Backprozesse (Prebake, Postbake) sorgfältig aufeinander abzustimmen. Bei optimaler Einstellung aller Parameter liegt die Auflösungsgrenze unter der für das Bumping erforderlichen minimalen Strukturgröße von 15 µm. So konnte durch die Herstellung von Strukturen < 10 µm gezeigt werden, daß die Lithographie die Verkleinerung der Bumpstrukturen nicht begrenzt [53]. Abbildung 2.60 zeigt eine typische strukturierte Galvanikmaske für Au-Bumps auf der Basis des Fotolackes AZ 4562 (Kalle Hoechst) mit einer Dicke von 30 µm, Öffnungsbreiten von 110 µm und Lackstegbreiten von 30 µm d.h. einem Pitch von 140 µm.

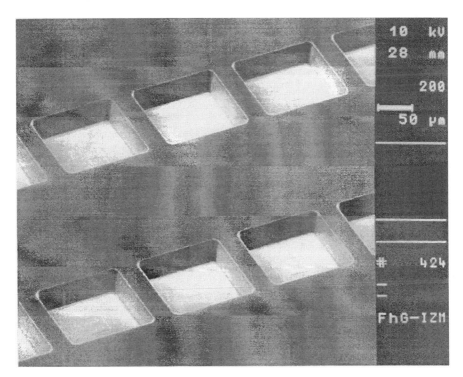

Abb. 2.60. Öffnungen in einer Galvanikmaske aus 30 µm dickem Fotolack

Bedingt durch die Photoempfindlichkeit des Resistsystems sowie zur Erzielung einer hohen Ausbeute d.h. einer niedrigen Strukturdefektdichte wird die fotolithographische Strukturierung unter Gelblicht in Reinräumen (RR-Klasse: 100) durchgeführt.

Galvanische Metallabscheidung
Die galvanische Golddeposition in den Resistöffnungen erfolgt in speziell hierfür konstruierten Mikrogalvanikgeräten. Besonders bewährt haben sich hier sogenannte Fountain-Plater, bei denen das Halbleitersubstrat horizontal auf einem Hohlzylinder liegt und von einer durch diesen Hohlkörper aufsteigenden Flüssigkeitssäule benetzt wird (Abb. 2.61). Der Elektrolyt fließt an der Substratoberfläche radial von der Mitte nach außen hin ab. Die über den Waferradius unterschiedliche Geschwindigkeit dieser laminar gerichteten Strömung kann sich negativ auf die örtliche Schichtqualität auswirken. Dieser ungünstige Strömungseffekt ist mit zunehmender Wafergröße ausgeprägter, ihm kann jedoch durch geeignete konstruktive Maßnahmen begegnet werden. Eine Möglichkeit hierzu ist die Anordnung von Lochplatten im Strömungskanal, welche den sonst homogenen Elektrolytfluß stören und an der Waferoberfläche verwirbeln sollen. Diese Anlagentechnik erfordert einen hohen konstruktiven und fertigungstechnischen Aufwand und läßt nur eine Einzelwaferprozessierung zu. Neben den Fountain-Platern sind grundsätzlich auch Rack-Plater mit konventionellem Zellenaufbau für die Erzeugung von Goldbumps geeignet. Ihr Vorteil liegt in der einfacheren Bauweise und der Option zur Batchprozessierung. Zur Erzielung einer optimalen Bumpform und einer gleichmäßigen Höhenverteilung auf der gesamten Waferfläche ist hier neben einer definierten Elektrolytanströmung zusätzlich die Anordnung von Feldblenden notwendig.

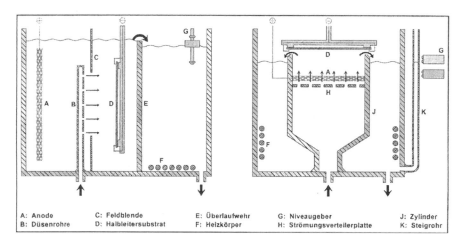

Abb. 2.61. Schematischer Zellenaufbau eines Rack-Platers (links) und eines Fountain-Platers (rechts)

Die hohen Erwartungen an Bumpgeometrie, Höhenverteilung und Defektrate (siehe Tabelle 2.17) können nur unter definierten Elektrolysebedingungen erfüllt werden. Die Qualität der Abformung hängt maßgeblich von folgenden Einflußgrößen ab:

- Zusammensetzung und Reinheit der Badchemie
- Stromdichte
- Strömungsverhältnisse an der Waferoberfläche
- Badtemperatur
- Partikelbelastung des Elektrolyten
- Ausblutung von Resistbestandteilen während der Elektrolyse

Zwischen den genannten Größen gibt es vielfältige Abhängigkeiten. Zur Beurteilung der Qualität der abgeschiedenen Schichten werden geometrische, elektrische, mechanische und chemische Kenngrößen herangezogen:

- Schräge und Rauhigkeit der Bumpoberfläche
- Defekte infolge von Partikeleinschlüssen oder Pittings
- Porösität, spezifische Dichte und Kornstruktur des deponierten Goldes
- spezifischer elektrischer Widerstand
- Mikrohärte sowie temperaturinduziertes Härteverhalten
- innere Spannungen
- Reinheit des Goldniederschlages
- Anlaufbeständigkeit

Zur Optimierung des Galvanikprozesses ist eine sorgsame Abstimmung der einzelnen Parameter (z. B. Stromdichte, Badbewegung, Temperatur, Metallkonzentration) auf der Grundlage empirischer Versuchsergebnisse vorzunehmen. Diese Optimierung ist im allgemeinen noch vom kundenspezifischen Design (z. B. Wafergröße, Strukturgrößen, Strukturhöhe) abhängig.

Für das TAB-Bumping werden sulfitische Feingoldelektrolyte industriell eingesetzt. In diesem Badtyp tritt das Gold in einwertiger Form komplexgebunden auf. Der Edelmetallgehalt dieser Bäder liegt in der Regel zwischen 8 und 15 g/l, und mit einer anwendbaren Stromdichte von typ. 5 - 20 mA/cm² wird eine Abscheidegeschwindigkeit von ca. 0,3 - 1,2 µm/min erhalten. Die übliche Badtemperatur beträgt 50 - 70 °C und die kathodische Stromausbeute in allen Fällen nahezu 100 %. Im allgemeinen erlauben hochauflösende, wässrig alkalisch entwickelbare Positivresiste die Verwendung von sauren, neutralen und mit Einschränkung auch schwach basischen Goldelektrolyten.

Cyanidische Feingoldelektrolyte erfüllen die spezifischen Anforderungen, die an galvanisch erzeugte Goldbumps für das Thermokompressionsbonden gestellt werden, nur zum Teil. Für TAB-Anwendungen haben sie heute keine große Bedeutung mehr.

Die Entwicklung und kommerzielle Vermarktung von sulfitischen Goldelektrolyten setzte in den 60er Jahren erst relativ spät ein, schritt dann aber schnell voran. Wegen ihrer vergleichsweise geringen Giftigkeit und problemlosen Entsorgung setzen sich die sulfitischen Bäder zunehmend durch, nachteilig wirken jedoch ihre größere Empfindlichkeit und schwierigere Badführung. Sulfitische Feingoldelektrolyte besitzen von Natur aus eine bessere Streufähigkeit und eine größere Neigung zu feinkristalliner Abscheidung als ihre cyanidischen Vertreter [58]. Dieses günstige Verhalten prädestiniert sie für die Erzeugung von Goldstrukturen mit präzisen Raummaßen und engen geometrischen Toleranzen. Aus dem dreiwertigen Disulfitokomplex erfolgt die Goldabscheidung nach der Gleichung

$$[Au(SO_3)_2]^{3-} + e^- \rightarrow Au + 2\,SO_3^{2-}.$$

Die Dissoziationskonstante des Disulfitoauratkomplexes ist 10^{28} mal größer als diejenige des Dicyanoauratkomplexes, was die sehr viel geringere Stabilität der wässrigen sulfitischen Lösungen bedingt. Brauchbare galvanische Elektrolyte erhält man nur durch die Anwesenheit größerer Mengen freien Sulfits, wodurch das Reaktionsgleichgewicht zugunsten der undissoziierten Komplexverbindung verschoben wird:

$$[Au(SO_3)_2]^{3-} + e^- \rightleftarrows Au^+ + 2\,SO_3^{2-}\,;\ K = \frac{Au^+ + 2\,SO_3^{2-}}{[Au(SO_3)_2]^{3-}} = 10^{-10}\,mol^2\,l^{-2}.$$

Die freien einwertigen Goldionen besitzen eine große Neigung, in wässriger Lösung zu disproportionieren. Hierbei bildet sich elementares und dreiwertiges Gold, wobei letzteres ein starkes Oxidationsmittel ist und sich leicht zur metallischen Form reduzieren läßt:

$$3\,Au_{aq}^+ \rightleftarrows 2\,Au + Au_{aq}^{3+}$$

$$Au_{aq}^{3+} + 3\,e^- \rightleftarrows Au\quad;\quad \varepsilon_0(Au/Au^{3+}) = +1{,}498\,V.$$

Das im Überschuß vorhandene Sulfit ist bestrebt, in die höhere Oxidationsstufe der Schwefelsäure überzugehen. Auch in einer kathodischen Nebenreaktion gebildetes Dithionit übt eine reduzierende Wirkung aus und kann zur Ausfällung von elementarem Gold führen.

$$SO_3^{2-} + 2\,OH^- \rightleftarrows SO_4^{2-} + H_2O + 2\,e^-\,;\quad \varepsilon_0(SO_3^{2-}/SO_4^{2-}) = -0{,}93\,V$$

$$S_2O_4^{2-} + 4\,OH^- \rightleftarrows 2\,SO_3^{2-} + 2\,H_2O + 2\,e^-;\quad \varepsilon_0(S_2O_4^{2-}/SO_3^{2-}) = -1{,}12\,V$$

Etwa unterhalb pH 6,5 neigt der Komplex unter Goldreduktion und Freisetzung von Schwefeldioxid zur Selbstzersetzung. Gängige Elektrolyte auf der Grundlage von Kalium- oder Natriumdisulfitoaurat sind ausnahmslos im schwach basischen pH-Bereich zwischen 8 und 10 angesiedelt. In neuerer Zeit ist ein Feingoldelektrolyt auf der Basis von Ammoniumgoldsulfit entwickelt worden, der bei einem neutralen pH-Wert betrieben werden kann und somit besonders resistschonend arbeitet [59]. Den Bädern sind gegebenenfalls noch Stabilisatoren, Feinkornzusätze, Netzmittel und Komplexbildner für metallische Verunreinigungen zugegeben.

Prinzipiell werden bei Goldbumpingprozessen unlösliche, inerte Anoden verwendet, vorzugsweise aus platiniertem Titan. Zur Aufrechterhaltung des Metallgehaltes muß das ausgearbeitete Gold in Form seines Komplexsalzes dem Bad regelmäßig nachgeführt werden. Die Vielzahl von anodischen Reaktionen, die hier anstelle einer sonst stattfindenden Metallauflösung während der Elektrolyse ablaufen, führen zu einer vergleichsweise drastischen Änderung der Badchemie. Dies sind beispielsweise eine Erhöhung der H_3O^+-Konzentration infolge der Sauerstoffentwicklung, die Oxidation des Cyanids bzw. Sulfits und die Zersetzung von Organika. Diese Oxidationsprozesse an der Anode sind der durchgesetzten Ladungsmenge näherungsweise proportional und somit kalkulierbar. Aber auch im Ruhezustand wird ein temperaturabhängiger oxidativer Abbau von Badinhaltstoffen durch gelösten Sauerstoff beobachtet, wenngleich in sehr viel geringerem Maße. Diese permanente Veränderung der Badzusammensetzung macht eine strenge analytische Überwachung notwendig. Mit dem Verständnis der Einflußfaktoren und entsprechend sorgfältiger Prozeßführung sind selbst bei den empfindlichen sulfitischen Feingoldbädern lange Standzeiten mit nur geringfügigen Qualitätseinbußen möglich [60].

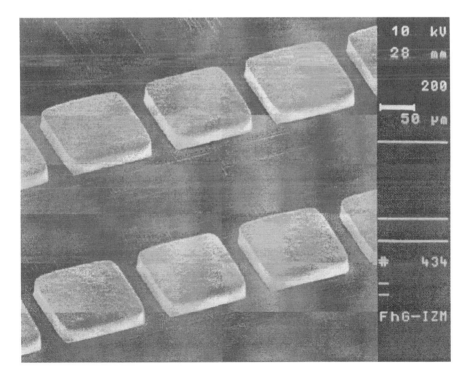

Abb. 2.62: Durch galvanische Abformung erzeugte Goldbumps

Die Bumphöhenverteilung auf dem Wafer ist in erster Linie von den in jedem beliebigen Flächenelement herrschenden Stromdichte- und Strömungsverhältnissen bestimmt. Weitergehend heißt dies, daß die Höhenverteilung auch von den Strukturmaßen (Grundfläche und Höhe der Resistöffnungen) und der Strukturanordnung (Gleichmäßigkeit der Waferbelegung) beeinflußt werden. Unter realen

Umständen sind bei einer typ. Bumphöhe von 25 µm auf der Fläche eines 4"-Substrates Schwankungen um ±1 µm erzielbar, auf einem 6"-Substrat Schwankungen um ±2 µm.

Die Mikrohärte galvanisch abgeschiedener Golddepots ist für das Thermokompressionsbonden in vielen Fällen zu hoch und muß durch thermische Auslagerung gezielt eingestellt werden. So kann die aus sulfitischen Bädern resultierende Härte von typ. 130 $HV_{0,025}$ (Mikrohärte nach Vickers mit 25 mN Eindruckkraft) durch Rekristallisations- und Erholungsvorgänge bei 200 °C innerhalb weniger Minuten auf etwa 50 $HV_{0,025}$ gesenkt werden. Spuren von eingebauten Fremdelementen wie beispielsweise Arsen in einer Konzentration von wenigen ppm können den Effekt des Härteabfalls zunichtemachen. Aus diesem Grunde können metallische und halbmetallische Glanzbildner in Goldbädern für viele TAB-Anwendungen nicht geduldet werden.

Der Einbau kleinster Fremdpartikel während der Elektrolyse kann zu schwerwiegenden Bumpdefekten (z.B. Knospen, Hohlräume) und letztendlich zum Ausfall des Chips führen. Um dem entgegenzutreten, ist eine kontinuierliche und wirksame Filterung des Elektrolyten außerordentlich wichtig. Die nominelle Porengröße der Filterpatronen sollte in jedem Fall unter 1 µm liegen.

Ätztechnik
Die als Platingbase dienende freiliegende Under Bump Metallisierung muß nach der galvanischen Abscheidung der Bumps und anschließender Lackentfernung vollständig und rückstandsfrei entfernt werden. Jede etwaige Restleitfähigkeit auf der Chippassivierung führt zu Kriechströmen und zur Funktionsbeeinträchtigung bzw. Ausfall des Chips. Die Bumpstrukturen sollten diesen Ätzprozeß in Ihrer Geometrie und Oberflächengüte weitestgehend unversehrt überstehen und dabei möglichst nicht unterhöhlt werden.

Grundsätzlich gibt es zwei verschiedene Möglichkeiten, die aufgesputterten Metallfilme zu entfernen. Sie können naßchemisch in einer wässrigen Lösung geätzt oder durch Ionenstrahlätzen abgetragen werden. Die Wahl der geeigneten Methode richtet sich nach der Art des Metallisierungssystems, den Schichtdicken und Strukturgrößen, der Flächenbelegung und nicht zuletzt nach der Kosteneffizienz des Prozesses.

Beim TUB-Bumpingprozeß wird das Differenzätzen von Gold in einer wässrigen KJ/J_2-Lösung angewandt. Die metallisierte Waferoberfläche wird durch eine Oxidationsreaktion gelöst, während simultan hierzu eine Reduktion von Lösungsbestandteilen stattfindet:

$$2\,Au + J_2 \rightarrow 2\,AuJ\,.$$

Zur Aufrechterhaltung dieser Reaktion an der Phasengrenze ist ein Stofftransport zu und von der Metalloberfläche, d.h der Antransport von reaktiven Bestandteilen (J_2) aus dem Ätzmedium und der Abtransport von Reaktionsprodukten (AuJ) von der Festkörperoberfläche (Au), notwendig [61]. Art und Geschwindigkeit der Stofftransportvorgänge und die Kinetik des Reaktionsmechanismus bestimmen zusammen die Abtragsrate und die Güte des resultierenden Ätzbildes.

2.3 Methoden der Bumperzeugung

Unter praktischen Überlegungen sind folgende Einflußfaktoren für die Qualität und Reproduzierbarkeit eines Ätzprozesses entscheidend [62]:

- Konzentration des Ätzmittels
- pH-Wert und Redoxpotential der Ätzlösung
- Temperatur der Ätzlösung
- Oberflächenspannung und Viskosität der Ätzlösung
- Relativbewegung von Substrat und Lösung (Konvektion)
- Zusammensetzung, Kristallstruktur und Schichtdicke des abzutragenden Metalls
- Geometrie des Substrates

Anlagenseitig können zwei prinzipielle Ätzverfahren unterschieden werden, und zwar das Sprühätzen und das Tauchätzen. Beim Sprühätzen wird die Ätzlösung mit definiertem Druck auf den horizontal angeordneten Wafer gesprüht. Durch entsprechende Anordnung und Relativbewegung der Düsen ist ein gleichmäßiger Ätzmittelaufschlag selbst bei großflächigen Substraten möglich. Der schnelle Stofftransport und die geringe Diffusionsschichtdicke bewirken hier hohe Ätzgeschwindigkeiten und eine gute Tiefenätzwirkung. Diese Verfahrensvariante bewährt sich insbesondere bei großen Stückzahlen und stärker profilierten Substratoberflächen, wie sie beispielsweise in der Leiterplattenfertigung üblich sind.

Mit dem Tauchätzen werden in vielen Fällen ebenfalls gute Ätzergebnisse erzielt. Besonders bei kleinerem Waferdurchsatz ist dies ein ökonomosches Verfahren, da schon mit einfacher Gerätetechnik gearbeitet werden kann. Dieses Verfahren wird beim Wafer-Bumping Prozeß der TU Berlin erfogreich eingesezt.

Wie die galvanischen Elektrolyte unterliegen auch die Ätzlösungen im Gebrauch einer permanenten Veränderung ihrer Zusammensetzung. Sie reichern sich mit dem gelösten Metall an und verarmen gleichzeitig an der aktiven Ätzkomponente. Infolgedessen kommt es zu einer stetigen Verringerung der Ätzgeschwindigkeit und somit zu verlängerten Ätzzeiten. Die Alterung des Ätzmediums kann in einem gewissen Maße durch regenerative Maßnahmen wie beispielsweise einer Nachdosierung des Ätzmittels oder Ausfällen des gelösten Metalls aufgefangen werden, ansonsten muß die Lösung ausgetauscht werden.

In Einzelfällen kann zum Entfernen der gesputterten Goldschicht der Einsatz von Trockenätzverfahren sinnvoll sein. Der Vorteil dieses Verfahrens besteht in seinem weitgehend anisotropen Abtragsverhalten, womit auch Bumpstrukturen mit sehr kleinen lateralen Abmessungen und extrem kleinen Zwischenräumen realisiert werden können. Letztere Methode ist vor allem wegen des teuren Equipments sehr kostenintensiv und auch nicht bei allen gängigen Metallisierungssystemen anwendbar.

Layout-Richtlinien
Um eine hohe Zuverlässigkeit des Bumping- und Montageprozesses bei gleichzeitig hohem Miniaturisierungsgrad zu gewährleisten, müssen bestimmte Designregeln eingehalten werden. Jeder additive oder subtraktive Verfahrensschritt zur Strukturerzeugung erfolgt nach einem bestimmten Layout. In dieses Layout müssen sowohl alle Toleranzen des zugehörigen Prozeßschritts als auch die Schwan-

kungen und Erfordernisse vorhergehender bzw. nachfolgender Prozesse (z.B. beim Bonden) einfließen. Hierzu zählen beispielsweise die Justiergenauigkeit und Einhaltung der Strukturtreue beim Resistmaskenprozeß, die naßchemische Unterätzung, das Chipanschlußraster u.a.. Zur Erzielung einer hohen Zuverlässigkeit des Bumpsystems muß die Bumpmetallisierung nach dem abschließenden Ätzen das Aluminiumpad hermetisch gegen alle äußeren chemischen Einflüsse schützen. Die sich hieraus ergebenden Regeln werden in entsprechenden Layout-Richtlinien zusammengefaßt. Exemplarisch sind in Abb. 2.63 Layout-Richtlinien für die lithographische Strukturierung von Goldbumps nach dem TUB-Prozeß aufgeführt.

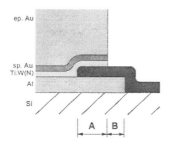

Parameter	min.	typ.	max.
Bumpgröße	15 x 15 µm²		
Passivierungsüberlappung A+B	9 µm	15 µm	
Bumppositionierung		A≥B	
Abstand benachbarter Bumps	10 µm		
Bumphöhe		25 µm	60 µm

Abb. 2.63: Designregeln für den TUB Gold- und Gold-Zinn-Bumpingprozeß

Zusammenfassung

Die galvanische Abformung in strukturiertem Fotoresist mit Feingold hat sich als ein gängiges Verfahren zur Metallisierung von Chipanschlußflächen für Direkt-Montage- und TAB-Anwendungen weltweit etabliert. Das Verfahren ist zur Realisierung kleinster Bumpstrukturen und größter Anschlußdichten prädestiniert. Abschließend sollen in einer Übersicht typische Merkmale von Goldbumps wiedergegeben werden, wie sie mit dem von der TU Berlin angewandten Standardbumpingprozeß hergestellt werden.

Tabelle 2.17. Typ. Eigenschaften von Goldbumps, erzeugt mit dem TUB-Bumpingprozeß

Wafergröße	100 mm	150 mm
typ. Bumphöhe / Toleranz	25 µm ± 1 µm	25 µm ± 2 µm
Goldhärte (getempert)	50 ... 70 HV0,025	50 ... 70 HV0,025
Rauheit R_t	< 0,5 µm	< 0,5 µm
Oberflächenschiefe	< 1,5 % der Bumphöhe	< 3 % der Bumphöhe
Kontaktwiderstand (100 x 100 µm²)	< 1 mΩ	< 1 mΩ
typ. Scherfestigkeit bei 100 x 100 mm² Grundfläche	150 cN	150 cN
Defektdichte (Bump) (328 Bumps/Chip)	< 1000 ppm	< 1000 ppm

2.3.2.3
Bumpherstellung durch Drahtbonden

Alternativ zu den vorgenannten Verfahren, deren Einsatzbereich vornehmlich bei ganzen IC-Scheiben liegt, kann mit dem sequentiellen Bumping von Goldbumps auf IC- bzw. Substrat-Pads auch der Notwendigkeit des Einzelchip-Bumpings sowie der Bumperzeugung auf dem Substrat genügt werden. Damit eignet sich der Prozeß hervorragend zum Rapid Prototyping sowie zum Erstellen von Kleinserien. Zur Durchführung des Gold-Stud-Bumpings wird ein modifizierter Golddrahtbonder verwendet.

Zum Bumping werden vorwiegend Golddrähte eingesetzt, die auch beim TS-Ball-Wedge-Bonden genutzt werden. Auch Palladium-Drähte können verwendet werden[63]. Neben diesen edlen Metallen können auch einige unedle Silber-Zinn-Zink-Legierungen (z.B. SnAg1Zn0,5) eingesetzt werden [64]. Aufgrund der geringen Mengen, die weltweit an den letztgenannten Metallurgien produziert werden, ist hier jedoch noch kein Preisvorteil gegenüber Gold vorhanden, zudem muß die Ballbildung unter einer Schutzgasatmosphäre erfolgen.

Als Pad-Metallisierung des IC's für das Golddrahtbumping sind die gängigen Aluminium-Legierungen (z.B. AlSi1%, AlTi, AlCu) ebenso geeignet wie die bei GaAs-Bausteinen Verwendung findenden Goldmetallisierungen. Durch den Bondprozeß werden die Kontaktpads des IC's im Gegensatz zu einer Sputterdeposition nicht hermetisch versiegelt. Eine Verbesserung der Korrosionsbeständigkeit läßt sich jedoch durch eine angepaßte Bumpgeometrie bzgl. der Passivierungsöffnung erzielen [65].

Der Prozeß zum Aufbringen der Höcker unterscheidet sich nur wenig vom eigentlichen Ball-Wedge-Bonden. Die Ballbildung erfolgt zumeist mit der elektronischen Abflammeinrichtung des Bonders. Für eine gute Ball-Ausbildung hat sich hier die „Negative Flame Off-Konfiguration" (NEFO) von Anode und Kathode durchgesetzt, bei der die Abflammlanze gegenüber dem Bonddraht auf negativem Potential liegt [66].

Nach dem Setzen des Nailheads wird, im Gegensatz zum Loopforming beim TS-Bonden, der Golddraht abgetrennt, so daß ein Kontakthöcker auf dem Pad verbleibt (siehe Abb. 2.64).

Die Trennung kann durch eine Überdehnung des Drahtes erreicht werden, wobei der Abriß innerhalb der wärmebeeinflußten Zone im Übergang zwischen Grobkorn-Bereich und ungestörtem, texturiertem Gefüge erfolgt.

Durch die Wahl der Bondparameter wird die Geometrie und die Haftfestigkeit des Balls auf der Metallisierung vorgegeben. Abbildung 2.64 und Tabelle 2.18 geben die erzielbaren Geometrien für einen Gold-Stud-Bump wieder. Abbildung 2.65 zeigt einen plazierten Gold-Stud-Bump auf dem Al-Pad eines Testchips.

80 2 Chip und Chippräparation

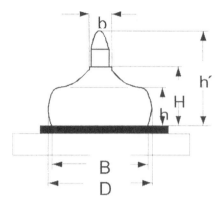 

Abb. 2.64. Geometrie eines Gold-Stud-Bumps **Abb. 2.65.** Gold-Stud-Bump auf Al-Pad eines Test-IC's

Tabelle 2.18. Erzielbare Geometrien eines Gold-Stud-Bumps

Draht: AuPd1	D [µm]	B [µm]	h [µm]	H [µm]	h' [µm]
18 µm	40-55	~0.8 D	12-20	~h + 10	~D
25 µm	60-78	~0.8 D	20-45	~h + 15	~D
33 µm	80-105	~0.8 D	45-65	~h + 20	~D

Die verwendete Metallurgie des Drahtes hat entscheidenden Einfluß auf die Verteilung der Abrißlängen (h´ in Abb. 2.64) und damit auf die Koplanarität der Bumps für den anschließenden Kontaktierungsprozeß. Abbildung 2.66 und 2.67 veranschaulichen dies für einen nicht dotierten Golddraht und einen mit 1 Gew% Palladium dotierten Draht.

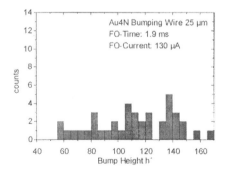 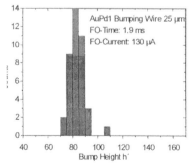

Abb. 2.66. Bumphöhenverteilung (incl. Abrißlänge) für Au4N-Draht **Abb. 2.67.** Bumphöhenverteilung (incl. Abrißlänge) für AuPd1-Draht

2.3 Methoden der Bumperzeugung

Abb. 2.68. Gefüge eines AuPd1-Drahtes nach dem Anflammen

Die für die Abrißlänge entscheidende Größe ist die Ausdehnung der wärmebeeinflußten Zone, die von der durch die Dotierung stark beeinflußten Rekristallisationstemperatur des Drahtmaterials abhängig ist. Abbildung 2.68 zeigt einen Querschliff durch einen angeflammten Golddraht, dessen Gefüge zur besseren Sichtbarmachung der Körner angeätzt wurde.

Als Qualitätskriterium für einen Ball Bump dient ein zerstörender Schertest, dessen Resultat eine Scherung im Bumpmaterial sein sollte [67]. Dem tatsächlichen Scherkraft-Wert der Messung kommt nur eine zweitrangige Bedeutung zu, da er direkt von der verschweißten Fläche und damit von der ursprünglichen Größe und Deformation des Balls abhängt.

Zur Erzielung eines solchen Resultates müssen, analog zum TS-Bonden, die wesentlichen Bondparameter (Ultraschall-Energie, Bondkraft) der Ballgröße angepaßt werden. Tabelle 2.19 stellt für eine vorgegebene Geometrie diese Parameter zusammen.

Die erzielbaren Kontaktmittenabstände richten sich nach

- gewähltem Drahtdurchmesser
- gewählter Ballgröße
- Bondbarkeit der Metallisierung und, abhängig davon,
- verwendeten Bumpparametern.

Tabelle 2.19. Verwendete Bond-Parameter für das Ball-Bumping, Kapillare: MicroSwissSerie

AuPd1 Draht ∅	Bondkraft [cN]	US-Leistung [mW]	US-Zeit [ms]	Chip-Temperatur (°C)
18	20 - 35	30 - 60	15 -25	150-200
25	30 - 45	80 - 140	25 - 50	150-200
33	30 - 65	120 - 170	25 - 50	150-200

82   2 Chip und Chippräparation

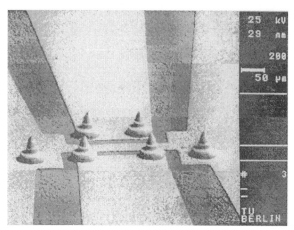

Abb. 2.69. Gold-Stud-Bumps mit einem Kontakmittenabstand von 70µm

Mit 18 µm-Draht konnten für die Kontaktierung von GaAs-HF-Transistoren Kontaktmittenabstände von ca. 70 µm erzielt werden (Abb. 2.69) [68]

Zur Erleichterung der Handhabung des Bauelements kann nicht nur der oftmals sehr kleine IC, sondern auch das einfacher zu handhabende Substrat mit den Kontakthöckern versehen. Dies hilft zudem thermische und mechanische Beschädigungen auf dem IC zu vermeiden.

Zur Erhöhung der Zuverlässigkeit von FC-Aufbauten, die mit Gold-Stud-Bumps in einem Thermokompressionsverfahren mit dem Substrat verbunden werden, können die Ball Bumps auch übereinander gestapelt werden. Die durch unterschiedliche thermische Ausdehnungskoeffizienten $\Delta\alpha$ von Chip und Substrat bei einem Temperaturwechsel ΔT in der Verbindung hervorgerufene Spannung γ kann hierdurch effektiv vermindert werden, da die Belastung auf die Verbindungsstelle entsprechend

$$\gamma = \frac{\Delta T \Delta \alpha}{h}$$

mit zunehmender Höhe h der Verbindung abnimmt [69].

Gold-Stud-Bumps können zur Verbesserung der Koplanarität von Chip und Substrat nun noch in einem weiteren Prozessschritt sequentiell (Single-Point Coining) oder gleichzeitig (Gang-Coining) planarisiert werden, um bei besonders empfindlichen Bauteilen (Lithiumniobat, InP, InGaAs) eine punktuelle Spitzenbelastung bei der Kontaktierung aufgrund der aufragenden Drahtabrisse auszuschließen.

Weiterhin können die Gold-Stud-Bumps zur Kontaktierung mit isotrop leitfähigem Kleber präpariert werden. Der Auftrag erfolgt in einem Tauch-Verfahren (s. Abschnitt 2.3.3.)[70]. Dieser Prozeß wird von Matsushita und NEC bereits in industriellem Maßstab eingesetzt.

2.3.3
Bumps auf Polymerbasis

Neben der Löttechnik werden heute in zunehmenden Maße Klebstoffe in der Aufbau- und Verbindungstechnik zur Herstellung leitfähiger Verbindungen zwischen Chip und Substrat eingesetzt. Die Verwendung von Klebstoffen für die Flipchip-Montage bietet den Vorteil eines flußmittelfreien Verfahrens bei niedriger Temperatur. Dies ist von besonderem Interesse für Polymersubstrate mit einer niedrigen Glasübergangstemperatur.

Zur Herstellung von Polymerbumps können im wesentlichen die drei bekannten Verfahren eingesetzt werden:

– Sieb- und Schablonendruck
– Dispensertechnik
– Pin-Transfer

Für Rastermaße <600 µm, und damit für den Großteil aller Halbleiterchips, wird fast ausschließlich der Schablonendruck, und in begrenztem Umfang auch der Siebdruck eingesetzt.

Mit der Reduzierung der Padgrößen erreichte der Siebdruck seine Grenzen. Ein Hindernis auf dem Weg zu feineren Strukturen beim Siebdruck sind die Stützstrukturen des Stahl- oder Polyestergewebes. Für die Herstellung von Polymerbumps werden vorzugsweise Metallschablonen eingesetzt, die im Vergleich zu Sieben eine wesentlich bessere Dimensionsstabilität beim Drucken erreichen.

Ein von Epoxy Technology entwickeltes und patentiertes Verfahren zum Waferbumping mit epoxidischen Klebstoffen verwendet eine kombinierte Sieb- und Schablonendrucktechnik [71]. Dabei wird per Siebdruck ein Passivierungspolymid bei Aussparung der Bondpads auf den Wafer aufgedruckt. Diese Passivierung dient einmal als Schutzschicht und bildet gleichzeitig einen Damm um die Bondpads. Der Damm verhindert ein Zerfließen des silbergefüllten leitfähigen Klebstoffes, der anschließend in einem zweiten Prozeßschritt auf die Bondpads gedruckt wird. Nach der Härtung der Polymerbumps im Ofen wird das Substrat ebenfalls mit leitfähigem Klebstoff bedruckt und mittels Flipchip-Montage gebondet [72].

84   2 Chip und Chippräparation

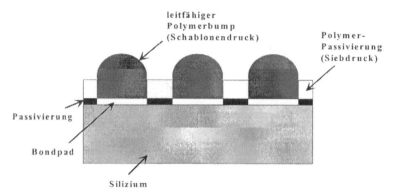

Abb. 2.70. Waferbumping mit leitfähigem Klebstoff (PFC Prozess)

Eine Vereinfachung des vorher beschriebenen Prozesses können sogenannte B-Stage Silberleitklebstoffe oder thermoplastische Leitklebstoffe ermöglichen [73]. Bei den B-Stage Materialien erfolgt die Polyaddition in der ersten Stufe zunächst nur teilweise mit einem geringen Vernetzungsgrad. Erst in einem zweiten Schritt, unter Anwendung von Wärme und Druck, härtet dieses System voll aus. Bei den thermoplastischen Klebstoffen wird durch Trocknung das Lösungsmittel ausgetrieben. Dadurch entsteht ein berührungstrockener Klebstoff der bei Erwärmung schmilzt und kontaktiert. Abbildung 2.71 zeigt eine Aufnahme von Polymerbumps aus thermoplastischem Klebstoff. Typische Bumphöhen bei einem Rastermaß von ca. 200 µm sind 30 - 40 µm.

Für eine präzise Positionierung müssen Toleranzen erkannt und kompensiert werden können. Dies kann mit Hilfe eines Bildvergleichssystems geschehen. Die Lage der Schablonenöffnungen wird dabei gespeichert und mit der Lage der Pads auf dem Substrat abgeglichen.

2.3 Methoden der Bumperzeugung 85

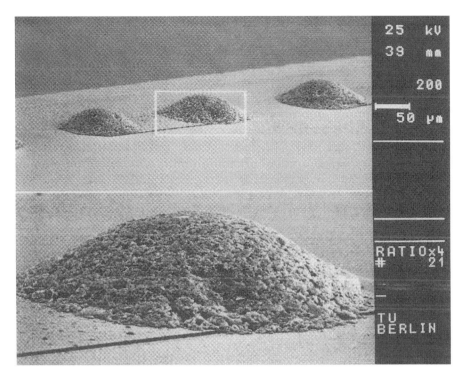

Abb. 2.71. Thermoplastischer Polymerbump (Schablonendruck)

Wegen der natürlichen Oxidschicht auf dem Aluminium-Bondpad lassen sich keine elektrisch gut leitenden Kontakte zwischen dem Aluminium und den Polymerbumps herstellen. Für den Klebstoffauftrag muß deshalb zunächst das Oxid entfernt und anschließend eine gut haftende, metallische Zwischenschicht aufgebracht werden [74]. Diese dient einerseits dazu, eine erneute Oxidation des Aluminiums zu verhindern, und sie muß andererseits eine gute Benetzung und Haftung des Klebstoffes gewährleisten. Dies kann beispielsweise durch eine chemische Ni/Au-Metallisierung erfolgen (Abb. 2.72).

Im Gegensatz zu den konventionellen Techniken (Sputtern, Photoresiststrukurierung und galvanische Abscheidung) sind stromlose Metallisierungsverfahren eine kostengünstige und den Prozeßablauf vereinfachende Alternative. Nähere Informationen dazu sind in Abschnitt 2.3.2.1. zu finden.

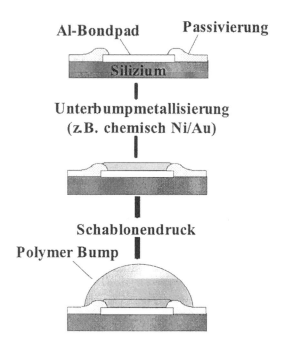

Abb. 2.72. Polymerbumping mit chemisch Nickel/Gold als Unterbumpmetallisierung

Beim Klebstoffauftrag mittels Schablonendruck wird die lagegenaue Dosierung des Volumens und das entstehende Druckbild unter anderem durch die geometrische Form der Öffnungen in der Druckschablone bestimmt. Dabei verhalten sich kreisförmige Öffnungen für den Druck unter 250 µm Rastermaß am günstigsten.

Um ein optimales Druckbild zu erreichen, haben fogende Parametereinstellungen einen erheblichen Einfluß:

- Rakeldruck
- Rakelgeschwindigkeit
- Rakelmaterial
- Absprung
- Trenngeschwindigkeit

Die entsprechenden Parametereinstellungen für den zu bumpenden Wafertyp sind essentiell wichtig für die Einhaltung eines Fertigungsprozesses mit niedriger Fehlerrate.

2.3.4
Spezielle Bumptechnologien für III/V-Halbleiter

III/V-Halbleiter werden für elektronische Anwendungen im HF-Bereich aufgrund ihrer gegenüber Silizium höheren Signalverarbeitungsgeschwindigkeiten vielfach eingesetzt. Die Verwendung konzentriert sich dabei nahezu ausschließlich auf GaAs-Komponenten, die je nach Technologie als FETs, MESFETs, HBTs und HEMTs bezeichnet werden. Um den Vorteil der hohen Signalverarbeitungsgeschwindigkeiten auch auf Modulebene optimal ausnützen zu können, sind hierzu besonders kurze Wege zwischen den Anschlußstellen auf dem Halbleiter und denen auf dem Schaltungsträger erforderlich. Dies wird in den meisten Fällen durch kurze Drahtbond-Verbindungen (Länge ca 200 µm) realisiert, wobei allerdings die Oberseiten beider Bauteile etwa höhengleich angeordnet sein müssen. Dieser konstruktive Nachteil sowie ständig steigende Frequenzen, kombiniert mit der Forderung nach hoher elektrischer Güte, lassen auch auf diesem Gebiet die Flipchip-Montagetechnik immer interessanter werden.

GaAs-Halbleiter unterscheiden sich jedoch in einigen wesentlichen Eigenschaften von Silizium-Halbleitern. Die für die Flipchip-Montage relevanten Parameter sind hierbei:

- Die Anschlußkontakte haben eine Au-Metallisierung.
- Die Anzahl der Anschlußkontakte ist meist gering.
- Die Halbleiter sind oftmals sehr klein (< 0,2 mm²) und sehr dünn (< 100 µm).
- Breite und Raster der Anschlußkontakte sind ofmals sehr klein (< 50 µm / < 100 µm).
- Einige Halbleiter weisen Luftbrücken auf.

Aufgrund dieser Parameter wird deutlich, daß die in den vorangegangenen Abschnitten beschriebenen Bumpverfahren nicht ohne weiteres oder im Falle der letztgenannten Eigenschaft überhaupt nicht auf GaAs-Halbleiter übertragen werden können. Erschwerend kommt hinzu, daß GaAs-Komponenten bei Fremdbezug in den meisten Fällen nur als Einzelkomponenten erhältlich sind, also nicht auf Waferebene zur Verfügung stehen.

In jüngerer Zeit wurden jedoch Flipchip-Montageverfahren entwickelt und zur Fertigungsreife gebracht, die den Eigenschaften der GaAs-Halbleiter angepaßt sind und dem Umstand der Einzelkomponenten Rechnung tragen [75-76]. Diese Verfahren basieren darauf, daß nicht mehr der Halbleiter sondern vielmehr das Substrat gebumpt und darauf der Halbleiter ohne weitere Bearbeitungsschritte in Flipchiptechnik gebondet wird.

Die beiden wichtigsten Verfahren arbeiten mit substratseitig aufgebrachten Au-Bumps. Die Herstellung geschieht entweder durch ein vom Au-Drahtbonden abgeleitetes Au-Ball-Bumping ("stud bumping", "mechanical bumping") oder durch ein Au-Bumping mittels mikrogalvanischer Abscheidung. Voraussetzung für beide Verfahren ist, daß Leiter aus Au oder mit einer Au-Abschlußmetallisierung vorliegen. Das Flipchip-Bonden erfolgt für beide Varianten im Au/Au-Thermokompressionsbondverfahren (TC-Bonden), wobei die Halbleiter mit ihren

Au-metallisierten Anschlußflächen direkt eingesetzt werden können (Abschnitt 3.3.3.1).

Das Stud-Bumping arbeitet mit Au-Draht der Zusammensetzung AuPd1 der Dicken 18 und 25 µm. Ähnlich wie beim herkömmlichen Au-Drahtbonden wird der Ball zunächst durch Einwirkung von Temperatur und Ultraschallenergie plaziert, danach der Draht aber unmittelbar oberhalb des Balls abgetrennt. Zurück bleiben Ball-Bumps mit ihren charakteristischen Spitzen, welche gegebenenfalls noch eingeebnet ("coining") werden können (Abb. 2.73). Mit 18 µm Draht lassen sich nach diesem Verfahren noch Bumpdurchmesser bis etwa 40 µm bei Rastern bis etwa 70 µm realisieren. Die resultierenden Höhen betragen dabei ca 50 µm. Da jedoch beim TC-Bonden durch Stauchung eine gewisse Verbreiterung der Bumps auftritt, ist es zumindest unter Produktionsbedingungen ratsam, das Verfahren nur bis zu minimalen Rastern von ca. 100 µm einzusetzen. Da das Verfahren ein "maskenloser" Prozeß ist, eignet es sich besonders für das "Rapid Prototyping" und die Herstellung von Kleinserien. Geräte für das Mechanical-Ball-Bumping sind kommerziell erhältlich (Anbieter Delvotec, Kulicke & Soffa u.a.).

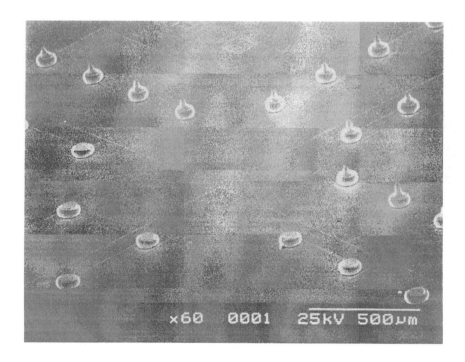

Abb. 2.73. Substrat mit Stud Bumps für die Flipchip-Montage eines GaAs-FETs

Im Prinzip ist das Stud-Bumping auch auf dem Halbleiter anstelle des Substrates möglich und wird im Falle von Si-Halbleitern auch so angewendet [77] (siehe Abschnitt 2.3.2.3). Aufgrund der Eigenschaften und der Handlingsproblematik von GaAs-Einzelhalbleitern wird jedoch wie oben beschrieben die Verlagerung des Bumpings auf das Substrat empfohlen.

Bei der Herstellung der Au-Bumps durch mikrogalvanische Abscheidung handelt es sich um einen Prozeß unter Verwendung einer Bumpmaske, welcher die Arbeitsschritte Lithographie und Galvanik beinhaltet. Er benötigt die Verwendung eines Referenzsystems zwischen Leiter- und Bumpmaske und wird nach erfolgter Leiterstrukturierung durchgeführt. Im Einsatzbereich der GaAs-Halbleiter, den Mikro- und Millimeterwellenanwendungen, werden praktisch ausschließlich Dünnschichtschaltungen eingesetzt. Das Bumping kann hierbei als zusätzlicher systemkonformer Schritt bei der Herstellung einer Dünnschichtschaltung gesehen werden, wobei die Au-Leitschicht gleichzeitig für die Erzeugung der Leiter als auch der Bumps genutzt wird. Da bei diesem Verfahren die geometrischen Abmessungen über lithographische Prozesse bestimmt sind, sind Aspektverhältnisse (Höhe zu Breite bzw. Durchmesser der Bumps) bis etwa 1 realisierbar. Dies gestattet bei üblichen Bumphöhen von 25 µm minimale Anschlußraster von etwa 50 µm. Das Verfahren ermöglicht die Realisierung jeder Bumphöhe in einer gewissen Bandbreite (ca. 5 - 40 µm) sowie den simultanen Aufbau unterschiedlicher Geometrien und kann mit dem in Dünnschichtfertigungen vorhandenen Geräten ohne zusätzliches Equipment durchgeführt werden. Abb. 2.74 zeigt ein Beispiel von Substratbumps auf einer Mikrowellenschaltung aus Al_2O_3-Keramik [78].

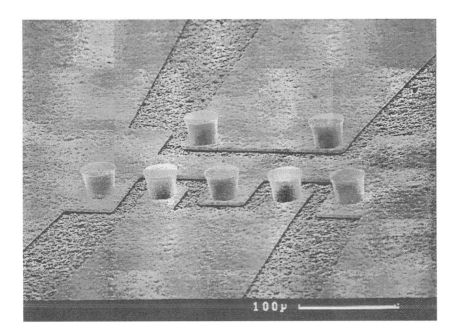

Abb. 2.74. Substrat mit mikrogalvanisch hergestellten Bumps für die Flipchip-Montage eines GaAs-MMICs.

2.4
Zusammenfassende qualitative Bewertung der Methoden

Die Verfügbarkeit gebumpter Halbleiter ist Voraussetzung für ihre Montage in TAB-oder Flipchip-Technologie. Obwohl sich in den letzten Jahren die Möglichkeiten, gebumpte Halbleiter vom Halbleiterhersteller selbst oder von einem Bumping Dienstleister zu beziehen, deutlich verbessert haben, erschwert ihre Verfügbarkeit nach wie vor den Zugang zu diesen Montagetechniken. Um das Bumping im eigenen Haus durchzuführen, ist neben dem entsprechenden Know How ein nicht unerhebliches Maß an Equipment erforderlich. Außerdem müssen die zu bumpenden ICs mit Ausnahme einiger spezieller Bumpverfahren auf Waferebene verfügbar sein. Tabelle 2.20 zeigt eine Übersicht über die wichtigsten Verfahren zur Bumpherstellung, wie sie auch in der Produktion eingesetzt werden. Die in der Tabelle genannten Kosten für das Equipment sind mehr als Richtwerte denn als Absolutgrößen zu verstehen. Eine Angabe zu den Bumpingkosten oder zu den Herstellzeiten ist praktisch nicht möglich, da diese Angaben zu stark von den apparativen Voraussetzungen sowie vom Durchsatz abhängen.

2.4 Zusammenfassende qualitative Bewertung der Methoden

Tabelle 2.20. Verfahren zur Bumperzeugung

Verfahren	PVD-Verfahren	Lift-off Verfahren	Galvanisch Bumping	Stromlos Bumping	Stud Bumping	Sieb-/Schablonendruck
Verfügbare Bumpmetalle (nur die wichtigsten Bumpmetalle sind aufgeführt)	Pb/Sn 95/5 Pb/Sn37/63 In	Pb/Sn 37/63 In	Pb/Sn 95/5 Pb/Sn37/63 In, Au Cu/Ni/Au	Ni/Au	Au Pb/Sn37/63 Spez.Pb/Sn Legierung.	Pb/Sn37/63
Anwendbarkeit auf -ebene	Wafer	Wafer	Wafer, Substrat	Wafer, (Chip)	Chip, Substrat, Wafer	Substrat, Wafer
Benötigtes Equipment (nur die wesentlichen Geräte sind aufgeführt)	Sputter-, Reflow-, PVD-Anlage Lithograph.	Sputter-, Reflow-, PVD-Anlage Lithograph.	Sputter-, Galvanik-Anlage Lithograph. Reflow-Anlage* (*nur PbSn)	Beckenanlage für Naßprozesse	Modifizierter Wire-Ball-bonder, Reflow-Anlage* (*nur PbSn)	Siebdruckmaschine, Lithograph., Reflow-anlage
Equipmentkosten (DM)	≥ 2 Mio	≥ 2 Mio	≥ 1,5 Mio	~ 0,1 Mio	≥ 0,2 Mio	≥ 0,2 Mio
Komplexität	hoch	hoch	hoch	mittel	niedrig	mittel
Geignet für Montageverfahren	Flipchip	Flipchip	Flipchip, TAB	Flipchip	Flipchip, TAB	Flipchip
Verfahrenscharakteristika	bekanntest. Verfahren IBM: C4	für engste Anschlußraster	universell einsetzbar	benötigt zusätzlich Substrat oder Waferbelotung	sequentieller Prozeß, Benötigt Speziallote für Bumping von Si-ICs	für Raster ≥ 300 µm, benötigt benetzbare Schichten auf Si-ICs
Industrielle Anwendung	Massenproduktion, alle Anwendungsgebiete	Spezielle Anwendungen im High Tech Bereich	Massenproduktion, alle Anwendungsgebiete	Verfahren derzeit noch in der Erprobungsphase	Massenproduktion überwiegend Consumerelektronik	Einsatz überwiegend für das Substratbumping

2.5
Firmen/Institute mit Bumping Serviceleistungen

Die Herstellung von Bumps, wie sie für die TAB- oder Flipchip-Technologie benötigt werden, wird von einigen Firmen und Instituten als Serviceleistung angeboten. Das Angebot der Institute beschränkt sich dabei zumeist auf Stückzahlen, wie sie für das Prototyping und die Herstellung von Kleinserien benötigt werden. Das Bumping wird im Regelfall chipseitig auf Waferebene durchgeführt, in einigen Fällen wird auch ein substratseitiges Bumping angeboten. Generell bestehen bei den Anbietern Einschränkungen im Hinblick auf die prozessierbaren Wafergrößen, die Anschlußraster und im Falle von Lotbumps auch auf die verfügbare Lotlegierung. Dies erfordert eine sorgfältige Absprache zwischen dem Anwender und dem Bumping Dienstleister, in welche gegebenfalls auch der IC-Hersteller mit einzubeziehen ist. Tabelle 2.21 gibt eine Übersicht.

Die Preisgestaltung der Anbieter ist naturgemäß stark abhängig von der Wafergröße und der Zahl der zu prozessierenden Wafer. Generell kommen für jeden Wafertyp Einmalkosten (NRE = non recurring expenses) hinzu, die bei geringen Stückzahlen zu einer erhebliche Verteuerung beitragen. Als Beispiele seien genannt:

- Anbieter A (6", Pb/Sn-Bumping, 1000 Stück, ohne NRE): 220 DM / Wafer.
- Anbieter B (4", Au-Bumping, 1000 Stück, ohne NRE): 164 DM / Wafer.
- Anbieter C (6", Ni/Au, 1000 Stück, ohne NRE) 55 DM / Wafer, (8", Ni/Au, 1000 Stück, ohne NRE) 66 DM / Wafer.
- Anbieter D (6", Pb/Sn, 1000 Stück, ohne NRE) 88 DM / Wafer, (8", Pb/Sn, 1000 Stück, ohne NRE) 106 DM / Wafer.

2.5 Firmen/Institute mit Bumping Serviceleistungen

Tabelle 2.21. Übersicht über Firmen/Institute mit Bumping Service

Bumping Dienstleister	Pitch (min)	Bumping auf Wafer/ Substrat Ebene	Bumping Metall	Bumping Methode	Wafergröße
IBM (F)	225 µm	Wafer	Pb/Sn 95/5-97/3	aufdampfen	4", 5", 6", 8"
Aptos (USA)	80 µm	Wafer	Au Pb/Sn 95/5 Pb/Sn 37/63	galvanisch	alle Größen bis 8"
IMI (USA)	nicht bekannt	Wafer + Substrat	Au Pb/Sn 97/3	galvanisch	6", 8"
Flip Chip Technologies (USA)	150 µm (peripher) 250 µm (area)	Wafer	Pb/Sn 37/63 Pb/In/Ag 62/37/1	aufdampfen	4", 5", 6", 8"
ABB (S)	210 µm	Wafer	Pb/Sn 37/63	galvanisch	4" (and. Größ. nicht bekannt)
Picopak Oy (SF)	nicht bekannt	Wafer	Ni/Au	chemisch	alle Größen bis 8"
MIC (F)	nicht bekannt	Substrat	Au	galvanisch	-
MEM (CH)	nicht bekannt	Wafer	Au	galvanisch	4", 5", 6"
TU Berlin/ IZM (D)	technologie-abhängig	Wafer + Substrat + Einzelchip	Au Pb/Sn 95/5 Pb/Sn 37/63 Ni/Au	galvanisch* aufdampfen* mechanisch* chemisch*	4", 5", 6"
TU Dresden (D)	80 µm	Wafer + Substrat	Pb/Sn 37/63 Pb/Sn 90/10 In/Sn 47/53 In/Bi beliebig	galvanisch vakuum-technisch	4"
PacTech (D)	60 µm 200 µm	Wafer	Ni/Au Pb/Sn 37/63	chemisch gedruckt	4", 5", 6", 8"

*technologieabhängig

3 Montage- und Kontaktiertechnologien

3.1
Drahtkontaktierung (Chip and Wire)

Der konventionelle technologische Aufbau von elektronischen Schaltungen mit ungehäusten Halbleiterchips erfolgt mit dem Die- und Drahtbonden (Chip and Wire). Die Halbleiterchips werden auf dem Substratträger montiert und anschließend die Anschlußpads mittels Drahtbonden kontaktiert. Für die Chip-Montage werden das Kleben (Ag-Epoxy), das eutektische Bonden (Au/Si), das Löten (PbSn60, In) sowie das Verkleben mit PE-Folie eingesetzt, wobei das Befestigen durch Löttechniken ausschließlich im Leistungshalbleiterbereich genutzt wird. Das Drahtbonden erfolgt entweder mittels Ultraschallbonden (Al-Draht) oder Thermosonicbonden (Au-Draht). Auf Grund des Bondens bei Raumtemperatur mit Al-Draht hat das US-Bonden (Wedge/Wedge-Bonding) gegenüber dem TS-Bonden (Ball/Wedge-Bonding) mit Au-Draht technologische Vorteile. Jedoch ist die Produktivität des TS- Ball/Wedge- Bondens gegenüber dem US-Bonden 3 ... 4 mal so hoch. Die Wire- Bond-Technik wird als Kontaktierungstechnik weiterentwickelt und erschließt auch bei 50... 60 µm I/O Pitch und >1000 I/O's (20 mm x 20 mm Chip) Anwendungsfelder. Der grundsätzliche Ablauf bei der Chip and Wire - Technik ist in Abb. 3.1 dargestellt.

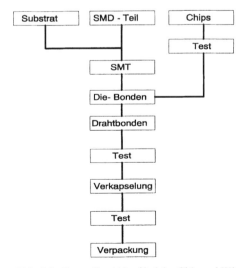

Abb. 3.1. Genereller Ablauf bei der Chip and Wire - Technik

3.1.1
Verfahrenscharakteristika

Beim Drahtbonden entsteht eine Verbindung (Drahtbrücke oder Loop), die an ihren Enden mit den Anschlußmetallisierungen des Chips und seines Trägers verschweißt wird. Da der Bondvorgang ohne schmelzflüssige Phase abläuft, wird das Drahtbonden zu den Kaltpreßschweißverfahren gerechnet.

Die Drahtbondverfahren werden meist nach folgenden Kriterien eingeteilt:

a) Bonddrahtführung (s. Abb. 3.2):
   Ball/Wedge-Bonden
   Wedge/Wedge-Bonden
b) Art der zugeführten Energie:
   Thermokompression (Temperatur und Druck); TC
   Ultraschall   (Ultraschall   und   Druck);   US
   Thermosonic (Temperatur, US und Druck); TS
c) Drahtstärke und -form:
   Feinstdrahtbonden ($\varnothing$< 20 µm)
   Standarddrahtbonden ($\varnothing\approx$ 25...50 µm)
   Dickdrahtbonden ($\varnothing\approx$ 100...625 µm)
   Bändchenbonden (rechteckiger Querschnitt).

Ferner wird zwischen manueller, halbautomatischer und automatischer Verarbeitung unterschieden.

Abb. 3.2. Ball/Wedge - und Wedge/Wedge - Bonden

Die Verbindungsbildung kann in drei Hauptphasen eingeteilt werden:

1) Annäherung der Oberflächen auf Gitterabstand (Reinigungsphase):
Durch plastische Deformation (TC) oder Relativbewegung des Drahtes zum Pad (TS, US) werden Oxid- und Kontaminationsschichten verdrängt und Oberflächenrauhigkeiten eingeebnet. Adhäsionskontakte und Mikroverschweißungen treten auf.

2) Mischphase:
Durch zunehmende Werkstoffplastifizierung entstehen weitere Mikroverschweißungen, die im Zuge der Kontaktflächenvergrößerung z. T. wieder aufgebrochen und neugebildet werden. Gemeinsame Kristallite entstehen. Die Kontaktflächenvergrößerung schreitet ausgehend vom sog. Bondring (s. Abb. 3.3) nach außen und innen fort.

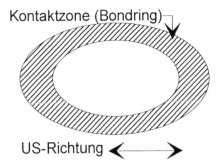

Abb. 3.3. Kontaktzone beim US-Drahtbonden

3) Bildung des metallurgischen Kontakts (Volumenwechselwirkung):
Wesentliche Vorgänge, die je nach Verfahren oder Fügeteileigenschaften dominieren können sind:

- atomare Platzwechselvorgänge durch mechanische Oberflächenbeeinflussung
- Diffusion der Fügeteile ineinander,
- Adhäsionsvorgänge (bei Fügeteilen mit kleinem gegenseitigen Diffusionskoeffizienten),
- Rekristallisationserscheinungen (Verfahren mit großen Temperaturdifferenzen).

Das charakteristische Aussehen der jeweiligen Bonds ist in den Abbildungen 3.4 und 3.5 dargestellt.

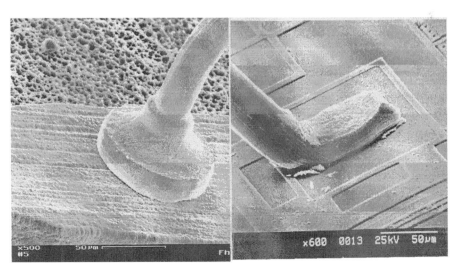

Abb. 3.4. Typischer Ball-Bond   Abb. 3.5. Typischer Wedge-Bond

3.1.2
Chipbeschaffenheit und Lieferform

Für das Drahtbonden sind besonders die Eigenschaften der Chipmetallisierung (Bondpads) von Bedeutung. Die Bondpads (z.B. AlSi oder AlCu) werden auf der Chipoberseite gemeinsam mit dem Leitbahnsystem des Chips hergestellt und sind in dieses integriert. Die Anordnung der Bondpads erfolgt in der Regel an der Peripherie des Chips. Nur bei hochintegrierten Speicherchips, die nach der sog. LOC- (Lead-On-Chip) Technologie montiert werden, erfolgt z.B. die Anordnung der Bondpads auf einer der Chipmittellinien (z.B. DRAM's). Das Bondpad ist frei von Passivierungsschichten. Aktive Strukturen bzw. Funktionselemente sind sowohl im Gebiet des Bondpads selbst als auch in seiner unmittelbaren Umgebung in der Regel nicht vorhanden.

Im Bezug auf das Drahtbonden (Bondbarkeit, elektrische und mechanische Kontakteigenschaften) müssen die Bondpads folgenden Anforderungen genügen [1]:

- Oberfläche frei von Kontaminationen,
- hohe Haftfestigkeit (z.B. auf Silikat-, Oxid- oder Nitridschichten),
- homogene Verteilung von Legierungsbestandteilen (Si, Cu),
- Homogenität der Schicht, hohe Ebenheit, keine Defekte (Whisker, Hillocks), keine Poren (Voids),
- hohe elektrische Leitfähigkeit und Langzeitstabilität der elektrischen Eigenschaften.

Die üblichen Schichtdicken von Bondpadmetallisierungen liegen im Bereich von 0,7...1,2 µm. Bei Leistungshalbleitern kann demgegenüber die Schichtdicke 3...5 µm betragen.

Bei Siliziumchips besteht die Metallisierung üblicherweise aus AlSi mit einem Si-Anteil von 0,5...1 %. Weiterhin werden auch Kupfer (z.B. AlCu 0,5) und ggf. weitere Elemente als Legierungskomponenten (z.B. auch in Kombination mit dem Si, wie AlSi1Cu0,5) eingesetzt.

Bei Verbindungshalbleitern (z.B. GaAs, GaP), also bevorzugt in der Opto- oder Hoch- bzw. Höchstfrequenzelektronik eingesetzten Chipmaterialien, finden auch Goldmetallisierungen Verwendung.

Geliefert werden die Chips elektrisch geprüft und wafergesägt auf der Folie (mit wafer map) oder im Waffle Pack (sortiert als Einzelchip).

3.1.3
Anforderungen an das Verdrahtungssubstrat

Verdrahtungsträger in Dünnschichttechnik
In der Dünnschichttechnik wird als Substratmaterial vorwiegend 99 %-ige Al_2O_3-Keramik eingesetzt. Die Metallisierungen werden gesputtert (falls erforderlich galvanisch verstärkt) [2].

Für die Auswahl des in Frage kommenden Drahtbondverfahrens selbst spielt die Temperaturbelastbarkeit des angearbeiteten Substrates eine wichtige Rolle. Sind integrierte und bereits abgeglichene Widerstände bzw. weitere eingelötete Komponenten enthalten, darf die Temperatur des Substrates nicht höher als ca. 150 °C sein. Besteht das Leiterbahnsystem des Substrates aus Gold (für zuverlässige Drahtbonds werden nach [3] 0,5 µm Dicke empfohlen), findet neben dem US-Bonden auch das TS-Drahtbonden mit Au-Draht Verwendung.

Verdrahtungsträger in Dickschichttechnik
Leiterbahnen in Dickschichttechnik werden sowohl durch das TS-Drahtbonden als auch durch das US-Drahtbonden kontaktiert. Beim TS-Drahtbonden ist wiederum die Temperaturbelastbarkeit des Substrates zu beachten. Bei Bondtemperaturen, die etwa 150 °C sowie übliche Bearbeitungszeiten pro Baustein nicht übersteigen, sind keine schädigenden Einflüsse zu erwarten.

Die Bondbarkeit von Dickschichtmetallisierungen wird beeinflußt durch [5], [4]:

- die Pastenzusammensetzung: Art und Anteil von Metall sowie organischem Binder (brennt vollständig aus, hinterläßt aber Poren) bzw. anorganischem Binder (z.B.Glas, Metalloxide),
- den Siebdruckvorgang: Padgeometrie, Schichtdicke, Ebenheit,
- den Einbrennvorgang: vom Pastenhersteller vorgeschriebenes Temperaturprofil, das auf die eigenen Anlagen appliziert werden muß; Anzahl der Brände; Atmosphäre (Art, Zusammensetzung, Strömungsbedingungen); Anordnung der Substrate auf dem Transportband (Bandbelegung),
- die Lagerungsfähigkeit bzw. die Lagerungsbedingungen der eingebrannten Schicht,
- Verunreinigungen der Leiterbahnen als Folge von Lötprozessen.

Erst das Zusammenspiel der genannten Einflußfaktoren führt zur Eignung der Paste für das jeweilige Bondverfahren (US, TS).

Die Schichtdicke zum TS- und US-Drahtbonden liegt im Bereich um 10 µm. Dickere Schichten (> 15 µm) werden zu ungleichmäßig und verursachen damit Bondprobleme. Dünnere Schichten (< 5 µm) werden zu dünn und zu hart (glas- und sinterabhängig) und beeinflussen damit auch die Bondqualität nachteilig [5].

Die Leiterbahnbreite wird durch die Struktur des Drucksiebes vorgegeben. Das rheologische Verhalten der Paste und die Druckparameter beeinflussen sie ebenfalls. Die Bonds müssen sich im Bondbereich vollständig auf der Metallisierung befinden. Zur Gewährleistung der notwendigen Verfahrens- und Kontaktzuverlässigkeit sind die Leiterbahnen so breit zu gestalten, daß die Bonds in einem möglichst ebenen Bereich der Schichtoberfläche ausgeführt werden können. Der Leiterquerschnitt soll deshalb symmetrisch sein sowie eine möglichst minimale Krümmung besitzen, damit ein maximal wirksamer Bondbereich entsteht.

Drahtbonden auf Goldleiterbahnen
Dickschichtleiterbahnen auf der Basis von Gold sind sowohl durch TS-, als auch durch US-Drahtbonden sehr gut kontaktierbar. Da Gold beständig gegenüber Oxydation ist, verändert es seine Eigenschaften auch nach längerer Lagerung nicht.

Neben reinen Goldmetallisierungen, die bevorzugt für das Kontaktieren durch TS-Drahtbonden Verwendung finden, wurden für das US-Drahtbonden mit AlSi1-Draht spezielle Gold-Legierungs- oder Mischpasten entwickelt (Zusätze von Pd,

Pt), um die Langzeitstabilität der Kontakte (Phasenbildung bei Temperaturbeanspruchung) zu verbessern. Grundsätzliche Untersuchungen zu dieser Problematik sind in [6] diskutiert.

Drahtbonden auf silberhaltigen Leiterbahnen
Es bestehen zwischen den einzelnen silberhaltigen Dickschichten (z.B. AgPt, AgPd) oft deutliche Bondbarkeitsunterschiede sowie extreme Unterschiede in der Langzeitlagerfähigkeit (Temperaturlagerfähigkeit, Lebensdauer) bzw. in der Feuchteempfindlichkeit. So ist beispielsweise AgPd wesentlich schlechter bondbar als AgPt. Durch die für Silber bereits bei normalen Umgebungsbedingungen charakteristische chemische Reaktionsfreudigkeit (Oxydation, Anlaufen, Grauschleierbildung unter dem Einfluß von Luftschwefel) wird die Bondbarkeit in Abhängigkeit von der Zeit zunehmend schlechter. Silberhaltige Dickschichten werden zu einem hohen Anteil auch im Zusammenhang mit Al-Dickdrahtbonden eingesetzt. Nachteilig ist dabei jedoch das metallurgisch problematische Kontaktsystem Aluminium/Silber.

Aus Kostengründen werden die Leiterbahnstrukturen oft mit AgPd realisiert und im Bondbereich Goldpads gedruckt. Der Umsteiger muß mindestens 0,2 mm...0,4 mm vom Bondpad entfernt liegen, damit die Gefahr einer Degradation zwischen dem Ag des Umsteigers mit dem Al-Bonddraht ausgeschlossen wird. Entsprechend der technologischen Schichtfolge kann sowohl zuerst AgPd und dann Au gebrannt werden, als auch umgekehrt.

Die Tabelle 3.1 faßt Angaben für das Bonden von Dickschicht-Leiterbahnmetallisierungen zusammen.

Tabelle 3.1. Allgemeine Charakterisierung der Bondbarkeit von Dickschicht- Leiterbahnmetallisierungen

Paste	Bondverfahren			Bemerkungen
	US/AlSi1-Dünndraht	US/Al-Dickdraht	TS/Au-Draht	
Ag	-	+	+	das Kontaktsystem Al/Ag ist metallurgisch problematisch (starke Korrosionsneigung)
AgPt	+	++	++	
AgPd	o	+	o	
Au	++	++	++	Zusatz von Pd verzögert Phasenbildung

++ sehr gut bondbar
+ gut bondbar (eingeschränktes Parameterfenster)
o unzureichend beherrschter Bondprozeß
- nicht beherrschter Bondprozeß

Drahtbonden auf Leiterplatten
Beim Drahtbonden auf Leiterplatten sind die folgenden speziellen Eigenschaften des Verdrahtungsträgers zu beachten:

− Wärmebeständigkeit (Glasübergangstemperatur) beim TS-Drahtbonden und Biegesteifigkeit des Leiterplattenmaterials,

3.1 Drahtkontaktierung

- schwingungmechanisches Verhalten,
- Haftfestigkeit und Dicke der Kupferfolie,
- Schichtaufbau und Zusammensetzung des Laminats.

Nach [7] müssen Leiterplatten für die COB-Technik folgenden Anforderungen genügen:

- geringe Unebenheiten (z.B. Rauhtiefen im Bondbereich max. 2 µm),
- keine Verwindung der Platten (z.B. Durchbiegung und Verwindung max. 0,5 % bezogen auf das Verhältnis Länge/Breite),
- Höhentoleranzen im Bereich +/- 10 µm.

Für die Auswahl des Drahtbondverfahrens spielt die Temperaturbelastbarkeit des Leiterplattenmaterials eine ausschlaggebende Rolle. Besonders eignet sich unter diesem Gesichtspunkt das US-Drahtbonden, da es bei Raumtemperatur arbeitet und damit das Leiterplattenmaterial thermisch nicht beansprucht. Das TS-Drahtbonden kann bei Epoxid-Glashartgewebe (FR4) als übliches Leiterplattenmaterial bis zu einer Substrattemperatur von 120 °C eingesetzt werden. Mit steigender Temperatur nimmt jedoch die Haftung zwischen Laminat und Kupfer ab. Unabhängig davon existieren Leiterplattenmaterialien, die auch mit höheren Temperaturen beansprucht werden können (z.B. FR5), wobei mit zunehmender Temperaturbeständigkeit des Basismaterials die Materialkosten steigen.

Leiterplattenmaterial unter 0,3 mm Dicke ist nicht biegesteif. Das Drahtbonden ist hier (Chip on Flex-(COF)-Technik) nur dann möglich, wenn das Material zusätzlich mechanisch fixiert wird.

17,5 µm bis 35µm dicke Kupferbeschichtungen sind gleichermaßen TS- bzw. US-bondbar. Beim TS-Bonden verbessert eine vergleichsweise dickere Kupferschicht die Bondbarkeit. Zum Einfluß des Laminats hat sich gezeigt, daß alle Basismaterialien, die unter dem Standard FR4 zusammengefaßt sind, ohne wesentliche Beeinträchtigungen bondbar sind.

Bezüglich der Leiterzugbreite sind 150 µm eine vertretbare untere Grenze (Optimierung einschließlich Automatisierbarkeit und Preis). Im Bondbereich werden sie auch breiter gestaltet. Der Abstand zwischen zwei Leiterzügen sollte 100 µm dabei nicht unterschreiten.

Folgende spezielle Anforderungen aus mikroelektronischen Verarbeitungstechnologien und Fertigungsbedingungen werden an die Bondbereiche gestellt [8], [9]:

- Reinheit der Bondmetallisierung (meist Ni/Au)
  Die Drahtbondbereiche müssen frei sein von Metallisierungs-, Flußmittel-, Resist- und Lotpastenrückständen sowie von Basismaterial- und Lötstopmaskenabrieb. Trockenflecken und Verunreinigungen durch Fingerabdrücke sind nicht zulässig.
- Strukturierung
  Die Unterätzung (zwischen Resist und Cu) muß < 15µm sein. Auch bei Feinstleitertechnik (Leiterbreite < 100 µm) ist eine ausreichende Bondfläche zu gewährleisten.
- Oberflächeneigenschaften

Testerabdrücke dürfen in horizontaler Richtung den Maximalwert von 40 µm Durchmesser und in vertikaler Richtung die Tiefe von 10µm nicht überschreiten (im eigentlichen Bondbereich sind keine Testerabdrücke zulässig). Die Oberflächenrauhigkeit R_a im Drahtbondbereich darf max. 0,5...0,8 µm betragen. Inhomogenitäten wie Blasen, Knollen, Abblätterungen, Löcher, Ätzgruben, Farb- und Strukturunterschiede dürfen nicht auftreten.
- Mechanische Eigenschaften
Die Härte der Metallisierungsschichten (Au) sollte < 90 (Knoop-Härte) sein. Rißfreie und spannungsarme Schichten sind zu gewährleisten.

Es erfolgt bei Leiterplatten, die für das US-Drahtbonden eingesetzt werden sollen, eine 4...6 µm dicke Vernickelung und anschließende Hauchvergoldung (Schichtdicke 0,05 µm...0,15 µm) der Bondbereiche. Die Nickelschicht dient als Bondpartner sowie als Sperrschicht (auch Diffusionsbarriere genannt), da das Kupfer in relativ kurzer Zeit in die dünne Goldschicht diffundieren würde. Das Gold gewährleistet eine gute Bondbarkeit (wobei es beim Bonden zumindest teilweise durchbrochen wird, sodaß ein Al/Ni-Kontakt entsteht).

Für das TS-Drahtbonden werden die Bondbereiche der Leiterplatte wie für das US-Drahtbonden 4...6 µm dick vernickelt. Danach wird eine Goldschicht aufgebracht, die zur Gewährleistung eines Au/Au-Kontaktes in der Größenordnung 0,3...1 µm liegt. Im Gegensatz zur Hauchvergoldung für das US-Bonden wird hier also nicht bis zum Nickel durchgebondet. So präparierte Leiterplatten sind sehr gut TS-bondbar, wenngleich versucht wird, die Au-Schichtdicke zu reduzieren.

3.1.4
Chipbefestigung (Die-Bonden)

Der Arbeitsgang des Die-Bondens ist der erste Schritt zur Kontaktierung des ungehäusten Chips auf dem Substrat. Dabei ist im allgemeinen Fall sowohl ausreichende mechanische Festigkeit als auch eine gute thermische und elektrische Leitfähigkeit gefordert.

Die thermische Ankopplung an das Substrat muß um so besser sein, je größer die auftretenden Verlustleistungen sind. Die elektrische Leitfähigkeit ist erforderlich, wenn die Chiprückseite eine Kontaktfläche bildet.

Das Problem der thermo-mechanischen Anpassung Chip - Substrat ist in erster Linie eine Frage der gewählten Materialkombinationen. Je größer beispielsweise der Arbeitstemperaturbereich und die Differenzen der thermischen Ausdehnungskoeffizienten der beteiligten Werkstoffe sind, desto größer sind die auf Grund von Erwärmung auftretenden mechanischen Spannungen. Auch die Größe der Chipflächen und die Betriebstemperaturen sind für die mechanische Stabilität des Systems entscheidend.

Das die Verbindung realisierende Material (Kleber oder Lot) muß auch bei unterschiedlichen Werkstoffparametern von Chip und Substrat durch spezielle Eigenschaften (z.B. hohe Elastizität) eine zuverlässige mechanische und elektrische Verbindung gewährleisten.

Die wichtigsten Verfahren, die angewendet werden, um den Chip auf dem Substrat zu befestigen, sind:

- Löten
- eutektisches Legieren
- Kleben.

3.1.4.1
Löten

Die Lotpaste wird durch Drucken oder Dispensen aufgebracht. Bei Nutzenverarbeitung bzw. bei einer größeren Anzahl von ICs pro Schaltungsträger ist der Lotpastendruck sowohl aus technologischen Gründen (wegen der erreichbaren gleichmäßigen Schichtdicken und der genauen Positioniermöglichkeit) als auch aus ökonomischen Gründen vorteilhaft. Die Schichtdicke der gedruckten Lotpaste liegt üblicherweise im Bereich zwischen 100 und 200 µm. Beide Komponenten, Chiprückseite und Substrat, müssen mit einer gut lötfähigen Oberfläche beschichtet sein. Die eingesetzten Lote sind, entsprechend den Anforderungen an das Gesamtsystem (z.B. Temperaturbelastung), auszuwählen. Das Löten erfolgt im Reflowverfahren standardmäßig im Temperaturbereich zwischen 210 und 240 °C.

Durch die Lötung wird ein guter elektrischer Kontakt erreicht. Auftretende thermomechanische Spannungen können durch das relativ weiche Lot ausgeglichen werden. Chips, die wechselnden Beschleunigungen oder Rotationen ausgesetzt sind, können sich im Laufe der Zeit allerdings lösen.

3.1.4.2
Eutektisches Legieren

Bei diesem Verfahren wird das Eutektikum Gold-Silizium genutzt. Die in Kontakt gebrachten Gold- und Siliziumoberflächen gehen bei Temperaturen oberhalb ≈ 370°C in eine Schmelzphase über. Beim Abkühlen bildet sich daraus eine feste, kristalline Au/Si - Verbindung.

Eine Goldmetallisierung von Substrat und ggf. Chip ist Voraussetzung für den Einsatz dieser Kontaktierungsart. Die hohe Verfahrenstemperatur von ca. 400 °C und das Arbeiten unter Schutzgas sind Nachteile dieser Technik. Weiterhin ist die sich bildende Au/Si - Phase sehr spröde und kann auftretende thermomechanische Spannungen nicht kompensieren.

Die Vorteile sind durch die innige Materialverbindung gegeben (niederohmige Kontakte, sehr gute thermische Ankopplung und schneller Übergang flüssig/fest).

In der COB/MCM Technik spielt das eutektische Legieren als Chipbefestigung keine Rolle.

3.1.4.3
Kleben

Die Verbindung von oberflächenmontierten Chips mit Substratmaterialien durch konventionelle Löttechnik ist nicht optimal. Wesentliche Probleme sind die Temperaturbelastung der Bauteile beim Löten sowie das unterschiedliche thermische Ausdehnungsverhalten der Basismaterialien und Bauelemente bei Temperaturwechselbeanspruchungen. Aus diesem Grund werden heute in der Aufbau- und

Verbindungstechnik für ungehäuste ICs in zunehmendem Maße Klebtechnologien (isotrop, anisotrop) zur Herstellung elektrisch bzw. thermisch leitfähiger Verbindungen eingesetzt. Zu beachten ist, daß Klebstoffe, als hauptsächlich organische Polymerprodukte, im Gegensatz zu metallischen Werkstoffen bei anderen Fügetechniken, ein grundsätzlich anderes physikalisch-chemisches Verhalten haben. Die Anwendung der Klebtechnik als Hochleistungsfügeverfahren ist dort interessant, wo verfahrens- und kostenspezifische Voraussetzungen und eine produktbezogene Langzeitzuverlässigkeit gegeben sind.

Die wichtigsten Vorteile des Klebens gegenüber dem Löten oder anderen stoffschlüssigen Verbindungsverfahren sind:

- Verbindungen aus sehr unterschiedlichen nicht lötbaren Werkstoffen sind möglich,
- Hohe Elastizität der Klebefuge und damit ein besserer Abbau von mechanischen Spannungen,
- Flußmittelfreie Verarbeitung, keine nachträgliche Reinigung erforderlich,
- Geringe Temperaturbelastung von wärmeempfindlichen Bauteilen,
- Bei entsprechender Dosiereinrichtung auch geeignet für zuverlässige fine-pitch Anwendungen.

Gegenwärtig reicht die Anwendungspalette des Klebens vom Die-Bonden über den Anschluß von LCD's mit flexiblen Leiterbahnen und anisotropen Leitklebstoffen, bis zu Flipchip - Montagetechniken für hochwertige Module und Smart-Cards. Die folgenden Klebstoffe werden in der Aufbau - und Verbindungstechnik für ungehäuste ICs verwendet:

Polymerisationsklebstoffe
Die Vertreter dieser Gruppe sind die Cyanacrylate, die anaeroben Klebstoffe, sowie eine große Zahl strahlungshärtender Systeme. Man versteht darunter die große Gruppe der bei Raumtemperatur abbindenden Klebstoffsysteme mit der Fähigkeit, eine Vielzahl von unterschiedlichen Werkstoffen zu verbinden. Diese Klebstoffe entstehen durch Synthese von ungesättigten Ausgangsmonomeren - meistens als Kohlenstoff-Doppelbindungen - an aktive Atomgruppen (Radikale, Ionen), was z.B. durch Energiezufuhr (Wärme, UV-Stahlung) geschieht. Die gebildeten Klebschichten besitzen thermoplastische Eigenschaften.

Polyadditionsklebstoffe
Die wichtigsten Polyadditionsklebstoffe sind die Epoxidharze. Die Verbindung der Monomere geschieht hier nicht durch Auftrennung von Kohlenstoff-Doppelbindungen wie bei den Polymerisationsklebstoffen, sondern durch die Anlagerung verschiedener reaktiver Monomere unter gleichzeitiger Wanderung eines Wasserstoffatoms von der einen Komponente zur anderen. Polyadditionsklebstoffe können als ein- oder zweikomponentige Systeme hergestellt werden. Einkomponentige Systeme enthalten alle für die Härtung notwendigen Bestandteile. Ihnen muß zur Aushärtung Energie (z.B. Wärme) zugeführt werden. Harz und Härter liegen im Gemisch nebeneinander vor, so daß ein Mischen der Komponenten entfällt. Latenz erreicht man durch den Einsatz gekapselter Produkte, chemisch blockierter Systeme oder fester, bei Raumtemperatur unlöslicher Substanzen, die z.B.

durch Wärme oder andere Energieformen aktiviert werden. Ein gebräuchlicher, sehr gleichmäßig sich verteilender Härter ist das Dicyandiamin. Es ist bei Raumtemperatur fest, in Epoxidharzen unlöslich und damit nicht reaktiv. Wird der Klebstoff auf mehr als 80 °C erwärmt, beginnt sich das fein dispergierte Dicyandiamin im Klebstoff zu lösen und reagiert mit dem Epoxidharz unter Bildung eines sehr homogenen Duroplastes. Die Härtetemperatur liegt bei ≤160 °C. Solche Einkomponenten-Epoxidharzsysteme zeichnen sich durch sehr gute Wärmewechselbeständigkeit, hohe Festigkeit und ausgezeichnete Haftung aus.

Die Epoxidharze sind von ihrem chemischen Aufbau typische Vertreter der Zweikomponentensysteme, bei denen die beteiligten Reaktionspartner in einem genau definierten Gewichtsverhältnis zur Reaktion gebracht werden müssen. Wegen ihrer hohen Vernetzungsdichte haben Klebschichten aus Epoxidharzgrundstoffen in sehr vielen Fällen ein sprödes Verhalten, eine hohe Glasübergangstemperatur und einen relativ hohen Schubmodul. Für Beanspruchungen, bei denen eine Klebschicht dynamisch belastet wird, werden Klebschichten bevorzugt, die Relaxationsvorgänge in der Polymermatrix erlauben, damit ein Spannungsabbau bei auftretenden Belastungsspitzen möglich ist. Zur Erzielung bestimmter Eigenschaften wie : Verformungsfähigkeit, Haftvermögen, Viskosität, Festigkeit, Aushärtegeschwindigkeit werden von den Klebstoffherstellern dem Klebstoffgrundrezept ergänzende Zusatzstoffe hinzugefügt.

UV-härtende und lichtaktivierbare Klebstoffe
Diese Klebstoffe gehören zu den Polymerisations- und Polyadditionsklebstoffen. Da es sich ausschließlich um einkomponentige Produkte handelt, entfallen Mischvorgänge und die Beachtung der Topfzeiten. Sowohl Kleinstmengen als auch große Flächenverklebungen sind bei einfacher Applikation und kurzer Aushärtezeit ohne weiteres möglich.

Bei uv-härtenden Klebstoffen muß das photoinitiierende UV-Licht der geeigneten Wellenlänge den Klebstoff erreichen. Dies ist bei offenen Systemen kein Problem, wohl aber, wenn der Klebstoff zwischen zwei Fügeteilen ausgehärtet werden muß. Die uv-härtenden Klebstoffe gehören zu den Polymerisationsklebstoffen. Bei ihnen zerfällt der Photoinitiator bei der Belichtung in Radikale, welche sich an Doppelbindungen der Ausgangsmonomere anlagern und Polymerketten bilden [56]. Am Ende der Bestrahlung werden keine Radikale mehr gebildet, womit die Reaktion sofort stoppt und die noch freien Radikale rekombinieren.

Die lichtaktivierbar härtenden Klebstoffe sind grundsätzlich auf der Basis von Epoxidharzen aufgebaut. Sie gehören zu den modifizierten Polyadditionsklebstoffen und haben wie diese einen geringen Schrumpf, ähnliche Glasübergangstemperatur, sehr gutes energieelastisches Verhalten mit geringer Spannungsrißempfindlichkeit bei erhöhter Temperatur, sowie eine ausgasungsfreie Aushärtung. Bei Belichtung setzt der Photoinitiator Substanzen frei, welche die Polyaddition startet. Nach ausreichender Bestrahlung reagiert der Kebstoff auch nach Wegnahme des Lichtes bis zur vollständigen Aushärtung weiter, was durch wandernde Kationen innerhalb der reagierenden Endgruppen erreicht wird. Das hat den Vorteil, daß im Gegensatz zu den uv-härtenden Klebstoffen der Härtemechanismus auch in Schattenbereichen stattfindet.

Die Besonderheiten von strahlungsaktivierten Klebstoffen sind:

- sehr geringe Härteschrumpfung,
- keine Sauerstoffinhibierung,
- Lösungsmittelfreiheit,
- keine hohen Aushärtetemperaturen notwendig,
- präzise Aushärtung innerhalb kürzester Zeit,
- beliebig lange offene Standzeit.
- Spezielle Wellenlängen des für die Härtung eingesetzten Lichtes (UV oder sichtbar) erlauben einen hohen Füllstoffanteil (bis 80 %) des Klebstoffs. Die Aushärtezeiten liegen im Bereich von 1-60 s. Dabei sind Durchhärtungen bis 10 mm möglich. Der Schrumpf des Klebstoffs während des Härtens ist mit 0,8 - 6 % sehr gering [57], [58].
- Voraussetzung für den Einsatz von strahlungsaktivierten Klebstoffen ist, daß die Strahlung nicht von den zu verklebenden Materialien absorbiert wird.

Polykondensationsklebstoffe
Die für die Verwendung als Klebstoff wichtigen Polykondensate sind die Silicone. Sie unterscheiden sich grundsätzlich von allen anderen organischen Polymersubstanzen, die aus Kohlenstoffketten oder -ringen aufgebaut sind. Im Hinblick auf den Härtungsmechanismus werden ein- und zweikomponentige Reaktionssysteme unterschieden. Bei den Einkomponentensystemen erfolgt der Abbindevorgang bei Raumtemperatur durch Luftfeuchtigkeit. Hier ist die Aushärtezeit von der Klebschichtdicke und der Feuchtekonzentration abhängig. Die Zweikomponentensysteme finden da Anwendung, wo die Einkomponentensysteme aufgrund zu geringer Luftfeuchtigkeit oder zu großer Klebschichtdicke bzw.-fläche zu langsam oder nicht mehr aushärten.

Basierend auf ihrer anorganischen Grundstruktur weisen die Silicone als Kleb- und Deckschichten einige bemerkenswerte Eigenschaften auf:

- erhöhte Temperaturbeständigkeit (Dauertemperaturen bis 200 °C),
- sehr hohe Flexibilität auch bei tiefen Temperaturen (Tg bei ca. -70 bis -90 °C),
- sehr niedriger Schrumpf.

Elektrisch und thermisch leitenden Klebstoffe
Diese sind eine weitere sehr wichtige Gruppe von Klebstoffen, die durch spezielle Füllstoffe besondere Eigenschaften in Bezug auf die Leitung des elektrischen Stroms und der Wärme bekommen. Sie werden z.B. zur Die-Montage auf Systemträgern und für den hybriden Aufbau von Dünn- und Dickfilmschaltkreisen auf unterschiedliche Substrate verwendet. Die wichtigste Rolle unter den elektisch leitenden Klebstoffen haben die silbergefüllten Klebstoffe mit Silberpartikeln in Plättchen- oder Flockenform. Die Menge des verwendeten Silberpulvers bestimmt die Eigenschaften der Leitklebstoffe. Die Anzahl der gebildeten Leitpfade reicht ab eines Mindestsilberanteils (ca. 60 Gew. %) aus, um eine elektrische Stromleitung zu bewirken. Einen großen Einfluß auf die elektrische Leitfähigkeit der Klebstoffschicht haben die Aushärtebedingungen. Da der polymerisierte Klebstoff die Matrix bildet, in der die Metallpartikel eingelagert sind, können mechanische Beanspruchungen dieser Matrix einen großen Einfluß auf die Leitfähigkeit des Systems haben. Neben der Auswahl der für die gewünschte Eigenschaft richtigen

Silbermenge ist auch eine Feinabstimmung durch Mischen aus einem sphärischen und einem plättchenförmigem Silberpulver wichtig. Der überwiegende Anteil der Füllstoffe ist plättchenförmig. Der Strom wird hauptsächlich über Plättchenberührung weitergeleitet. Der sphärische Silberanteil trägt nur gering zur Stromleitung bei, seine Hauptaufgabe ist es, ein verarbeitbares Fießverhalten herzustellen [10]. Aus Gründen der Adhäsion, der Elastizität und der Rheologie ist eine möglichst geringe Füllung der Leitklebstoffe anzustreben.

In der Oberflächenmontagetechnik werden heute bereits in großem Umfang unter Einsatz von Bestückungsautomaten elektisch leitfähige Verbindungen mit metallgefüllten isotrop elektrisch leitfähigen Klebstoffen mit Pitchabständen von ≤130 µm unter Fertigungsbedingungen realisiert.

In Tabelle 3.2. sind die Eigenschaften von wärmeaushärtenden Klebstoffen mit verschiedenen Zusätzen zusammengestellt [11].

Aus derTabelle ist ein großer Wertebereich der Eigenschaften erkennbar. Für jede Anwendung läßt sich somit ein Kleber mit unterschiedlichster Füllung finden.

Tabelle 3.2. Eigenschaften gefüllter Epoxidharz-Klebstoffe

	Füllstoffe im Kleber					
	Silber	Gold	Nickel	Ag-Pd	Kupfer	Keramik
Dauertemperaturbelastung [°C]	125-200	125	150	150	150	150-200
max. Temperatur [°C]	300-400	300-400	300-400	300-400	300-400	300-400
Zersetzungstemperatur [°C]	380-440	400	400	420	425	400
Glasübergangstemperatur [°C]	80	90	95	90	120	100
therm. Ausdehnungskoeffizient [10^{-6}/K]	38-63	32-38	47-89	45-50	25	45-55
Wärmeleitfähigkeit [W/mK]	1,43-2,1	1,72		1,72		0,85-1,43
Scherfestigkeit [N/cm²]	690-1240	1400	1450	1400	1740	690-1700
Shore Härte [D]	65-80	85	80	80	82	80
Dichte [g/cm³]	1,9 - 3,0	3,0	3,5	2,8	2,75	2,0
spez. el. Volumenwiderstand [Ωcm]	1-80 ×10^{-4}	1-5 ×10^{-4}	200-700 ×10^{-4}	20-40 ×10^{-4}	30-50 ×10^{-4}	1^{13}-1^{16}

Fertigungsprozeß / Fertigungsüberwachung
Der Kleberauftrag kann durch Dispensen, Drucken oder Stempeln erfolgen. Bei einzelnen Chips ist derzeit das Kanülendispensen die bevorzugte Auftragstechnik. Die Verarbeitungsvorschriften für den Kleber (Lagerung, Mischung, Aushärteregime, Entsorgung, u.s.w.) werden durch den jeweiligen Hersteller vorgegeben.

Die Art und Qualität des Auftrags wird dagegen durch den Anwender bestimmt. Im allgemeinen gilt eine Klebeverbindung nach optischer Inspektion als gut, wenn der Kleber den Chiprand zu 80 % umflossen hat und nicht höher als auf die halbe Chiphöhe gestiegen ist. Für die Dicke der Klebefuge (typ. 25 µm) ist ein Kompromiß zu finden. Eine dünne Klebefuge besitzt eine gute elektrische und thermische Leitfähigkeit. Eine dickere Klebefuge ist dagegen elastischer bei mechanischer Belastung.

Der Wärmeaktivierungsprozeß wird durch die Härtetemperatur und die Aushärtezeit bestimmt. Beide Parameter stehen in einem exponentiellen Zusammenhang.

- Hohe Härtetemperaturen (bis zu ca. 200 °C) bei kurzen Zeiten (nur wenige Minuten) ergeben zwar i.a. eine 100 %ige Vernetzung des Klebstoffes und damit eine gute Klebefestigkeit und Beständigkeit gegenüber Umwelteinflüssen, der Kleber versprödet jedoch dabei.
- Niedrige Härtetemperaturen (z.B. Lagerung bei Raumtemperatur) bei langen Zeiten (mehr als 12 Stunden) ergeben Verbindungen mit höherer Elastizität, die mechanische Spannungen besser kompensieren können.

Ein Klebstoff kann somit, je nach Aushärtung, unterschiedliche Verbindungsqualität aufweisen. Eine Technologieanpassung ist für den jeweiligen Anwendungsfall notwendig.

In der Praxis wird man ein Optimum bezüglich thermischer Belastung der Schaltung und technologischer Durchlaufzeit wählen. Normalwerte liegen für die Aushärtetemperatur bei 120 bis 150 °C und für die entsprechenden Aushärtezeiten bei 30 bis 60 min.

Die Qualitätsüberwachung und Kontrolle des Fertigungsprozesses bedient sich der Daten der Qualitätsplanung mit dem Ziel, Abweichungen vom Qualitätsstandard frühzeitig zu erkennen. Grundsätzlich ist folgendes Vorgehen unbedingt notwendig:

- Wareneingangsprüfung des Klebstoffs mit festgelegten Stoffkenngrößen,
- permanente Kontrolle und Dokumentation der Fertigungsparameter,
- Stichprobenweise Prüfung an fertigungsbegleitenden Prüflingen und/oder Originalteilen
- zerstörungsfreie Funktionsprüfung.

Klebungen unterliegen im Laufe ihrer Herstellung, Lagerung und Anwendung mannigfaltigen Eigenschaftsänderungen. Auch wenn die Verbindung zur Zeit der Untersuchung nach obigem Muster in Ordnung erscheint, so können dennoch zahlreiche verborgene Fehler vorhanden sein. Als zuverlässig mit hoher Herstellungsgüte sind solche Klebungen zu bezeichnen, bei denen innerhalb eines vorgegebenen Zeitraums unter Beanspruchungsbedingungen die vorausgeschätzte Alterung (Funktionsausfall) in Bezug auf elektrische, mechanische und thermische Eigenschaften stabil bleibt.

3.1.5
Drahtbondverfahren

3.1.5.1
Charakteristische Drähte

Bonddrähte werden hauptsächlich aus Gold bzw. aus Aluminium oder Aluminiumlegierungen hergestellt. Darüberhinaus werden auch Bonddrähte aus Palladium sowie Kupfer angeboten, deren Einsatz jedoch nicht typisch ist. Der üblicherweise eingesetzte Drahtdurchmesser liegt für eine Vielzahl von Chips bei 25 µm bis 50 µm. Drähte aus Gold mit Drahtdurchmessern um oder sogar unter 20 µm, werden z.B. für Mikrowellenbauelemente oder für Sonderanwendungen gefertigt. Demgegenüber reicht das Spektrum an unlegierten reinen bzw. hochreinen Aluminiumdrähten für die Kontaktierung von Chips mit hohen Verlustleistungen (z.B. bei Leistungs-Halbleitern) bis zu 625 µm Durchmesser. Bonddrähte zeichnen sich durch folgende wichtige Material-, Herstellungs- und Verarbeitungseigenschaften aus [12], [13]:

– gute elektrische und thermische Leitfähigkeit,
– hoher Dispersionsgrad ausgeschiedener Legierungs- bzw. Dotierungselemente,
– glatte, saubere Oberfläche, frei von Verunreinigungen wie Fetten und anderen leicht verdampfbaren Stoffen; keine Einschlüsse, Knicke, Deformationen aller Art, keine Fehlstellen,
– enge Durchmessertoleranz (z.B. bei 25 µm Durchmesser bis ±1 µm),
– minimale Querschnittsabweichung von der Kreisform,
– keine Verwindung, Schlaufenbildung oder kein Drall; gutes Abwickelverhalten,
– hohe "Standfestigkeit" und geringe Neigung der Drahtbrücken zum "Durchhängen",
– keine Neigung zur Degradation an den Bondkontakten,
– Konstanz der geforderten Drahteigenschaften an jeder Stelle des Drahtes sowie von Spule zu Spule.

Prinzipielle Drahtkenngrößen sind in Tabelle 3.3 [14] dargestellt, wobei diese Quelle eine sehr gute Übersicht zu weiteren Eigenschaften von Bonddraht enthält.
  Die Lieferung der Bonddrähte erfolgt auf speziell dafür vorgesehenen Spulenkörpern. Die Drahtlänge pro Spule (Lieferlänge) hängt vom Drahtdurchmesser und der Art der Bespulung ab. Für die üblichen Drahtdurchmesser unter 100 µm werden metallische Lieferrollen mit einem Kerndurchmesser von 2" bevorzugt. Für das automatische Au-Drahtbonden sind beispielsweise Lieferlängen pro Spule bei Drahtdurchmessern < 33 µm bis zu 2000 m bei Kreuzbespulung möglich. Für größere Drahtquerschnitte sind verschiedenartige Kunststoffspulen mit meist 4" Kerndurchmesser für diverse Drahtlängen gebräuchlich [12], [13].

Tabelle 3.3. Allgemeine Eigenschaften von Bonddrähten [14]

Bond-Drahtwerkstoffe		Typ. mittlere Festigkeitswerte bei 25μm (250μm)		Bondverfahren			Üblicher Durchmesser (μm)	Besonderheiten
Basis	Wesentliche Zusätze	Reißlast (cN)	Dehnung (%)	TC (Ball)	TS (Ball)	US (Wedge)		
Au		8	3	+	+	o 5)	17,5...50	für geringe therm. und mech. Belastungen
Au	5...10 ppm Be	9	3	+	++	o 5)	17,5...50	verbreitetster Bonddraht für Automatikbonden
Au		10	3	++	+	o 5)	17,5...50	speziell für hohe Verarbeitungstemperaturen
Al		(270)	(10)	-	o 1)	o	125...625	nur rekristallisierter Draht stabil; für empfindliche Substrate 4); 5)
Al		(450)	(10)	-	o 1)	+	125...625	4); 3)
Al	1 % Si	12	3	-	o 1)	++	20...100	üblicher Al-Draht 4)
Al	0,5 % Mg	12	3	-	o 1)	++	20...500	hohe Ermüdungsfestigkeit 4); 5)
Al	1 % Mg	13	3	-	o 1)	+	20...100	4)
Al	0,1...1 % x	13	3	-	+ 1)	o	20...50	spezielle Legierungen mit Feinkornzusätzen für Ball-Bonden
Pd		16	3	+	o	o	20...50	Dioden;Transistoren thermisch hoch belastbar, gering leitfähig
Cu		20	3	-	+ 1)	o 1)	17,5...50	hohe Leitfähigkeit und Festigkeit; gute Brückenstabilität
		25	3	-	+ 1),2)	o 1);2)		
Cu/ Al	Manteldraht	(1300)	(10)	-	o	+	50...500	besonders hohe Festigkeit

1) Ball-Abflammen unter Schutzgas
2) mit erwärmter Kapillare
3) speziell für Leistungshalbleiter
4) für kunststoffvergossene Bauteile nur bedingt geeignet
5) besseres Bonden bei erwärmtem Substrat

Zeichenerklärung
++ besonders gut bondgeeignet
+ gut bondgeeignet
o bedingt bondgeeignet
- nicht bondgeeignet
x unbekannte Zusätze (Firmenwissen)

3.1.5.2
Ultraschallverfahren

Verfahrensablauf
Eine vereinfachte Darstellung des Ultraschallbondens (US) zeigt Abb. 3.6.

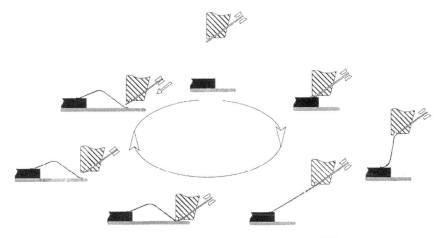

Abb 3.6. Verfahrensablauf beim Ultaschall-Wedge/Wedge-Bonden (US)

Im Bondwerkzeug, dem Bondkeil, wird der Bonddraht in einer Bohrung geführt, die in einem Winkel zur Werkzeugfußfläche angeordnet ist. Das Drahtende ragt dabei so unter die Bondkeilfußfläche, daß es beim Absenken und Positionieren des Werkzeuges gegen den Bondbereich gepreßt und verschweißt wird.

Die günstige Drahtbrückenlänge (Mittenabstand der Drahtkontakte) beträgt 1,5 bis 2 mm. Drahtbrücken bis etwa 4 mm Länge sind bei 25 bzw. 30 µm Drahtdurchmesser noch zulässig. Längere Brücken (bis über 10mm bei z.B. Speicherbauelementen) können hergestellt werden, wobei jedoch die Gefahr des Durchhängens des Drahtes stark zunimmt [15].

Werkzeuge
Als Werkzeuge für das US-Drahtbonden werden Bondkeile (Wedges) eingesetzt. Die Werkzeuge bestehen vorzugsweise aus Wolframkarbid (gesintertes Hartmetall mit Kobalt als Bindemittel). Das Material ist hart, verschleißfest und erfüllt die Anforderungen hinsichtlich:
- der Transformation und Übertragung der US-Energie,
- der dynamischen Dauerbelastung beim Automatikbonden,
- einer zumindest bedingten Bruchfestigkeit beim unbeabsichtigten Anstoßen an Hindernisse, was z.B. durch Fehlbedienung, Fehlprogrammierung oder gerätebedingte Störungen hervorgerufen werden kann,
- der Beanspruchung beim Befestigen des Werkzeuges im Übertrager des US-Schwingers.

Abbildung 3.7 zeigt die charakteristischen Kenngrößen eines Bondkeils. Die Drahtführung bei Bondkeilen erfolgt beim manuellen Bonden bevorzugt unter einem Winkel von α=30° zur Werkzeugfußfläche. Für den Einsatz bei automatischen Drahtbondern haben sich demgegenüber Werkzeuge mit einem Drahtführungswinkel von α=38°bzw. α=40° durchgesetzt. Dieser Winkel bildet ein Optimum zwischen den Standardwerten von α=30° und α=45° und ist beim Automatikbetrieb noch sicher zu beherrschen.

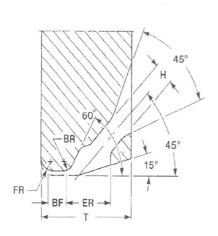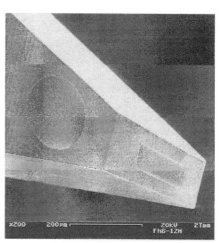

FR - Frontradius
BR - Backradius
BF - Bondlänge
T - Tiplänge (-dicke)
ER - Drahtaustrittsbreite
H - Lochdurchmesser

Abb. 3.7. Charakteristische Kenngrößen eines Bondkeils (Werkfoto APROVA und FhG-IZM)

Für das Bonden bei hohen Packungsdichten wurden Bondkeile mit einem Drahtführungswinkel von α=60° entwickelt. Seit einiger Zeit ist auch eine 90°-Technik im Einsatz, wobei der Bonddraht doppelt umgelenkt wird. Die 60°-Bondtechnik wird gegenwärtig beim Automatikbonden nur in begrenztem Umfang eingesetzt, da hier sowohl die technische Grenze der Belastbarkeit des Bonddrahtes erreicht wird, als auch der Verfahrensablauf insgesamt zunehmend schwerer zu beherrschen ist [16].

Front- und Fersenradius, Drahtführungsbohrung, Kegel zum Einfädeln des Bonddrahtes dienen dem beschädigungsfreien Lauf des Drahtes. Sie sind deshalb besonders geschliffen bzw. poliert.

Bondkeile aus Wolframkarbid haben sich sowohl für das manuelle, als auch für das automatische US-Drahtbonden mit Aluminium- und Aluminiumlegierungsdraht durchgesetzt. Standzeiten von etwa 10^6 Bondungen sind in der Regel gewährleistet.

Werkzeuge aus Wolframkarbid sollten demgegenüber jedoch nicht für die Verarbeitung von Au- oder Cu-Draht eingesetzt werden. Diese Metalle sind bezüglich des Kobaltbinders sehr reaktionsfreundlich, wobei das Gefüge zerstört wird. Abhilfe können Titankarbid mit Nickelbinder oder Stahl als weitere Werkstoffe für die Herstellung von Bondkeilen schaffen.

Die Bondkeilfußfläche kann eben oder leicht konkav geformt sein, bzw. eine Längs- (für Drahtdurchmesser größer 100 µm) oder Querrille (für Au- oder Cu-Draht) mit definierter Tiefe besitzen. Gegenwärtig werden beim Bonden mit AlSi1-Draht kleiner 100 µm Durchmesser vorwiegend Werkzeuge mit konkaver Fußfläche eingesetzt. Für die Verarbeitung von dicken Drähten (Durchmesser >100 µm) kommen Werkzeuge mit Längsrille (keilförmig oder abgerundet) zum Einsatz [17], [18].

Verfahrensparameter und Einsatzbedingungen
Beim US-Drahtbonden zählen Bondkraft, Ultraschall-Leistung und Bondzeit als charakteristische Bondparameter. Für die Verarbeitung von AlSi1-Bonddraht mit 25 µm...33 µm Durchmesser gelten allgemein für die Einstellung dieser Bondparameter folgende Richtwerte (bei 60 bzw. 100 kHz Generatoren):

- in das Werkzeug eingebrachte US-Leistung unter 1 W, womit Schwingungsamplituden kleiner als 2 µm erzeugt werden,
- Bondkraft 25...40 cN,
- Bondzeit etwa 30...50 ms.

Die Bondkraft wird mechanisch oder elektromechanisch aufgebracht und ist so einzustellen, daß der Bonddraht an den Drahtkontakten ausreichend verformt wird. Üblicherweise sind Verformungsgrade im Bereich von (1,4 bis 1,8)x Drahtdurchmesser Kennzeichen für gute Drahtkontakte. Bei einer weiteren Verringerung der Bondbreite können damit Drahtkontakte auch in zunehmend engeren seitlichen Abständen ausgeführt werden, als solche unter Verwendung von Kapillarwerkzeugen.

In [19] wird beispielsweise als Einsatzgebiet für das US-Drahtbonden mit einem Bonddrahtdurchmesser von 25 µm, einem entsprechenden Bondkeil sowie hoher Positioniergenauigkeit des Bonders die Notwendigkeit der Kontaktierung von Bondpads der Abmessungen um 65 µm x 65 µm bei einem Mittenabstand (Rastermaß) von ca. 90 µm angegeben. Untere geometrische Grenzen für das Ultraschall-Drahtbonden mittels manuellen Bondern und legiertem Al-Draht werden bei Drahtdurchmessern bis herab zu 15 µm bei etwa 30 µm Bondpadbreite und etwa 50 µm Rastermaß gesehen.

Übermäßig hohe Bondkräfte können zur mechanischen Chipbeschädigung führen. Die Ultraschall-Leistung ist so einzustellen, daß (in Verbindung mit der jeweiligen Bondkraft) ein ordnungsgemäß verformter und ausreichend haftfester Drahtkontakt entsteht. Wird eine Bondparameteränderung notwendig, erfolgt diese üblicherweise zunächst durch die Variation der Ultraschall-Leistung.

Die Bondzeit ist vor allem bei Automaten im Sinne der Produktivität möglichst kurz zu halten. Zu lange Bondzeiten können darüber hinaus zur Schädigung des gerade entstandenen Drahtkontaktes führen (Überbonden).

3.1.5.3
Thermosonicverfahren

Verfahrensablauf
Der prinzipielle Verfahrensablauf beim Thermosonicbonden (TS) ist in Abb. 3.8 dargestellt.

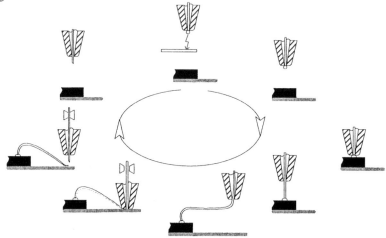

Abb. 3.8. Verfahrensablauf beim Thermosonic-Ball/Wedge-Bonden

Der Bonddraht wird zentrisch in der Kapillare geführt. Das nach unten aus der Kapillarmündung ragende Drahtende wird zunächst durch einen Lichtbogen (Kondensatorentladung) aufgeschmolzen. Durchgesetzt hat sich hierfür das sog. "negative Anschmelzen" wobei die Elektrode gegenüber dem Bonddraht negativ gepolt ist [20]. Die zugeführte Energie muß dabei so dosiert sein, daß die Schmelze unter Wirkung ihrer eigenen Oberflächenspannung eine Kugel bildet, deren Durchmesser im erstarrten Zustand etwa dem 1,5...2,5 fachen Bonddrahtdurchmesser entspricht. Für das Verfahren eignet sich besonders Gold, da ohne besonderen Aufwand bezüglich Drahtherstellung bzw. Anschmelztechnik die Kugeln reproduzierbar und qualitätsgerecht ausgebildet werden.

Beim TS-Drahtbonden nach dem Ball/Wedge-Prinzip wird die Bondrichtung üblicherweise so gewählt, daß sich der Kugelkontakt auf dem Chip befindet. Dadurch wird die Gefahr der Beschädigung des Halbleiterchips durch die Kapillarenfußfläche beim Aufsetzen des Werkzeuges ausgeschlossen. Außerdem besteht durch die Brückenform eine größere Sicherheit bezüglich Kurzschluß zwischen Bonddraht und Chipkante.

Werkzeuge
Die Kapillaren für das TS-Drahtbonden bestehen aus Keramik. Die Formgebung erfolgt neuerdings vorzugsweise durch Spritzgießen, ohne weitere mechanische Nacharbeit. Die verwendete hochreine Aluminiumoxidkeramik (99,99 % Al_2O_3) besitzt ein sehr dichtes, porenfreies und feinkörniges Gefüge. Infolge der Härte

3.1 Drahtkontaktierung

und Verschleißfestigkeit der Keramik werden bei hoher Oberflächengüte (polierte Drahtführung und Fußfläche) im automatischen Bondbetrieb unter Produktionsbedingungen Standzeiten von 10^6 und mehr Bondungen pro Werkzeug erreicht. Abb. 3.9 stellt die wichtigsten Kenngrößen von Bondkapillaren dar.

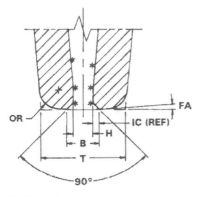
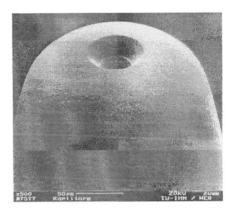

T - Tipbreite
B - Drahtaustrittsbreite
H - Lochdurchmesser
OR - Fußaußenradius
FA - Fußwinkel
IC - Fußinnenradius

Abb. 3.9: Kenngrößen von Bondkapillaren (Werkfoto APROVA und TUD-IHM)

Weitere wichtige Eigenschaften der Al_2O_3-Keramik sind homogenes Material zur optimalen Ultraschallübertragung, thermische Beständigkeit im Bereich der üblichen Bondtemperaturen, verhältnismäßig geringe Wärmeleitfähigkeit sowie Beständigkeit gegenüber einer Verbindungsbildung mit Gold. Andere keramische Werkstoffe, z.B. BeO, sowie synthetischer Saphir, Rubin oder Diamant, haben für die Fertigung von Kapillar-Bondwerkzeugen bisher keine großtechnische Bedeutung erlangt. Früher übliche Kapillarwerkzeuge aus gesintertem Hartmetall (z.B. Wolframkarbid) besitzen für das TS-Bonden keine Bedeutung [21 - 23].

Verfahrensparameter und Einsatzbedingungen
Wie beim US-Bonden beträgt die Standard-Frequenz auch beim TS-Bonden etwa 60 kHz. Zur Zeit erlangen jedoch vor allem bei Automatikbondern Frequenzen von etwa 100 kHz und darüber (z.B. 120 kHz, 160 kHz) zunehmend an Bedeutung.

Die charakteristischen Bondparameter beim TS-Drahtbonden sind Bondtemperatur, Bondkraft, Bondzeit und Ultraschall-Leistung. Richtwerte für deren Einstellung bei der Verarbeitung von Au-Bonddraht, Durchmesser 25 µm und Schwingersystemen bis etwa 100 kHz, zur Ausführung des Kugel- bzw. Keilkontaktes betragen:

- Bondtemperatur : 220 - 270 °C (etwa 100 - 120 °C bei COB),
- Bondkraft: 0,3...0,7 N,

- Bondzeit: 10...50 ms,
- Ultraschall-Leistung: von der konkreten Bauelementekonfiguration, dem Schwingersystem bzw. vor allem von der Höhe der Bondtemperatur abhängig.

Die Bondtemperatur wird üblicherweise in der Bauteilaufnahme durch Widerstandserwärmung erzeugt und der Bondstelle durch Wärmeleitung zugeführt. Sie sollte dabei jedoch möglichst wenig unter dem jeweils zulässigen Höchstwert eingestellt werden, um die thermische Komponente des Verbindungsverfahrens bestmöglich zu nutzen; mit abnehmender Temperatur wird der Prozeß instabiler. So wird beispielsweise beim TS-Drahtbonden von Chips auf Lead Frames bei Temperaturen von 230...270 °C gearbeitet. Für Anwendungen bei thermisch empfindlichen Bausteinen bzw. Baugruppen kann eine wesentlich niedrigere Temperatur notwendig werden, die z.B. etwa 120...150 °C beim Bonden auf Leiterplatten (in Abhängigkeit von der Glasübergangstemperatur des jeweiligen Basismaterials) beträgt [24]. Grundsätzlich zeigte sich, daß beim Einsatz von Schwingersystemen mit zunehmend höheren Arbeitsfrequenzen (gilt ab etwa 100 kHz) die erforderliche Bondtemperatur gesenkt werden kann [25], [26]. Untersuchungsergebnisse bei einer Bondtemperatur von 50 °C wurden in [25] veröffentlicht. Hier wurde auch ermittelt, daß bei einer Bondtemperatur von 50 °C und 240 kHz eine Bindung in über 90 % der freigelegten Ballbondfläche zu verzeichnen ist; bei 60 kHz betrug dieser Anteil nur etwa 60 %. Zu bemerken gilt hierzu allgemein, daß mit zunehmender Frequenz das Prozeßfenster enger, d.h. der Prozeß selbst kritischer wird [27], [28 - 30].

Die Bondkraft wird durch den Bonder mechanisch oder vorzugsweise elektromechanisch aufgebracht. Sie ist unter Beachtung der gerätetechnischen Gegebenheiten (Dynamik beim Bonden) so einzustellen, daß ein optimaler Verformungsgrad am Kugel- bzw. Keilkontakt erreicht wird, um die Verbindungspartner (besonders gefährdet ist hier das Halbleitermaterial) beim Bonden nicht zu beschädigen oder zu zerstören (Cratering).

Die Bondzeit sollte aus Produktivitätsgründen möglichst kurz sein. Unter Berücksichtigung der anderen Verfahrensparameter kann mit zunehmender Arbeitsfrequenz des Schwingersystems auch die Bondzeit verringert werden.

3.1.5.4
Bondgeräte

Die Maschinen für die Ausführung von Drahtbondverbindungen werden als "Drahtbonder" oder "Drahtbondgeräte" bezeichnet. Nach wie vor ist es üblich, folgende zwei Konfigurationen zu unterscheiden:

- manuell zu bedienende, universell einsetzbare Bonder für Arbeiten im Labor, für Sonderbauelemente, zur Kleinserienfertigung und gelegentlich Reparatur (sog. manuelle Bonder) und
- vollautomatisch arbeitende Bonder vorwiegend für die Massenfertigung (Vollautomaten).

Manuelle Drahtbonder

Einsatzgebiete und -gründe manueller Drahtbonder sind:

- Ausbau bestehender Forschungs- und Entwicklungskapazitäten bei allen Bauelemente- bzw. Baugruppenherstellern sowie in Instituten,
- Vielfalt von Bauelementen bzw. auch teils komplizierten Mikrosystemen mit geringer Stückzahl (Vor- und Kleinserienfertigung bis hin zur Einzelfertigung von Sonderbauelementen, Prototypen bzw. hochintegrierten Hybridschaltkreisen),
- Reparatur einzelner defekter Drahtbrücken in der Produktion von kostenintensiven Bauelementen, Hybridschaltkreisen, oder COB- oder MCM- Baugruppen.

Die Produktivität, die bei Automaten im Vordergrund steht, spielt hier eine weniger dominierende Rolle. Sie wird durch den Bediener selbst bestimmt, der alle Bondpositionen manuell justiert und jeweils einen automatisierten Bondzyklus auslöst. Gerade in jüngster Vergangenheit wurde weiterhin deutlich, daß auch bei manuellen Bondern ein anspruchsvoller PC (auch vernetzungsfähig mit anderen Systemen) zunehmend an Bedeutung gewinnt. So können auch bei neuesten manuellen Bondern Drahtbrückengeometrien, Loopformen, Bondparameter und Bewegungsabläufe gespeichert und jederzeit abgerufen werden. Eine integrierte Bondprozeßkontrolle ist möglich. Das Resultat sollen gleichmäßige und reproduzierbare Drahtbrücken sein, die vergleichbar mit Bondbrücken von Vollautomaten sind [31].

Beim Einsatz im Forschungs- und Entwicklungsprozeß stehen der schnelle und unkomplizierte Wechsel der Bauelementehalterung (Bauteilaufnahme) sowie günstige Einstell- bzw. Änderungsmöglichkeiten der technologischen Verfahrensparameter, wie Kraft, Ultraschall-Leistung, Temperatur und Zeit im Vordergrund.

Für das Bonden von Hybridschaltkreisen, von Mikrosystemen sowie für den Einsatz in der COB- oder MCM- Technik ist besonders die Möglichkeit der Überbrückung teils sehr unterschiedlicher Bondniveaus innerhalb eines Bausteins gegeben. Über Muster, Prototypen, Kleinserien kann vergleichsweise schnell verfügt werden. Als Modifizierung auf dem Gebiet der manuellen Drahtbonder gilt das Bonden mit Flachdraht ("Bändchenbonden").

Die Tabelle 3.4 gibt einen Überblick über wichtige Charakteristika manueller Drahtbonder.

3 Montage- und Kontaktiertechnologien

Tabelle 3.4. Charakteristika manueller Dünndrahtbonder

Kriterium	Ultraschall (mit Drehung des Bauteilhalters)	Thermosonic
Bondprinzip	Wedge/Wedge	Ball/Wedge
Bondwerkzeug	Bondkeil (Wedge)	Kapillare (Capillary)
Bonddraht (typisch)	AlSi1, (17...75 µm ⌀)	Au, (15...75 µm ⌀)
Zykluszeit für 2mm Bondbrücke	ca. 2s bedienerabhängig	
Drahtzuführung	1/2 " bzw. 2" Spule, ggf. motorgetrieben	
Bondgenauigkeit	ca. +/- 10 µm bedienerabhängig	
Bondbereich	bis 6"x6" (Hybrid-, COB- und MCM-Anwendungen)	
US-Generator	60 kHz (0...10 W); 100 kHz (0...3 W)	
Schwingungssystem	piezo-elektrisches Prinzip	
Bondparameter	Bondkraft, Bondzeit, Ultraschall-Leistung (auch digital einstellbar)	Bondkraft, Bondzeit, Ultraschall-Leistung (auch digital einstellbar) Temperatur einstellbar Kugelgröße einstellbar
Drahtbrücke (loop)	Höhe, Form, Winkel einstellbar (auch digital)	

Vollautomatische Drahtbonder

Bei Vollautomaten wird die Lage der Bondpads automatisch durch ein Strukturerkennungssystem (Pattern-Recognition-System) ermittelt. Die Herstellung aller Drahtbrücken erfolgt automatisch und die Arbeitskraft führt am Bonder nur noch Kontrollen, Drahtwechsel und ggf. Be- und Entladefunktionen aus und kann damit mehrere Geräte bedienen.

Die gegenwärtigen Bonder für den vollautomatischen Bereich sind automatisierte Einzweckausrüstungen, die das jeweilige Bondverfahren realisieren, in gewissen Grenzen umrüst- und umprogrammierbar sind und über ausrüstungsinterne Transport-, Speicher- und Handhabeeinrichtungen verfügen. Sie besitzen anspruchsvolle Computertechnik mit entsprechender Software, einen hohen Grad an Prozeßüberwachung und in der Regel eine bis an gerätedynamische Grenzen gesteigerte Produktivität. Bei US-Bondautomaten mit Bondkeil ist eine zusätzliche Drehung der Bauteilaufnahme oder des Bondkopfs notwendig. Grundsätzlich bedingt jede Drehbewegung eine Geschwindigkeitsverminderung gegenüber dem Ball/Wedge-Bonden. In der Praxis liegt so die Produktivität des US-Bondens mit 2...3 Drahtbrücken pro Sekunde um den Faktor 3...4 unter der des TS-Bondens mit 5...8 Drahtbrücken pro Sekunde [32], [33]. Die Tabellen 3.5 und 3.6 beinhalten Charakteristika einiger moderner vollautomatischer Drahtbonder für die TS- bzw. US-Kontaktierung.

Tabelle 3.5. Charakteristika vollautomatischer Dünndrahtbonder (Teil 1)

Kriterium	Ultraschall (mit Drehung Bondkopf oder Bauteilhalter)	Thermosonic
Bondprinzip	Wedge/Wedge	Ball/Wedge
Bondwerkzeug	Bondkeil (Wedge)	Kapillare (Capillary)
Bonddraht (typisch)	AlSi1, (20...75 μm ⌀)	Au, (17...75 μm ⌀)
Zykluszeit für 2mm Bondbrücke	ca. 300...500 ms	130...200 ms
Drahtzuführung	2" Spule, ggf. motorgetrieben 3" Spule nachrüstbar	
Bondgenauigkeit	+/- 5 μm	
Bondbereich	bis 6"x6" (Hybrid-, COB- und MCM- Anwendungen oder größer	
US-Generator	60 kHz (0...10 W); 100 kHz (0...3 W)	
Schwingungssystem	piezo-elektrisches Prinzip	
Bondparameter	Bondkraft, Bondzeit, Ultraschall-Leistung (programmierbar)	Bondkraft, Bondzeit, Ultraschall-Leistung, Temperatur, Kugelgröße (programmierbar)

Tabelle 3.6. Charakteristika vollautomatischer Dünndrahtbonder (Teil 2)

Kriterium	Ultraschall (mit Drehung Bondkopf oder Bauteilhalter)	Thermosonic
Drahtbrücke (loop)	Höhe, Form, Winkel programmierbar (minimale Höhe ca. 100 μm)	
Bondposition	menügesteuerte Eingabe, ggf. Autoteach-Hilfen, mittels Datenträger	
Programmspeicher	Floppy Disk, Festplatte, C-RAM	
Kommunikation (Interfaces)	RS 232; SECS I/II	
Bilderkennung (pattern recognition)	automatisch, meist Graustufen-Methode Auflösung: 1...2 μm (CCD-Kamera) Erkennungsgenauigkeit: 99,99 %	
Qualitätssicherung	Fehlbondermittlung, Integrierte Prozeßkontrolle, Anti-Crash- Systeme	
Charakteristische Kenngrößen beim Automatikbetrieb	UPH (units per hour) MTBA (mean time between assistance) MTBF (mean time between failures)	

Der prinzipielle Aufbau von Drahtbondern (jeweils manuell bzw. vollautomatisch) ist für das TS- bzw. US-Verfahren ähnlich. Wesentliche verfahrenstechnologisch bedingte Unterschiede finden sich nur in der heizbaren Bauteilaufnahme und der Einrichtung zum Kugelanschmelzen für das TS-Bonden bzw. in der bei US-Drahtbondern notwendigen Drehung (Richtungsabhängigkeit).

Drahtbonder bestehen im allgemeinen aus folgenden, in das Maschinengrundgerüst integrierte Baugruppen:

- Schwingungs- und Übertragungssystem (Generator, Bondkopf),
- Bilderkennungssystem (nur bei Vollautomaten),
- Manipulier- und Betrachtungseinrichtungen,
- Fixier-, Transport- und Magaziniersysteme für die zu bearbeitenden Bauelemente,
- Baugruppen für elektronische Steuerung, Hilfsprozesse, Energie- und ggf. für Medienzuführung.

3.1.6
Reparaturmöglichkeiten

Bei sehr komplexen Schaltungen (Multi-Chip-Modulen) mit einer größeren Anzahl von Chips und sehr vielen Bondverbindungen ergibt sich rein statistisch eine große Fehlerwahrscheinlichkeit als Summe der möglichen Chip- und Bondfehler. Eine Fertigung derartiger Schaltungen ohne Reparaturmöglichkeit ist auf Grund der zu erwartenden geringen Ausbeute ökonomisch nicht vertretbar. Neben den Fertigungslinien werden deshalb Reparaturbereiche zur visuellen Kontrolle, Chipentfernung und erneuten Drahtkontaktierung (meist manuell) aufgebaut. Da die Chips i.a. nicht dynamisch vorgeprüft sind, muß man zum Einen bereits in Abhängigkeit von der Komplexität des Chips mit erheblichen Fehlerraten rechnen.

Zum anderen sind die Verfahrensschritte des Chip- und insbesondere des Drahtbondens sehr sensitiv und erfordern breite technologische Kenntnisse. Die Technologie reicht von manuellen Techniken, bei denen die Fertigkeiten der arbeitenden Person in starkem Maße eingehen, bis zu automatischen Verfahren, wo zusätzlich zum technologischen Know how die Qualität des Equipments von großer Bedeutung ist. Eine Beurteilung der Bondstellen erfolgt in der Fertigung nach vorgegebenen Kriterien (z.B. MIL 883) meist visuell und muß durch eine nachfolgende elektrische Prüfung bestätigt werden.

Die Reparaturmöglichkeit muß bereits bei der Substrat- Layouterstellung berücksichtigt werden. Die Bondpads müssen deshalb so gestaltet werden, daß problemlos eine Zweitbondung möglich ist.

Im allgemeinen wird die defekte Schaltung visuell überprüft, ob ein nicht qualitätsgerecht ausgeführter Bond die Funktionsstörung hervorruft. Sollte dies der Fall sein, wird die Drahtbrücke entfernt und erneuert. Bei einer Chipstörung bzw. einer Bondpadbeschädigung erfolgt das Auswechseln des Chips mittels lokaler Erwärmung entsprechend des verwendeten Die-Bondverfahrens. In Ausnahmefällen können auch Chips übereinander montiert werden. Anschließend werden die vorher entfernten Bondverbindungen erneuert und das Bauteil an vorgesehener Stelle in den Fertigungsprozeß eingeschleust.

3.1.7
Umhüllung

Ein drahtkontaktierter Nacktchip ist, unabhängig von der angewendeten Integrationstechnik und dem vorgesehenen Einsatzzweck, in der Regel zu umhüllen. Der Chip stellt den schutzbedürftigsten Teil einer Multichipschaltung dar und wirkt dadurch bestimmend auf die Anforderungen, die an Umhüllungsmassen zu stellen sind.

Die Umhüllung der kontaktierten Chips hat folgende Aufgaben zu erfüllen:

- Mechanischer Schutz des Chips und der Bondkontakte: Durch die Umhüllung des Chips, einschließlich der Bonddrähte, entsteht ein Bauelement, welches ohne spezielle Werkzeuge und Schutzmaßnahmen handhabbar ist.
- Schutz gegen klimatische Einflüsse: Besonders Feuchtigkeit und darin gelöste Ionen stellen ein Gefährdungspotential für den dotierten Siliziumkristall dar und führen zu Korrosion der Chipstrukturen und der Bondkontakte.
- Schutz vor thermischer Belastung: Die Umhüllung puffert den Temperatureinfluß auf den kontaktierten Chip während nachfolgender Montageprozesse und im Schaltungsbetrieb.

Grundsätzlich unterscheidet sich die Aufgabe des Schutzes des kontaktierten Chips in der hybriden und COB/MCM-Technik nicht von der in der monolithischen Integrationstechnik. Die technologischen Lösungsmöglichkeiten sind jedoch geringer, da (gegenüber der monolithischen Technik) erschwerend größere Abmessungen und eine Palette unterschiedlicher Substratmaterialien - Keramik, Glas, Phenol, Polyurethan, Polyimid, Epoxydharz [34] auftreten, die eine sorgfältige Anpassung der organischen Hüllmassen an den jeweiligen konkreten Anwendungsfall erfordern.

Aus der Menge der theoretischen Möglichkeiten, Halbleiterchips zu häusen, hat sich in der COB- und der Hybridtechnik ausschließlich das partielle Abdecken der Chips mit Reaktionsharzen, die Glob-Top-Technologie, durchgesetzt. Die Möglichkeit, den Chip einschließlich seiner Drahtkontakte mittels aufgeklebter Keramik- oder Glasdeckel zu schützen, hat, trotz ausreichender Zuverlässigkeit, durch den erhöhten Platzbedarf auf dem Verdrahtungsträger nur in Sonderfällen Anwendung gefunden.

3.1.7.1
Anforderungen an Umhüllungsmaterialien

Hauptproblem des Abdeckens drahtkontaktierter Siliziumchips auf großflächigen Verdrahtungsträgern ist die thermomechanische Anpassung von Chip, Substratmaterial, Chipklebstoff, Bonddraht und Abdeckmaterial. Um Spannungen im Verbund zu vermeiden, ist ein linearer thermischer Ausdehnungskoeffizient des Umhüllungsmaterials, der sich denen von Silizium und Substratmaterial nähert, erforderlich. Als optimal angepaßt gelten Massen mit einem α von $(20 \text{ bis } 30) \times 10^{-6}/K$ unterhalb Tg. Neben dem günstigen Ausdehnungskoeffizienten sind gefordert:

- gute Adhäsion zum Substratmaterial,

- günstige elektrische Eigenschaften,
  - temperatur -und frequenzabhängiges Isolationsvermögen
    (spezif. Durchgangswiderstand ca. 10^{15} Ωcm, Oberflächenwiderstand 10^{13} bis 10^{14} Ω, Durchschlagsfestigkeit ca. 30 kV/cm),
  - geringe dielektrische Verluste
    (Verlustfaktor bei 100 Hz : 0,007 bis 0,016 ; Verlustfaktor bei 100 kHz : 0,006 bis 0,013),
  - niedrige Dielektrizitätskonstante,
- hohe mechanische Festigkeit bei ausreichender Flexibilität,
  (Zugfestigkeit bis ca. 60 N/mm^2),
- hohe Glasübergangstemperatur (>130 °C),
- geringe Wasseraufnahme,
- Beständigkeit gegen Lösungsmittel.

Der Gebrauchswert einer Abdeckmasse wird, neben ihren Werkstoffparametern, entscheidend von ihrer Verarbeitbarkeit und Handhabbarkeit bestimmt. So sind zur Erzeugung einer reproduzierbaren Tropfengeometrie mit ausreichender Hügelhöhe und konstantem Durchmesser folgende technologische Eigenschaften unverzichtbar:

- niedrige und stabile Viskosität,
- thixotropes Verhalten,
- niedrige Härtetemperatur (beispielsweise 1 h / 120 °C),
- geringer thermischer und chemischer Schwund im Härteprozeß (0,4 - 0,6 %).

Die Forderung nach möglichst geringem Härteschwund ist, bedingt durch die primäre Zielstellung, eine Chipabdeckung mit niedrigem mechanischem Spannungsniveau zu erzeugen, um mechanische und thermomechanische Belastungen aller Schaltungskomponenten, die im Extremfall zu Ausfällen der Schaltungsfunktion führen können, erforderlich. Materialien, die dieser Forderung optimal entsprechen, sind die " low stress"- Typen.

3.1.7.2
Glob-Top-Massen, Marktangebot

Entsprechend dem o.g. Forderungskatalog sind, basierend auf den Erfahrungen der Kunststoffkapselung der monolithischen Technik, Glob - Top - Massen auf der Basis von flüssigen, anhydridhärtenden Dian-Epoxidharzen entwickelt worden. Die Anpassung der Ausgangsharze an die speziellen Erfordernisse der Multi-Chip-Modultechnik wird durch Zusatz von anorganischen Füllstoffen (55 bis 80 Volumen-%) und reaktiven Verdünnern erreicht. Als Füllstoffe werden eingesetzt: SiO_2, Al_2O_3, $ZrSiO_4$, BeO, SiC. Auf dieser Materialbasis ist ein umfangreiches Sortiment von Beschichtungsmassen unterschiedlicher Hersteller im Angebot. Ein universell einsetzbares Produkt gibt es nicht; es hat eine Materialauswahl nach dem speziellen Einsatzzweck zu erfolgen. Auswahlkriterium ist primär das Substratmaterial und die thermische Belastbarkeit der Schaltung. Die angebotenen Massen werden, bei etwa gleichem Niveau der elektrischen und klimatischen Leistungsfähigkeit, nach Substratwerkstoff und Härtungstemperatur unterschieden.

Die Massen sind in ihrer Ausgangsversion Zweikomponenten-Produkte. In zunehmendem Maße werden diese bereits vom Hersteller gemischt, entlüftet, in Einwegkartuschen abgefüllt und tiefgefroren angeboten. Bei Lagertemperaturen von -40 °C wird eine Verarbeitbarkeit von 20 Monaten garantiert. Diese "frozen products" sind wesentlich teurer als gleiche zweikomponentige Typen, bieten jedoch entscheidende Vorteile. Das gesamte Risiko einer Fehldosierung des Mischungsansatzes, einschließlich seiner negativen Beeinflussung der Zuverlässigkeit der Schaltung, ist so beseitigt. Der Arbeitszeitbedarf wird minimiert durch den Wegfall von Rüst- und Reinigungszeiten, und die Kartuschenabfüllung erfüllt optimal die arbeitshygienischen Forderungen der Reaktionsharzverarbeitung.

Die Massen werden von den namhaften Herstellern mit QS- Zertifikat angeboten.

3.1.7.3
Ausrüstungen

Die partielle Abdeckung drahtkontaktierter Chips wird realisiert durch eine Harzdosierung in Tropfenform.

Die Dosierung erfolgt mit elektropneumatischen Dispensern: das zu dosierende Material wird in Kartuschen von 3 bis 30 ml gefüllt und daraus durch Druckluftstöße ausgedrückt. Die pro Dosierimpuls aufgetragene Materialmenge hängt von den am Gerät einstellbaren Größen Druck und Impulszeit, dem Durchmesser der Dosiernadel und der Materialviskosität ab. Die Dosierung kann von Hand oder automatisch erfolgen. Für einen Handbetrieb ist die Ausrüstung aus Standardbaugruppen zusammensetzbar. Die Grundausstattung besteht aus Druckregler mit Manometer und einem stufenlos einstellbaren Zeitglied. Zweckmäßig sind Geräte mit Unterdruckanschluß zur Verhinderung des Nachtropfens. In der einfachsten Ausführungsform wird die Kartusche von Hand zum Arbeitspunkt geführt und der Druckluftimpuls durch Betätigung eines Fußschalters ausgelöst.

Eine Kombination des Dosiergerätes mit einem Handmanipulator, welcher eine Kartuschenhalterung und -führung , einen xy- Koordinatentisch und eine Pick-and Place-Pinzette enthält, ist für die Konzipierung einer kontinuierlichen Produktion - auch kleiner Stückzahlen - unerläßlich, da diese Geräte den Einsatz von Zusatzeinrichtungen, wie Kartuschen-, Nadel- und Substratheizung erlauben.

Für automatischen Dispensbetrieb werden Geräte mit frei programmierbaren xyz- Koordinatentischen angeboten, welche alle manuellen Bewegungen übernehmen. Die Technik ist die gleiche, d.h. auch die Druck/Zeit-Dosierung, wobei Zeitsteuerung und horizontale und vertikale Kartuschenbewegung vom Gerät ausgeführt werden. Geregelte Kartuschen- und Substratheizung gehören zur Ausstattung. Der besondere Vorteil bei modernen Automatikdispensern liegt in der Einhaltung eines garantierten, stufenlos programmierbaren Arbeitsabstandes der Dosiernadel zur Substratoberfläche [35]; eine Voraussetzung für ein ausschußminimiertes Handling drahtkontaktierter Chips.

Kartuschen, Dosiernadeln, Dosierzubehör, Kartuschenadapter, Verschlüsse, Stopfen usw. sind standardisiert und werden von den Geräteherstellern angeboten. Stopfen sind beim Dispensen viskoser Massen zur Vermeidung von Luftkanälen erforderlich. Dosiernadeln in Standardausführung in Kunststoff und Metall gibt es im Durchmesserbereich 0,15 bis 1,6 mm. Geregelte Kartuschenheizungen sind für alle Kartuschengrößen im Angebot. Ihr Einsatz ist zwingend zur Realisierung qualitätsgerechter Kapselungen. Eine Nadelheizung wird kommerziell angeboten und soll in Kombination mit der Kartuschenheizung eine Möglichkeit der Erhöhung der Fließfähigkeit hochviskoser Massen sein. Durch ihren Einsatz kann die Kartuschentemperatur gesenkt, und so die Gebrauchsdauer des Kartuscheninhaltes verlängert werden. Als Substratheizung ist jede Flächenheizung mit einem Regelbereich von ca. +30 bis 100 °C einsetzbar; der Einsatz bei der Kunststoffverkapselung ist zwingend.

3.1.7.4
Auftrags- und Härtetechnologie / Materialauswahl

Die Glob-Top-Masse kann entweder in Form eines Tropfens je Chip (Abb. 3.10) oder durch Absetzen einer Matrix kleiner Punkte ausgeführt werden (Abb. 3.11). Entscheidend dafür ist die Größe und die Form der zu überdeckenden Fläche. Ideal ist eine zentrische Anordnung der peripheren Bondstellen um den Chip. Sie ermöglicht die Realisierung der Chipabdeckung durch einen einzelnen Tropfen. Ist die zu überdeckende Fläche stark von einer Kreisfläche abweichend, etwa in Form eines gestreckten Rechteckes, ist das Ausbringen einer Anzahl kleiner Tropfen notwendig. Ökonomisch ist die erste Variante vorteilhafter. Das Absetzen einer Chipmatrix hat jedoch technische Vorteile. Die ausgebildete Plateauform besitzt eine geringere Massenanhäufung. Geringe Masse bei ausreichender Chipabdeckung wird aus Gründen der Streßminimierung angestrebt. Aus gleichen Gründen sollte die maximale Längenausdehnung eines Abdeckpunkts 10 mm nicht überschreiten und Abdeckungen benachbarter Chips sollten nicht ineinanderlaufen. Voraussetzung, diese Forderungen zu erfüllen, ist ein zweckmäßig gestaltetes Layout des Schaltungsträgers.

Abb. 3.10. Kugelabdeckung   **Abb. 3.11.** Plateauabdeckung

Die Auswahl eines Materialtyps erfolgt zweckmäßig nach folgenden Kriterien und in folgender Reihenfolge:

1) Substratmaterial,
2) Härtungstemperatur,
3) Viskositäts-Temperaturverlauf.

Bei gleicher Eignung von Massen für ein entsprechendes Substratmaterial ist die Masse mit der niedrigsten Härtetemperatur auszuwählen, um den thermischen Härteschwund zu minimieren. Die Massen mit einer flachen Viskositäts-Temperaturkurve unterhalb der Härtetemperatur sind wichtig für ein minimales Verlaufen der ungehärteten Masse auf dem Substrat und besonders wichtig bei kugelförmigen Abdeckungen.

Für die spezielle Masse hat eine konkrete Technologieanpassung (an Hand von Versuchen) mit gebondeten Testschaltungen zu erfolgen:

- Es ist nur Material einzusetzen, welches bei vorgeschriebener Temperatur gelagert wurde.
- Vor dem Arbeitsbeginn bzw. dem Ansetzen der Materialmischung ist die Kartusche bzw. Harz und Härter durch Lagerung bei Raumtemperatur oder mittels spezieller Temperierung aufzutauen.
- Kleinere Kartuschen garantieren die höchste Dosiergenauigkeit.
- Als Kartuschentemperatur ist die vom Hersteller angegebene Verarbeitungstemperatur einzustellen. Im allgemeinen ist ein Temperaturbereich angegeben. Man wählt die unterste Temperatur, die bei entsprechender Wahl von Druck, Dosierzeit und Nadeldurchmesser eine ökonomische Taktzeit ergibt. er Substrattemperaturbereich ist im allgemeinen vorgeschrieben. Auf kaltem Substrat erfolgt keine Benetzung, d.h. der Massetropfen löst sich nicht von der Kanüle. Zu hohe Substrattemperatur führt zum unkontrollierten Verlaufen der Tropfen.
- Offene Wartezeit: die maximale Lagerzeit zwischen Dispensen und Härten ist festzulegen. Eine zu lange Lagerung führt zum Verlaufen des Tropfens und zu Entmischungserscheinungen.
- Härtung: von den vorgeschlagenen Temperaturen ist, aus Gründen der Stressminimierung, die niedrigste zu wählen. Die dazugehörige Härtezeit ist unbedingt einzuhalten, da nur vollausgehärtete Massen ihre vollen Isolationseigenschaften erreichen.
- Auf organischen Trägermaterialien ist (trotz Variation der Technologie) keine ausreichende Hügelhöhe der gehärteten Tropfen zu erreichen, d.h. die Tropfen laufen breit, sind vielfach Reste von Benetzungsmitteln aus dem Leiterplattenprozeß die Ursache.

3.1.7.5
Zuverlässigkeit

Die Besonderheiten der Bondverbindungen, welche hinsichtlich der Zuverlässigkeit zu abweichenden Bedingungen gegenüber üblichen Schweißverbindungen führen, sind die kleinen Geometrien und die extrem geringen Schichtdicken. Ersteres läßt Oberflächenbedingungen eine entscheidende Wirkung zukommen (Oxide, Verunreinigungen, Kontaminationen, oberflächenaktive Fremdstoffe in der Metallisierungsschicht). Der zweite Aspekt gewinnt durch den Einfluß von Korrosion und Diffusion mit meist totalen Veränderungen der Eigenschaften eine wesentliche Bedeutung.

Da sich die Zuverlässigkeit von Bondverbindungen ausschließich auf realisierte Verbindungen bezieht, werden für die Einschätzung in der Regel drei Kriterien herangezogen.

– die vollständige Unterbrechung die elektrischen Verbindung,
– die Erhöhung des elektrischen Kontaktwiderstandes,
– die Verringerung der Kontaktfestigkeit.

Beim Testen von Komponenten oder Produkten sollten Bedingungen gewählt werden, welche die Möglichkeit besitzen, Fehlerursachen eindeutig den Drahtbondverbindungen zuzuordnen. Eine ausschlaggebende Wirkung haben hier:

a) die Phasenbildung beim System Au/Al (Draht/Metallisierung oder umgekehrt),
b) die Korrosion bei Verwendung von Al-Draht,
c) die Rißbildung durch unterschiedliche Ausdehnungskoeffizienten bei wechselnder mechanischer oder thermischer Belastung.

a) Phasenbildung bei Au-Al
Das Kontaktsystem Au/Al ist ein Standardsystem beim Drahtbonden und unter entsprechend prozessierten Bedingungen in ausreichendem Maße zuverlässig. Sehr ausgiebig wurde in der Vergangenheit die Phasenbildung beim o.g. System untersucht und ermittelt, daß von den fünf entstehenden Phasen besonders die Au_5Al_2-Phase die für die Ausfälle beim Bonden verantwortlich sein kann. Dies geschieht durch die Bildung von Kirkendall- Voids im goldreichen Gebiet, die zum einen Spannungen und Risse schaffen, welche die Festigkeit vermindern und zum anderen bei Vorhandensein einer geschlossenen Voidzeile schon im Rahmen geringer mechanischer Belastungen einen Totalausfall hervorrufen können (max. Belastungstemperatur 150 °C) [36], [37]. Dabei ist es entscheidend, wie die Zuordnung Materialien zueinander ist. Bei Vorhandensein von Al-Überschuß (z.B. Au-Schicht < 0,2 µm beim US-Bonden) entsteht keine geschlossene Void-Zeile, wodurch Ausfälle (besonders nach Mechanismus a) minimiert werden. Liegt jedoch Au-Überschuß (z.B. Au- Schicht > 1 µm beim US-Bonden) vor, so kann es beim Al-Bonden aufgrund geschlossener Voidzeilen zu verstärkten Ausfallerscheinungen kommen.

b) Korrosionserscheinungen bei Verwendung von Al- Draht
Ursache hierfür ist oftmals die Wirkung von Halogenen, die aus den Vergußmassen oder dem Basismaterial stammen und bei Anwesenheit von Feuchtigkeit (Elektrolytwirkung) und Spannungspotentialunterschieden Al-Verbindungen schaffen, welche das Drahtmaterial zerstören und zum Ausfall der Verbindung führen. Einflüsse auf den Kontaktwiderstand konnten im Gegensatz zur Phasenbildung hier nicht beobachtet werden. Auf die Abwesenheit von NaOH oder KOH sollte ebenfalls geachtet werden.

c) Rißbildung durch unterschiedliche Ausdehnungskoeffizienten oder Schwingungserscheinungen
Rißbildungen durch Materialfehlanpassungen (therm. Ausdehnung) oder durch Schwingungswirkung (US- Reinigung; Einsatz im Automobil) können sowohl die

Festigkeit des Bonds senken, als auch seinen Totalausfall herbeiführen. Oft geschieht dies im Heel- Bereich des Wedges oder im Neck- Bereich des Balls, wo hinsichtlich der mechanischen Festigkeit sensible Gebiete vorhanden sind. Eine Abstimmung zwischen Substrataufbau, Bonddraht, Loopform, Abdeckung und Einsatzbedingungen in Bezug auf Materialeigenschaften, Resonanzfrequenz und Schwingungsbelastung während des Einsatzes ist hier vonnöten.

Nicht zu vergessen sind die Verarbeitungs- und Handlingsprozesse während der Herstellung der Bauelemente oder -gruppen (z.B. Temperaturbelastung beim Löten der SMD- Komponenten oder bei der Kunststoffverkapselung).

Wie alle Verschlußvarianten mittels Kunststoffen sind Glob-Top-Chipabdeckungen nichthermetische Kapselungen, deren Schutzfähigkeit zeitlich begrenzt ist. Für jedes verwendete Bauelement im Kunststoffgehäuse / Umhüllung ist durch Test nachzuweisen, über welchen Zeitraum ein datenhaltiger Schaltungsbetrieb in dem projektierten Einsatzklima garantiert werden kann.

Bereits vor 10 Jahren, der Zeit der 1. Generation der Glob-Top-Massen, wurde für diese eine den Kunststoffchipcarriern gleichwertige Schutzfunktion angenommen [38]. Inzwischen sind die Massen optimiert worden.

Für "frozen types" wurde bereits 1991 eine Einsatzfähigkeit bei 85 °C und 85 % rel. Luftfeuchte über 2000 Stunden bescheinigt [39].

Voraussetzung, das Leistungsniveau dieser Massen auch auszunutzen, ist die unbedingte Vermeidung von Verunreinigungen der Chipoberfläche vor der Verarbeitung. Die Lagerung und Verarbeitung der Chips hat, wenn hohe Anforderungen an die Zuverlässigkeit des Schaltungsbetriebes gestellt sind, in Reinraumatmosphäre zu erfolgen.

3.1.8
Prüfmethoden

Die hergestellten Drahtbondverbindungen müssen folgenden wesentlichen Qualitätsmerkmalen genügen:

- geringer konstanter elektrischer Übergangswiderstand (4...6 mΩ) mit rein ohmschem Charakter sowie
- hohe Kontaktzuverlässigkeit unter Einsatzbedingungen durch ausreichende mechanische Festigkeit der Verbindungen und zweckmäßige Wahl der Verbindungspartner bei entsprechendem Schutz vor Umgebungseinflüssen.

Zur Bewertung und optimalen Ausbildung dieser Eigenschaften ist die Anwendung geeigneter Prüfverfahren für die Drahtbondverbindungen erforderlich Neben der an der entsprechender Stelle aufgeführten Literatur enthalten die Quellen [47] - [52] ausführliche und zusammenfassende Darstellungen.

Mechanische Festigkeitsprüfung von Drahtbondverbindungen
Die am häufigsten eingesetzten Verfahren zur Prüfung von Drahtbondverbindungen sind die mechanischen Prüfverfahren, da sie kostengünstig, einfach und schnell anwendbar sind. Zu den wichtigsten mechanischen Prüfverfahren zählen die im folgenden näher erläuterten Methoden [48],[59] - [61].

- Zerstörende Zugprüfung (Pulltest)
Beim Einsatz des Prüfverfahrens muß der Abstand der Bonds jeder Drahtbrücke einer Serie exakt eingehalten werden, da er in Zusammenhang mit der Drahtbrückenhöhe maßgeblich den Abreißwinkel β bestimmt. Dieser wirkt direkt auf die zu messende Abreißkraft F mit dem Ergebnis, daß gleiche Bondfestigkeiten bei unterschiedlichen Winkeln verschiedene Abreißwerte ergeben können (nur bei $ß_1=ß_2=30°$ entspricht der gemessene Wert der realen in Drahtrichtung wirkenden Abreißkraft). Bei Nichterreichen der Vorgabe muß zur Ermittlung der realen Abreißkraft in Drahtrichtung der Korrekturfaktor K als Multiplikator entsprechend Tabelle 3.7 (Werte zum Teil gerundet) einbezogen werden. Beide Abreißwinkel sollten beim Test über die Verschiebung des Hakenansatzes gleichgroß eingestellt werden.

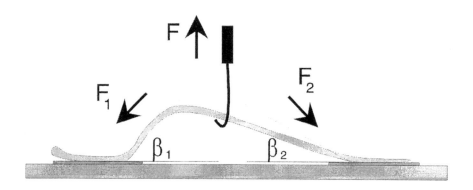

Abb. 3.12. Prinzip des Pull-Testes

Tabelle 3.7. Zuordnung Winkel ß - Korrekturfaktor K

Winkel ß	15°	30°	45°	60°	75°	90°
Faktor K	1,9	1,0	0,7	0,6	0,5	0,5

Zur Freigabe der Bondbedingungen sollten die in Tabelle 3.8 dargestellten Kennwerte auf Grund von Erfahrungen statistisch abgesichert ermittelt werden. Der Mittelwert der Abreißkraft sollte 50 % der Zerreißkraft des unverformten Drahtes nicht unterschreiten (Angaben des Herstellers bei unterschiedlichen Drahttypen beachten). Beim Ball/Wedge-Bonden von Au-Drähten gilt dem weichen Drahtzustand am Kugelhals (neck) besondere Beachtung.

Die Anforderungen an die Standardbweichung reichen von 15 bis 25 % bezogen auf den Mittelwert, wobei die in Tabelle 3.8 angegebenen Daten dem Standard entsprechen. Der Grenzwert für minimale Abreißkräfte ist im Bereich der Werte von Tabelle 3.9 angesiedelt, wobei Drahtmaterial und -durchmesser entscheidende Voraussetzungen dafür schaffen. Neben den Festigkeitswerten werden oft spezielle

Merkmale (z.B. Abheber und Stelle des Drahtrisses) angegeben, die eine bessere Zuordnung der Ergebnisse zu den Bondbedingungen gestatten.

Tabelle 3.8: Abreiß-Kennwerte zur Freigabe von Bondbedingungen

Merkmale	Bedingungen Labor	Fertigung
Zugkraft		
- Mittelwert[1]	>50 %	>50 %
- Standardabweichung (bezogen auf Mittelwert)	<15 %	<25 %
- Anteil zulässiger Werte < (siehe Tabelle 3.10)[2] cN	0 %	0 %
- Bondabhebungen	0 %	<10 %

[1] Werte beziehen sich auf die Zerreißkraft des unverformten Drahtes
[2] Für Standardbonddrähte gelten die Mindestabreißwerte [cN] gemäß Tabelle 3.9

Tabelle 3.9: Mindestabreißkräfte [cN] bei Standardbonddrähten mit verschiedenen Durchmessern[3]

Bondbedingungen	Drahtdurchmesser (μm)				
	17,5	25	32	38	50
MIL-STD-883 C, Methode 2011					
Al-Draht [cN]	1,5	2,5	3,0	4,0	5,2
Au-Draht [cN]	2,0	3,0	4,0	5,0	7,0
Labor/Fertigung[3] Al-, Au-Draht [cN]	3,0	4,0	6,0	7,0	11,0

[3] Die dargestellten Werte entstammen den Erfahrungen der verschiedensten Anwendungsbereiche.

Nichtzerstörende Zugprüfung
Bei der Verarbeitung kostenintensiver Halbzeuge oder im Rahmen der Fertigung für besonders sensible Bereiche (Militär- und Luftfahrttechnik, Raumfahrt) wird ggf. der nichtzerstörende Pulltest genutzt, um eine große Anzahl der Drahtbrücken (bis zu 100 %) zu testen. Die Vorgehensweise entspricht dem Abschnitt "Zerstörende Zugprüfung", nur erfolgt die Beanspruchung nicht bis zum Abriß, sondern bis zu bestimmten Mindestzugkräften. Beim nichtzerstörenden Test sollten die Drahtbrücken zu 100 % die in der Tabelle 3.10 dargestellten Kennwerte (Mindestzugkräfte in cN) erfüllen.

Tabelle 3.10: Mindestzugkräfte [cN] für verschiedene Drahtdurchmesser

Bondbedingungen	Drahtdurchmesser (μm)				
	17,5	25	32	38	50
MIL-STD-883 C, Methode 2023					
Al-Draht	1,2	2,0	2,5	3,0	4,2
Au-Draht	1,6	2,4	3,2	4,0	5,6
Labor/Fertigung[3] Al-, Au-Draht	2,4	3,0	5,0	6,4	9,0

[3] Die dargestellten Werte entstammen den Erfahrungen der verschiedensten Anwendungsbereiche.

130   3 Montage- und Kontaktiertechnologien

Scherprüfung
Die Scherprüfung ist ein typisches Verfahren zur Prüfung der Haftfestigkeit von Ball- und Wedgebonds [40]. Die Ballbonds werden durch einen Keil mit einer anschwellenden Scherkraft F_S abgeschert. Der Keil wird vor dem Bond angesetzt und mit einer konstanten Schergeschwindigkeit beansprucht. Die Scherebene muß dabei in einem möglichst definierten Abstand S (z.B. 1/3 des Drahtdurchmessers) von der Bondebene durch den gesamten Bond verlaufen.

Folgende charakteristische Abschermerkmale werden unterschieden:

- Ausbruch des Chipmaterials (Kristallausbruch)
- Bond mit Padmetallisierung teilweise oder vollständig vom Grundmaterial gelöst
- Scherbruch in der Grenzfläche Bond/ Pad-Metallisierung
- Scherbruch im Bond.

Beurteilung der Ergebnisse
Zur Freigabe der Bondbedingungen im typischen Au-Drahtdurchmesserbereich von 25...33 µm sollten die in Tabelle 3.11 dargestellten Kennwerte statistisch abgesichert ermittelt werden.

Tabelle 3.11. Scherkennwerte zur Freigabe von Bondbedingungen beim Ball-Bonden

Merkmale	Bedingungen unmittelbar nach dem Bonden	
	Labor	Fertigung
Mittelwert bezogen auf die dem entsprechenden Ballbonddurchmesser zugeordnete Mindestabscherkraft (nach Tabelle 3.12)	größer 140 %	größer 120 %
Standardabweichung bezogen auf den Mittelwert	kleiner 15 %	kleiner 20 %
Anteil zulässiger Werte kleiner als die jeweilige Mindestabscherkraft (nach Tabelle 3.12)	0 %	0 %
Anteil von Ballbondmaterial nach dem Schertest auf dem Bondpad	größer 80 %	größer 50 %
Grenzflächenbrüche (Bond/Pad)	0 %	0 %
Abhebung der Padmetallisierung oder Padausbruch (Cratering)	0 %	0 %

Tabelle 3.12. Mindestabscherkräfte [cN] bei verschiedenen Ballbonddurchmessern

	Ballbonddurchmesser (µm)			
	50	75	100	125
Scherkraft [cN]	15	30	45	75

[3] Die dargestellten Werte entstammen den Erfahrungen der verschiedensten Anwendungsbereichen.

3.1 Drahtkontaktierung (Chip and Wire)

Visuelle Prüfung von Drahtbondverbindungen
Die visuelle Prüfung von Drahtbondverbindungen ist zerstörungsfrei. Es wird die Verformung des Drahtes am Bond, die Position des Bonds auf dem Bondpad und die Lage und Form der Drahtbrücke bewertet. Abb. 3.13 verdeutlicht die wesentlichen Kenngrößen.

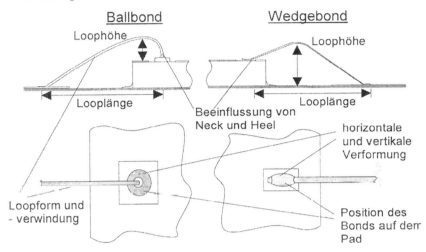

Abb. 3.13. Wesentliche Kenngrößen bei der visuellen Prüfung von Drahtbondverbindungen

Vorgaben für die visuelle Prüfung liefert der MIL-STD-883C, Methode 2010 für monolithische Bauelemente bzw. Methode 2017 für Hybride. Im folgenden sollen die wichtigsten Forderungen für qualitätsgerechte Bondverbindungen kurz erläutert werden.

Verformung des Drahtes am Bond
Folgende Verformungen sind in Abhängigkeit von den konkreten Material- und damit Bondbedingungen zu akzeptieren:

- Ultraschall-Wedgebonds haben etwa eine Breite vom 1,2-fachen bis zum 2,2-fachen des Drahtdurchmessers sowie etwa eine Länge vom 1,5-fachen bis zum 3,5-fachen des Drahtdurchmessers. Die Länge eines ggf. überstehenden Drahtendes (Tail) darf etwa dabei im Bereich des Chips nicht länger als das 2-fache des Drahtdurchmessers und im Bereich des äußeren Anschlusses nicht länger als das 4-fache des Drahtdurchmessers betragen. Die Mindestlänge sollte dem 0,5-fachen des Drahtdurchmessers entsprechen.
- Ballbonds haben etwa einen Durchmesser vom 1,8-fachen bis zum 4-fachen des Drahtdurchmessers. Die Kontakthöhe darf dabei etwa im Bereich des 0,8-fachen bis 1,5-fachen des Drahtdurchmessers liegen.
- Der Drahtumriß bei Ballbonds muß noch vollständig innerhalb des Ballumrisses liegen.
- Tailless Bonds (Bonds ohne überstehendes Drahtende, wie sie durch den Kapillarenabdruck am zweiten Bond beim Thermosonicbonden entstehen) haben

etwa eine Breite vom 1,2-fachen bis zum 5-fachen des Drahtdurchmessers sowie etwa eine Länge vom 0,5-fachen bis zum 3,5-fachen des Drahtdurchmessers.

Position der Bonds auf Bondpads und Padbeschädigungen
Folgende Positionen von Bonds sind zu akzeptieren:
- Wedgebonds auf einem Halbleiterchip müssen in der Metallisierung eine durchgehende Verbindung zwischen dem Pad und der mit ihm verbundenen Leiterbahn erkennen lassen. Diese Forderung gilt nicht, wenn die Leiterbahn breiter als 50 µm und das Bondpad auf der Eintrittseite breiter als 90 µm ist.
- Ballbonds müssen mit mindestens 75 % ihrer projezierten Fläche auf der freien Padmetallisierung liegen; die Mitte des abgehenden Drahtes muß sich dabei noch über dem Pad befinden.
- Wedgebonds auf einem Halbleiterchip müssen mit mindestens 75 % ihrer projezierten Fläche innerhalb des unpassivierten Bondpads liegen. Bonds auf dem Substrat müssen vollständig innerhalb des Bondpads liegen.
- Ball- bzw. Wedgebonds (einschließlich überstehender Drahtenden-Tails) müssen einen Abstand von mehr als etwa 12 µm von anderen Bonds oder von einer nicht mit ihnen verbundenen Metallisierung haben.
- Entlang des Umrisses von Bonds ist gelöste Padmetallisierung oder Padbeschädigung, durch die das Grundmaterial sichtbar wird, unzulässig.
- Sichtbare Korrosion an Bonds, Bondpads oder Bonddrähten ist unzulässig.

Lage und Form der Drahtbrücken
Folgende Drahtbrückenlagen und -formen sind zu akzeptieren:
- Bonddrähte müssen etwa einen Abstand von > 25 µm von nicht mit ihnen verbundenen anderen Bonddrähten, Metallisierungen oder der Chipkante haben.
- Bonddrähte dürfen außerhalb der Bonds keine Kerben oder Einschnürungen haben, die den Drahtquerschnitt schwächen.
- Bonddrähte müssen einen Bogen bilden, dürfen nicht straff gespannt sein.
- Der Bogen von Bonddrähten darf das höhere Bondniveau nicht mehr als um etwa 0,4 mm überragen.
- Im Abstand der Größe des verwendeten Drahtdurchmessers (d) über dem Ballbond darf die horizontale Abweichung des abgehenden Drahtes höchstens 1/3 d von der Senkrechten betragen.

Weitere Verfahren zum Prüfen von Drahtbondverbindungen
Kontaktwiderstand
Ein wichtiges Prüfverfahren, das bevorzugt bei Zuverlässigkeitsuntersuchungen (Alterungsanalyse) eingesetzt wird, ist die Ermittlung des elektrischen Kontaktwiderstandes [41] - [44]. Die Bestimmung des Kontaktwiderstandes eines Einzelbonds erfolgt mittels verschiedener Teststrukturen. Wesentliche Methoden sind:
- Reihenschaltung (Daisy Chains)
- Vierpolmethode
- Differenzenmethode.

Die Einflüsse auf den Kontaktwiderstand R_K werden neben den alterungsbedingten Prozessen (Risse, Poren, Oberflächenkorrosion) vor allem durch die statistische Verteilung von Größe und Form der wirksamen Kontaktflächen nach dem Kontaktierprozeß (Bonden) bestimmt. Die wirksame Kontaktfläche ist dabei abhängig von der Mikrorauhigkeit der Grenzflächen, vom Verformungsgrad der Mikrospitzen, von den Bondparametern sowie von Fremd- bzw. Adsorptionsschichten. Der Ausgangszustand von R_{K0} kann deshalb höchstens bei sehr großen Defekten als Qualitätskriterium herangezogen werden. Eine Korrelation zur Haftfestigkeit des Bonds besteht nicht. Lediglich aus dem Driftverhalten $R_K/R_{K0} = f(t, T)$ sind Aussagen zur Degradation des Bondkontaktes möglich.

Sonstige Verfahren
Weitere mögliche Belastungsformen bzw. Prüfmethoden für Drahtbondverbindungen sind z.B. Zentrifugieren, Schwingung/Stoß, Rütteln, Luftstrahl und dergleichen. Dabei ist vorteilhaft, daß in der Regel eine große Anzahl von Drahtbrücken gleichzeitig geprüft werden kann. Als nachteilig zeigt sich dagegen, daß bei der relativ geringen Masse einer Drahtbrücke hohe "Belastungen" (z.B. Beschleunigungen größer 20.000 g) notwendig sind, um meß- bzw. auswertbare Prüfergebnisse zu erzielen [53].

Zu dieser Gruppe werden weiterhin alle metallographischen Analysemethoden und sonstigen Diagnoseverfahren gerechnet, die zur Ermittlung spezieller Eigenschaften der Verbindungen vor allem nach Beanspruchungen durch beschleunigte Alterungen (z.B. beim Antesten neuer Verbindungspartner) herangezogen werden können. Eine große Bedeutung haben dabei vor allem in Verbindung mit Mikroschliffen oder bei geeignet abgelösten Kontakten die Rasterelektronenmikroskopie, die Elektronenstrahlmikroanalyse sowie weitere Methoden der physikalischen Festkörperanalytik. Stellvertretend für umfangreiche Anwendungen sind Beispiele in [45], [54], [55]. In [46] wird auf Ultraschallmethoden in Durchleitung, Reflexion, Resonanz und Emission, auf Wärmedurchleit- und -stauverfahren sowie auf thermoelektrische Anordnungen und Rauschspannungsmessungen zur Prüfung von Bondverbindungen hingewiesen.

3.1.9
Layoutregeln

Die Layout-Bedingungen zur Realisierung von Drahtbondverbindungen sind insbesondere abhängig vom Bondverfahren (Ball/Wedge oder Wedge/Wedge), der Geometrie des Bondwerkzeuges, dem Drahtdurchmesser, der Geometrie der Bauteile, dem Substratmaterial, den elektrischen Anforderungen und der Herstellungstechnologie für den Chip- oder Substratanschluß.

Folgende allgemeine Vorgaben sind zu beachten:

– Bonddrähte dürfen andere Bonddrähte, Bauteile oder integrierte Widerstände nicht überkreuzen;
– belegte oder unbelegte Bondpads auf Halbleiterchips dürfen durch Bonddrähte nicht gekreuzt werden;

- das direkte Verbinden von Bondpads auf einem Chip bzw. von Chip zu Chip ist zu vermeiden;
- beim Bonden dürfen benachbarte Bondkontakte bzw. Drahtbrücken durch das Bondwerkzeug, die Drahtklammer bzw. durch den Bonddraht nicht berührt werden (Werkzeuggeometrie sowie Positioniergenauigkeit des Bonders beachten)
- Konfigurationen, die inhomogene Schwingungsbedingungen verursachen können (z.B. Kanten, Hohlräume, Vias, vergrabene Strukturen,...) dürfen nicht in der Nähe von Bondpads angeordnet werden;
- Durchkontaktierungen dürfen nicht als Bondpad dienen;
- SMD-Komponenten sind so anzuordnen, daß sie das Drahtbonden nicht beeinflussen (kein Anstoßen von Bondwerkzeug, Drahtklammer bzw. Bonddraht)

Die konkreten Zuordnungen (besonders geometrisch) sind maßgeblich von den am Anfang des Abschnittes genannten Kriterien abhängig. Für das vorwiegend eingesetzte Ball/Wedge- und Wedge/Wedge-Bonden mit Drähten von 25...33 µm Durchmesser sind folgende Standard-Bedingungen möglichst einzuhalten:

- Bondpadgröße (Standard):
  - Halbleiterchip   100 µm x 100 µm bzw. 100 µm x 200 µm,
  - Dünnschicht-Substrat   100 µm x 200 µm bzw. 200 µm x 400 µm,
  - Dickschicht-Substrat   300 µm x 400 µm bzw. 300 µm x 600 µm;
  - Leiterplatten-Substrat   200 µm x 300 µm bzw. 200 µm x 500 µm
- minimaler Abstand zwischen Halbleiterchipkante und Bondanschlußfläche auf dem Substrat 0,7 mm;
- Standardlänge der Drahtbrücken 2...2,5 mm;
- minimale Länge der Drahtbrücken 1...1,5 mm;
- maximale Länge der Drahtbrücken bis zu 5 mm (unter speziellen Bedingungen mit AlSi1 und Wedge/Wedge bis etwa 10 mm);
- Halbleiterchips selbst sind grundsätzlich so anzuordnen, daß ihre Kanten parallel zu den Substratkanten sind;
- im Normalfall sind die Bonddrähte über die der Bondanschlußfläche nächstgelegene Chipkante zu führen;
- max. Höhe des Bondloops ca. 350 µm (Low-Loop-Bondungen 100...150 µm) über der Substrat- oder Halbleiteroberfläche.

Neben den genannten Voraussetzungen für die Ausführung qualitätsgerechter Drahtbondverbindungen ist die Anwendung des Drahtbondens von Technologiegrenzen der Bondpadherstellung (s.a. Abb. 3.14) auf den verschiedenen Substraten abhängig. Eine Übersicht zu z.Zt. vorhandenen Bedingungen auf den üblicherweise verwendeten Materialien gibt Tabelle 3.13.

3.1 Drahtkontaktierung (Chip and Wire)

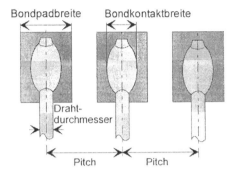

Abb. 3.14. Geometrische Kenngrößen beim Drahtbonden

Tabelle 3.13. Bedingungen beim Drahtbonden von üblichen Trägersubstraten

Technologie	Halbleiter-technik	Hybridtechnik		Chip on Board	Chip on Flex
		Dünnschicht	Dickschicht		
Substratmaterial	Silizium	Keramik	Keramik	Leiterplatte (FR 4 etc.)	Polymerfolie
Metallisierung der Bondanschlußflächen	AU, Al, AlSi, AlCu, AlSiCu	Au, Ag, Al, Cu	Au, AgPd, Ag, AgPt, Cu	Au, Ni, Ag, Pd,	Au, Ni, Ag, Pd,
Metallisierungstechnik	Sputtern, Aufdampfen	Sputtern, Aufdampfen, galvanisch, chemisch	Drucken	galvanisch, chemisch	galvanisch, chemisch
Dicke der Metallisierung	0,7...1,2 µm (Dickdraht 3...5 µm)	0,8...5 µm	12...20 µm	Cu 17...35 µm, Ni auf Cu 4...6 µm, Au auf Ni 0,05...0,15 µm für US-Bonden, Au auf Ni 0,3...1 µm für TS-Bonden	
min. Breite der Bondpads[1]	50...60 µm	50...60 µm	150 µm	80...100 µm	80...100 µm
min. Pitch [1]	75...90 µm	75...90 µm	200 µm	120...150 µm	120...150 µm

[1] richtet sich nach Bondverfahren und Drahtdurchmesser (hier Bereich Ø 25...32 µm)

3.1.10
Wertung der Gesamttechnologie

Die Drahtkontaktierverfahren (Wire Bonding) stellen die absolut vorherrschende Technologie bei der Chipkontaktierung dar (ca. 90 % aller Chip-Trägersubstrat-Verbindungen insgesamt). Dies resultiert aus einer Reihe von Vorteilen, die die Drahtbondtechnik gegenüber alternativen Technologien besitzt. Dazu gehören:

- die hohe Flexibilität und damit bequeme Anpassungsfähigkeit an verschiedene Metallisierungen, Gehäuse- bzw. Substratformen,
- die umfassenden wissenschaftlichen Erkenntnisse zum Bindungsmechanismus und zum Verfahrensverlauf,
- die zahlreichen Untersuchungsergebnisse auf dem Gebiet qualitätssichernder Maßnahmen zur Gestaltung eines reibungslosen Bondprozeßablaufs und der Erreichung einer hohen Herstellungs- und Einsatzzuverlässigkeit der Bondverbindungen,
- die gute Kontrollfähigkeit der realisierten Verbindungen und ihre Zuverlässigkeit,
- die einfache Reparaturfähigkeit nichtrealisierter oder fehlerhafter Verbindungen,
- die breite Basis von fachkundigem Personal und vorhandener Gerätetechnik in den Industrieunternehmen.

Hinzu kommen:

- die hohe Produktivität und Flexibilität auch durch die Integration von Computertechnik zur Koordinierung des Bond- und Bewegungsablaufs bei vollautomatischen Drahtbondern und zunehmend auch bei manuellen Bondern,
- die Verwendung hochsensibler Bildverarbeitungssysteme zum schnellen und positionsgenauen Anfahren der Bondanschlußflächen und zur Kommunikation mit dem Bediener,
- die Nutzung von Positioniervorrichtungen mit hoher x-y-z- und φ- Auflösung (z.B. mechanisch oder luftgelagert) zur genauen Positionierung des Bondwerkzeugs.

Trotz dieser positiven Aussagen zum Drahtbonden sind auch Nachteile anzuführen:

- mit dem Verfahren sind nur Einzelverbindungen (sequentielle Technik) auszuführen,
- die Begrenzung der Bondpadgeometrie beim Standardbonden auf minimal etwa 60 µm Kantenlänge,
- die Anfälligkeit der Drahtbrücken gegenüber mechanischen Belastungen bei nachfolgenden Prozeßschritten (z.B. Umhüllung mittels Umspritzen oder Umgießen).

3.1.11
Firmen/Institute mit Serviceleistungen

Im folgenden Abschnitt sind Firmen und Forschungseinrichtungen (ohne Anspruch auf Vollständigkeit) aufgeführt, die einen Beitrag zur Bondtechnik auf den Gebieten Werkstoffe/Materialien, Ausrüstungen und Technologiedienstleistungen leisten. Die Autoren bedanken sich an dieser Stelle bei der DVS-Fachzeitschrift "Verbindungstechnik in der Elektronik und Feinwerktechnik", die ihre entsprechende Marktübersicht zur Verfügung stellte.

Firma/Institut	Material-Zulieferer	Ausrüstung, Werkzeuge	Technologie-Dienstleister
Cicorel S.A. Ch. de Mongevon 23, CH-1023 Crissier Telefon (021) 6329240, Telefax (021) 6329250	X		
Datacon Schweitzer + Zeindl GmbH Innstraße 16, A-6240 Radfeld Telefon (05337) 648340, Telefax (05337) 648349		X	
Elbau GmbH Storkower Str. 115a, 10407 Berlin Tel. (030) 4211800, Fax (030) 4232711			X
Erosionstechnik Neudegger Benzstr. 30, 82178 Puchheim Telefon (089) 806111, Fax (089) 808263		X	
F&K Delvotec Bondtechnik GmbH Daimlerstr. 5, D-85521 Ottobrunn Telefon (089) 62995-0, Telefax (089) 62995-100		X	
FAPS Uni Erlangen Egerlandstraße 7, D-91058 Erlangen Telefon (09131) 857971, Telefax (09131) 302528			X
Feinmetall GmbH Zeppelinstraße 8, D-71083 Herrenberg Telefon (07032) 20010, Telefax (07032) 200110	X		
Fraunhofer Institut f. Zuverlässigkeit und Mikrointegration (FhG-IZM) Gustav-Meyer-Allee 25, D-13355 Berlin Telefon (030) 46403100, Telefax (030) 46403111			X
Grace N.V. Nijverheidsstraat 7, B-2260 Westerlo Telefon (014) 575611, Telefax (014) 585530	X		

3 Montage- und Kontaktiertechnologien

Firma/Institut	Material-Zulieferer	Ausrüstung, Werkzeuge	Technologie-Dienstleister
Fraunhofer Institut für Festkörpertechnologie (FhG-IFT) Hansastr. 27d, 80686 München Telefon (089) 54759-000, Telefax (089) 54759-100	X		
Hesse & Knipps GmbH Vattmannstraße 6, D-33100 Paderborn Telefon (05251) 15600, Telefax (05251) 156099		X	
Micro-Hybrid Electronic GmbH Eisenberger Straße 79, D-07629 Hermsdorf Telefon (036601) 64102, Telefax (036601) 61110	X		X
Microbonding S.A. Chateau 9, CH-2023 Gorgier Telefon (038) 552434, Telefax (038) 552431		X	
Microtronic GmbH Klein Grötzing, D-84494 Neumarkt-St. Veit Telefon (08722) 6091, Telefax (08722) 8993		X	
Müller Feindraht AG Zürcherstr. 73, CH- 8800 Thalwil Tel. (00411) 7211333, Fax (00411) 7211492	X		
Optosys GmbH Wolfener Str. 36, D-12681 Berlin Telefon (030) 93695416, Telefax (030) 93695455			X
Panacol-Elosol GmbH Obere Zeil 6, D-61440 Oberursel Telefon (06171) 62020, Telefax (06171) 620290	X		
Polytec Polytec-Platz 5, D-76337 Waldbronn Telefon (07243) 6040, Telefax (07243) 69944	X	X	
Pro-Tos Hard- und Software GmbH & Co. KG Gewerbering 18, D-86438 Kissing Telefon (08233) 60841, Telefax (08233) 60893		X	
Quasys AG Alte Steinhauserstraße 21, CH-6330 Cham Telefon (042) 422060, Telefax (042) 416213		X	
Quintenz Hybridtechnik GmbH Kramerstraáe 3, D-82061 Neuried Telefon (089) 7592252, Telefax (089) 7592545			X

3.1 Drahtkontaktierung

Firma/Institut	Material-Zulieferer	Ausrüstung, Werkzeuge	Technologie-Dienstleister
Radeberger Hybridelektronik GmbH Heidestr. 70, 01454, Radeberg Telefon (03528) 462560, Fax (03528) 462450			X
Ruwel Werke GmbH Postfach 1355, D-47593 Geldern Telefon (02831) 3940, Telefax (02831) 394211	X		
Sieghard Schiller GmbH & Co. Pfullinger Straße 58, D-72820 Sonnenbühl Telefon (07128) 3860, Telefax (07128) 386199		X	
Schoeller & Co. Elektronik GmbH Marburger Straße 65, D-35083 Wetter Telefon (06423) 810, Telefax (06423) 81322	X		
Schweizer Electronic AG Postfach 561, D-78707 Schramberg Telefon (07422) 5120, Telefax (07422) 512299	X		
Siegert electronic GmbH Ostlandstraáe 31, D-90556 Cadolzburg Telefon (09103) 5070, Telefax (09103) 1789	X		X
Mühlbauer ASEM Dresden GmbH Grenzstr. 28/56, 01109 Dresden Tel. (0351) 88499-0; Fax (0351) 88499-38		X	
Spree Hybrid & Kommunikationstechnik GmbH Edisonstr. 63, D- 12459 Berlin Tel. (030) 53002338, Fax (030) 53002238			X
Surface GmbH Rheinstraße 7, D-41836 Hückelhoven Telefon (02433) 970305, Telefax (02433) 970302		X	
Tektronix GmbH Stolberger Straße 200, D-50933 K"ln Telefon (0221) 94770, Telefax (0221) 9477200		X	
Teltron Electronik GmbH An der Allee 10, 99848 Wutha- Farnroda Telefon (036921)-97115, Fax (036921) 97105			X
Dr. Tresky AG Bhnirainstraáe 13, CH-8800 Thalwil Telefon (01) 7721941, Telefax (01) 7721949		X	

3 Montage- und Kontaktiertechnologien

Firma/Institut	Material-Zulieferer	Ausrüstung, Werkzeuge	Technologie-Dienstleister
TU Dresden, Inst. f. Halbleiter- u. Mikrosystemtech. D-01062 Dresden Telefon (0351) 4632132, Telefax (0351) 4637172			X
W.C. Heraus GmbH, Abt. PKV-T Postfach 1353, 63450 Hanau Telefon (06181) 35384, Fax (06181) 355179	X		
Weld-Equip Vertriebs GmbH Boschstraße 12, D-82178 Puchheim Telefon (089) 808082, Telefax (089) 801387		X	
WEV Wagner Electronics Vertriebs GmbH Wielandstraße 8, D-85386 Eching Telefon (089) 3191510, Telefax (089) 3193130		X	
Microelectronic Packaging Dresden GmbH Grenzstraße 28, D-01109 Dresden Telefon (0351) 88220, Telefax (0351) 822600			X

3.2 Tape Automated Bonding (TAB)

3.2.1 Verfahrenscharakteristika

Bei dieser Kontaktierart handelt es sich im Gegensatz zur Einzelkontaktierung mit Drähten um eine Komplettkontaktierung mit Hilfe vorgefertigter Feinstrukturen. In einem Simultan-Kontaktiervorgang werden also alle Anschlüsse eines Chips gleichzeitig kontaktiert. Die Bezeichnung TAB kommt dadurch zustande, daß die Feinstrukturen meist kleine flexible Elemente in Bandform sind, die sich gut für eine automatische Kontaktierung eignen. Ursprünglich als kostengünstiger Ersatz für die Drahtkontaktierung bei der Montage von ICs auf Leadframes gedacht, steht TAB heute für eine eigenständige Bauform ungekapselter ICs (Abb. 3.15).

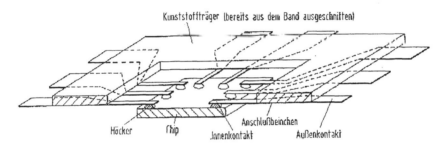

Abb. 3.15. Prinzip des Tape Automated Bonding (TAB)

Die Anschlüsse des Chips sind mit Höckern, sogenannten Bumps, versehen. Über diese Anschlußhöcker wird die Feinstruktur, auch Spider oder in Bandform Tape genannt, positioniert und mit ihnen in einem Simultankontaktiervorgang verbunden. Während das Innenkontaktieren üblicherweise beim Halbleiterhersteller vorgenommen wird, ist die Weiterverarbeitung des Teiles, die Außenkontaktierung, vom Anwender durchzuführen. Zum besseren Verständnis werden diese Besonderheiten etwas näher erläutert:

3.2.1.1 Höcker

Höcker (ausführliche Behandlung im Kapitel 2.3) sollen einmal eine geeignete Oberfläche für das gewählte Verbindungsverfahren bereitstellen, zum andern aber auch die Chipanschlüsse gegen Umgebungseinflüsse schützen und Kurzschlüsse zwischen Chipkante und Spideranschluß verhindern. Abgesehen von Nischenmethoden der Höckererzeugung ist im allgemeinen die Höckerherstellung auf dem Chip üblich, der sich dabei noch ungetrennt im Scheibenverbund befindet. Leider werden Standardchips dadurch zu Spezialchips, wobei der Grad der Verteuerung von Chipgröße und Ausbeute bei gegebenem Scheibendurchmesser abhängt. Um hier die Mehrkosten ebenso wie die Einstiegsbarriere zu senken, wird zur Umgehung der etablierten relativ teueren Verfahren mit Vakuum- und Phototechnik an maskenlosen Methoden der stromlosen Abscheidung gearbeitet. Verfahren und abgeschiedene Metallkombinationen sind variantenreich, erfüllen aber gemeinsame Grundfunktionen:

- Es wird zunächst eine Haftschicht zur Aluminiumoberfläche des Chipkontaktes benötigt; Ti und Cr sind dafür üblich.
- Weiterhin muß eine Diffusionssperre geschaffen werden, was mit W, Cu, Pt oder Pd geschehen kann.
- Das eigentliche Höckermetall wird in größerer Dicke (15 bis 35 µm) aufgebracht und muß dem Kontaktierverfahren angepaßt, also für Thermokompression oder Löten geeignet sein. Cu und Au sind hierfür die üblichen Metalle.
- Je nach Art des Höckermetalls können Schichten zur Verbesserung der Lötfähigkeit, wie z.B. Sn oder Au, aufgebracht werden.

Werden bei der Herstellung dünne Photoschichten als Masken bei der galvanischen Metallabscheidung verwendet, so entstehen pilzförmige Höcker. Benützt man dicke Schichten oder Fotofolien zur Maskierung, sind Höcker mit senkrechten Wänden zu erwarten. Das Aufbringen einer organischen Schutzschicht, z.B. aus Polyimid, über der anorganischen Chippassivierung ist verbreitet.

3.2.1.2
Spider

Spider werden von Spezialfirmen als Zulieferteile, aber auch von Halbleiterherstellern für den Eigenbedarf gefertigt. Abweichend von der gebräuchlichen Bezeichnung bei Leiterplatten unterscheidet man einlagige oder Ganzmetallstrukturen, zweilagige, wenn die Metallstruktur einseitig direkt auf dem Kunststoffträger liegt und dreilagige Spider, die ebenfalls einseitige Metallstrukturen auf Kunststoffträger, jedoch mit Kleberzwischenschicht, sind (Abb. 3.16).

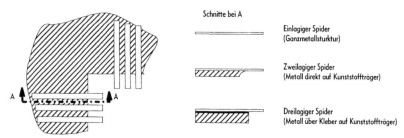

Abb. 3.16. Bezeichnung von Spiderarten

Während zweilagige Spider kenntlich sind am dünnen, kleberlosen Trägermaterial (bis ca. 75 µm) und den durch das Ätzen bedingten schrägen Kanten der Öffnungen im Träger, haben die sogenannten dreilagigen Spider meist dickeres Trägermaterial (z.B. 125 µm + 25 µm Kleber) und senkrechte Kanten im Träger, da die Öffnungen gestanzt sind. Zur Erzeugung der Öffnungen im Trägermaterial können jedoch stückzahl- und geometrieabhängig auch Plasmaätz- und Laserverfahren angewandt werden.

Als Trägermaterial kommt fast ausschließlich Polyimid zur Anwendung, als Leitermaterial Kupfer. Als Oberflächen sind Au und Sn verbreitet, wobei stromlos abgeschiedene Sn-Schichten whiskergefährdet sind, wenn sie nicht einer Temperbehandlung unterzogen wurden. Auch der Lötbarkeit dieser Oberfläche nach längerer Lagerzeit muß besondere Beachtung geschenkt werden. Spider für ICs mit 320 Anschlüssen sind in Abb. 3.17 dargestellt.

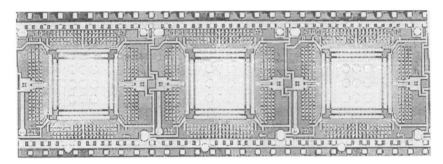

Abb. 3.17.. Bandabschnitt mit dreilagigen Spidern für die Montage 320 poliger ICs

3.2.1.3
Innenkontaktierung

Die Innenkontaktierung wird üblicherweise beim Halbleiterhersteller vorgenommen, wobei unterschiedliche Verfahren zur Anwendung kommen. Sehr häufig sind simultan in Thermokompression hergestellte Feinschweißverbindungen bei Au-Höckern und vergoldetem Spider. Insbesondere bei großen Chips muß der Gefahr von Chipbruch durch ein entsprechendes Höckerlayout und eng tolerierte Bondbedingungen begegnet werden.

Unkritischer in dieser Hinsicht sind die eutektischen AuSn-Lötungen, da hier ein Lotpolster das Auftreten von Druckspitzen verhindert. Das für die Legierung nötige Sn kann entweder schon auf dem Au-Höcker vorhanden und umgeschmolzen sein, der sogenannte Legierungshöcker, oder es wird über einen verzinnten Spideranschluß zugeführt. Der Schmelzpunkt einer derartigen Verbindung liegt bei 280 °C.

Nach der Innenkontaktierung erfolgt gegebenenfalls ein Burn in und die elektrische Prüfung bevor die Teile zur Weiterverarbeitung bereit sind.

Ganz ohne Höcker auf dem Chip kommt das "Bumpless ILB" von Hewlett Packard aus. Dabei werden die vergoldeten Spideranschlüsse einzeln in einem

Thermosonicverfahren auf die normalen Al-Chipanschlüsse geschweißt. Da dabei die empfindlichen Al-Pads nicht vollständig bedeckt werden, müssen sie aus Korrosionsgründen anschließend sorgfältig abgedeckt werden. Das Verfahren ist deshalb besonders interessant, weil es den erwähnten Mehraufwand der Höckererzeugung für die TAB-Anwendung nicht hat. Allerdings muß der Halbleiterhersteller willens und in der Lage sein, die Einzel-Innenkontaktierung an Spidern durchzuführen.

3.2.2
Verwendete Bauelemente und Lieferform

Die Notwendigkeit der Höckererzeugung auf dem Chip wurde bereits angesprochen. Der entsprechende Prozeß ist mit den üblichen Halbleitertechnologien verträglich und es gibt auch Firmen, von denen die Höckererzeugung als Dienstleistung angeboten wird. Trotzdem dürfte der Weg über den Kauf einer Scheibe bei einem Lieferanten, die Höckerherstellung bei einem zweiten, den Spiderbezug bei einem dritten und die Innenkontaktierung wieder bei einem Dienstleister höchstens für Erprobungszwecke und Prototypen gangbar sein. Kosten und Gewährleistungsgründe verbieten bei größeren Stückzahlen dieses Vorgehen.

Bleibt also der Bezug bereits in Spider montierter Bauelemente aus einer Hand. Da aber nicht jeder Halbleiterhersteller TAB-Bausteine anbietet, geschweige denn sein komplettes Spektrum, ist die allgemeine Verfügbarkeit von TAB-Bauelementen stark eingeschränkt. Erwähnt sei an dieser Stelle das Tape Carrier Package (TCP), eigentlich ein TAB-Bauelement, aber durch Umspritzen zu einem oberflächenmontierbaren Gehäuse modifiziert. Mit ihm können feinere Anschlußraster als mit den Leadframes üblicher Gehäuse realisiert werden, z.B. 0,25 mm, und deshalb wird bei diesem TAB-Derivat die Verfügbarkeit sicher höher sein.

Versucht man Kostenrelationen aufzustellen, so ist klar, daß man als Extreme zwischen einfachen, kleinformatigen Standard-Bausteinen kleiner und mittlerer Anschlußzahl und hochkomplexen, großformatigen Schaltungen hoher Anschlußzahl unterscheiden muß. Im ersten Fall sind sehr viele Chips auf einer Scheibe, die Ausbeute ist hoch und jeden Chip trifft nur ein geringer Anteil der zusätzlichen Höckerkosten. Da auch die Spider nur klein sind, sind sie relativ billig und auch die Innenkontaktierung kann kostengünstig im Bandformat und damit automatengerecht für die spätere Verarbeitung durchgeführt werden.

Anders beim anderen Extrem. Wenige große Chips auf der Scheibe, eventuell noch reduziert durch geringe Ausbeute, werden durch die Höckerkosten hoch belastet. Ein großes Format bedeutet einen relativ teueren Spider und Einzelverarbeitung von der Innenkontaktierung an, z.B. eingespannt in Diarahmen-ähnliche Träger. Die Gefahr von Schädigungen wäre hier bei in Bandform kontaktierten Chips zu groß.

Die Preise für die Höckererzeugung bei Dienstleistungsfirmen sind sehr unterschiedlich. Zur Orientierung seien Preise zitiert, die 1992 von BPA genannt wurden:

Tabelle 3.15. Preisorientierung Höckererzeugung

	4"-Wafer	6"-Wafer
Hersteller A	75-100 $/Wafer	90-120 $/Wafer
Hersteller B	2000 $ Fixkosten + 170 $/Wafer	4500 $ Fixkosten + 350 $/Wafer

Hierbei dürfte es sich um vakuum- und galvanotechnisch erzeugte Höcker handeln. Durch stromlose Metallabscheidung erzeugte Höcker ohne die teuren Photo- und Vakuumprozesse könnten trotz langer Expositionszeiten in den entsprechenden Bädern kostengünstiger herstellbar sein, bedingen jedoch angepaßte Verbindungsverfahren und Endschichten auf dem Spider.

In der gleichen Quelle werden folgende Spiderkosten genannt:

Tabelle 3.16. Preisorientierung Spiderkosten

	bei einer Metallage	bei zwei Metallagen
Hersteller C	1-1,2 cts/pin	12-15 cts/pin
Hersteller D	10 $/Teil	15-20 $/Teil

Auch wenn die Preise heute nicht mehr ganz aktuell sind, so erkennt man doch den großen Spielraum, der hier gegeben ist. Da neben dem Schwierigkeitsgrad und Format auch layoutabhängige Masken-und Werkzeugkosten anzusetzen sind und diese Kosten der Stückzahl entsprechend umzulegen sind, muß dieser Spielraum für jeden Anwendungsfall gesondert eingegrenzt werden.

Zur Abschätzung der Kosten für die Innenkontaktierung seien folgende Angaben gemacht:

Die Preise für Bondautomaten liegen zwischen 300 Tsd und 600 Tsd-$. Halbautomaten und manuell zu betätigende Einrichtungen sind allerdings auch wesentlich günstiger erhältlich. Die erreichbaren Taktzeiten, immer automatische Justierung und Simultankontaktierung (Gang-Bonding) aller Anschlüsse vorausgesetzt, hängen vom Verbindungsverfahren und der Chipgröße ab.

Tabelle 3.17. Taktzeiten bei der Kontaktierung

	Thermokompression		Au/Sn-Lötung	
	kleine Chips	große Chips	kleine Chips	große Chips
Verbindungszeit (s)	0,3	0,5+1,5	0,5	0,5+2,5
Justage-u. Verfahrzeit (s)	0,7	3-5	0,7	3-5

Die Thermokompression ist etwas schneller, da nach Fertigstellung der Schweißverbindung kein Abkühlen unter den Schmelzpunkt wie beim Löten nötig ist. Bei großen Chips verliert sich dieser Vorteil wegen der in allen Fällen zur Chipschonung notwendigen Aufheiz-und Abkühlprofile, die durchfahren werden müssen. Bei der Justage- und Verfahrzeit spielen Zusatzprüfungen auf Vollständigkeit und Genauigkeit der Verbindungspartner eine große Rolle.

Es soll nicht unerwähnt bleiben, daß es neben dem Simultankontaktieren der Anschlüsse auch Einzelkontaktierverfahren gibt, deren Vorteil in der individuellen Ausführung jeder einzelnen Verbindungsstelle liegt. Abgesehen von den bei der Drahtkontaktierung üblichen Maschinen und Methoden werden dafür vorzugsweise Laserkontaktiermaschinen eingesetzt, bei denen trotz Einzelkontaktierung eine hohe Anzahl von Verbindungen pro Sekunde hergestellt werden kann. So nennt MCC (Microelectronic and Computer Technology Corp.) eine Größenordnung von 100 Verbindungen/s bei Verwendung eines speziellen Nd:YAG-Lasers für die Kombination Au-Höcker und verzinnte Cu-Anschlüsse. Nicht unproblematisch ist bei diesen Verfahren die gemeinsame definierte Niederhaltung der Anschlüsse während des Lötens. Hier schafft ein Verfahren der TU Berlin Abhilfe, bei dem die Laserenergie über eine Glasfaser eingebracht wird, die gleichzeitig als Niederhalter wirkt.

All diese Punkte lassen einen Anwender unberührt, der, wie anfangs empfohlen, ein komplettes TAB-Bauelement kauft und damit alle Beschaffungs-, Verarbeitungs- und Ausbeuterisiken wie bisher dem Halbleiterhersteller überlässt. Er kommt ferner in den Genuß eines besonderen Vorteils der TAB-Technologie gegenüber den anderen Methoden der Direktmontage, der Möglichkeit vollständiger dynamischer elektrischer Prüfung vor dem Einbau. Ohne besondere Maßnahmen ist damit eine Fehlermöglichkeit, die später zu erhöhtem Auswechsel- und Reparaturaufwand führen kann, ausgeschaltet. Wie bekannt, wirkt diese Tatsache besonders bei Mehrfach-Chipanordnungen ausbeutesteigernd.

Als Lieferform von TAB-Bausteinen kommt bei kleinen Formaten die Spulenform in Betracht, bei größeren der Einsatz in diarahmenartige Träger. Obwohl es zahlreiche Sonderformate gibt, die sich mit S8, Doppel-S8, 16 mm usw. z.T. an Kino-Filmformaten orientieren, sollten Standard-Formate vorgezogen werden wie sie in der JEDEC-Empfehlung UO-018 "Tape Automated Bonding (TAB) Package Family (Metric Formats)" , Ausgabe 8.91 niedergelegt sind. Aus ihr können alle geometrischen Kombinationen von Filmbreite (35, 48 und 70 mm in Super- und Weit-Format), Abmessungen des ausgeschnittenen Kunststoffkörpers (6x6 bis 40x40 mm^2), des Prüfrasters (1 bis 0,25 mm) sowie des Außenrasters (1 bis 0,15 mm) mit den dazugehörigen Anschlußzahlen entnommen werden.

In diesem Zusammenhang sei aus einer Umfrage zitiert, die zwar bereits 1990 von MCC vorgenommen wurde, mit dem Ziel, den Bedarf an TAB-Bauelementen zu eruieren, aber noch heute kennzeichnend ist. Geantwortet haben damals 23 Firmen (11 aus Nord Amerika, 7 aus Japan, 5 aus Europa), unter anderen Apple, Bull, Ericsson, Hitachi, Hewlett-Packard, Matsushita, Mitsubishi Electric, NCR, Philips Data Systems, Seiko Epson, Tandem, Tektronix (die anderen wollten ungenannt bleiben).

Die Hauptanwendung wird bei Rechnern (PCs, Laptops, Workstations und Mainframes) gefolgt von Vermittlungstechnik und Konsumelektronik gesehen.

- Zukünftig werden immer mehr Super-Tapeformate angewandt.
- Polyimid, speziell Upilex wird als Trägermaterial bevorzugt.
- Walzkupfer und elektrolytisch abgeschiedenes Kupfer werden etwa gleich häufig verlangt.
- Die Herstellung nach dem 3-Lagenverfahren genießt eindeutige Präferenz.
- Normen werden soweit wie möglich befolgt, das metrische System wird allgemein gewünscht.
- Nach dem Innerleadbonden wird ein vollständiger elektrischer Test und Burn-in gefordert.
- Versand und Verarbeitung geschieht vorzugsweise in Diarahmen.
- Ein Lötbarkeitstest der Außenanschlüsse muß erfüllt werden.
- Die meisten Anwender wünschen eine Abdeckung auf dem Chip.
- Das Vorzugssubstrat, auf das kontaktiert wird, ist FR4-Material.

3.2.3
Verwendete Verdrahtungselemente

Ein wesentlicher Vorteil der TAB-Bauform ist, daß sie auf jedem Substratmaterial eingesetzt werden kann, das lötfest ist. Solange der Chip nicht auf dem Substrat festgeklebt werden muß, spielt auch ein großer Unterschied in den Ausdehnungskoeffizienten keine Rolle, da die Spideranschlußbeinchen als kompensierender Ausgleich dienen. Es sind also grundsätzlich Leiterplatten, starr oder flexibel, Dünnfilm- und Dickschichtschaltungen auf Keramikbasis ebenso als Schaltungssubstrate geeignet wie z.B. Glas oder Silizium. Einschränkungen ergeben sich durch die Anforderungen, die jeweils gestellt werden.

Derartige Anforderungen können sein:

- **Hohe Haftfestigkeit der Anschlußpads** auf dem Substrat, insbesondere bei Temperaturbelastung. Dieser Punkt ist dann besonders wichtig, wenn nur geringe Padbreiten zur Verfügung stehen, die Auflagefläche also klein ist und wenn die Forderung nach mehrmaligem Ein- und Auslöten besteht. Liegt hier die Abzugsfestigkeit 1mm breiter Leiter nicht bei 1,4 N im Ausgangszustand, so ist mit Padabhebern zu rechnen. Kritisch ist dabei weniger das Einlöten, bei dem ja niedergehalten wird, als vielmehr das Auslöten und Wiederaufbereiten des Einbauplatzes unter Lotzufuhr.
- **Temperaturfestigkeit des Basismaterials.** Immer wenn gelötet wird, wird die Platte insgesamt oder punktuell mit Temperatur belastet. Je nach Verfahren gibt es dabei graduelle Unterschiede. Vaporphase- oder IR-Reflowverfahren werden die Platte zwar unterschiedlich, aber bei relativ niedriger Temperatur wie bei der Oberflächenmontage ganz durchwärmen. Höher liegt die Temperatur beim Bügellöten, dafür wirkt sie aber nur kurzzeitig auf den jeweiligen Einbauplatz. Die etwa 350 °C heißen Lötbügel dürfen bei einem durchschnittlichen Druck von 50 cN/Pad während einiger Sekunden nicht zum Einsinken der Anschlußpads in das Basismaterial führen oder es anderweitig nachteilig schädigen.

- **Planarität des Einbauplatzes.** Beim Einlöten von TAB-Bausteinen muß der Lötbügel, oder der Niederhalter bei einem anderen Lötverfahren, einen gleichmäßigen Andruck aller Verbindungspartner zum Substrat herstellen, um möglichst gleiche Lötbedingungen zu erreichen. Deshalb darf das Substrat, nur insoweit eine Biegung oder Verwölbung aufweisen, daß dies nicht behindert wird. In vielen Fällen kann diese Forderung durch Planspannen bei der Montage entschärft werden. Ist das Teil einmal eingebaut, so gestatten die flexiblen Anschlüsse in gewissen Grenzen eine Verformung des Substrates.
- **Gut kontaktierbare Oberfläche.** Bei der Beurteilung dieses Punktes spielt eine Reihe von Faktoren eine Rolle. Die Oberfläche kann für das Löten Sn oder SnPb sein, sie kann galvanisch oder in Form von Lotpaste aufgetragen werden und sie kann umgeschmolzen oder nicht umgeschmolzen sein. Mitbestimmend ist hier die Substrattechnologie und das Umfeld anderer zu montierender Bauelemente. So ist vom Lötstandpunkt eine bereits umgeschmolzene Oberfläche vorzuziehen, weil Überhänge galvanisch abgeschiedener Oberflächen entfernt und eventuelle Benetzungsdefekte und Fehler schon vor der Montage sichtbar werden. Andererseits kann aber bei extrem feinem Anschlußraster (z.B. > 150 µm) eine einwandfreie Positionierung auf der dann balligen Padoberfläche nicht mehr gewärleistet sein, so daß auf eine nicht umgeschmolzene Oberfläche montiert werden muß. Die Schichtdicke selbst ist abhängig vom der Feinheit des Anschlußrasters und der dadurch bedingten Kurzschlußgefahr durch herausquellendes Lot. Überschlägig kann man für ein Anschlußraster von 250 µm eine Schichtdicke von 30 µm, bei einem Raster von 100 µm nur noch 10 µm ansetzen. Wichtig ist in allen Fällen eine möglichst hohe Gleichmäßigkeit der Lotschicht.

Auf Substraten, die Temperaturen von 350 -450 °C widerstehen, kann die Außenkontaktierung auch in Thermokompression erfolgen. Die Oberfläche ist in diesem Fall Au mit einer Schichtdicke um 1 µm.

- **In thermischer Hinsicht lötfreundliches Layout.** Um die zuvor angesprochene Gleichmäßigkeit der Lotschicht beim Umschmelzen zu erreichen und allen Anschlüssen möglichst gleiche Lötbedingungen zukommen zu lassen, müssen beim Layout thermische Gesichtspunkte berücksichtigt werden. So sollten die Anschlußpads alle möglichst gleiche Geometrie aufweisen, Wärmesenken wie Durchkontaktierungen und Masseanschlüsse sollten möglichst weit vom Einbauplatz entfernt liegen und auch unter der Lötzone des Einbauplatzes sollten möglichst gleichmäßige thermische Verhältnisse vorliegen.

3.2.4
Bauelementemontage

Bevor die Außenkontaktierung beschrieben wird, seien anhand der Abb. 3.18 die verschiedenen möglichen Spiderausführungen und Einbaulagen erläutert.

Spider werden generell vor der Montage aus ihrem Trägermaterial ausgeschnitten. Das kann soweit gehen, daß nur noch Anschlußstummel aus dem Chip herausragen; üblich aber ist, daß die Anschlüsse von Kunststoffstützringen unterschiedlicher Ausführung in Position gehalten werden. Ferner können die Anschlußstrukturen vom Innen- zum Außenraster aufgefächert oder zur Verringerung des Platzbedarfes gerade herausgeführt sein. Wird nicht schon beim Spiderlayout ein Dehnungsausgleich vorgesehen, muß er im Einbaufall durch eine Kröpfung, das sogenannte Leadforming, geschaffen werden.

Die Einbaulage kann je nach konstruktiven Gegebenheiten gewählt werden, wobei die Face up-Lage am häufigsten anzutreffen ist. Bei Face down-Lage kann die Rückseite des Chips zur Ableitung hoher Verlustwärme, gegebenenfalls unter Zwischenlage von Federelementen, an eine Kühlplatte angelegt werden. Die TAB-Montage für die Großrechner von SIEMENS NIXDORF wird auf diese Weise durchgeführt (siehe Abb. 3.19).

Wie bereits beim Verdrahtungselement angedeutet, gibt es zwei Hauptverbindungstechniken: das Löten, bei dem die Spider verzinnt oder vergoldet sein können, und die Thermokompression mit vergoldetem Spider. Gelötet wird auf organischen und anorganischen Substraten, Thermokompression ist meist nur auf anorganischen Substraten praktikabel. Beide Kontaktierarten können entweder simultan, d.h. alle Anschlüsse werden gleichzeitig kontaktiert, oder sequentiell, d.h. die Anschlüsse werden hintereinander kontaktiert, durchgeführt werden.

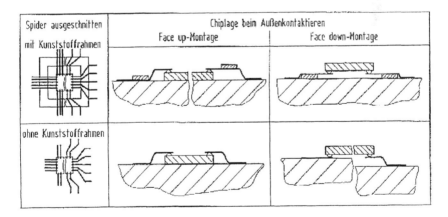

Abb. 3.18. Einbaulagen bei der Spidermontage

150   3 Montage- und Kontaktiertechnologien

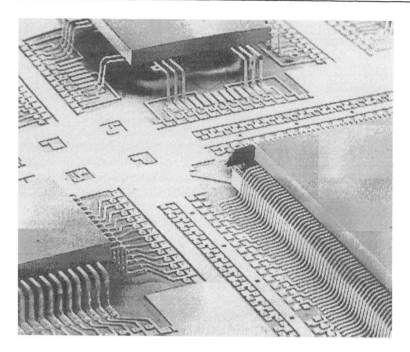

Abb. 3.19. TAB-Bausteinmontage in einer Rechneranwendung (SNI)

Zu den Simultanverfahren gehören

- **das Vaporphase- und IR-Reflowlöten,** bei dem alle Bauelemente zunächst in die zuvor aufgetragene Lotpaste gesetzt und dann gemeinsam durch Reflowlöten kontaktiert werden. Diese Methode, beschränkt sich heute auf Anschlußraster hinunter bis etwa 0,4 mm und ist die einzige, die mit anderem oberflächenmontierbarer Bauelemente voll kompatible ist. Voraussetzung ist, daß durch entsprechende Anschlußausformung oder Niederhaltung Vorkehrungen für eine sichere Benetzung getroffen sind und daß die Löttemperatur nicht über dem Schmelzpunkt der Innenkontaktierungen liegt.
- **das Lötbügellöten** stellt zwar alle Verbindungen eines Bauelementes gleichzeitig her, aber jedes wird einzeln einem Aufsetz- und Lötvorgang unterworfen. Da jeder Lötbügel der Außenkontaktierzone angepasst sein muß, ist der Einsatz geometriegleicher TAB-Bausteine auf einer Platte empfehlenswert. Auf die Lötbügelkonstruktion wird später eingegangen. Mit baugleichen Kontaktierwerkzeugen können auch Thermokompressionsverbindungen hergestellt werden.

Die Einzelkontaktierverfahren behandeln dagegen jeden Anschluß einzeln. Zur Anwendung kommen sowohl Löt- als auch Thermokompressionsverfahren entweder mit beheiztem Kontaktierstempel oder unter Aufbringen von Laserenergie. Beim Einzelwerkzeug ist das Problem des Niederhaltens gelöst und auch das Laserkontaktieren ist nicht berührungslos, sondern benötigt einen zusätzlichen Niederhalter. Oberhalb einer bestimmten Anschlußzahl hat das Einzelkontaktieren eine höhere Kontaktierzeit zur Folge, es sind aber auch einige Vorteile damit verbunden:

- Jede Lötstelle wird mit gleichen Temperatur- und Druckbedingungen beaufschlagt. Im Extremfall kann jede mit den individuell für sie günstigsten Lötparametern behandelt werden.
- Es erfolgt nur eine sehr kurze punktuelle Erwärmung, das Substrat wird geschont.
- Die Ansprüche an die Planarität des Substrates können reduziert werden.
- Es sind keine geometrieabhängigen Kontaktierwerkzeuge nötig, was der Fertigungsflexibilität zugute kommt.

Diesen unterschiedlichen Vorgehensweisen entsprechend, sind auch die Fertigungsabläufe verschieden:

Reflowlöten
Zufuhr von der Rolle oder im Diarahmen
- Trennen, Schneiden, Biegen
- Lotpastendruck; Raster > 0,4 mm
- Einzelpositionierung der Bauelemente
- Ofenlötung aller Bauelemente

Bügellöten
- Trennen, Schneiden, Biegen
- Aufbringen von Flußmittel
- Einzelpositionierung der Bauelemente
- Bügellöten eines Bauelementes oder Einzellöten der Anschlüsse.

Entfernung des Flußmittels nur, wenn aus Korrosionsschutzgründen oder zur Revision nötig.

Zu Einrichtungen und Geräten ist folgendes zu sagen:

Bei TAB-Verbindungsstellen handelt es sich im allgemeinen um miniaturisierte Lötstellen, bei denen der Zustand der Verbindungspartner schon vor dem Löten optimal sein sollte. TAB-Bauelemente sind daher **kontrollierten Lagerbedingungen** zu unterwerfen, wobei zumindest definierte Temperatur- und Feuchtewerte einzuhalten sind, besser aber zusätzlich eine Stickstofflagerung durchzuführen ist.

Die Verarbeitung selbst kann bei den Bauelementen mit einem Raster > 0,4 mm mit den gleichen Raumbedingungen wie bei der Oberflächenmontage erfolgen. Feinere Anschlußraster benötigen Bestückmaschinen mit so hoher Positioniergenauigkeit, daß sie in temperatur- und feuchtekontrollierten Räumen stehen sollten. Da auch Staub die Lötstellen beeinflussen kann, sind Mindestanforderungen an die Staubarmut zu stellen. Das gilt insbesondere dann, wenn neben der TAB-Montage auch Drahtkontaktierung oder die Flipchip-Technik betrieben werden sollen.

In jedem Falle wichtig ist eine entsprechende Personalschulung, da der Umgang mit den hochempfindlichen Teilen besonderer Sorgfalt und Aufmerksamkeit bedarf. Bei den Bestückarbeiten sind Handschuhe zu tragen und das Berühren ausgeschnittener TAB-Strukturen ist zu vermeiden.

Bei der **Bestückung** gilt auch die Unterscheidung nach Rastermaßen. Bis zu 0,4 mm hinab können die Einrichtungen der Oberflächenmontage genutzt werden. Das gilt für den Lotpastendruck und die Lötanlage sowie für die Pick and Place-Bestückmaschine, wenn ein TAB-Modul nachrüstbar ist.

Ist die Mitbenutzung vorhandener Maschinen nicht mehr möglich, so sind gesonderte Außenkontaktiermaschinen notwendig. Das beginnt mit einfachen Montageeinrichtungen, bei denen die Arbeitsgänge Schneiden und Biegen, Bestücken und Löten entkoppelt sind und jeweils manuell durchgeführt werden müssen. Mit Hilfe käuflicher Komponenten (drehbarer x/y-Tisch, Impulslötgerät) läßt sich eine derartige Einrichtung bereits relativ kostengünstig aufbauen. Der Einsatz beschränkt sich jedoch auf Prototypen.

Für den Fertigungseinsatz sollten Schneiden, Biegen, Positionieren, bei Rastern < 0,4 mm auch das Löten, in der Bestückmaschine gekoppelt sein. Üblicherweise sind zu den Maschinenkosten die Werkzeugkosten hinzuzurechnen. Sie sind von der Komplexität des Teiles abhängig, von der Schwierigkeit des Ausschneidens und Biegens und können in der Größenordnung zwischen 5 und 100 TDM liegen. Ein wichtiger Grund, möglichst gleichformatige TAB-Bausteine, zumindest auf einer Platte, zu verwenden.

Das gleiche gilt für die verwendeten Lötbügel. Auch sie sind der Bauelementgeometrie angepaßte Spezialwerkzeuge unterschiedlicher Bauart.

– Die übliche Bauform besteht aus mindestens zwei, meistens vier Einzelbügeln aus Widerstandsmaterial. Bei Stromdurchfluß wird dieses Material aufgeheizt und liefert die Lötenergie. Um einen Regelvorgang zu ermöglichen und Temperaturprofile zu durchfahren, sind Thermoelemente angeschweißt. Die Kosten hängen von der Größe und der verwendeten Maschine ab und bewegen sich zwischen 2 und 7 TDM.
– In Fällen, in denen Isolierung zwischen den Anschlüssen des Einbauplatzes und dem Lötbügel und eine bessere Gleichmäßigkeit der Temperaturverteilung gefordert wird, können in die metallischen Lötbügelseiten Einsätze aus elektrisch nicht aber thermisch gut leitender AlN-Keramik eingeklebt werden. Alternativ sind auch isolatorbeschichtete Metallbügel bekannt. Ein Lötbügel wie er für hochpolige Bauelemente verwendet wird ist in Abb. 3.20 dargestellt.

Abb. 3.20. Lötbügel für hochpolige Bauelemente

Die mit TAB-Bausteinen erreichbaren Bestückzeiten variieren in weitem Bereich wiederum mit dem Komplexitätsgrad der Teile. Während bei den Bauelementen mit einem Anschlußraster > 0,4 mm für Vaporphase- und IR-Löten die in der Oberflächenmontage für entsprechende gehäuste Bauelemente anzusetzenden Zeiten angenommen werden können, gestaltet sich das bei allen anderen schwieriger. Format, Rasterfeinheit, Art der Anschlußausformung, Toleranzen und Verhalten des Verdrahtungssubstrates sind von Einfluß. Dazu gehört auch, ob feingerasterte und empfindliche Außenanschlüsse durch zusammenfassende Stege in ihrer Genauigkeit gehalten werden.

Zu Vergleichszwecken seien zwei Extreme aufgeführt:

- Handelt es sich um ein Teil, das z.B. ein Raster von 0,3 mm, eine Anschlußzahl von 25, eine Einbaufläche von 10x10 mm² hat, nur ausgeschnitten wird und in einem Automaten auf einer doppelseitigen Leiterplatte mit dem Lötbügel kontaktiert wird, so sind etwa folgende Zeiten anzusetzen (Verfahrwege müssen hinzugerechnet werden, wenn alle Bewegungen vom Bestückkopf allein durchgeführt werden):

Ausschneiden aus dem Träger (inkl. Transport):	2 s
Übernahme aus Schneidposition und Plazieren:	3 s
Löten mit Lötbügel:	3 s

- Ein komplexes Teil mit z.B. einem Raster von 150 µm, einigen hundert Anschlüssen, einer Einbaufläche von 20x20 mm², ausgeprägter Ausformung der Anschlüsse, das mit engen Einbautoleranzen ebenfalls in einem Automaten mit dem Lötbügel auf eine Mehrlagenverdrahtung kontaktiert wird, benötigt etwa folgende Zeiten (zuzüglich etwaiger Verfahrzeiten):

Ausschneiden und Ausformung	5 s
Übernahme und Kontrolle der Anschlüsse	10 s
Fehlerkompensation aller Seiten, Absetzen	10 s
Löten mit Lötbügel (Temperatur- und Druckprofil)	8 s

Ein anderes Verfahren der Außenkontaktierung beruht auf der Verwendung anisotrop leitender Klebstoffe. Dieses auch als Heißsiegeln bekannte Verfahren wird vorzugsweise für die Kontaktierung von Ansteuerbausteinen in TAB-Form bei der Herstellung von Displays angewandt. Kontaktiermedium ist in den meisten Fällen eine anisotrop mit leitenden Partikeln gefüllte Klebefolie, mit der unter Druck und Temperatur die beiden Kontaktierpartner verbunden werden. Der elektrische Kontakt erfolgt über punktförmige Andruckverbindungen der leitenden Partikel, ohne daß dabei durch laterale Berührung ein Kurzschluß erfolgt.

3.2.5
Reparaturmöglichkeiten

Die TAB-Technik ist vorteilhaft bei einem hohen Automatisierungs- und Optimierungsgrad sowie für hohe Stückzahlen, bei Fine Pitch Kontaktierungen und hohen Anschlußzahlen. Auch die Höckertechnologie erfordert Planaritäts- und Positioniergenauigkeiten von wenigen µm. Daher können in der Serienfertigung weder Ausfälle oberhalb des ppm-Bereiches noch handwerkliche Nacharbeiten toleriert werden, wie es früher bei größeren Anschlußgeometrien mit Hilfe der Heißlufttechnik beim Aus- und Wiederanlöten von TAB-Außenanschlüssen praktiziert wurde. Fehler bei TAB-Innenkontaktierungen wurden ohnehin stets "ausgeprüft".

Trotzdem ist in der Muster- und Nullserienfertigung sowie bei Testläufen von hochwertigen neuen ICs, ASICs, Prozessoren oder MCMs eine Optimierung von Film, Werkzeugen, Prozeßablauf und -einstellung für das Außenkontaktieren zunächst nicht ausreichend möglich und damit sind Reparaturen unumgänglich.

Hierzu müssen thermomechanisch sehr schonende Ablötverfahren angewandt werden, um die Feinleiterstrukturen nicht zu zerstören bzw. den IC nicht zu überhitzen. Bei Multichipmodulen wird man im allgemeinen versuchen, das Substrat mit den weiteren Chips zu retten, denn nur in Sonderfällen wird es gelingen, den Chip unbeschadet auszulöten. Spezielle Impulslötköpfe mit Thermodenprofilen, die dem Spider angepaßt sind, erhitzen unter leichtem Druck von 0,1-1 N den Chip und saugen ihn ab. Hierbei muß auch das restliche Lot entfernt werden, was eine Aufheizung des Substrates erfordert. Wenn die Schaltung es thermisch zuläßt, werden auf speziellen Heizplatten Chip und Lot abpipettiert. Eine Nachstrukturierung, wie sie in der Literatur immer wieder beschrieben wird, sollte möglichst vermieden werden und beim Reparieren mindestens eine frische Struktur, also ein neues Substrat oder ein neuer Chip, vorliegen.

Beim Wiedereinlöten eignet sich zum Aufheizen ein leistungs- bzw. temperaturgesteuerter Laserstrahl, der sowohl sehr genaue Positionierungen als auch eng tolerierte Heizspots zuläßt und damit ein sehr schnelles und auch thermomechanisch schonendes bzw. spannungsarmes Löten ermöglicht. Das Verfahren ist zwar aufwendig, aber für hochpolige Einzel-Außenlötungen in engem Raster einsetzbar.

3.2.6
Prüfmethoden

3.2.6.1
Prüfmethoden der Innenkontaktierung

Bei der Innenkontaktierung (Inner Lead Bonding, ILB) wird der Chip im Gegensatz zum Wirebonden mit hohem Druck *und* hoher Temperatur beaufschlagt (Thermokompressions-Bonden). Der Thermodendruck setzt sich über Lead und Bump fort bis zu den Metallisierungsschichten und dem Silizium und induziert dort mechanischen Stress. Gleichzeitig werden durch die hohen Bondtemperaturen und die unterschiedlichen Ausdehnungskoeffizienten der Barrierschichten, des Aluminium-Pads und der Passivierung thermisch induzierte mechanische Spannungen freigesetzt.

Die Fehler, die nach einem ILB-Prozeß, bedingt durch falsche Bondparameter, schlechte Thermodeneigenschaften oder falsche Goldhärte der Bumps auftreten können, sind in Abb. 3.21 dargestellt.

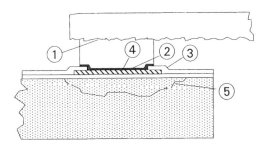

Abb. 3.21. Charakterisierung der Ausfälle beim ILB. 1. Delamination von Bump und Lead. 2. Risse in der TiW-Schicht. 3. Zerstörung der Passivierung. 4. Zerstörung des Al-Pads. 5. Muschelbruch im Silizium.

Für das Prüfen und Charakterisieren der Haftung des Bump-Lead-Interfaces und für das Erkennen von Bondschädigungen stehen folgende Testmethoden zur Verfügung:

156   3 Montage- und Kontaktiertechnologien

Tabelle 3.18. Prüfmethoden der Innenkontaktierung

Methode	Art	Prüfung
Zugtest (Pulltest)	mechanisch	Haftung zwischen Bump und Lead durch Ziehen mit einem Metallhaken oder -stempel
Metallograph. Schlifftechnik	optisch, chemisch	Interface Pad - Barrierschicht - Bump - Lead, chem. Analysemethoden (AES)
Rasterelektronen Mikroskopie	optisch, chemisch	Kontrolle der Benetzung, Passivierung im Padbereich, EDS-, EDX-Analyse
Ätzen	optisch	Zustand der Barrierschicht und des Pads durch selektives Ätzen von Au oder Al

Zugtest

Die Untersuchung der Haftfestigkeit von Bump-Lead-Verbindungen nach dem Bonden geschieht durch den zerstörenden Zugtest. Hierbei wird das Lead in unmittelbarer Bumpnähe von einem Werkzeug (Haken oder Stempel) zum Reißen gebracht. Durch die Größe der dabei auftretenden Kraft und die Art des Ausfalls kann dann die Kontaktierung charakterisiert werden.

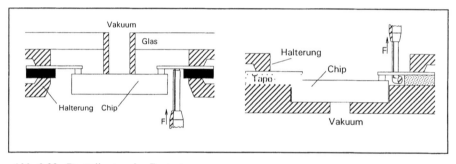

Abb. 3.22. Darstellungen des Zugtests

Der Zugtest mit Stempel (Abb. 3.22 links) hat zwar den Vorteil, daß er unabhängig von den Tape- und Leadgeometrien eingesetzt werden kann, das Verfahren ist aber umständlich in der Handhabung und der Stempel kann vom Lead abrutschen.

Wie beim Wirebonden hat sich der Zugtest mit einem um 360 Grad drehbaren Haken für die Prüfung der Innenkontaktierung durchgesetzt. In der Tabelle 3.19 sind typische Geometrien solcher Werkzeuge angegeben.

3.2 Tape Automated Bonding (TAB)

Tabelle 3.19. Geometrien von Prüfwerkzeugen

	Leadbreite: >100 µm		Leadbreite: <100 µm	
	Durchmesser [µm]	Meßbereich des Testarms [cN]	Durchmesser [µm]	Meßbereich des Testarms [cN]
Haken	150	100-200	75	50-100
Stempel	150	100-200	100	50-100

Abbildung 3.23 zeigt die Ergebnisse einer Versuchsreihe zur Optimierung von Bondparametern für das Thermokompressionsbonden. Dazu wurden 49-polige IC's mit verschiedenen Thermodendrücken (50, 60 und 70 N/mm^2) und Temperaturen (500 °C, 525 °C) kontaktiert. In den Diagrammen ist die Anzahl und Art der Ausfälle als Balken über den gemessenen Kräften aufgetragen. Im Bereich niedrigen Thermodendruckes sind die Ausfälle von Leaddelaminationen bestimmt, während hohe Drücke Muschelbrüche im Silizium induzieren. Als „gut kontaktiert" gelten Verbindungen, die beim Zugtest Leadrisse (Abb. 3.24) erzeugen, oder Bump-Lead-Delaminationen, die im Bereich gleicher Kräfte auftreten.

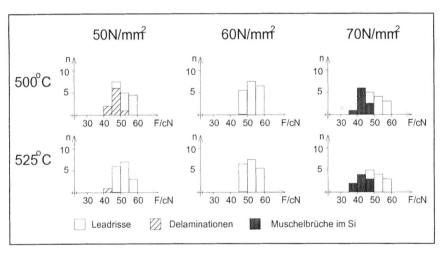

Abb. 3.23. Zugkräfte und Ausfälle bei variierten Bondparametern

158   3 Montage- und Kontaktiertechnologien

Abb. 3.24. Leadriß nach dem Zugtest

Metallographische Schlifftechnik

Die metallographische Schlifftechnik erlaubt erstens einen mikroskopischen Blick in eine beliebige Ebene durch die zu untersuchenden Materialverbindungen, zweitens können durch chemische Analysemethoden wie EDS (Electron Dispersive Spectrum)-Analyse oder AES (Auger-Elektronen-Spektroskopie) Aussagen über Materialdiffusionen, intermetallische Phasenbildungen und Degradationseffekte an dieser Ebene gemacht werden. Diese sind für Zuverlässigkeitsuntersuchungen wie „Beschleunigtes Altern" oder Burn-In-Tests von großer Bedeutung.

Abbildung 3.25 zeigt einen metallographischen Schliff nach durchgeführter Innenkontaktierung (Bump: Au 25µm, Lead: Cu 35µm - Ni 1µm - Au 0.5µm).

Abb. 3.25. Schliffbild durch Pad, Bump und Lead nach der Innenkontaktierung

Rasterelektronenmikroskopie

Die Rasterelektronenmikroskopie bietet eine optische Kontrolle des gesamten Bump-Bereichs mit sehr hoher Schärfentiefe:
- Benetzung von Lötverbindungen
- Delaminationen
- Zustand der Passivierung am Bumpsockel
- mechanische Verformung von Bump und Lead
- Alterungsverhalten

Abbildungen 3.26 und 3.27 zeigen zwei Ausfälle bei der Innenkontaktierung, die durch falsche Bondparameter entstanden sind:

Ein zu hoher Thermodendruck setzt sich als mechanischer Streß nach unten fort und verursacht Risse in der Passivierung. Eine falsche Goldhärte des Bumps kann diesen Effekt begünstigen.

Eine zu hohe Thermodentemperatur ($>540^\circ C$) läßt die Barrierschicht aufbrechen und eine eutektische Al-Au-Phase entstehen, die durch den Thermodendruck als Schmelze nach außen gedrückt wird.

160   3 Montage- und Kontaktiertechnologien

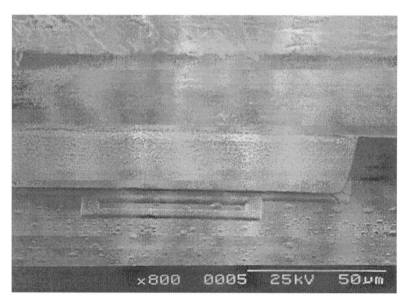

Abb. 3.26. Durch zu hohen Thermodendruck verursachter Bruch in der Passivierung

Abb. 3.27. Durch zu hohe Thermodentemperatur entstandene Al-Au-Phasenbildung

3.2 Tape Automated Bonding (TAB)

Freilegen der Barriereschicht

Zerstörungen in den Barriereschichten können durch selektives Abätzen der Goldbumps (von oben) oder der Al-Pads (von unten) sichtbar gemacht werden.

Abbildung 3.28 zeigt eine so freigelegte TiW-Schicht mit Rißbildung. Auch sie ist ein Zeichen für falsche Bondparameter.

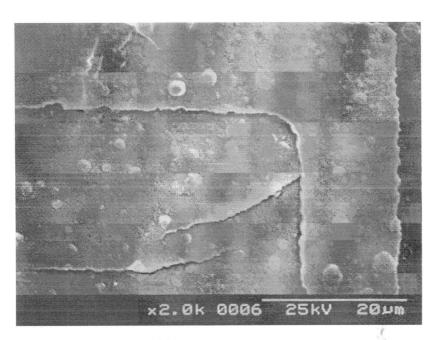

Abb. 3.28. Risse in der TiW-Schicht

3.2.6.2
Prüfmethoden der Außenkontaktierung

Da die Außenkontaktierung (Outer Lead Bonding, OLB) keinen Einfluß mehr auf den Chip mit seinen empfindlichen Metallisierungsschichten hat, sind die Ausfallarten in der Regel auf Delamination der Leads und Leadriß begrenzt. Wie bei der Innenkontaktierung beeinflussen die Bondparameter wie Bondzeit, Thermodendruck und -temperatur, sowie Lot- und Flußmitteleigenschaften die Qualität der Kontaktierung und werden mit folgenden Testmethoden charakterisiert:

Tabelle 3.20. Prüfmethoden der Außenkontaktierung

Methode	Art	Prüfung
Zugtest	mechanisch	Haftung zwischen Substratmetallisierung und Lead durch Ziehen mit einem Metallhaken
Metallograph. Schlifftechnik	optisch, chemisch	Interface Substratmetallisierung - Lot - Lead, Analysemethoden (AES)
Rasterelektronen-Mikroskopie	optisch, chemisch	Kontrolle der Benetzung, EDS-, EDX-Analyse

Da sich die Prüfmethoden der Außen- und Innenkontaktierung kaum unterscheiden und in Abschnitt 3.2.6.1 bereits auf alle Punkte eingegangen wurde, wird hier nur der Zugtest als wichtigstes Testkriterium für die Außenkontaktierung beschrieben.

Wegen der auf langer Strecke freischwebenden und zusätzlich geformten Leads ist eine Einspannvorrichtung zur Fixierung des Polyimidrahmens nötig, um die Reproduzierbarkeit der Meßergebnisse zu gewährleisten (Abb. 3.29).

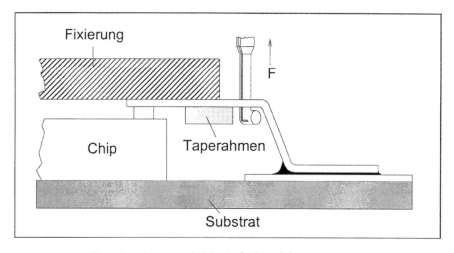

Abb. 3.29. Darstellung des Abzugstests bei der Außenkontaktierung

Da der Mittenabstand (Pitch) der Leads im Außenbereich in der Regel größer ist als der Innenleiterpitch, sind die Werkzeuggeometrien und die Bedienbarkeit der Testanordnung nicht so anspruchsvoll. Typische Hakendurchmesser sind 150 bis 250 µm bei einem Kraftmeßbereich von 200 bis 500 cN (Pitch: 150 - 400 µm). Der Einfluß der Zuggeschwindigkeit des Hakens auf die Meßergebnisse ist vernachlässigbar.

Für die Vergleichbarkeit von Zugfestigkeitsangaben müssen die Geometrien der Testanordnung bekannt sein (Abb. 3.30):
- der Abstand s zwischen der Einspannung und der Lötstelle
- die Höhendifferenz d zwischen den Verbindungen oder die Länge l des ungeformten Leads
- evtl. ein Neigungswinkel des Hakens (z.B. bei einer Neigung der Leiterplattenhalterung um die Zugkraft mehr auf die Bondverbindung zu fixieren)

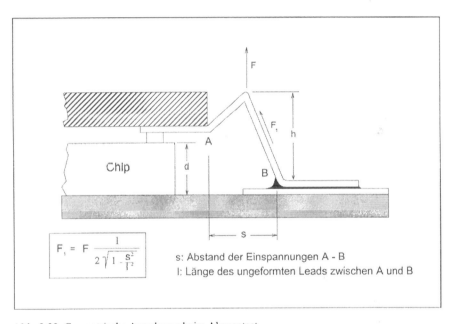

$$F_1 = F \frac{1}{2\sqrt{1 - \frac{s^2}{l^2}}}$$

s: Abstand der Einspannungen A - B
l: Länge des ungeformten Leads zwischen A und B

Abb. 3.30. Geometrische Anordnung beim Abzugstest

Dem Vorteil der guten Reproduzierbarkeit und der einfachen Handhabung dieses Tests stehen einige Nachteile gegenüber:
- Bei guten Verbindungen wird immer nur die Festigkeit des Leads gemessen, da die Kontaktkraft der Bondstelle größer als die Festigkeit des Leads ist.
- Der genaue Betrag der Reißkraft ist von dem geometrischen Aufbau des geformten Tapes und der Zugtestanordnung abhängig. Da sich die Geometrie aufgrund der plastischen Deformation während des Tests ändert, kann keine exakte Aussage über das Verhältnis der Kräfte gemacht werden.

3.2.7
Layoutregeln

Die Topologie des TAB-Tapes wird in der Regel von den prozeßtechnischen Restriktionen bestimmt. Für die Anwendungen in höheren Arbeitsgeschwindigkeiten müssen dabei zusätzlich elektrische und thermomechanische Anforderungen berücksichtigt werden, um ein einwandfreies Funktionieren in Hinsicht auf die elektrische Leistung, die Wärmeableitung und die Mechanik zu gewährleisten.

3.2.7.1
Geometrie des Tapes

Das Tape besteht üblicherweise aus einer Kunststoffolie (z.B. Polyimid) und einer Kupferschicht mit speziellen Leiterbahnformen (auch Spinne oder Spider genannt). Die Halbleiterchips werden stets in individuellen Größen und Padverteilungen hergestellt, daher wird fast für jedes Chip ein individuelles Tape-Design benötigt.

Ein typisches Tape-Layout ist in Abb. 3.31 dargestellt. Es besteht aus mehreren Komponenten, die sich auf einem als Träger dienenden Kunststoffilm befinden. Dies sind: *Chipfenster, Inner-Lead-Bereich, Fan-Out-Bereich, Outer-Lead-Fenster und Outer-Leads, Test-Pads sowie Galvanorahmen.*

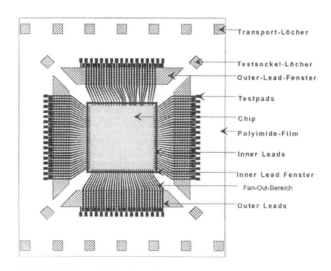

Abb. 3.31. Ein typisches Tape-Layout

Weltweit werden Bemühungen um eine einheitliche Norm für die Tapes weitergeführt. Es existieren bereits von verschiedenen Organisationen Standarisierungsvorschläge für die Tape-Abmessungen, Beispiele sind EIAJ (Electronic Industry Association of Japan), JEDEC (Joint Electron Device Engineering Council) und ASTM (American Society for Testing and Materials).

Für den Anwender weisen die Layout-Standards unter anderem folgende Vorteile auf:

- Dasselbe Film-Layout kann für Chips mit unterschiedlicher Anschlußzahl und Dimensionen aber mit gleichen Anforderungen an Außenkontaktierung eingesetzt werden
- Zum Transportieren, Stanzen, Testen und für die Lead-Abbiegung unterschiedlicher Chips können dieselben Werkzeuge verwendet werden

Die Standards umfassen Teilbereiche wie Filmgröße, Dia-Rahmen, Perforationen für Outer-Lead-Bond-Fenster und Transportlöcher, Abmessungen und Lokalisierung der Outer-Leads, Abmessungen und Lokalisierung der Testpads. Bei diesen Standards werden Inner-Lead-Raster und Chipgröße, bzw. Fenstergröße für den Chip nicht berücksichtigt.

Trotz dieser Standards ergeben sich stets individuelle Tape-Designs. Die Gründe hierzu sind beispielsweise eine bestimmte Padanordnung auf dem Substrat, das Einhalten der Designregeln für die erforderliche elektrische Leistung, bessere Ausnutzung der Tapefläche und die Platzersparnis durch nicht geformte Anschlüsse.

3.2.7.2
Entwurfsschritte

Beim Entwurf eines Tape-Layouts benötigt man zunächst wenige Informationen wie die Anzahl der Chipanschlüsse, das erwünschte OLB-Raster bzw. Testpad-Raster und die Chipgröße. Abb. 3.32 zeigt den Ablauf beim Entwurf eines Tapes.

Der erste Schritt ist der Auswahl des Filmformats (Abb. 3.33: D6 und H bzw. H1, Gb bzw. Gl) . Dabei werden zunächst im Rahmen der technologischen Möglichkeiten ein Raster für die Außenkontaktierung (OLB-Pitch, Abb. 3.34: e) und ein Test-Pad-Raster (Abb. 3.34: e1) vorausgeplant. Mit diesen Informationen kann man die Größe des Films bestimmen. Beispielsweise: wenn für einen Chip der Größe 10 mm × 10 mm mit 250 Anschlüssen ein OLB-Raster von 200 µm oder 250 µm und ein Testpad-Raster von 250 µm geplant ist, kann man einen Super-35 mm-Film benutzen. Wenn ein größeres OLB-Raster (z.B. 300 µm) oder ein größeres Testpad-Raster (z.B. 300 µm) unumgänglich ist, muß ein 48 mm Film herangezogen werden. Tabelle 3.21 zeigt, welches größtmögliche OLB- bzw. Testpad-Raster sich für die angegebenen Anschlußzahlen ergibt.

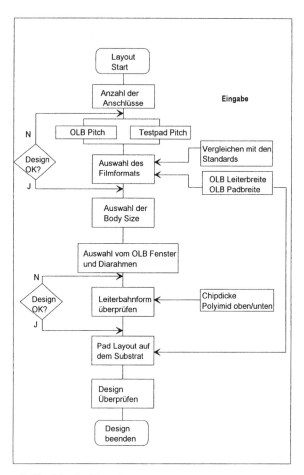

Abb. 3.32. Entwurfsablauf für das Tape-Layout

Durch Vergleich der geplanten Raster mit den vorgeschlagenen Standards kann man auch die entsprechende OLB Leiterbreite (Abb. 3.34 b) und OLB Padbreite (auf dem Substrat) auswählen. Diese Informationen helfen weiter zur Ermittlung vom Schlitzabstand (engl. body size, Abb. 3.33: E bzw. E1 und D bzw. D1).

Danach werden die Abmessungen des OLB-Fensters und schließlich die von den Löchern für den Diarahmen (Abb. 3.33: E5 bzw. D5 und Fb bzw. Fl) bestimmt. Der nächste Schritt ist die Festsetzung der Abmessungen des Inner-Lead-Fensters. Hier können die Anweisungen vom Abschnitt 3.2.7.6. befolgt werden.

3.2 Tape Automated Bonding (TAB)

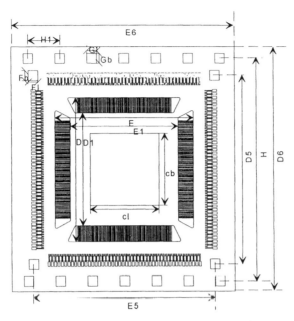

Abb. 3.33. Angaben zum Tape-Layout: cb: Chipbreite, cl: Chiplänge, E: horizontaler Abstand zw. äußeren OLB-Stanzlinien, D: wie E in vertikaler Richtung, E1: horizontaler Abstand zw. den inneren Stanzlinie des OLB-Fensters, D1: wie E1 in vert. Richtung, E5: Abstand zw. den Löchern des Burning-Test-Rahmens (horz.), D5: wie E5 vert., H: Mitten-Abstand zw. Transportlöcher (vert.), H1: Mitten-Abstand zw. Transportlöchern (horz.), D6: Filmbreite, E6: Breite des Tapes, Gb bzw. Gl: Abmessungen der Transportlöcher, Fb bzw. Fl: Abmessungen der Testsockellöcher

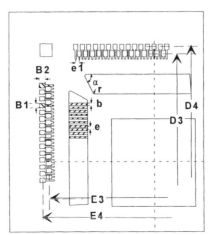

Abb. 3.34. Angaben zum Tape-Layout: E3: Abstand der inneren Testpads (horz.), D3: wie E3 vert., E4: : Abstand der äußeren Testpads (horz.), D4: wie E4 vert., B1 bzw. B2: Abmessungen der Testpads, e1: Testpad-Raster, b: OLB-Leiterbreite, e: OLB-Raster, r: Radius vom OLB-Fenster, α: Winkel des OLB-Fensters

Tabelle 3.21. Kombinationsmöglichkeiten bei gegebenen Anschlußzahlen. × steht für die erste Kombinationsmöglichkeit und ✚ steht für die zweite Kombinationsmöglichkeit.

Anzahl Anschl..	Filmformat [mm]			OLB Pitch [mm]				Testpad Pitch [mm]		
	35	48	70	0.4	0.3	0.25	0.2	0.4	0.3	0.25
120	×			×				×		
136	×			×				×		
144	×			×					×	
160	×				×			×		
180	×			×				×		
184	×				×			×		
192	×				×				×	
200	×					×			×	
216	×				×				×	
224	×✚					×	✚	✚	×	
240	×	✚				✚	×	✚	×	
244	×				×				×	
256	×					×				×
260		×		×					×	
272		×			×				×	
280	×	✚					×✚	✚		×
288		×✚			×	✚		×✚		
292		×					×			×
296		×			×				×	
320		×✚			×		✚	✚	×	
348		×			×				×	
352		×				×			×	
360		×					×		×	
376		×	✚	✚			×	✚		×
384		×					×			×
400		×			×			×		
416		×			×			×		
420		×				×				×
440		×					×	×		
456		×			×			×		
480		×				×		×		
504		×			×			×		
520		×					×	×		
544		×✚					✚	×	×✚	
600		×					×	×		
608		×				×			×	
680		×					×		×	
728		×					×		×	
760		×					×			×

Wenn das Design die Anforderungen erfüllt, wird als nächstes das Pad-Layout auf dem Substrat entworfen. Das läßt sich aus der OLB-Leadbreite und -Padbreite festlegen. Nach der Überprüfung des Designs wird das Design beendet.

3.2.7.3
Film-Format

Die wichtigsten Merkmale des Tapeformats sind Filmbreite und die Abmessungen der Transportlöcher. Der größte Teil aller Filmformate basierte auf den üblichen Normen der Filmindustrie. In letzter Zeit wurden viele neue Formate entwickelt, die eine bessere Ausnutzung der Tape-Fläche ermöglichen. Die zur Zeit kommerziell verfügbaren Filme haben eine Breite von 35, 48 oder 70 mm (auch 160 mm von der Firma Casio) mit verkleinerten Transportlöchern (Superformat).

Entsprechend wird auch jeweils eine Breite des einzelnen Tapes E6 vorgeschlagen, zB. 33.25 mm, 47.5 mm und 66.5 mm. Diese Breite kann jedoch je nach den erforderlichen Galvanorahmen und den individuellen Designanforderungen von diesen Standards abweichen.

3.2.7.4
OLB-Fenster

Für die Außenkontaktierung (Anschluß-Substrat) sind Lötanschlüsse, die sogenannten Outer-Lead-Bonds (OLB) erforderlich. Die Breite, die Länge sowie die Abstände dieser OLB's müssen den technologischen Bedingungen entsprechen. Üblicherweise werden OLB's breiter als die ILB's gewählt und haben ein größeres Raster. Der derzeitige Trend geht jedoch zu einem gleichen Raster sowohl im OLB-Bereich als auch im ILB-Bereich.

Nach den Standards kann man folgende OLB-Raster e und Leiterbreite b auswählen:

e [mm]	b [mm]
0.5	0.16
0.4	0.16
0.3	0.12
0.25	0.10
0.2	0.10

OLB Fenster sind ausgestanzte Öffnungen im Kunststoffträger, durch die die Leiterbahnen direkt auf das Substrat gelötet werden können. Für unterschiedliche Konfigurationen des OLB-Fensters werden jeweils neue Stanzwerkzeuge gebraucht. Hier können Standards Abhilfe zur Reduzierung der Werkzeugkosten schaffen. Die aktuellen JEDEC-Standards (UO-018 v. 1991) empfehlen folgende Schlitzabstände (body size) D1 bzw. E1:

Filmformat	D1 bzw. E1 [mm]				
35mm	14	16	18	20	
48mm	16	20	24	28	
70 mm	24	28	32	36	40

und eine Schlitzbreite von $\dfrac{D - D1}{2} = 2.25$ mm.

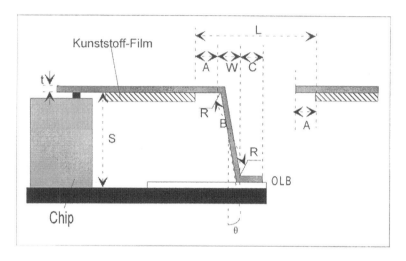

Abb. 3.35. Typische Leadform-Dimensionen

Für individuelle Anwendungen muß diese Schlitzbreite den Anforderungen entsprechen. Bei der Ermittlung der erforderlichen Schlitzbreite kann folgende mathematische Gleichung benutzt werden (Abb. 3.35):

$$L = 2A + \frac{90 - \theta}{360} \cdot 10\pi t + \frac{S}{\cos\theta} + C$$

dabei sind:
L..... die Breite des OLB-Fensters
A..... die freitragende Leiterlänge (z.B. 0.20 mm -0.70 mm)
t...... die Leiterbahndicke (z.B. 0.035 mm)
θ..... der Knickwinkel (z.B. 10°)
C..... die Bond-Fußlänge (z.B. 0.76 mm -1 mm)
S..... die Höhe zwischen dem Substrat und dem Anschlußleiter (z.B. 0.60 mm), entspricht der Summe aus der Chiphöhe, der Bumphöhe und der Dicke der Kleberschicht unter dem Chip.

3.2.7.5
Test-Pads

Der elektrische Test der Chips wird durch die Testpads ermöglicht. Um Platz zu sparen werden die Testpads meistens versetzt angeordnet. Die Lage sowie das Raster und die Abmessungen der Testpads können für die Meßfassungen entsprechend den Standards gewählt werden. Nach den JEDEC-Standards sind folgende

Testpad-Raster (Abb. 3.34: e1), Testpadbreite B1 und Testpadlänge B2 zu empfehlen:

e1 [mm]	B1 [mm]	B2 [mm]
0.50	0.65	0.65
0.40	0.5	0.65
0.30	0.4	0.65
0.25	0.3-0.35	0.65

Für die standardisierten Testsockel sind auch die Lage der Testpads und die der Testsockellöcher genau zu beachten. Die empfohlenen Abstände sind:

Film D6 [mm]	D3 bzw. E3 [mm]	D4 bzw. E4 [mm]	D5 bzw. E5 [mm]
35	25.4	26.95	26.95
48	34.6	36.15	36.15
70	56.2	57.75	57.75

3.2.7.6
Inner-Lead-Bereich

Zum Positionieren des Chips wird in der Mitte des Tapes ein sog. Inner-Lead-Fenster ausgestanzt. Das Inner-Lead-Fenster oder Chipfenster wird etwas größer als die Chipdimensionen ausgewählt (s. Abb. 3.36). Die Innenkontaktierung (Inner-Lead-Bonding, ILB) des Chips (Chip-Leiterbahn) erfolgt über spezielle Anschlußmetallisierungen der Chippads, sog. Bumps oder Höcker. Da die Halbleiterchips oft in kundenspezifischen Größen sowie stets unterschiedlichen Bumpkonfigurationen hergestellt werden, können die Abmessungen im Inner-Lead-Bereich nicht standardisiert werden.

Im einzelnen können folgende Empfehlungen zur Festlegung der Abmessungen in diesem Bereich gegeben werden:

- Die Lage und die Größe der Chippads werden der Passivierungsmaske des Chipherstellers entnommen.
- Die Innerleads sollen ca. 25 µm schmaler als die Chippads sein (Abb. 3.2.7.6). In die Entscheidung über die Leiterbreite sind auch die Ätztoleranzen von Herstellern mit einzubeziehen.
- Die Chipöffnung im Kunststoff-Film (Inner-Lead-Fenster) muß größer als die Chipdimensionen sein, um eine optimale Tape- und Chipausrichtung während des Bondens zu realisieren. Die minimale Breite des Inner-Lead-Fensters WS kann z.B. folgendermaßen berechnet werden: Min.WS = Chipbreite + 300 µm. Die freiliegenden Innerleads sollen möglichst nicht zu lang sein, um ein Abbiegen der Leads zu vermeiden.
- Leiterknicke müssen auf dem Kunststoff-Film erfolgen.

172   3 Montage- und Kontaktiertechnologien

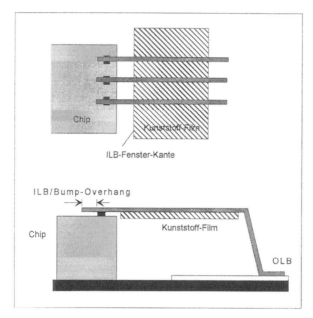

Abb. 3.36. Leiterbahnkonfiguration

3.2.7.7
Fan-Out-Bereich

Die Lötanschlüsse (Outer Leads) werden oft breiter als die Innenanschlüsse (Inner Leads) konstruiert und haben dementsprechend auch ein größeres Raster. Für die Anpassung der beiden unterschiedlichen Raster werden die Leiter aufgefächert. Um dabei die Designregeln wie den Mindestabstand und die Mindestleiterbreite nicht zu verletzen, werden die Leiterbahnführungen auch geknickt (Abb. 3.37). Nach Möglichkeit sollen die Leiterbahnen jedoch gerade (ohne Knicke) und ohne Auffächerung (Fan-Out) gestaltet werden (vgl. 3.2.7.9). Die Verbindung der Außenanschlüsse mit den Testpads erfolgt oft nach dem gleichen Prinzip.

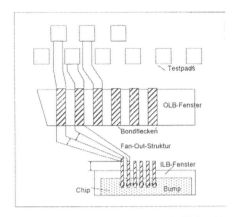

Abb. 3.37. Anpassung der unterschiedlichen Raster im ILB- und OLB-Bereich, sowie im OLB- und Testpad-Bereich

3.2.7.8
Galvano-Rahmen

Werden zur Verarbeitung des Tapes galvanisch aufgebrachte Endschichten benötigt, braucht man einen Galvanorahmen, um die Leiterbahnen elektrisch miteinander zu verbinden. Galvanorahmen können in verschiedenen Formen realisiert werden. Einige Konstruktionsbeispiele werden in Abb. 3.38 gezeigt. Mit geeigneten Stanzwerkzeugen können die Kurzschlüsse an den sogenannten Stanzflächen später wieder unterbrochen werden.

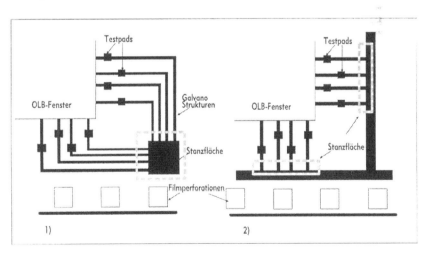

Abb. 3.38: Beispiele für Galvanorahmen

3.2.7.9
Thermomechanische Aspekte

Eine Folge höherer Arbeitsgeschwindigkeiten von IC's besteht im Problem der Wärmeabfuhr. Damit eine zulässige Maximaltemperatur nicht überschritten wird, müssen Maßnahmen getroffen werden.

Die Anschlußbeinchen tragen viel zu einer Wärmeableitung und somit einer Senkung des thermischen Widerstandes bei. Hier zeigt sich, daß längere Anschlußleitungen mit Fan-Outs thermische und mechanische Leistung günstig beeinflußen, obwohl solche Leitungen für die elektrische Signalübertragung ungünstige Wirkungen haben. Darüber hinaus werden für starke mechanische Beanspruchungen Fan-Outs mit dem sog. Stress-Relief empfohlen, um mechanische Spannungen abzubauen (Abb. 3.39). Werden die Leiterbahnen jedoch abgebogen, braucht man keinen Stress-Relief.

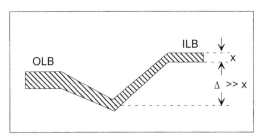

Abb. 3.39. Leiterbahn mit Stress-Relief

3.2.8
Wertende Betrachtung der Gesamttechnologie

Betrachtet man die TAB-Technologie, so findet man eine Reihe von Vor- und Nachteilen, wobei die angeführten Kriterien je nach Anwendungsfall durchaus unterschiedliche Wertigkeit haben können.
Vorteile:
- Die Bauform ist klein, leicht und flach und bietet dadurch ein besonderes Miniaturisierungspotential beim Bau von elektronischen Geräten.
- Die Verbindung vom Chip zum Substrat weist gegenüber gehäusten Bauformen mit Drahtkontaktierung nur zwei Verbindungsstellen auf und ist dadurch weniger fehleranfällig.
- Der Chip ist im allgemeinen als hermetisch dicht anzusehen, da die Oberfläche, z.T. mehrfach, passiviert ist und die Al-Anschlußflecken durch die Höcker vollständig abgedeckt sind.
- Die Anschlußquerschnitte der Feinstruktur sind auch für höhere Ströme geeignet.
- Das Außenanschlußraster läßt sich so weit verringern, daß auch sehr hohe Anschlußzahlen mit geringem Einbauplatzbedarf realisierbar sind. So wurden

z.B. 620- polige TAB-Bausteine mit einem Anschlußraster von 75 µm und einem Einbauplatzbedarf von 14,5x14,5 mm² entwickelt.
- Durch den kleinen Einbauplatz und die Möglichkeit räumlich dichter Anordnung sind kurze Signallaufzeiten möglich.
- Da die Feinstruktur als Dehnungsausgleich wirkt, ist der Einbau auf jeder Art von Substrat möglich.
- Durch unterschiedliche Einbaulagen sind vielfältige konstruktive Möglichkeiten, insbesondere hinsichtlich der Ableitung von Verlustwärme, gegeben.
- Die Bauform ist derzeit als einzige in der Direktmontage wie ein Gehäuse vor dem Einbau voll elektrisch prüfbar und die Möglichkeit des Burn-in ist gegeben.

Dem stehen folgende **Nachteile** gegenüber:
- Der Hauptnachteil der Bauform ist die Notwendigkeit der Höckererzeugung auf dem Chip. Dadurch wird er zu einem Sonderchip mit eingeschränkter Verfügbarkeit auf dem Markt. Die stromlose Höckererzeugung oder die höckerlose Innenkontaktierung mit Abdeckung des Chips reduzieren oder umgehen dieses Manko.
- Die TAB-Technik ist im wesentlichen beschränkt auf die Randkontaktierung von Chips. Hier bietet sie zwar gegenüber den Drahtkontaktierverfahren ein engeres Anschlußraster, jedoch sind in Flipchip-Technik mit flächig verteilten Anschlüssen bei gröberem Raster sehr viel höhere Anschlußzahlen möglich.
- Abhängig von der Komplexität und dem Feinheitsgrad des Bausteines können für die Verarbeitung aufwendige Schneid- und Biegewerkzeuge sowie Bestück- und Lötmaschinen mit relativ großer Taktzeit notwendig sein.
- Schöpft die TAB-Technik mit hoher Anschlußzahl und feinem Anschlußraster ihre Möglichkeiten aus, so ist sie nicht mit den Verfahren der üblichen Oberflächenmontage kompatibel.
- Wie bei der Verarbeitung ungehäuster Bauelemente allgemein üblich, müssen auch beim TAB bei Handhabung und Umgebungsbedingungen Mindestanforderungen eingehalten werden.
- Auf die bereits erwähnte Schnittstellenproblematik, wenn nicht ein fertig montiertes TAB-Teil beziehbar ist, sei nochmals hingewiesen.
- Insgesamt gesehen ist wegen der vorgenannten Faktoren TAB erst bei großen Stückzahlen und in Fällen, die auf seine Vorteile angewiesen sind, wirtschaftlich nutzbar.

Der Hauptanteil an TAB-montierten Bauelementen wird in Japan verbraucht. Dabei wird eine Abkehr vom bisherigen Hauptanwendungsfall, dem LCD-Treiber, vorhergesagt, der zunächst in Flipchip-Technik montiert und später ganz in das Display integriert werden wird.

Neben den LCD- Anwendungsfällen zählen Anwendungen wie MCMs, Speicherkarten sowie Rechner- und Konsumelektronik zum Einsatzgebiet von TAB. MCMs und Memory Cards sind besonders auf die elektrische Prüfbarkeit vor dem Einbau angewiesen, wobei Speicherkarten dazu noch geringe Kosten fordern. Hier steht TAB also in direkter Konkurrenz mit den TSOP-Gehäusen. Während geringe Kosten der Haupeinsatzgrund bei Uhren, Taschenrechnern, Thermodruckköpfen usw. sind, bei denen TAB oft auf flexiblen Billigsubstraten eingesetzt wird, steht Leistungsfähigkeit bei Rechneranwendungen im Vordergrund, weshalb hier besondere Steigerungsraten erwartet werden.

Die TAB-Technik als platzsparende Methode der Oberflächenmontage von ICs kann in vielen elektronischen Geräten vorteilhaft angewandt werden, wobei der Einsatz vorzugsweise dort erfolgt, wo geringer Einbauplatzbedarf auch bei hoher Anschlußzahl gefragt ist. Trotzdem wird das Feld der Montagetechnik insgesamt auch weiterhin von der Verarbeitung gehäuster Bauelemente beherrscht werden. Die Verarbeitung dieser Bauelemente mit immer weiter fallendem Anschlußraster, die als sogenannte Tape Carrier Packages (TCP) ja z.T. umspritzte TAB-Bausteine sind, nähert sich in der Art der Bestückmaschinen an die der TAB-Bausteine. Im Vergleich zur COB- und Flipchip-Technik bleibt TAB damit weitgehend auf einem zwar weiterentwickelten aber noch herkömmlichen Gebiet der Montagetechnik.

Der Regelfall für einen TAB-Anwender sollte der Bezug fertig kontaktierter Bauelemente sein, um nicht in die Problemkreise der Höckererzeugung, Spiderbeschaffung und Innenkontaktierung zu geraten. In der davorliegenden Prototyp- und Erprobungsphase kann die angepaßte Tapeherstellung und Innenkontaktierung ebenso wie Leadforming und Außenkontaktierung als Dienstleistung bezogen werden.

3.2.9
Firmen / Institute mit Serviceleistungen

Die TAB-Technologie hat in den USA und Europa keine große Akzeptanz gefunden. Der Grund hierfür ist in dem hohen technologischen Aufwand zu suchen, wenn TAB als Direktmontageverfahren eingesetzt wird. In diesem Fall muß sich der Anwender um die einzelnen Prozeßschritte selbst kümmern. In Japan hingegen ist TAB als Package erhältlich (TCP), d.h. einige große japanische Halbleiterhersteller wie Sharp, Oki und NEC bieten innerleadgebondete Schaltungen als Produkt an, die vom Anwender nur noch montiert werden müssen. Ähnlich wie bei Plastikgehäusen erfordern kostengünstige TCP's entsprechende Stückzahlen. In diesem Fall bieten die großen japanischen Firmen TAB auch als Serviceleistung an. Tabelle 3.22 zeigt eine Auswahl der Firmen, die als Tape-Hersteller, als Werkzeuglieferer und als Technologiedienstleister zur Realisierung von TAB einen Beitrag leisten. Bei Bedarf sind die technologischen Voraussetzungen im Einzelfall zu prüfen.

Tabelle 3.22. Firmen mit TAB-Dienstleistungen (Auswahl).

Serviceleistung	Firma/Institut
Tape-Herstellung	Cicorel, Schweiz
	3M, USA
	MCTS, Frankreich
	Shindo Denshi, Japan
	Sumitomo Metal Mining, Japan
Inner Lead Bonder	Kaijo, Japan
	Shinkawa, Japan
	Toshiba, Japan
	Weld Equip, Deutschland
Testsockel-Herstellung	Yamaichi, Japan
Outer Lead Bonder	Anorad, USA
	Kyushu Matsushita Electric, Japan
	Matsushita, Japan
	Universal, USA

3.3
Flipchip-Technologie

Die Flipchip-Technologie wurde 1964 von IBM eingeführt [80] (bekannt als C4 "Controlled Collapse Chip Connection") und in der Vergangenheit überwiegend für Computer und Kraftfahrzeug-Elektronik eingesetzt. Obwohl die C4-Technik die wohl nach wie vor bekannteste Flipchip-Montagetechnik ist, haben andere Firmen andere Montagetechniken entwickelt und zur Fertigungsreife gebracht [81-88]. Heute ist die Zahl der Varianten groß, die Anwendungen decken dabei neben der schon erwähnten Computertechnik und Kfz-Elektronik Bereiche wie Telekommunikation, Consumer-Elektronik, LCDs, Uhrenindustrie, Militärtechnik, PCMCIA-Karten und Optoelektronik ab [90].

3.3.1
Verfahrenscharakteristika

Die Flipchip-Technologie ist eine Montagetechnik für ungehäuste Halbleiter, welche den Prinzipien der SMT-Montage entspricht. Die Komponenten weisen jedoch wesentlich feinere Anschlußraster auf. Ähnlich wie bei Ball Grid Array-Bauelementen (BGAs) sind die Anschlußkontakte nicht auf die Außenseiten des Bauelements beschränkt, sondern können flächenhaft auf dem Halbleiter angeordnet sein (Area Konfiguration). Die Anschlußraster, die bei heute oft verwendeten SMD-Bauelementen im Bereich von 1500 - 300 µm liegen, liegen für Flipchip-Verbindungen typischerweise bei 200 - 300 µm für Lotbumps und bei 100 - 200 µm für Au-Bumps. Flipchip-Technologie kann daher als "Ultra Fine Pitch" SMT-Technik betrachtet werden. Tabelle 3.23 zeigt eine Gegenüberstellung von Geometriedaten und Anschlußzahlen von wichtigen SMT-Gehäusen im Vergleich zur Flipchip-Montagetechnik.

Die Flipchip-Technologie (Abb. 3.40) weist eine Reihe von Eigenschaften auf, welche für diese Montagetechnik charakteristisch sind:

- Face Down Montage ungehäuster Halbleiter direkt auf den Schaltungsträger
- Ein Verbindungspartner muß Bumps (Kontakthöcker) aufweisen
- Die Anschlußkontakte auf dem Substrat sind im Regelfall spiegelbildlich zu den Anschlußkontakten des Halbleiters angeordnet
- Alle elektrischen Verbindungen werden in einem Schritt gleichzeitig mit der mechanischen Befestigung ausgebildet

3.3 Flipchip-Technologie

Tabelle 3.23. Flipchip im Vergleich zu SMT

	QFP Quad Flat Pack	BGA Ball Grid Array	CSP Chip Scale Package	FC Flip Chip
Pitch (mm)	0,8/0,65/0,5 0,4/0,3	1,5/1,27/1,0	1,0/0,8/0,75 0,65/0,5	Bereich: 0,6...<0,1 typisch: 0,3...0,1
Gehäusegröße Kantenlänge typ. [mm]	28	27	10 - 12	-
Gehäusegröße max. [mm]	40	45	die + 2	-
I/O bei typ. Gehäusegröße	bis 208	bis ca 300	ca. 150 - 200	-
I/O max.	304	bis 600 (IBM C4: > 1000)	derzeit:ca. 200 möglich: >1000	> 1000
Max. Chipgröße [mm²] bzw. Kantenlänge [mm]	ca. 17 x 17	ca. 19 x 19	ca. 15-17	ca. 15 - 17

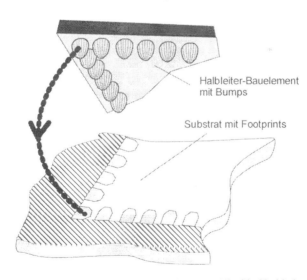

Abb. 3.40. Schematische Darstellung der Herstellung von Flipchip-Verbindungen

Die Vielzahl der existierenden Technologien lassen sich untergliedern nach der Art und Verfügbarkeit der Halbleiter sowie nach der Metallurgie der Bumps. Bei den Halbleitern ist zu unterscheiden zwischen Silizium- und III/V-Halbleitern wie beispielsweise Galliumarsenid. Obwohl III/V-Halbleiter im Hinblick auf die eingesetzten Stückzahlen gegenüber Silizium natürlich kaum ins Gewicht fallen, werden sie in Flipchip-Montagetechnik zunehmend dort eingesetzt, wo sich konstruktive (z.B. Optoelektronik) oder elektrische Vorteile (z.B. Millimeterwellen-Anwendungen) ergeben. Der Bumpprozeß wird im Regelfall chipseitig und auf Waferebene durchgeführt, jedoch ist die Verfügbarkeit der Halbleiter in diesem Anlieferzustand nicht immer gegeben. Dies gilt in erhöhtem Maße für in Japan gefertigte III/V-Halbleiter, welche normalerweise nur als Einzelkomponenten bezogen werden können. Aufgrund dieser Situation wurden Verfahren entwickelt [89-91], welche auch unter diesen Randbedingungen eine Flipchip-Montage ermöglichen.

Die Bumpmetallurgie kann, unabhängig davon, ob das Bumping auf Waferebene durchgeführt wird oder nicht, in zwei Klassen eingeteilt werden: umschmelzbare Bumps und nicht umschmelzbare Bumps ("Stud-Bumps"). Zur ersten Kategorie gehören Pb/Sn-Bumps oder Cu-Bumps mit Pb/Sn-Auflage und in Sonderfällen auch Au/Sn-, In- oder Pb/In-Bumps. Zur zweiten Kategorie gehören Au-Bumps, Ni/Au-Bumps und Cu-Bumps mit Ni/Au-Abdeckung. Die Flipchip-Montage bei umschmelzbaren Bumps wird immer durch Reflow-Löten durchgeführt, wobei in einem Summenlötprozeß viele Chips gleichzeitig und simultan mit anderen Bauelementen (SMDs) montiert werden können. Die für Stud-Bumps am häufigsten angewendeten Montagetechnik ist Kleben, wobei elektrisch leitende, anisotrope sowie nichtleitende Kleber verwendet werden. In einzelnen Fällen wird auch die Au/Au-Thermokompressionsbondtechnik eingesetzt.

3.3.2
Flipchip-Löten

3.3.2.1
Verwendete Bauelemente und Lieferform

Der Bumpingprozeß erfolgt im Regelfall auf Waferebene. Er sollte auf ungetesteten ICs durchgeführt werden, da die üblichen elektrischen Testmethoden unter Verwendung von Testspitzen die IC-Anschlußkontakte beschädigen und hierdurch den Bumpingprozeß beeinträchtigen würden. Der elektrische Test erfolgt daher auf Waferebene nach dem Bumping mittels geeigneter Testadapter [92-93]. Nach Kennzeichnung der ICs mit Fehlfunktionen erfolgt das Vereinzeln mittels einer Wafersäge. Nach dem Abziehen von der beim Sägen verwendeten Trennfolie werden die ICs sortiert und die funktionsfähigen in Waffle Packs abgepackt. Eine andere Lieferform besteht darin, die ICs gebumpt auf Waferebene, getestet oder ungetestet, anzuliefern und die Weiterverarbeitung dem Kunden zu überlassen. Auch eine Anlieferform "gesägt auf Folie" ist möglich. Als Bauelemente für das Flipchip-Löten werden nahezu ausschließlich Silizium-ICs verwendet. Für in-house Anwendungen ist auch in einzelnen Fällen die Verwendung von GaAs-MMICs bekannt, wobei in diesem Falle die Au-Anschlußkontakte vor dem Bumpingprozeß mit angepaßten Diffusionssperrschichtsystemen versehen werden müssen.

3.3.2.2
Anforderungen an den Schaltungsträger

Da bei der Flipchip-Montage ohne Zwischenträger gearbeitet wird, muß der Schaltungsträger bzw. der relevante Bereich ("Footprint") auf dem Schaltungsträger bestimmte Anforderungen erfüllen. Die wesentliche Kriterien, welche bei der Substratauslegung zu beachten sind, sind hierbei:

- Anschlußraster
- Metallisierung
- Definierte Anschlußflächen / Solderstop
- Toleranzen
- Temperaturverträglichkeit

Die Footprints auf dem Schaltungsträger müssen spiegelbildlich zu den IC-Anschlüssen angeordnet sein. Bei häufig verwendeten Chipanschlußrastern um 200 µm stellt dies eine harte Anforderung für MCM-C- und MCM-L-Substrate dar. Im Falle von Chips mit Area-Konfiguration muß sichergestellt sein, daß eine entsprechende Entflechtung der Anschlußleitungen im Schaltungsträger erfolgen kann. Die Endschichten der Footprints müssen derart ausgewählt werden, daß eine gute Benetzung durch das Bumplot erfolgt. Als Bumpmaterialien werden im wesentlichen zwei Lotlegierungen eingesetzt: das eutektische Pb/Sn-Lot (Pb/Sn 37/63, Fp = 183 °C) und das hochschmelzende Pb/Sn-Lot (Pb/Sn 95/5 (97/3), Fp ca. 315 °C). Tabelle 3.24 zeigt eine Auswahl über mögliche Endschichten und deren Eignung als Footprintmetallisierung für das jeweilige Bumplot. Die für die jeweiligen Substrattypen am häufigsten verwendeten Endmetallisierungen sind fettgedruckt.

Tabelle 3.24. Endschichten auf dem Schaltungsträger für die Flipchip-Montage

Substrat Typ	Substrat Finish	Bumps Pb/Sn 37/63	Bumps Pb/Sn 95/5
MCM – D MCM – L Flex	Cu Cu + stromlos Sn **Cu + stromlos Ni/Au** Cu + eutekt. Pb/Sn	+ + + +	- - - +
MCM-C Print& Fire LTCC(Cofired) - HTCC (Cofired)	**AgPd-Pasten** AgPd-Pasten + eut. Pb/Sn **Mo-Pasten + Ni/Au**	+ + +	- + +

Als Endschichten können für eutektische Lotbumps beispielsweise Endmetallisierungen aus Cu, Ni/Au oder für C-Typ-Substrate Pasten auf der Basis von Ag verwendet werden. Für hochschmelzende Lotbumps sind die Auswahlmöglichkeiten eingeschränkt, im Zusammenhang mit Mischbestückung eignet sich am besten eutektisches Pb/Sn. Um die unkontrollierte Benetzung und Ausbreitung des Lotes zu verhindern, wird auf den Schaltungsträger im allgemeinen eine Lotbegrenzungsschicht aufgebracht.

Für MCM-C Substrate dient als Lotbegrenzung meistens eine Glasabdeckung (Overglaze), für Substrate vom L-Typ eine Solder Stop-Maske und für D-Typ-Substrate eine weitere Dielektrikumslage. Für die Flipchip-Montage ist es notwendig, Toleranzen seitens des Schaltungsträgers innerhalb relativ enger Bandbreiten zu halten. Dies betrifft zunächst alle Toleranzen, welche mit der Auslegung der Footprints zusammenhängen. Hierbei handelt es sich um Toleranzen hinsichtlich der Footprinthöhe und benetzbaren Fläche. Ein weiterer wichtiger Aspekt sind Toleranzen verursacht durch eine mögliche Substratwölbung. Konkrete Aussagen sind hierzu nur schwer möglich, da sie naturgemäß wiederum stark von den Bumpgeometrien abhängen.

Ein weiterer wichtiger Punkt bei der Flipchip-Montage ist die Temperaturverträglichkeit von Substratmaterialien und Temperaturbehandlung beim Bondprozeß. Wird die Flipchip-Montage auf organischen Materialien (z.B. FR4) durchgeführt, benötigen Bumps aus dem bleireichen Lot (Pb/Sn 95/5) zusätzlich substratseitige Endschichten aus eutektischem Lot, um den Reflow-Prozeß temperaturverträglich durchführen zu können. Gleiches gilt auch im Falle einer simultan durchgeführten Mischbestückung (ICs + SMTs), da die meisten SMT-Bauelemente nur Maximaltemperaturen von ca. 230 °C ausgesetzt werden dürfen. Abb. 3.41 zeigt ein Beispiel einer derartigen Bondverbindung.

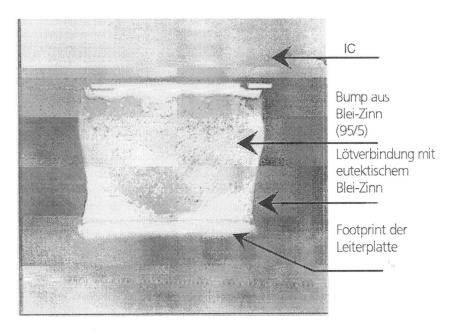

Abb. 3.41. Metallographischer Schliff durch Flipchip-Bondverbindung gebildet aus hochschmelzenden Pb/Sn (95/5) Bumps (chipseitig) und eutektischen Pb/Sn-Endschichten (substratseitig). Höhe der Bondverbindung 70 μm

Ein Spezialfall bei der Präparation der Endschichten ist das Substratbumping. Von Substratbumping wird dann gesprochen, wenn die für die Flipchip-Montage benötigten Lotkontakte nicht chip- sondern substratseitig aufgebracht werden. Wie umgekehrt das Substrat, benötigt jetzt der Chip definierte und gut benetzbare Anschlußkontakte. Für Silizium-ICs wird dies durch eine stromlose Ni/Au-Metallisierung der IC-Anschlußkontakte auf Waferebene erreicht (Abschnitt 2.3.2.1). Als substratseitiges Bumplot wird praktisch ausschließlich eutektisches Pb/Sn verwendet. Die Höhe der substratseitigen Bumps sollte sich in der Größenordnung bewegen, wie sie üblicherweise auf dem IC vorliegt (je nach Raster 50 - 100 μm). Bei relativ groben Anschlußrastern ($\geq$ 300 μm) ist der Sieb- oder Schablonendruck eine kostengünstige Methode für den Lotauftrag. Bei kleineren Anschlußrastern (z.B. 200 μm) können substratseitige Lotbumps durch mechanische Verfahren mittels Lotdraht ("ball bumping") oder durch mikrogalvanische Verfahren erzeugt werden. Im letzteren Fall ist für die Herstellung jedoch immer eine elektrische Anbindung ("Bus") der zu kontaktierenden Stellen notwendig.

3.3.2.3
Bauelementemontage

Die Montage der gebumpten ICs erfolgt mittels Reflowtechnik in einem Durchlaufofen. Zur Realisierung von Prototypen und Kleinserien ist auch eine sequentielle Montage der ICs unter Verwendung von Flipchip-Bondern (Anbieter Karl Suess Technology, Research Devices u.a.) möglich. Im Falle der hochschmelzenden Pb/Sn-Legierung wird bei Peak-Temperaturen von ca 360°C in Inertatmosphäre gearbeitet. Dieses Verfahren, welches beim C4-Prozeß angewendet wird, ist nur für keramische Substratmaterialien geeignet und sieht ausschließlich IC-Montage vor. SMT-Komponenten können bei diesem Verfahren jedoch in einem nachgeschalteten Reflowprozeß mit Peaktemperaturen um 230°C montiert werden, wobei in diesem Falle die Lotdepots mit eutektischem Pb/Sn-Lot auf dem Substrat mittels Dispenser-Technik erzeugt werden müssen.

Erfolgt die Flipchip-Montage auf organischen Substratmaterialien (MCM-L, -D) oder sollen parallel SMT-Komponenten mitbestückt werden, sind im Fall des bleireichen Bumplotes substratseitig Endschichten aus eutektischem Lot notwendig, damit der Montageprozeß temperaturverträglich geführt werden kann. Die Erzeugung substratseitiger Endschichten aus eutektischem Pb/Sn-Lot in Rastermaßen um 200 µm stellt jedoch hohe Ansprüche an die Prozeßführung.

Diese Problematik kann durch die Verwendung eutektischer Lotbumps umgangen werden. In diesem Fall ist die volle SMT-Kompatibilität gegeben und es existieren keine Restriktionen hinsichtlich der Löttemperaturen. Ein gewisser Nachteil dieser Variante sind jedoch die im Vergleich zu C4-Verbindungen etwas reduzierten Bondhöhen, welche durch ein Wiederaufschmelzen der Lotbumps beim Reflowprozeß hervorgerufen werden. Auch ist die Duktilität der bleireicheren Lotverbindung höher als die der eutektischen. Beide Aspekte tragen dazu bei, daß die bleireichere Verbindung die günstigeren Voraussetzungen bei eventuellen Scherbelastungen aufweist. Dieser Nachteil kann zwar leicht durch ein Unterfüllen der ICs mit Epoxidharz kompensiert werden, jedoch ist dann die Möglichkeit zu einer Reparatur nicht mehr gegeben.

Vor dem Bondprozeß werden die ICs mit einem Pick & Place-Automaten (Anbieter Siemens, Fuji, Zevatec u.a.) oder im Falle von Prototypen und Kleinserien auch mit einer manuellen Vorrichtung (Anbieter Fine Tech u.a.) auf die Anschlußstellen des Schaltungsträgers abgesetzt. Aufgrund der später wirkenden Oberflächenspannung des Lotes wird hierbei eine relativ grobe Plazierung, welche in Abhängigkeit von der Solderstop-Schicht Plazierungenauigkeiten von bis zu 40% der Padbreite toleriert, als ausreichend betrachtet. Dies entspricht beispielsweise bei Footprints der Breiten von 100 µm und Abständen von 70 µm einer Plazierungenauigkeit von bis zu 40 µm, ein Wert, der von oben genannten Automaten leicht erreicht wird.

Der Flipchipmontage-Prozeß unter Verwendung von Pb/Sn-Loten als Bumpmaterialien und Endschichten erfordert die Verwendung von Flußmitteln. Der Auftrag des Flußmittels kann hierbei chip- oder substratseitig erfolgen. Im Fall peripherer Chipanschlüsse kann beispielsweise nur der Footprintbereich auf dem Substrat gefluxt werden. Generell kommen für den substratseitigen Auftrag Dispensertechnik oder Siebdrucktechnik in Betracht. Auch ein chipseitiger Flußmittelauftrag durch Stempeltechnik ist möglich. Letzterer kann besonders elegant im Pick & Place-Automaten direkt vor der Bestückung durchgeführt werden. Nach dem Flipchip-Montageprozeß ist eine Entfernung der Flußmittelreste notwendig. Für die Reinigung können jedoch übliche für die SMT-Montage eingesetzte Reinigungsanlagen aufgrund der Ultraschallbeaufschlagung nicht eingesetzt werden. Notwendig sind hier Reinigungsverfahren, welche mittels Oszillation oder Zentrifugalwirkung die Flußmittelreste zwischen Substrat und Chipoberfläche entfernen. Im Fall der Verwendung hochbleihaltiger Bumps und des C4-Montageprozesses sind spezielle Flußmittel und Reinigungsverfahren notwendig. Diese Materialien und Verfahren werden Interessenten unter bestimmten Rahmenbedingungen von IBM [94] zur Verfügung gestellt.

Die Flipchip-Montage unter Verwendung eutektischer Bumplote in Kombination mit SMT-Bestückung ist eine Variante, die sich bei entsprechenden Stückzahlen als kostengünstiger gegenüber einer Drahtbond-Montage erweist [95]. Zum einen können derartige Bumps auf alle Substratmaterialien und allen standardmäßigen Endschichten direkt angewendet werden, wobei die Bestückung der ICs und SMTs parallel durchgeführt wird. Damit reduzieren sich die für Drahtbondmontage notwendigen Verbindungstechniken Kleben, Löten und Drahtbonden zu einer einzigen Verbindungstechnik, dem Löten. Bei Drahtbondmontage wird dann noch eine Glob-Top Verkapselung nachgeschaltet, im Falle von Flipchip ein underfilling. Damit ergibt sich eine allgemeine Abfolge, wie sie vergleichsweise in Tabelle 3.25 dargestellt ist.

Tabelle 3.25. Flußdiagramm zur Herstellung von Flipchip- im Vergleich zu Drahtbond-Verbindungen in Kombination mit SMT-Montage

Step	Drahtbond	Flipchip
	MCM-Substrat mit Solderstop und Standard-Footprintmetallisierung z.B. MCM-C (Ag/Pd + Au), MCM-L (Ni/Au)	MCM-Substrat mit Solderstop und Standard-Footprintmetallisierung z.B. MCM-C (Ag/Pd), MCM-L (Ni/Au)
	↓	↓
1	Abziehlack drucken	-
2	-	Flußmittel auf IC-Footprints drucken Lotpaste auf SMD-Footprints drucken
3	Lotpaste auf SMD-Footprints drucken SMDs plazieren	SMDs + ICs plazieren Reflow löten SMDs + ICs
4	Reflow löten SMDs	Reinigen
5	Reinigen	-
6	Abziehlack entfernen	-
7	Kleber dispensen	-
8	ICs aufbringen	-
9	Kleber härten	-
10	ICs Wire bonden	-
11	Epoxy Rahmen dispensen	Epoxy underfilling ICs
12	Epoxy Glop Top dispensen	Epoxy härten
13	Epoxy härten	↓
14	↓ Weitere Bearbeitung	Weitere Bearbeitung
Anzahl	13	7

3.3.2.4
Reparaturmöglichkeiten

Flipchip-Montage unter Verwendung von Loten zeigt die beste Reparatureignung von allen Verfahren zur Montage ungehäuster Halbleiter. Im Falle eines defekten ICs kann dieser ähnlich wie eine SMT-Bauelement durch ein geeignetes Werkzeug ausgelötet und durch einen neuen IC ersetzt werden. Die hierfür benötigte Geräte sind im allgemeinen eine IC-Auslötstation, ein Werkzeug zur Absaugung des auf dem Substrat verbliebenen Lotes und eines zur Plazierung und Verlötung von Einzelchips. Auch diese Geräte und das zugehörige Know How sind, wie schon im vorherigen Abschnitt im Zusammenhang mit Flußmitteln und Reinigungsanlagen erwähnt, unter bestimmten Rahmenbedingungen von der Fa. IBM erhältlich. Die prinzipielle Möglichkeit, defekte ICs durch funktionsfähige zu ersetzen, ist abhängig von verschiedenen Faktoren. Generell läßt sich sagen, daß eine erfolgreiche Reparatur mit abnehmenden IC-Anschlußrastern, beispielsweise aufgrund der Gefahr von Lotbrückenbildung, immer schwieriger werden wird. Weiter ist zu beachten, daß nach der Unterfüllung mit Epoxidharz ein Austausch der Chips praktisch nicht mehr möglich ist. Alle elektrischen Tests auf Verdrahtungsebene müssen daher vor der Unterfüllung durchgeführt werden.

3.3.2.5
Harzunterfüllung

Im Hinblick auf die Erhöhung der Zuverlässigkeit der Flipchipverbindungen kann es, je nach Art der gewählten Technologie, notwendig werden, den Zwischenraum zwischen Chipunterseite und Substrat mit einem Epoxidharz zu verschließen ("Underfilling"). Die Erhöhung der Zuverlässigkeit geschieht hierbei zum einen durch die hermetische Versiegelung der Chipoberfläche gegenüber atmosphärischen Einflüssen und zum anderen durch die Erzeugung eines starren Verbunds zwischen Chip und Substrat und damit zur Minimierung von Scherbelastungen aufgrund unterschiedlicher Ausdehnungskoeffizienten zwischen Chip und Substrat. Letzteres ist insbesondere für Kunststoffsubstrate (MCM-L) unerläßlich [98].

Die Unterfüllung der ICs erfolgt mit Hilfe eines Dispenserautomaten in der Weise, daß das Epoxidharz an den Seitenkanten der ICs aufgetragen wird und durch Kapillarwirkung unter den IC gelangt und den Zwischenraum hierbei komplett ausfüllt. Die Aushärtung der Vergußmasse erfolgt bei Temperaturen, die deutlich unterhalb des Schmelzpunkts des eutektischen Pb/Sn-Lotes liegen (max. 150°C). Die hierfür auf dem Markt angebotenen Materialien [96-97] zeichnen sich gegenüber Glob-Top-Materialien durch eine wesentlich niedrigere Viskosität und durch die Verwendung von sehr feinen Füllstoffpartikel aus. Auf diese Weise lassen sich auch bei engen Anschlußrastern und relativ geringen Bondhöhen perfekte Unterfüll-Ergebnisse erzielen (Abb. 3.42).

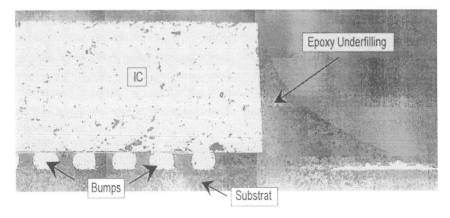

Abb. 3.42. Querschliff durch flipchip montierten IC mit Epoxy Underfilling (Anschlußraster 170 µm, Bondhöhe ca 50 µm)

3.3.2.6
Prüfmethoden

Bei Anwendung der Flipchip-Technologie ist zumindest dann, wenn ICs mit Area- Anschlußkonfiguration eingesetzt werden, eine visuelle Prüfung der Verbindungsstellen nicht mehr möglich. In gleicher Weise wie bei den derzeit verstärkt eingesetzten BGA und CSP-Bauelementen ist es daher notwendig, Qualität zu produzieren und nicht zu "ertesten". Dies wird erreicht durch qualifizierte Herstellprozesse und durch Prozeßfenster, welche groß genug sind, um leichte Toleranzen, bedingt durch die Herstellungsprozesse, auszugleichen. Bei dieser Vorgehensweise wird ein Testen nach erfolgter Flipchip-Montage überflüssig gemacht.

Soll dennoch eine Untersuchung der Flipchip-Aufbauten durchgeführt werden, eignet sich als einzig wirksame Prüfmethode die Röntgenkontrolle. Moderne Röntgenanlagen haben ein Auflösungsvermögen von bis zu 5 µm [99], sodaß jede nennenswerte Störung der Bondstelle erfaßt werden kann. Dies gilt insbesondere für Defekte im Inneren der Bondstelle (z.B. Blasen, Poren), welche durch andere zerstörungsfreie Methoden nicht detektierbar sind.

Zerstörende Prüfmethoden, welche Informationen über die Güte der Bondstellen ermöglichen, sind der Schertest und die metallographische Schlifftechnik. Im Schertest wird der Chip mit Hilfe eines Werkzeugs vom Substrat abgeschert, die ermittelte Scherkraft ist ein Maß für die Festigkeit der Flipchip-Verbindung. Die metallographische Schlifftechnik gibt Aufschluß über die Güte der Bondstellen sowie über die Ausbildung von Zwischenschichten (Interfaces).

3.3.2.7
Layoutregeln

Für eine zuverlässige und reproduzierbare Herstellung von Flipchip-Verbindungen ist die Beachtung von Design-Richtlinien unerläßlich. Dies betrifft die Gestaltung der IC-Anschlußpads, die Bumpgeometrie und die Auslegung der Footprints auf dem Substrat. Bei der Auslegung der IC-Anschlußpads ist zu unterscheiden, ob diese ICs auch einer Kontaktierung mittels Drahtbonden zugänglich sein sollen oder ob ausschließlich Flipchip-Montage vorgesehen ist. Im ersten Fall muß von peripheren Anschlüssen ausgegangen werden, im zweiten Fall ist eine periphere oder flächige Anordnung der Anschlußpads (Area-Konfiguration) auf dem Chip möglich, wobei die Area-Konfiguration die bevorzugte Auslegungsform ist. Sie wird bei IBM und bei von IBM lizenzierten Firmen wie Motorola, AMD und Intel eingesetzt und ist ausführlich im IBM C4 Product Design Manual [100] beschrieben. Aus diesem Grund soll an dieser Stelle nicht weiter auf diesen Fall eingegangen werden. Gerade Firmen in Deutschland und Europa, welche dabei sind, Flipchip-Technologie in ihre Produktabläufe zu integrieren, sind jedoch häufig mit dem ersten Fall konfrontiert, ICs in Flipchip-Montage zu bestücken aber diese ICs gleichzeitig auf anderen Schaltungsträgern auch in Wirebond-Montage einsetzen zu wollen. Die nachfolgend beschriebenen Designregeln werden diesem Anspruch gerecht.

3.3 Flipchip-Technologie

Design-Richtlinien für die Auslegung der IC-Anschlußpads

Die Design-Richtlinien für die Anschlußpads betreffen die Form und Größe der Passivierungsöffnung über dem Anschlußpad sowie die Form und Größe der Bumpmaskenfenster. Beide sind abhängig von der Größe und dem Abstand bzw. dem Raster der Anschlußpads. Abbildung 3.43 zeigt eine für die Flipchip-Montage geeignete Auslegung dieser Größen bei einem Anschlußraster von 170 μm.

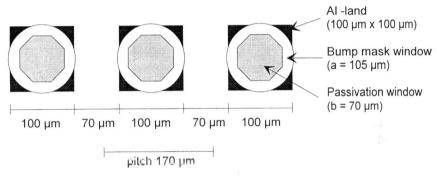

Abb. 3.43. IC-Anschlußpad-Design für Flipchip-Solderbumping

Für die Passivierungsöffnung ist eine kreisförmige oder oktogonale Geometrie zu verwenden, quadratische Geometrien wie beim Wirebonden üblich sind ungeeignet. Der Öffnungsdurchmesser ist so zu wählen, daß der Lotbump nach dem Umschmelzen einen dichten Abschluß gegenüber dem Al-Anschlußpad gewährleistet. Dies erfordert eine Aufweitung der Bumpmaskenfenster gegenüber der Passivierungsöffnung um 15 - 20 μm je Seite. Die Geometrie der Bumpmaskenfenster korrespondiert im einfachsten Fall mit derjenigen der Passivierungsöffnungen. Die ideale Form der Bumpmaskenfenster ist rund, oktogonal ist ebenfalls möglich. Quadratische Bumpmaskenfenster sind ungeeignet. Die Bumpmaske darf nur einheitliche Fenstergrößen aufweisen. Aus Gründen der Orientierung sollte der Chip eine asymmetrische Anschlußkonfiguration aufweisen. Tabelle 3.26 zeigt eine Aufstellung der relevanten Größen für Chipraster von 170 - 210 μm.

Tabelle 3.26. Chip Kontaktpad Design für Flipchip-Solderbumping

Kontaktpad Pitch [μm]	170	190	200	210
Padgröße z.B.[μm x μm]	100 x 100	110 x 110	120 x 120	120 x 120
Abstand z.B. [μm]	70	80	80	90
Passivierungsöffnung				
- <u>oktogonal</u>, Abstand Kante/Kante [μm]	70	70	75	80
- rund, ∅ [μm]				
Fenster Bumpmaske				
- <u>oktogonal</u>, Abstand Kante/Kante [μm]	105	110	115	120
- rund, ∅ [μm]				

Es wird an dieser Stelle nochmals darauf hingewiesen, daß die empfohlenen Design-Richtlinien auch dem Anspruch, Drahtbondtechnik einsetzen zu können, genügen. Ist dies nicht der Fall, können die Passivierungsöffnungen kleiner gehalten werden, beispielsweise einheitlich 50 μm [100].

Bump-Geometrie
Die Bumphöhe und der Bumpdurchmesser muß den Anschlußrastern auf dem Chip angepaßt werden. Als Richtwert kann angegeben werden, daß unter der Annahme äquidistanter Abstände und enger Raster ($\leq$ 300 μm) der Bumpdurchmesser max. 60% und die Bumphöhe ca 33 - 50% des Anschlußrasters betragen sollte. Abb. 3.44 zeigt Beispiele eines 170 μm bzw. 300 μm Anschlußrasters mit Bumphöhen von 70 bzw. 100 μm und Bumpdurchmesser von 100 bzw. 180 μm. Als Bumphöhentoleranz wird $\leq \pm$ 2% innerhalb eines ICs und $\leq \pm$ 5% zwischen verschiedenen ICs, bezogen auf die Absoluthöhe, angesehen. Die bevorzugte Form der Bumpbasis ist rund. Diese Form wird auch bei Verwendung oktogonaler Bumpmaskenfenster nach dem Umschmelzvorgang annähernd erreicht.

Substrat Footprints
Zur Herstellung von Flipchip-Verbindungen muß die Substrat-Technologie immer parallel mitbetrachtet werden. Die Footprints auf dem Substrat müssen spiegelbildlich zu den Anschlußkontakten auf dem Chip angeordnet sein. Ihre Fläche sollte derjenigen der Bumpbasis entsprechen und wird im allgemeinen durch eine auf das Substrat angepaßte Lötstopmaske definiert. Die ideale Geometrie für die Footprints oder genauer, für die benetzbare Fläche, ist wiederum rund oder oktogonal, jedoch sind auch quadratische oder rechteckige Anschlußflächen zulässig.

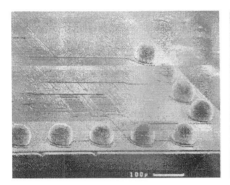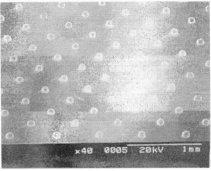

Abb. 3.44. ICs mit Solderbumps links: periphere Anschlußkontakte, Anschlußraster 170 μm (Alcatel) rechts: Ausschnitt mit Area-Konfiguration, Anschlußraster 300 μm (IZM)

3.3.3
Alternative Flipchip-Verfahren

3.3.3.1
Thermokompressionsbonden

Beim Thermokompressionsbonden (TC-Bonden) handelt es sich um eine Verschweißung der metallischen Kristallite an ihren Korngrenzen unter Einwirkung von Druck und Temperatur. Obwohl auch andere Metallkombinationen bekannt sind, spielt in der Flipchip-Montagetechnik nur das Au/Au-Thermokompressionsbonden eine Rolle. Hierzu ist es notwendig, daß beide Fügepartner, also der gebumpte Chip und das Substrat oder der Chip und das gebumpte Substrat, Au-Metallisierungen aufweisen, die bestimmten Anforderungen hinsichtlich ihrer Dicke, Härte, Reinheit usw. genügen. Für das TC-Bonden werden spezielle Flipchip-Bonder benötigt, welche zwei Aufnahmevorrichtungen (Chuck), eine Justageoptik und eine Vorrichtung zur gezielten Druckbeaufschlagung haben. Derartige Geräte sind auf dem Markt kommerziell verfügbar (Anbieter KST, Research Devices, Kulicke & Soffa u.a.).

Das TC-Bonden ist ein singulärer Prozeß, bei welchem jeder IC separat gebondet wird. Hierbei wird das Substrat mit dem unteren Chuck gehalten und der Chip mit dem oberen Chuck aufgenommen und in "face down"-Position gebracht. Mittels einer Splitfield-Optik, welche sich zwischen beiden Chucks befindet, werden beide Fügepartner in Position zueinander gebracht. Nach diesem Alignment-Vorgang wird die Optik zurückgefahren und der obere Chuck auf den unteren bis zur Berührung der Fügepartner abgesenkt. Der Bondvorgang erfolgt dann durch impulsartiges Aufheizen der Chucks und gleichzeitiges Einstellen eines definierten Drucks. Je nach den Bondparametern und den Ausgangsbedingungen (z.B Härte der Au-Bumps) kommt es dabei zu einer leichten bis deutlichen Komprimierung der Bondstellen. Abbildung 3.45 zeigt beispielhaft einen Querschliff durch einen Schaltungsaufbau mit einem TC-gebondeten GaAs-FET, in Tabelle 3.27 sind die wesentlichen Bondparameter hierzu wiedergegeben.

Tabelle 3.27. Bondparameter für das Au/Au-Thermokompressionsbonden

Bondverfahren	Au/Au-Thermokompression
Chip Kontaktpad Metallisierung	Au (Dicke 3 μm)
Substrat Metallisierung	Au-Bump (Höhe 25 μm)
Bondtemperatur (max.)	300°C
Bonddruck	250 N/mm²
Bondzyklus (ohne Zeiten für Justage)	60 sec
Bonder	FC 950 (KST)

Abb. 3.45. Metallographischer Schliff durch einen Flipchip-gebondeten GaAs-FET (Anschlußraster 70 μm, Bondhöhe 20 μm)

3.3.3.2
Flipchip Klebetechnik

Neben der Löttechnik werden heute in zunehmendem Maße Klebtechnologien in der Aufbau- und Verbindungstechnik zur Herstellung leitfähiger Verbindungen eingesetzt [105-106]. Gegenwärtig reicht die Anwendungspalette vom Die-Bonding über den Anschluß von LCD's mit flexiblen Schaltungen bis zu Flipchip-Montagetechniken für hochwertige Module und Smart-Cards [107-110].

Der Einsatz von Klebverbindungen auf der Basis von metallgefüllten, isotrop leitenden Klebstoffen oder von anisotropen Klebstoffen rückt zunehmend in das Interesse, da hiermit eine Vereinfachung des Montageverfahrens selbst sowie eine Kostenreduktion verbunden ist.

Die Vorteile des Kleben gegenüber dem Löten bei der Flipchip-Montage lassen sich wie folgt definieren:
- Verbindung unterschiedlichster, auch nicht lötbarer Oberflächen
- flußmittelfreies Bonden
- flexible Verarbeitungstemperaturen
- besonders geeignet für fine-pitch Anwendungen

Klebstoffe
Es gibt keinen Universalklebstoff für alle Fügeprobleme. Alle Klebstoffe sind auf spezifische Anwendungen und Verarbeitungsverfahren optimiert und so unterscheiden sie sich auch in vielen ihrer Eigenschaften [111].

Nach dem strukturellen Aufbau der Makromoleküle unterscheidet man zwei Klebstoffsysteme (Abb. 3.46), die für den Einsatz bei der Flipchip-Montage in Frage kommen:

- Thermoplaste (z.B. Polyamide)
- Duromere (z.B. Epoxidharze)

Die thermoplastischen Klebstoffe erweichen beim Erwärmen, lassen sich warmformen und werden beim Abkühlen formwahrend wieder fest. Sie sind also in der Lage, reversible Zustandsänderungen zu durchlaufen. Die kennzeichnende Größe ist die Glasübergangstemperatur (T_g). Der Vorteil von thermoplastischen Klebstoffen ist die einfache Reperaturmöglichkeit des gebondeten Chips.

Die duromeren Klebstoffe sind räumlich eng vernetzte Makromoleküle, die sich auch bei höheren Temperaturen nicht plastisch verformen lassen. Außerdem zeichnen sie sich dadurch aus, daß eine Unlöslichkeit in praktisch allen Lösungsmittel vorliegt.

Weitere wichtige Unterteilungen bei Klebstoffen sind einkomponentige und zweikomponentige Systeme, gefüllte und ungefüllte Klebstoffe. Zweikomponentenkleber haben längere Lagerfähigkeit, zeigen oft mechanisch höhere Festigkeit und sind vielseitiger hinsichtlich ihrer Aushärteeigenschaften und anderer physikalischer Größen. Die einkomponentigen Systeme haben den Vorteil, daß sie vor Gebrauch nicht in dem jeweiligen Mischungsverhältnis angerührt werden müssen.

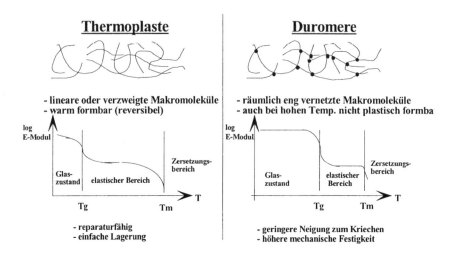

Abb. 3.46. Klebstoffe für die Flipchip-Montage

Verfahren
Im folgenden werden drei verschiedene Klebtechniken zur Herstellung elektrisch leitender Flichip-Kontakte beschrieben sowie Eigenschaften und Anwendungsmöglichkeiten diskutiert (Abb. 3.47).

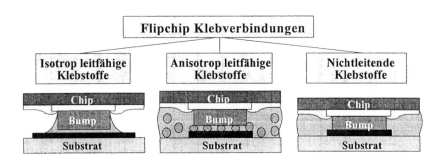

Abb. 3.47. Schemazeichnungen der verschiedenen Flipchip-Klebprozesse

Isotrop leitfähige Klebstoffe gehören zu den Klebstoffarten, denen mittels spezieller Füllstoffe besondere Eigenschaften in Bezug auf die Leitung des elektrischen Stromes und der Wärme zugeordnet werden.

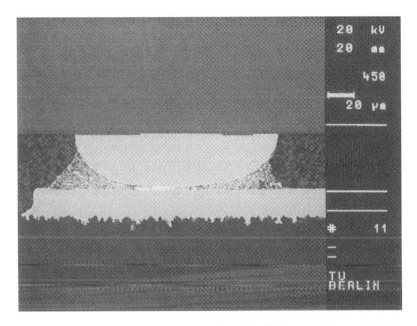

Abb. 3.48. Querschliff eines Flipchip mit electroless Ni-Bump und isotrop leitfähigem Klebstoff auf FR-4 Leiterplatte

Als Füllstoffe kommen vorwiegend Silber und Gold in Plättchen- bzw. Flockenform zur Verwendung, die isotrop in der Klebstoffmatrix dispergiert sind. Die Leitung des elektrischen Stromes erfolgt in den sich gegenseitig berührenden Metallpartikeln. Die elektrische Leitfähigkeit silbergefüllter Klebstoffe liegt bei $(1,5 - 6,2) \, 10^{-4} \, \Omega\text{cm}$.

Eine wesentliche Voraussetzung für die Durchführung der Flipchip-Kontaktierung ist das Aufbringen von Bumps auf die Kontaktpads der Chips. Statt wie üblicherweise Lot zu verwenden, können durch Schablonendruck Polymerbumps auf dem Wafer erzeugt werden (Abschnitt 2.3.3). Nach dem Vereinzeln der Chips und dem Aufbringen von leitfähigem Klebstoff auf den Kontaktpads des Substrates, wird der Chip mit den Polymerbumps auf das Substrat gebondet (Abb. 3.49 a). Die Härtung des Klebstoffes erfolgt bei Temperaturen im Bereich von 80°C - 150°C.

Von großem Interesse für das Polymerbumping sind die sogenannten B-Stage Epoxidharze oder thermoplastische Klebstoffe, die eine deutliche Vereinfachung der vorher beschriebenen Prozeßschritte ermöglichen [112]. Diese Materialien werden nach dem Schablonendruck vorgetrocknet, bzw. das Lösungsmittel wird aus dem Klebstoff ausgetrieben. Jetzt ist der Klebstoff nur noch schwach klebrig und fast trocken, so daß sich der Wafer problemlos sägen und weiterverarbeiten läßt. Die Chipmontage erfolgt im Falle des B-Stage-Klebstoffes unter Temperatur und leichtem Druck. Der thermoplastische Silberleitklebstoff schmilzt bei Erwärmung auf und kontaktiert dabei die Bondpads auf dem Substrat (Abb. 3.49 b).

und leichtem Druck. Der thermoplastische Silberleitklebstoff schmilzt bei Erwärmung auf und kontaktiert dabei die Bondpads auf dem Substrat (Abb. 3.49 b). Dieser Vorgang ist reversibel und bedingt damit eine sehr gute Reparaturfähigkeit. Der große Vorteil von B-Stage- und thermoplastischen Klebstoffen ist, daß nur ein Druckschritt notwendig ist.

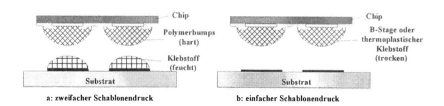

Abb. 3.49. Flipchip-Verfahren mit Polymerbumps (a: zweifacher Schablonendruck, b: einfacher Schablonendruck)

Der kritischste Prozeßschritt bei den oben beschriebenen Polymerbumpingverfahren ist der Schablonendruck, der eine hohe Aufmerksamkeit erfordert. Die Basis für eine niedrige Fehlerrate beim Drucken ist die Arbeitsgenauigkeit der Maschine und die Qualität der verwendeten Komponenten wie Schablone und Bildvergleichssystem.

Eine einfache Methode, den leitfähigen Klebstoff auf die Bumps aufzubringen, ist es, den gebumpten Chip in eine Klebstoffschicht mit geeigneter Dicke einzutauchen (Abb. 3.50). Durch Adhäsionskräfte bleibt an den Bumps genügend Klebstoff haften, um den Chip anschließend auf das Substrat zu bonden [113-115]. Um Kurzschlüsse beim Eintauchen der Bumps zu vermeiden, muß die maximale Klebstoffschichtdicke kleiner als die Bumphöhe sein.

Die Menge des übertragenen leitfähigen Klebstoffes hängt stark von dessen Viskosität und Thixotropität ab. Zudem darf der Klebstoff beim Herausziehen der Bumps aus der Klebstoffschicht keine Fäden ziehen, die zu Kurzschlüssen führen können.

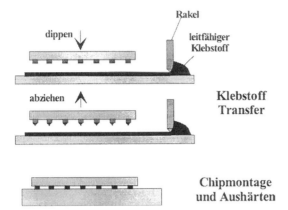

Abb. 3.50. Schemazeichnung des Polymer-Transferverfahren

Bedingt durch unterschiedliche thermische Ausdehnungskoeffizienten zwischen organischen Substraten und Silizium entstehen bei der Flipchip-Verbindung mechanische Spannungen in den Bumps, die wie beim Flipchip-Löten zu Kontaktausfällen führen können. Die Lebensdauer und Zuverlässigkeit dieser Verbindungen läßt sich durch einen Underfilling-Prozeß erheblich steigern, indem der Spalt zwischen Substrat und Chip mit einem isolierenden, thermomechanisch angepaßten Epoxidharz ausgefüllt wird [116-117].

Anisotrope Klebstoffe werden in großem Umfang in der Elektronikindustrie von LCD- (Liquid Crystal Display) Herstellern eingesetzt, um LCD-Module mit flexiblen Leiterplatten zu verbinden. Auf dem Gebiet der Flipchip-Technik finden diese Klebstoffe vor allem Anwendung für die Kontaktierung von Treiber-Chips auf Glas von LCD-Modulen (COG: Chip on glass) [118].

Die Funktionsweise dieser Klebstoffe ist relativ einfach. Leitfähige Partikel aus Nickel, Gold oder metallbeschichteten Kunststoffkugeln sind in einem Klebstoffilm oder Klebstoffpaste statistisch verteilt. Der Füllungsgrad ist so eingestellt, daß der Klebstoff in keiner Richtung elektrisch leitend ist. Beim Bonden mit Druck und Temperatur werden einige leitfähige Partikel zwischen zwei Kontaktflächen eingeschlossen und deformiert, so daß sie nach dem Vernetzen des Klebstoffes und anschließendem Abkühlen einen dauerhaften Druck auf die Kontaktflächen ausüben (Abb. 3.51).

Für die Flipchip-Technik ist es erforderlich, einen hohen Füllungsgrad der Partikel im Klebstoff anzustreben, damit sich bei den relativ kleinen Kontaktflächen der Chips (Kantenlänge der Anschlußpads $\approx$ 80-100µm) genügend viele Partikel darauf befinden. Steigert man den Füllungsgrad, erhöht sich aber auch gleichzeitig das Risiko von Kurzschlüssen.

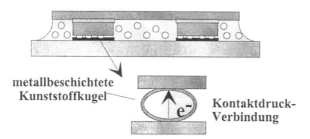

Abb. 3.51. Prinzip anisotrop leitfähiger Klebstoffe

In neuerer Zeit sind anisotrope Klebstoffe auf den Markt gekommen mit Partikelgrößen bis zu 5 µm. Damit ist es möglich Chips mit einem Pitch von 70 µm auf Glas zuverlässig zu bonden. Ein typischer Partikel-Füllungsgrad für Flipchip-Anwendungen liegt im Bereich von 7,5 - 12,5 vol% [119].

Die anisotropen Klebstoffe werden in Form von Heißsiegelfolien oder siebdruckbaren Pasten ganzflächig auf das Substrat aufgebracht. Die wesentlichen Bondparameter sind Druck, Temperatur und Aushärtezeit. In Abb. 3.13 ist ein typischer Prozeßablauf eines anisotropen Klebefilms zu sehen.

Abb. 3.52. Prozeßablauf anisotroper Klebefilme

Der Einsatz dieser Klebstoffe auf organischen Substraten wie beispielsweise FR-4 ist nur bedingt möglich. In der Regel sind solch kleine Partikel nicht in der Lage, Unebenheiten auf dem Substrat auszugleichen.

Auf Glas dagegen bieten die anisotropen Klebstoffe in Kombination mit einer stromlosen Nickel-Metallisierung eine sehr kostengünstige Alternative zu den Lötverfahren. Die Abbildungen 3.53 und 3.54 zeigen den Aufbau eines Flipchip-Kontaktes mit einem Nickelbump auf dem Bondpad.

3.3 Flipchip-Technologie

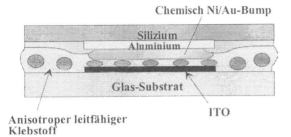

Abb. 3.53. Schemazeichnung „Chip on Glass (COG)" - Technik in Kombination mit chemisch Nickel/Gold

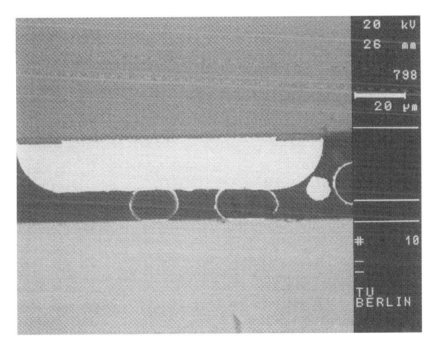

Abb. 3.54 Querschliff eines Flipchip mit electroless Ni-Bump und anisotrop leitfähigem Klebstoff auf Glas

Das Interesse an Flipchip-Montagetechniken für die Realisierung höchster Pakkungs- und Anschlußdichten gewinnt zunehmend an Bedeutung. Ein Verfahren das diesen Ansprüchen genügt beruht auf der Verbindung gebumpter Chips (Gold-Ball-Bumps) mit verschiedenen Substratmaterialien mittels einer nichtleitenden Polymerfolie [120].

200 3 Montage- und Kontaktiertechnologien

Der prinzipielle Prozeßablauf für das Kontaktdruckverfahren mit der nichtleitenden Klebefolie ist in Abb. 3.55 schematisch dargestellt.

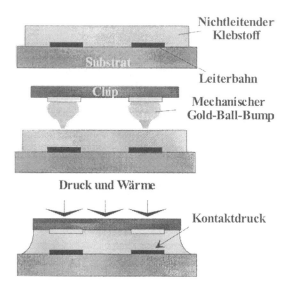

Abb. 3.55. Flipchip-Prozeß mit ungefülltem, nichtleitendem Klebstoff

Der Bond-Prozeß geschieht im wesentlichen in drei Schritten:
1. Der Klebfilm wird auf dem Substrat unter leichtem Druck und bei 100°C vorfixiert.
2. Die mechanischen Gold-Bumps und die Kontaktpads auf dem Substrat werden exakt zueinander positioniert.
3. Der Chip wird mit dem Substrat unter lokaler Wärmeeinwirkung (180°C) und Druck (20 kg/cm^2) innerhalb von 15 bis 20 Sekunden gebondet. Der Druck wird solange aufrecht erhalten bis der Chip durch Aushärten des Klebstoffes fixiert und der IC leitend durch die verformten Gold-Ball-Bumps mit dem Substrat verbunden (Abb. 3.56) ist.

Durch die spezielle Form der Ball-Bumps wird die Folie durchstoßen, so daß die Bumps mit der Substratmetallisierung in elektrischen Kontakt kommen. Das charakteristische dieser Verbindung ist, daß der elektrische Kontakt nicht auf einer intermetallischen Verschweißung zwischen Bump und Metallisierung beruht, sondern auf einem durch den Klebstoff aufrechterhaltenen Druckkontakt. Der Kontaktwiderstand solcher Verbindungen beträgt ungefähr 4 - 7 mOhm [120].

3.3 Flipchip-Technologie 201

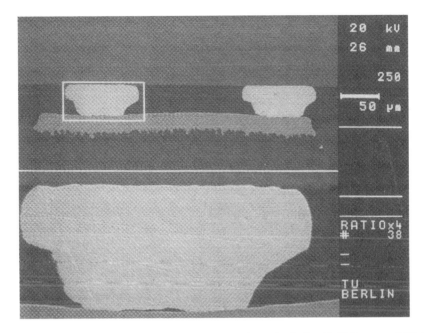

Abb. 3.56. Querschliff eines Flipchip-Kontaktes mit mechanischen Gold-Bumps auf FR-4 Leiterplatte.

Zuverlässigkeit
Allgemein werden die Eigenschaften von Flipchip-Klebungen durch die folgenden Eigenschaften beschrieben:
- Festigkeit der Verbindung
- Qualität des elektrischen Kontaktes
- Degradation der Festigkeit und des elektrischen Kontaktes

Um eine Bewertung der Klebverbindung als stoffschlüssiges Verfahren durchführen zu können, ist es erforderlich, systematische Untersuchungen zum Langzeitverhalten von flipchip-montierten Proben durchzuführen. In Anlehnung an Zuverlässigkeitstest für verschiedene Anwendungsbereiche (Automobilindustrie, Militär, Telekom, u.a.) werden die Proben einer Hochtemperaturlagerung, Temperaturwechselbelastung und einem Feuchtetest unterzogen.

Es ist sinnvoll das Layout der Chips und der Substrate mit Daisy-Chain Anordnungen und Vierpunktstrukturen zu versehen, die es gestatten, die Durchkontaktierung zu prüfen und den Kontaktwiderstand einzelner Kontakte zu bestimmen. Tabelle 3.28 zeigt Kontaktwiderstände von flipchip-montierten Proben mit verschiedenen Klebtechnologien auf FR-4 Leiterplatte.

Tabelle 3.28. Kontaktwiderstände der Flipchip-Klebverfahren auf FR-4 Leiterplatten, mit Kupfer/Nickel/Gold-Leiterbahnen.

	Isotroper Klebstoff	Anisotroper Klebst.	Kontaktdruck
Kontaktwiderstand	10 - 30 mΩ	5 - 20 mΩ	3 - 8 mΩ

Insgesamt ergibt sich das Anforderungsprofil für die Zuverlässigkeit von geklebten Flipchip-Verbindungen aus einer Vielzahl von Einzelvorgaben hinsichtlich Verarbeitung, Zusammensetzung, Umwelteinflüsse und Design (Abb. 3.57).

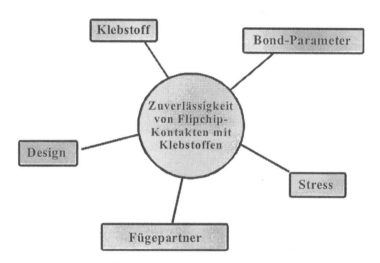

Abb. 3.57. Anforderungen an die Zuverlässigkeit von Flipchip-Klebverbindungen

Unter den verschiedenen Belastungsarten führt die Feuchtigkeitslagerung zu den meisten Ausfällen. Durch Diffusion dringen Wassermoleküle in die Klebfuge ein und schädigen zum einen die Klebschicht selbst und die Grenzschichten zwischen Klebstoff/Substrat und Klebstoff/Chip. Bei einer Feuchtigkeitseinwirkung ohne gleichzeitige Korrosionsvorgänge handelt es sich um folgende, sehr langsam ablaufende Schadensmechanismen:

- Abnahme der mechanischen Festigkeit
- Plastizität des Klebstoffes steigt an
- Glasübergangstemperatur verringert sich
- Quellung der Klebstoffschicht

Finden gleichzeitig Korrosionsvorgänge statt, kann der Verlust der Festigkeit und des elektrischen Kontaktes sehr viel schneller eintreten [111].

3.3.4
Wertende Betrachtung der Gesamttechnologie (Vor- und Nachteile)

Wie jede Montagetechnik für ungehäuste Halbleiter weist auch die Flipchip-Montagetechnik eine Reihe von Vorteilen - und auch Nachteilen - auf, die im folgenden kurz diskutiert werden sollen:

Kostenreduzierung
Bei der Verwendung der Flipchip-Montagetechnik können verschiedene Faktoren zur Kostenreduzierung führen. Area-Konfiguration ermöglicht kleinere Chips mit optimiertem Chipdesign. Kleinere Chips verbessern die Ausbeute und reduzieren die Kosten für die Chipherstellung. Flipchip-Montagetechnik sowie kleinere Chips ermöglichen die Realisierung kleinerer Schaltungsträger und gegebenenfalls die Verwendung kleinerer Gehäuse. Kleinere Schaltungsträger erhöhen die Ausbeute pro Nutzen. Bei der Flipchip-Montage werden alle Verbindungen zwischen Chip und Substrat simultan hergestellt. Bei Mischbestückung (ICs und SMDs) werden alle Komponenten im gleichen Prozeß reflowgelötet. Defekte Chips können leicht ausgelötet und durch neue ersetzt werden.

Höchste Packungsdichte
Bei Anwendung der Flipchipmontage sind die Chip-Anschlußpads nicht begrenzt auf eine periphere Anordnung (Randkontakte). Eine Area-Anordnung ermöglicht eine hohe Zahl (>1000) von Anschlußpads (Abb. 3.58) bei einem gleichzeitig größeren Anschlußraster als für Drahtbondtechnik.

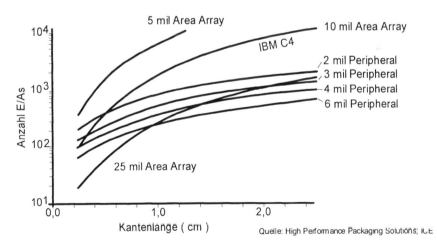

Abb. 3.58. Zusammenhang zwischen Chipgröße und Zahl der Anschlußkontakte

Mit Area-Anordnung können die Chips sehr klein gehalten werden und damit auch die gesamte Schaltung. In der Praxis wird ein Chip-Flächenverhältnis (hierunter versteht man diejenige Fläche, welche ein Chip inklusive seiner Anschlußperipherie benötigt) zwischen Flipchip-Montagetechnik und Wirebond-Technik von 4:1 angegeben [101].

Beste elektrische Eigenschaften
Da die Anschlußkontakte am Chip direkt neben den elektrischen Chipfunktionen plaziert werden können, kann die Verdrahtungslänge am Chip beträchtlich reduziert werden. Die Länge der Verbindung zwischen Chip und Substrat wird bestimmt durch die Bumphöhe und ist mit ca 50 - 100 µm kürzer als bei jeder anderen Chipmontagetechnik. Beides führt zu kürzest möglichen elektrischen Signalwegen und damit zu bestmöglichen elektrischen Eigenschaften [102]. Dieser Vorteil kommt insbesondere bei Anwendungen im höheren GHz-Bereich zum Tragen [103].

Beste Entwärmungseigenschaften
Für ICs mit niedriger bis mittlerer Verlustleistung kann die Wärme über die Bumps an das Substrat abgeleitet werden. Dieser Effekt kann durch eine Unterfüllung des Chips mit einem Epoxidharz verstärkt werden. Für ICs mit hoher Verlustleistung bietet die Flipchip-Montagetechnik die Möglichkeit, einen Kühlkörper entweder direkt auf der Chiprückseite zu fixieren oder die Metallkappe eines Gehäuses für die Entwärmung zu nutzen [101].

Neben den beschriebenen Vorteilen sind es im wesentlichen zwei Nachteile, welche in Betracht gezogen werden müssen:

Herstellung von Bumps
Für die Flipchip-Montagetechnik ist die Ausbildung von Bumps Voraussetzung. Im Falle von Si-Chips ist es üblich, die Bumps auf den ICs im Chipverbund herzustellen (Waferbumping). Wird das Bumping im eigenen Haus durchgeführt, ist hierzu entsprechendes Know How und ein nicht unerheblicher Aufwand an Anlagentechnik notwendig. Dieses ist im allgemeinen nur dann gerechtfertigt, wenn dem ein entsprechender Durchsatz an zu bumpenden Chips gegenübersteht. Eine andere Möglichkeit besteht darin, die Chips bei einer externen Stelle bumpen zu lassen. Dies bedarf genauer Absprachen zwischen dem Chipverarbeiter und der Stelle, bei welcher das Bumping erfolgt, in welche gegebenenfalls auch der Chiphersteller mit einbezogen werden muß. Die beste Möglichkeit, gebumpte Chips bereits vom Chiphersteller zu beziehen, ist bisher leider nur in Ausnahmefällen (IBM, Motorola, Texas Instruments) vorhanden, obgleich mehrere IC-Hersteller diesen Service in naher Zukunft anbieten wollen.

Optische Prüfung
Die optische Überprüfung von Lötverbindungen nach deren Herstellung entspricht dem Stand der Technik. Bei ICs mit Area-Konfiguration ist eine visuelle Prüfung allerdings nicht mehr möglich. Ein Weg zur Überprüfung der Lotverbindung ist hier die Untersuchung mittels Röntgenstrahlung. Die beste Methode ist jedoch, "Qualität" zu produzieren und auf nachfolgende Prüfungen zu verzichten. Dies kann durch qualifizierte Fertigungsprozesse und einem Prozeßfenster, welches groß genug ist, um leichte Toleranzen auszugleichen, erreicht werden.

3.3.5
Firmen/Institute mit Serviceleistungen

Die Flipchip-Technologie ist ein Montageverfahren für ungehäuste Halbleiter, bei welcher die grundlegenden Teiltechnologien *Schaltungsträger/Bumping/Flipchipbonden* nicht isoliert voneinander betrachtet werden können. Vielmehr ist es notwendig, den geplanten Aufbau als Ganzes zu betrachten und sich dann den hieraus resultierenden Teiltechnologien zuzuwenden. Damit ein gutes Ergebnis gewährleistet werden kann, müssen diese optimal aufeinander abgestimmt sein.

Für die Herstellung von Flipchip-Verbindungen ergibt sich fast immer ein Prozeßablauf, wie er in Abb. 3.59 dargestellt ist.

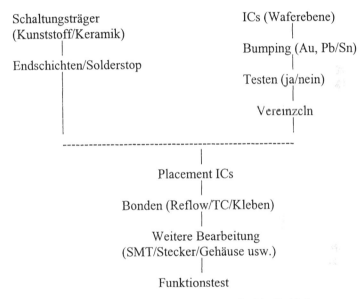

Abb. 3.59. Allgemeiner Prozeßablauf zur Herstellung von Flipchip-Verbindungen

Nach Konkretisierung dieses Prozeßablaufs für den jeweiligen Fall stellt sich dann die Frage, was kann oder soll im eigenen Haus und welche Teilschritte sollen extern durchgeführt werden. Speziell kleinere und mittlere Unternehmen (KMUs) könnten auch daran interessiert sein, komplette Module in Flipchip-Bestückung von externen Lieferanten zu beziehen [104]. In Tabelle 3.29 ist eine Auswahl von Firmen und Instituten angegeben, welche Serviceleistungen zu einzelnen Teiltechnologien oder auch Komplettservice leisten. Bei Zulieferung von Teiltechnologien ist in jedem Fall auf eine sorgfältige Abstimmung der Schnittstellen zu achten.

3 Montage- und Kontaktiertechnologien

Tabelle 3.29. Firmen und Institute mit Serviceleistungen zur Realisierung von Modulen in Flipchip-Montagetechnik

Serviceleistung	Firma/Institut	Technologie
Schaltungsträger	Altec (Augsburg)	MCM-L (FR4, BT, CE)
	Andus (D)	MCM-L (FR4, Flex)
	Ascom (CH)	MCM-L (FR4)
	HighTech MC (CH)	MCM-D (Polyimid, BCB)
	Thomson (F)	MCM-D (Polyimid)
Bumping	siehe Abschnitt 2.5, Tabelle 2.5.1	
Bonding	TU Berlin (D)	Au/Au-Thermokomp.bond.
		Au/Sn eutektisches Bonden
		Pb/Sn-Reflowlöten
Komplette Module	Alcatel Telecom Nürnberg (D)	nach Absprache
	IBM (F)	LTCC, HTCC, Pb/Sn Reflow
		Pb/Sn-Reflowlöten
	TU Dresden (D)	

4 Modellierung und Simulation von Einbaufällen

4.1 Voraussetzungen und Ziele für Modellbildung und Simulation

4.1.1 Ziele

Simulationsverfahren bilden ein wesentliches Hilfsmittel bei der Entwicklung und Optimierung von Direktmontagetechniken. Durch die Modellierung der physikalischen Vorgänge bei den Chipmontage- und Kontaktierungsprozessen sowie des Verhaltens der montierten Bauelemente im Betrieb mit numerischen Verfahren lassen sich Aussagen gewinnen, die andernfalls nur durch den zeitaufwendigen Aufbau von Testmustern und deren meßtechnischer Untersuchung zu gewinnen wären.

Rechnergestützte Simulationsverfahren lassen sich für ein breites Spektrum von Fragestellungen einsetzen:

- Durch die hohen Schaltgeschwindigkeiten moderner IC-Familien wirkt sich die Chipkontaktierung auf das **elektrische Verhalten** der Signalübertragungsleitungen und des Stromversorgungssystems aus. Bei schnellen CMOS-ICs (Submikron-Technologien) und insbesondere bei Bipolar- und GaAs-Technologien für den Mikro- und mm-Wellenbereich ist daher eine genaue Modellierung der durch die Chipkontaktierung verursachten Leitungsdiskontinuitäten zwischen Vernetzungsträger und den Ein-/Ausgangsschaltungen der ICs erforderlich.
- Bei integrierten Schaltungen mit höheren Verlustleistungen muß die verwendete Direktmontagetechnik ausreichende **Wärmeabfuhr** ermöglichen. Dazu ist es notwendig, die Wärmeleitung vom IC zum Substrat oder Kühlkörper sowie gegebenenfalls den konvektiven Wärmetransport in das umgebende Medium (meistens Luft) zu simulieren und durch Optimierung der Geometrien und verwendeten Materialien hinreichend kleine thermische Widerstände zu realisieren.
- Durch Temperaturschwankungen oder äußere Belastungen werden **mechanische Spannungen** in Halbleitermaterialien, Chipkontakten, Diebonds und Abdeckmassen erzeugt, die über verschiedene Alterungsmechanismen die Lebensdauer der Aufbauten begrenzen. Die numerische Analyse der Spannungs- und Verzerrungsfelder ermöglicht es, Schwachstellen in den Aufbauten zu finden, sowie mit Hilfe von Zuverlässigkeitsmodellen mechanische Spannun-

gen/Dehnungen mit Lebensdauern zu korrelieren und so vergleichende Aussagen zur Zuverlässigkeit von Entwurfsalternativen zu gewinnen.

Bei der Anwendung numerischer Simulationsverfahren lassen sich zwei Zielrichtungen unterscheiden:

– Analyse und Optimierung von Geometrie und Materialien auf Komponentenniveau
– Gewinnung von Komponentenmodellen auf einer höheren Beschreibungsebene, insbesondere von
  • elektrischen Ersatzschaltbildern der Chipkontakte
  • thermischen Modellen für Direktmontagetechniken (typischerweise thermischen Netzwerken)

4.1.2
Methoden

Die Untersuchung der im vorigen Abschnitt aufgeführten Fragestellungen erfordert die numerische Lösung partieller Differentialgleichungen. Dazu ist eine Diskretisierung, d.h. die Approximation der kontinuierlichen Feldverteilung durch eine endliche Anzahl von Variablen (Freiheitsgraden) erforderlich. Die partielle Differentialgleichung wird durch ein endlichdimensionales lineares oder nichtlineares Gleichungssystem angenähert. Hierzu existieren eine Vielzahl mathematischer Verfahren, wobei folgende Methoden am häufigsten eingesetzt werden:

- Finite-Differenzen-Methode (FDM)
  Die kontinuierliche Feldverteilung wird durch die Feldwerte auf den Knotenpunkten eines Gitters approximiert und die Differentialquotienten werden durch Differenzenquotienten angenähert. Die Diskretisierung läßt sich mit geringem Aufwand durchführen, jedoch sind nichtorthogonale Geometrien wegen der Gitterstruktur nur mit hohem Aufwand gut approximierbar. Die resultierenden Gleichungssysteme sind schwach besetzt, d.h. die Matrix enthält viele Nullen, da nur nächste Nachbarn im Gitter miteinander verkoppelt sind. Für schwach besetzte Gleichungssysteme existieren sehr effiziente Lösungsalgorithmen.
- Finite-Elemente-Methode (FEM)
  Der Raum wird in einfache geometrische Elemente zerlegt (z.B. Tetraeder), auf denen lineare oder polynomiale Ansatzfunktionen für die Felder verwendet werden, die durch die Werte in endlich vielen Knotenpunkten vollständig bestimmt sind. Die Aufstellung der Gleichungssysteme erfordert die Auswertung von Integralen über die Elemente und ist daher wesentlich aufwendiger als bei der Finite-Differenzen-Methode, dafür ist können aber beliebige Geometrien mit geringem Aufwand gut approximiert werden. Die resultierenden Matrizen sind schwach besetzt.
- Randelemente-Methode (BEM)
  Bei diesem Verfahren wird die partielle Differentialgleichung in eine Integralgleichung über den Rand homogener Gebiete umgewandelt. Der Rand wird ähnlich wie bei der FEM diskretisiert. Der Vorteil dieses Verfahrens liegt dar-

4.1 Voraussetzungen und Ziele für Modellbildung und Simulation

in, daß der Raum nicht diskretisiert werden muß. Dem stehen als Einschränkungen gegenüber, daß das Verfahren nicht für alle partiellen Differentialgleichungen anwendbar ist, und die resultierenden Matrizen im Unterschied zu den vorgenannten Verfahren voll besetzt sind, so daß die effizienten Lösungsalgorithmen für schwach besetzte Matrizen nicht anwendbar sind.

Die genannten Verfahren sind in verschiedenen kommerziell verfügbaren Softwarepaketen implementiert. Zur thermomechanischen Analyse werden überwiegend FEM-Codes eingesetzt, für die dreidimensionale Simulation der Maxwellgleichungen werden neben FEM-Verfahren auch Finite Differenzen Verfahren im Zeitbereich (Time Domain Finite Difference Method, TD-FD) häufig eingesetzt.

Das prinzipielle Vorgehen bei der Modellbildung/ Simulation ist in Abb. 4.1 dargestellt.

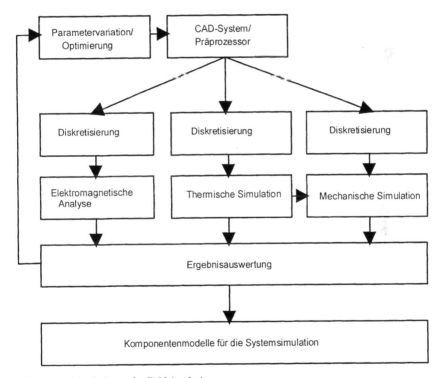

Abb. 4.1. Ablaufschema für Feldsimulationen.

Das im allgemeinen dreidimensionale Geometriemodell wird in einem CAD-System oder einem speziellen Präprozessor für das jeweilige Simulationswerkzeug erzeugt. Dann werden den Raumgebieten Materialeigenschaften zugewiesen und für die Simulation benötigte Randbedingungen definiert. Aus dem Geometriemodell wird automatisch oder mit Benutzerunterstützung die Diskretisierung für das entsprechende numerische Simulationsverfahren erzeugt. Nach Berechnung der Feldverteilungen erfolgt die manuelle oder automatische Auswertung der Ergebnisse. Zur Optimierung der Strukturen werden Geometrie- und Materialparameter durch Benutzerinteraktion variiert oder mit Hilfe eines Optimierungsverfahrens eine vom Benutzer definierte Zielfunktion minimiert. Aus den simulierten Feldverteilungen können weiterhin Parameter für Komponentenmodelle auf Teilsystem-/Systemebene gewonnen werden.

4.1.3
Voraussetzungen

Voraussetzung der Anwendung von Feldsimulationsverfahren ist eine detaillierte Beschreibung der Geometrie und der verwendeten Materialien einer Direktmontagetechnik. Materialdaten sind im allgemeinen temperaturabhängig. Daher müssen die Daten für hinreichend viele Stützstellen im Betriebs-/Prozeßtemperaturbereich vorhanden sein. Weiterhin ist zu beachten, daß die für makroskopische Proben tabellierten Daten bei den in Direktmontagetechniken zu betrachtenden mikroskopischen Dimensionen unter Umständen nicht gültig sind und erst durch geeignete Messungen ermittelt werden müssen.

Eine Zusammenstellung der in den einzelnen Bereichen erforderlichen Materialdaten findet sich in Tabelle 4.1.

Tabelle 4.1: Erforderliche Materialdaten.

Analysetyp		erforderliche Materialdaten	
elektromagnetische Analyse		Dielektrizitätskonstante	ε
		el. Leitfähigkeit	σ
		Permeabilität	μ
Thermische Analyse	statisch	Wärmeleitfähigkeit	k
	dynamisch	spezifische Wärme	c
		Dichte	ρ
mechanische Analyse	elastische Materialien	Elastizitätsmodul	E
		Querkontraktionszahl	ν
		thermischer Ausdehnungskoeffizient	α
	plastische Deformation	Spannungs-Dehnungs-Diagramm (stückweise lineare Approximation)	
	Kriechen	Aktivierungsenergie, Kriechkoeffizient, Spannungsexponent	

4.1.4
Aufwand

Der Aufwand zur Durchführung der Simulationen setzt sich zusammen aus

- Einarbeitungszeit in die Simulationswerkzeuge
- Aufwand zur Beschaffung der Geometrie- und Materialdaten
- Erstellung der Geometriemodelle
- Diskretisierungsaufwand
- Rechnerresourcen zur Durchführung der Simulation
- Analyse der Ergebnisse, Dokumentation

Der Aufwand ist stark von den jeweils eingesetzten Verfahren und verfügbaren Softwarewerkzeugen abhängig.

Der Einsatz der Simulationsverfahren erfordert in den meisten Fällen qualifiziertes Personal. Der Einarbeitungsaufwand in ein Softwarewerkzeug variiert zwischen einigen Tagen (z.B. elektrische 2D-Feldanalyse) und einigen Monaten (dreidimensionale nichtlineare thermomechanische Probleme).

Zur Durchführung der Simulationen werden Workstations und zunehmend auch PCs eingesetzt. Supercomputer werden wegen ihrer beschränkten Verfügbarkeit und des hohen Aufwands nur für grundlegende Untersuchungen eingesetzt. Der Rechenaufwand ist stark problemabhängig und variiert zwischen einigen Minuten (skalare 2 D Probleme, z.B. Wärmeleitung und elektromagnetische TEM-Feldanalyse) und mehreren Tagen (3D Mechanik, Vollwellenlösungen der Maxwellgleichungen).

Schlüsselfaktoren zur Verkürzung der Durchlaufzeiten für Simulationsrechnungen sind:

- Verfügbarkeit von umfassenden Materialdatenbasen für die in den Direktmontagetechniken eingesetzten Materialien
- Vollautomatische und problemadaptierte Diskretisierungsverfahren wie automatische FEM-Netzgenerierung, a posteriori Fehlerabschätzungen und Gitteradaption
- Weitgehende Rechnerunterstützung bei der Aufbereitung und Analyse der Simulationsergebnisse
- automatische Optimierungsverfahren

Diese Anforderungen sind derzeit nur in Teilbereichen realisiert. Von ihrer Verfügbarkeit wird jedoch die praktische Einsetzbarkeit der Feldsimulationsverfahren als entwurfsbegleitende Werkzeuge abhängen.

4.1.5
Grenzen der Verfahren

Eine - zumindest punktuelle - meßtechnische Validierung von Simulationsmodellen ist zur Absicherung der Verfahren für einen bestimmten Anwendungsbereich erforderlich, da in die Modellbildung oft Annahmen eingehen, deren Gültigkeit nicht a priori festgestellt werden kann. Insbesondere ist in vielen Fällen die Übertragbarkeit makroskopisch bestimmter Materialparameter auf die hier relevanten Mikroskopischen Dimensionen zweifelhaft.

Alle Feldsimulationsverfahren verwenden kontinuumsmechanische Modelle. Effekte, die durch die Mikrostruktur der Materialien (z. B. Kornstruktur) hervorgerufen wird, können hiermit nur sehr schwer erfaßt weren.

Die zur Durchführung von Feldsimulationen erforderlichen Rechnerresourcen sind zum Teil sehr groß, so daß bei den heute üblichen Arbeitsplatzrechnern mit guter Ausstattung (typ. 300 MFLOPS, 512 MByte Speicher, 10 GByte Plattenspeicher) praktische Grenzen für die Komplexität von Modellen bestehen. Dies gilt insbesondere für

- dreidimensionale Lösungen der Maxwellgleichungen
- nichtlineare Kontinuumsmechanik
- Navier-Stokes Gleichungen

Bei der Analyse der thermisch induzierten Spannungen in Flip-Chip-Kontakten etwa beschränkt sich die mit vertretbarem Aufwand handhabbaren Komplexität auf die Simulation einiger weniger Kontakte, die komplette Simulation eines Chips mit z.B. 400 Anschlüssen in einem Modell ist nicht möglich. Hier müßte bei den heutigen Simulationstechniken die Hardwareleistung um Größenordnungen gesteigert oder neue numerische Verfahren, die hierarchische Simulationstechniken unterstützen, entwickelt werden.

4.2 Methoden zur Simulation und Optimierung elektrischer Eigenschaften

4.2.1 Einleitung

Bei höheren Frequenzen (100 MHz und höher) verursachen die konventionellen IC-Gehäusen bei der Ausbreitung von Signalen vom Gehäuse zum Chip Signalverzerrungen und -verluste. Die Verbindungsstrukturen ungehäuster Chips sind in der Regel kürzer und dünner. Daraus folgen weniger parasitäre Effekte. Die Untersuchungen zeigen, daß die Signalübertragungsgeschwindigkeit durch die Verwendung ungehäuster Chips um 30 % bis 80 % steigt. Um ein ungestörtes Signalübertragungsverhalten zu gewährleisten, ist es bei sehr hohen Frequenzen auch bei ungehäusten Chips erforderlich, die Parameter, die die Übertragungstrecken beeinflussen, zu kontrollieren. Die zu berücksichtigenden Störeffekte sind:

- Signalverzögerung
- Signalreflexionen bei fehlangepaßten Leitungen und bei Diskontinuitäten,
- Übersprechen bei benachbarten Signalleitungen,
- Signaldämpfung und -dispersion wegen der Leiterverluste
- Versorgungsspannungseinbrüche bei gleichzeitigschaltenden Gatter (Simultaneous Switching oder Delta-I-Noise)

Diese Störeffekte sind direkt abhängig von der Leitungsgeometrie und den verwendeten Materialien. Durch gezielte Auswahl von Leitungsart bzw. Leitungsgeometrie und Materialien lassen sich die Störeffekte kontrollieren.

4.2.2 Einflüsse der Chipverbindungen

Signalreflexionen
Inwieweit das Verdrahtungssystem Einfluß auf die elektrische Funktion einer Digitalschaltung hat, hängt wesentlich von der Signalreflexion ab. Nur bei niedrigen Anstiegszeiten (hohen Frequenzen) ist ein Einfluß des Verdrahtungssystems zu erwarten, so daß nur solche Leitungen hinsichtlich ihrer HF-Eigenschaften untersucht werden müssen. Diese Grenze wird durch die folgende Beziehung für die Verzögerungszeit t_d bestimmt:

$$t_d = \ell \cdot \frac{\sqrt{\varepsilon_{reff}}}{c_0}$$

wobei ε_{reff} die effektive Dielektrizitätskonstante, ℓ die Leitungslänge und c_0 die Lichtgeschwindigkeit (ca. $3*10^8$ m/s) bedeuten.

Reflexionen werden vernachlässigbar, wenn sie innerhalb der Anstiegszeit t_r stattfinden ($t_r > t_d$). Aus diesem Grunde wurde eine Grenzbedingung formuliert, bei der Reflexionen vernachlässigt werden können:

4 Modellierung und Simulation von Einbaufällen

$$t_d < t_r / M$$

M ist eine Konstante und wird von verschiedenen Autoren unterschiedlich zwischen 2 und 8 definiert [1].

Die näherungsweise Berechnung der effektiven Dielektrizitätskonstante aus der relativen Dielektrizitätskonstante ε_r erfolgt durch die folgenden Beziehungen:

$$\varepsilon_{reff} = \frac{\varepsilon_r + 1}{2} + \frac{\varepsilon_r - 1}{2}\left(1 + 10\frac{h}{w}\right)^{-1/2} \quad \text{für Mikrostreifenleitungen,}$$

$$\varepsilon_{reff} = \frac{\varepsilon_r + 1}{2} \quad \text{für Koplanarleitungen und}$$

$$\varepsilon_{reff} = \varepsilon_r \quad \text{für Triplateleitungen.}$$

h ist die Dielektrikumsdicke und w ist die Leiterbahnbreite. Nach diesen Beziehungen wird eine Schaltung als eine Hochfrequenzschaltung angesehen, wenn die Signalanstiegszeit t_r klein gegenüber der Signalverzögerung t_d ist. Abbildung 4.2 zeigt diese Grenze für l = 2 cm, 1cm und 2 mm (M = 2). Eine genauere Betrachtung dieses Diagramms ergibt, daß die kürzeren Leitungen und geringere Dielektrizitätskonstanten sehr kleine Anstiegszeiten erlauben.

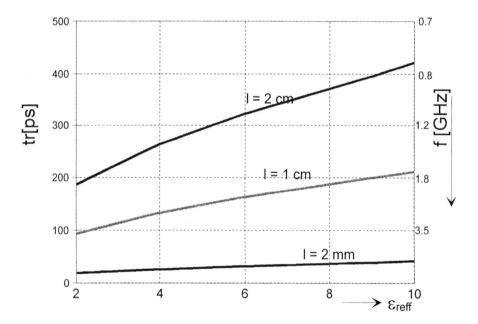

Abb. 4.2. Minimale Anstiegszeiten, bei denen Reflexionen vernachlässigt werden können (Triplateleitungen)

Bei der Face-up-TAB-Technik und der Drahtkontaktierung können die längeren Kontakte (z.B. 14 mm bei 400 I/Os) bei hohen Frequenzen (f = $0.35/t_r$= 3.5 GHz

4.2 Methoden zur Simulation und Optimierung elektrischer Eigenschaften

oder bei kleineren Signalanstiegszeiten $t_r < 100$ ps) eine maßgebliche Signalverzögerung verursachen. Beispielsweise können die äußeren Leitungen bei einer Face-up-TAB-Technik mit sehr hohen Anschlußzahlen wegen der Auffächerung (Fan-Out) elektrisch lang sein (die Leitungen an den Ecken sind um 41 % länger als in der Mitte). Eine Verbesserung hierzu bietet die Auslegung der Leitungen mit gleicher Breite und gleichem Pitch sowohl im Inner-Lead-Bereich als auch im Outer-Lead-Bereich. Eine weitere Reduzierung der Signalverzögerung der TAB-Leitungen können Zwei-Metall-Lagen-Tapes ermöglichen. Hier wird durch die Reduzierung der Induktivität auch die Signalübertragung wegen $t_d = \sqrt{LC}$ beschleunigt. Flipchip-Technologie und Flip-TAB's bieten wegen der kurzen Kontakte eine schnellere Signalübertragung im Vergleich zu den anderen Techniken.

Signalreflexionen sind unerwünschte Signalverzerrungen auf einer Übertragungsstrecke. Die Spannung einer Leitung wird durch die folgende Gleichung bestimmt:

$$U = U_{hin}\, e^{-\gamma l} + U_{ref}\, e^{+\gamma l}$$

Die Amplitude $U_{hin}\, e^{-\gamma l}$ wird mit wachsendem l immer stärker gedämpft und wird fortschreitende oder hinlaufende Welle genannt. Die Amplitude $U_{ref}\, e^{+\gamma l}$ wird in Richtung $-l$ gedämpft und heißt rücklaufende oder reflektierte Welle. Die hinlaufende Welle bildet Überschwinger am Leitungsende und die rücklaufende Welle verursacht eine ansteigende und abfallende Signalflanke am Leitungsanfang (s. Abb. 4.3).

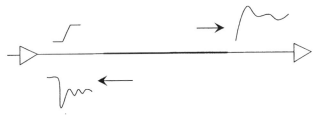

Abb. 4.3. Typische Signalverzerrung auf einer Übertragungsstrecke (Leitungsanfang und –ende)

Das Verhältnis der rücklaufenden und hinlaufenden Welle ergibt den Reflexionsfaktor Γ:

$$\Gamma = \frac{U_{ref}}{U_{hin}} \quad \text{und damit}$$

am Ende der Leitung: $\Gamma = \dfrac{Z_a - Z_L}{Z_a + Z_L}$ bzw.

am Anfang einer Leitung $\Gamma = \dfrac{Z_e - Z_L}{Z_e + Z_L}$

Hierin ist Z_a der Widerstand des Empfängers, Z_e der Widerstand des Senders und Z_L der Wellenwiderstand der Leitung.

4 Modellierung und Simulation von Einbaufällen

Reflexionen führen zum Mehrfachschalten bei Digitalschaltungen und können durch Wellenwiderstandsanpassung aber auch durch Verringerung der Leitungslänge vermindert werden. Bei der Drahtbondtechnik entstehen wegen der Fehlanpassung der Impedanzen der Leitungen und den Anschlüssen öfters Signalreflexionen. Zur Vermeidung von Signalreflexionen bei der TAB-Technik können die Zwei-Metall-Lagen-Tapes mit definierter Impedanz eingesetzt werden. Die Leitungsknicke der aufgefächerten TAB-Leitungen bilden zwar Leitungsdiskontinuitäten, haben aber nur einen vernächlässigbaren Einfluß auf die Signalübertragung. Die kurzen Leitungen der Flip-TAB's und die Anschlußpads der Flipchips verursachen keine oder kaum Signalreflexionen (f < 10 GHz).

Abbildung 4.4 und 4.5 zeigen die Simulationsergebnisse der Reflexionsuntersuchungen verschiedener Chipkontaktierungstechnologien für die Geometrien wie sie in der Tabelle 4.2 angegeben sind. Obwohl die TAB-Leitungen und Drahtbondleitungen gleiche Länge und fast gleiche Geometrieabmessungen (TAB: rechteckige Leiterbahnen; WB: runde Leiterbahnen) und gleiche Anschlüsse haben, zeigen TAB-Leitungen deutlich weniger Reflexionen. TAB-Leitungen haben wegen der rechteckigen Leiterbahnen deutlich geringere Induktivitäten und demzufolge auch niedrigeren Wellenwiderstand. Die Flipchip-Technologie zeigt kaum Signalverzerrungen.

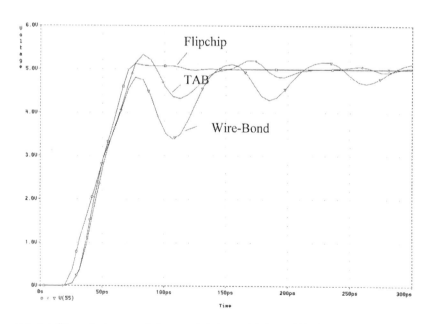

Abb. 4.4. Überschwinger am Leitungsende bei verschiedenen Chip-Verbindungstechniken

4.2 Methoden zur Simulation und Optimierung elektrischer Eigenschaften

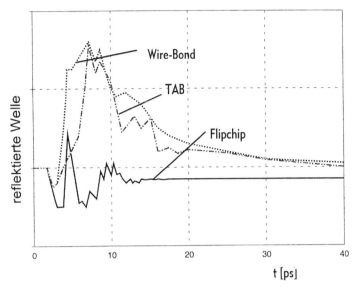

Abb. 4.5. Reflexionen am nahen Ende der Leitungen

Übersprechen

Das Übersprechen (engl. crosstalk) entsteht durch die elektromagnetische Signalkopplung zwischen benachbarten Leitungen [2]. Sowohl induktive als auch kapazitive Kopplungen führen zum Übersprechen. Die in die Nebenleitung gekoppelten Wellen breiten sich in Rückwärtsrichtung (Rückwärtskopplung) oder in Vorwärtsrichtung (Vorwärtskopplung) aus. Dadurch entstehen am Anfang und am Ende der Nebenleitung unterschiedliche Spannungen. Für die Vorwärtskopplung ergibt sich:

$$U_v = \frac{1}{2} \frac{k_e - k_m}{v \cdot t_r} \cdot U_s \Rightarrow k_v = k_e - k_m$$

und für die Rückwärtskopplung:

$$U_r = \frac{k_e + k_m}{4} \cdot U_s \Rightarrow k_r = k_e + k_m$$

$$k_e = \frac{C'_{12}}{C'_{11} + C'_{12}}, \quad k_m = \frac{L'_{12}}{L'_{11}}$$

wobei k_e der elektrische bzw. kapazitive Kopplungsfaktor, k_m der magnetische bzw. induktive Kopplungsfaktor, U_s die Störspannung, v die Signalgeschwindigkeit und t_r die Anstiegszeit bedeuten.

Bei den Kontaktierungsleitungen ist der induktive Anteil immer dominanter ($k_m > k_e$). Die Untersuchungen zeigten, daß die Kopplung durch Zufügen einer Masseleitung zwischen den benachbarten Signalleitungen bei Draht- und TAB-Leitungen drastisch reduziert werden kann. Die Anordnung der Signal- und Masse-Pads der Bumps muß auch sehr genau überlegt werden. Bei den TAB-Leitungen kann das Einsetzen der Zwei-Metall-Lagen-Tapes die Kopplung ebenfalls vermindern. Weiterhin können die Verkürzung der Leitungen, die Vergrößerung der Leiterbahnabstände und die Leiterbahnbreiten als Maßnahme empfohlen werden, wenn technologischen Restriktionen sie erlauben. Abbildung 4.6 zeigt das Übersprechen an benachbarten Leitungen mit verschiedenen Chipverbindungstechnologien. Dabei wurde eine Leitung angesteuert und das Übersprechen auf die passive Leitung beobachtet.

Abbildung 4.7 zeigt eine optimale Anordnung der Masse-, Signal- und Versorgungsleitungen bei Draht- und TAB-Verbindungen.

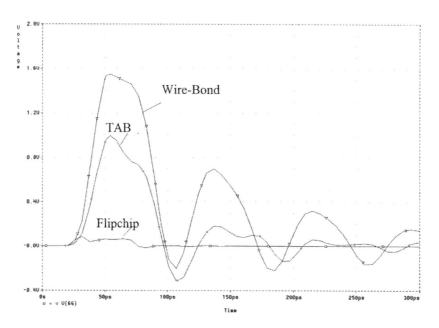

Abb. 4.6. Übersprechen bei verschiedenen Chip-Verbindungstechniken (Rückwärtskopplung)

4.2 Methoden zur Simulation und Optimierung elektrischer Eigenschaften

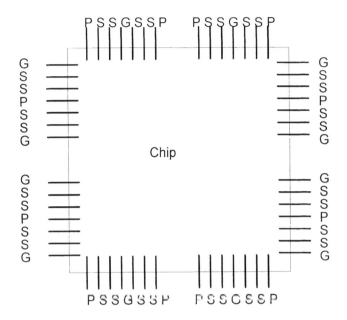

Abb. 4.7. Optimale Anordnung der Masse-(G), Signal- (S) und Versorgungsleitungen (P) bei Draht- und TAB-Verbindungen

Signaldämpfung

Die Reduktion des Leitungsquerschnitts bei den heutigen Chipverbindungen führt zu einem Anstieg der ohmschen Verluste, der durch den Skineffekt bei hohen Frequenzen verstärkt wird [3]. Die Spannung U am Ende einer verlustbehafteten Leitung läßt sich nach

$$U = U_o \, e^{-\gamma \ell}$$

berechnen. Unter der Voraussetzung, daß der Eingangswiderstand des anzusteuernden Gatters sehr hoch (kleine kapazitive Last) ist, gilt:

$$U = 2 \, U_o \, e^{-\alpha \ell}$$

U0 ist die Generatorspannung.

Bei niedrigeren Frequenzen werden die Leitungsverluste nur durch den Widerstand R' (Ohmsche Verluste) pro Längeneinheit bestimmt:

$$\alpha = \frac{R'}{2Z_L}; \text{ wobei}$$

4 Modellierung und Simulation von Einbaufällen

$$R' = \frac{\rho}{A}$$

$$\Rightarrow \alpha = \frac{\rho}{2 \cdot w \cdot t \cdot Z_L} \quad \text{(für rechteckige Leiter)}$$

ρ ist der spezifische Widerstand, A ist die Querschnittsfläche, w ist die Leiterbreite und t ist die Leiterdicke. Bei höheren Frequenzen besteht der Dämpfungsbelag α der Verbindungsleitungen aus zwei Komponenten: Ohmsche Verluste und Skineffekt:

$$\alpha = \frac{R'}{2Z_L} + \frac{2R'_{SKIN}}{2Z_L} ;$$

wobei $R'_{SKIN} = \dfrac{1}{\sigma \delta w} = \sqrt{\dfrac{\pi f \mu}{\sigma}} \dfrac{1}{w} = \dfrac{\sqrt{\pi f \mu \rho}}{w}$ (Skinwiderstand)

Der Skineffekt bewirkt, daß ein Strom nur noch in einer dünnen Schicht an den Leiteroberflächen fließt. Die Skineindringtiefe δ bezeichnet die Dicke der stromführenden Schicht:

$$\delta = 1/\sqrt{\pi f \sigma \mu}$$

σ elektrische Leitfähigkeit ($= 58*10^6$ $1/\Omega$m für Kupfer)
f Frequenz [Hz]
$\mu = \mu_r \mu_0$ Permeabilität
$\mu_0 = 4\pi \times 10^{-7}$ H/m für Luft
μ_r spezifische Permeabilität, z.B. 1 für Kupfer oder Gold

Bei einer Frequenz von 1 GHz beträgt die Skineindringtiefe für Kupfer ca. 2 µm. Der Skineffekt spielt also bei Frequenzen von mehreren GHz und Leiterdimensionen von einigen 10 µm schon eine Rolle. Annähernd gilt: Die Leiterdicke ist möglichst kleiner oder gleich der dreifachen Skineindringtiefe δ auszuwählen (t ≤ 3 δ), damit die Dämpfung frequenzunabhängig ist. Bei Drahtbond- und TAB-Leitungen mit einer Querschnittsfläche von einigen 10 µm², müssen die ohmschen Verluste und der Skineffekt bei der elektrischen Modellierung berücksichtigt werden.

Abbildung 4.8 zeigt den Signalverlauf auf einer verlustlosen und einer verlustbehafteten Leitung.

4.2 Methoden zur Simulation und Optimierung elektrischer Eigenschaften

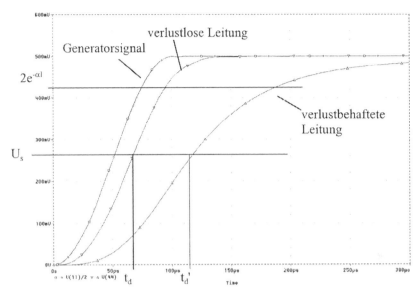

Abb. 4.8. Signalübertragung auf einer verlustbehafteten Leitung (ohne Skineffekt)

Delta-I-Noise
Bei gleichzeitig schaltenden mehreren Gattern können sehr hohe Spitzenströme di/dt erreicht werden. Sie verursachen eine kurzzeitige Störspannung über den Leitungsinduktivitäten L der Versorgungs- und Groundleitungen:

$$V_{stör} = N\ L\ di/dt;$$

N ist die Anzahl der Gatter, L ist die Induktivität, di/dt ist die Änderung des Treiberstroms über der Zeit.

Diese Störspannung kann zum Spannungsabfall an den Versorgungsleitungen (PDN power distribution noise oder delta-I-noise) bzw. zu kurzzeitigen Anhebungen des Ground-Potentials führen (ground bounce). Daraus resultieren meistens Störungen der Chipfunktionen. Die dabei entstehenden Störeffekte können sehr vielfältig sein und äußern sich als Übersprechen auf benachbarte Leitungen, Einkopplung auf gemeinsame Masse- und Versorgungsleitungen oder Signalverzerrung und -verzögerung. Ein wesentlicher Faktor zur Vermeidung dieser Störung ist die Minimierung der Leitungsinduktivitäten. Wie oben beschrieben, zeigen die kurzen Anschlüsse von Flipchip-Kontakten sehr niedrige Induktivitäten verglichen mit anderen Technologien, was auch eine Reduzierung der Delta-I-Noise verursacht.

Für runde Drähte wird die Leitungsinduktivität näherungsweise aus der folgenden Gleichung ermittelt (d: Durchmesser):

$$L = 2 \cdot 10^{-3} \cdot \ell \left[\ln \frac{4 \cdot \ell}{d} - 1 + \frac{d}{2 \cdot \ell} \right] (nH)$$

222 4 Modellierung und Simulation von Einbaufällen

Für rechteckige Leitungen ergibt sich:

$$L = 2 \cdot 10^{-3} \cdot \ell \left[\ln \frac{2 \cdot \ell}{w + t} + 0.5 + 0.2235 \left(\frac{w + t}{\ell} \right) \right] \text{ (nH)}$$

4.2.3
Modellierungskonzept

Die elektrische Charakterisierung einer Verbindungstechnologie durch Simulationen erfordert die Erstellung von Modellen, die die Realität nachbilden und damit die oben beschriebenen Störeffekte mitberücksichtigen [4 - 6]. Die Modellierung des Gesamtsystems zusammen mit den nichtlinearen Treibern und Abschlußwiderständen würde sehr kompliziert sein. Zur Vereinfachung des Modells werden die Verbindungsleitungen zunächst ohne Treiber und Abschlüsse mit Hilfe von Feldsimulationen untersucht. Für die Analogsimulationen werden die Leitungsmodelle mit den entsprechenden Modellen für Treiber- und Abschlußwiderständen ergänzt. Abbildung 4.9 zeigt die Partitionierung der Chipverbindungen.

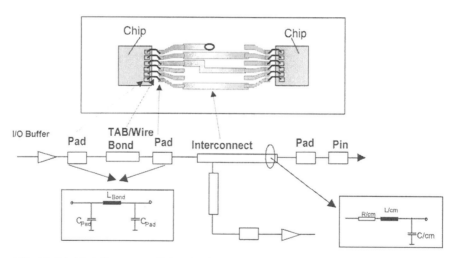

Abb. 4.9. Die Modellierung von Chipverbindungsleitungen.

Bei der Analogsimulation (auch Netzwerk-Analyse genannt) geht man von den mit Hilfe von Feldberechnungsverfahren berechneten diskreten Leitungsparametern aus und bildet ein entsprechendes Leitungsmodell. Ergebnisse sind Spannung und Strom an beliebigem Ort (Telegraphengleichungen). Abhängig von dem Frequenzbereich des Signals kann man entweder die diskreten Bauelemente (RLCG-Glieder) oder Transmission Line Modelle TLM zur Analyse der Signalübertragungseigenschaften verwenden. Abbildung 4.10 zeigt die Analyseschritte.

4.2 Methoden zur Simulation und Optimierung elektrischer Eigenschaften

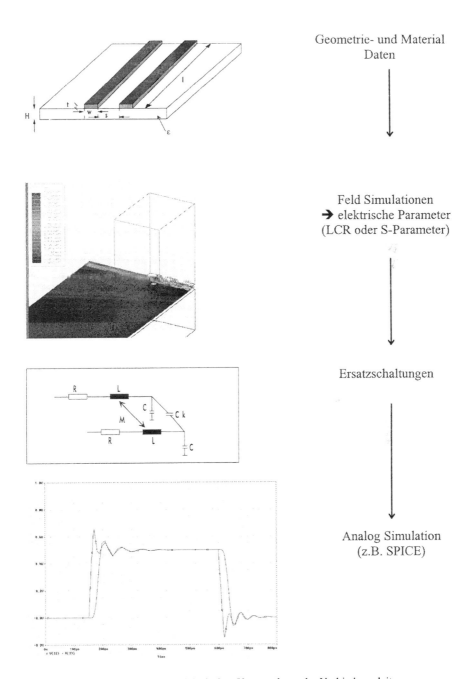

Abb. 4.10. Analyseschritte bei der elektrischen Untersuchung der Verbindungsleitungen

224   4 Modellierung und Simulation von Einbaufällen

Eine genaue Beschreibung der elektromagnetischen Eigenschaften der Verbindungsleitungen kann nur durch Lösung der dreidimensionalen Maxwell'schen Gleichungen erreicht werden [7]. Die Vollwellenanalyse basiert auf der Lösung der Maxwell'schen Gleichungen und erfordert im Prinzip die Lösung von sechs Feldkomponenten. Hierzu sind sehr komplizierte numerische Rechnungen notwendig. Dieses Verfahren ist zur Analyse der komplexen Strukturen mit Durchkontaktierungen und Diskontinuitäten unumgänglich, wenn die räumliche Ausdehnung nicht mehr klein gegenüber der minimalen Wellenlänge der höchsten Frequenz im Signalspektrum ist. Einige moderne numerische Simulationsprogramme benutzen diese Analysenmethode [8 - 9].

Wenn die Querschnittsdimensionen der Leitungen klein gegen der Wellenlänge sind, genügt die Quasi-TEM-Analyse dieser Leitungen bzw. Strukturen. Bei der Quasi-TEM Analyse wird die longitudinale magnetische Feldkomponente vernachlässigt. Dadurch reduziert sich das Problem auf die Lösung des elektrischen Feldes und des Skin-Effekts. Unter den erwähnten Voraussetzungen erreicht man sehr gute Ergebnisse im Vergleich zur Vollwellenanalyse.

Die reine TEM-Analysen-Methode ist nur für einfache Strukturen und für den verlustlosen Fall relevant. Dabei werden sowohl die longitudinalen magnetischen als auch die longitudinalen elektrischen Feldkomponenten vernachlässigt.

Die numerische Lösung der Feldgleichungen kann durch verschiedene Methoden erfolgen, die im Abschnitt 4.1.2 aufgelistet sind.

4.2.4
Analyse und Modellierung

Eine einfache Modellierung der Verbindungsleitungen ist in Abb. 4.11 dargestellt.

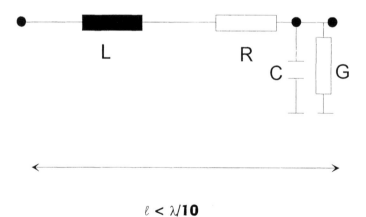

$\ell < \lambda/10$

Abb. 4.11 Einfaches Ersatzschaltbild einer Leitung

4.2 Methoden zur Simulation und Optimierung elektrischer Eigenschaften

Die längeninvarianten Leitungsparameter R', L', C' und G' können mit Hilfe zweidimensionaler quasistatischer Analyse ermittelt werden.

Bei einer optimierten Nachbildung der Verbindungsleitungen müssen jedoch die in Abschnitt 4.2.2 beschriebenen Störeffekte mit berücksichtigt werden. Es sind:

- Skineffekt: Das Ersatzschaltbild muß, wie in Abb. 4.12 dargestellt, durch die frequenzabhängige Anteile von Rs und Li erweitert werden. Die Berechnung der inneren Induktivität Li ist auch bei quasistatischen Analysen mit Hilfe der Regel vom Induktivitätsinkrement möglich, wenn die Voraussetzung für die Frequenz erfüllt ist (Eindringtiefe << Leiterquerschnitt) [10].
- Längere Leitungen: Das in Abb. 4.11 gezeigte Ersatzschaltbild setzt voraus, daß die Leitungslänge kleiner als ein zehntel der Wellenlänge ist ($l < \lambda/10$). Für längere Leitungen kaskadiert man n Leitungsstücke der Länge l/n. Optimale Leitungsmodelle ergeben sich aus der nicht äquidistanten Leitungsnachbildung. Dabei sind die Glieder in der Reihe 1, 1/3, 1/5, 1/7 ... (z.B. L, L/3, L/5 ...) gestuft.
- Übersprechen: Die elektrische Kopplung kann durch Koppelkondensatoren und die magnetische Kopplung durch induktive Kopplung berücksichtigt werden. Abb. 4.13 zeigt ein Beispiel für die Simulation gekoppelter Leitungen.
- Inhomogenitäten: Auch Inhomogenitäten wie Leitungsknicke, Leiterbreitenänderung usw. können durch Ersatzschaltbilder nachgebildet werden [11]. Da die räumliche Ausdehnung der Diskontinuitäten bei Chipverbindungsleitungen meist klein gegen die minimale Wellenlänge der zu übertragenden Signale ist, genügt eine quasistatische Analyse dieser Strukturen. Bei sehr hohen Frequenzen (f > 5 GHz) muß eine Vollwellenanalyse herangezogen werden [8] [12].

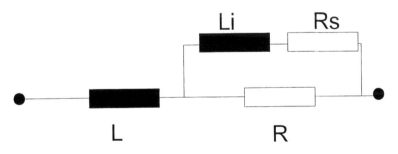

Abb. 4.12. Skin-Nachbildung

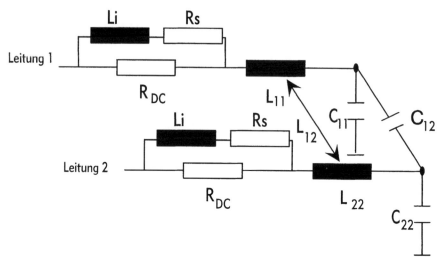

Abb. 4.13. Ersatzschaltbild für gekoppelte Leitungen

4.2.5
Vergleich der elektrischen Eigenschaften der Montagetechnologien

Ein Vergleich der elektrischen Eigenschaften wichtigster Montagetechnologien, wie z.B. Flipchip-Technologie, TAB und Drahtbonden, zeigt, daß die Flipchip-Technik die besten elektrischen Eigenschaften aufweist. Dabei spielt das Fehlen von längeren Kontaktleitungen eine wesentliche Rolle. Die rechteckigen Leiterbahnen der TAB-Techniken haben größere Querschnittsgeometrien und zeigen dadurch reduzierte Induktivitäten im Vergleich zur Drahtbondtechnologie. TAB-Leitungen sind auch kürzer als Drahtbondleitungen und ermöglichen dadurch geringere Signalverzögerung und -verzerrung, niedrige Wellenwiderstände und weniger Reflexionen gegenüber der Drahtbond-Technik. Weiterhin werden durch Verwendung von Mehrlagentapes die Koppeleffekte reduziert. Dagegen sind die TAB-Leitungen selbst in der Face-Down-Montage länger als die Flipchip-Verbindungen. Ein wesentlicher Vorteil der TAB-Technik gegenüber den anderen Technologien ist die Möglichkeit zum elektrischen Test auf dem Tape vor dem Kontaktieren.

In Tabelle 4.2 wurden die Resultate der Parameterstudien [5] [6] [13] basierend auf Feldsimulationen mit der Finite-Elemente-Methode aufgestellt (s. auch [14 - 17]).

4.2 Methoden zur Simulation und Optimierung elektrischer Eigenschaften

Tabelle 4.2. Vergleich der elektrischen Eigenschaften verschiedener Montagetechnologien (s. Abb. 4.9), wobei C_{11} die Erdkapazität, C_{12} die Koppelkapazität, L_{11} die Selbstinduktivität, L_{12} die Koppelinduktivität, R_{Dc} der Leitungswiderstand, α die Dämpfung und t_d die Verzögerungszeit bedeuten. 1ML: 1-Metal-Lagen, 2ML : 2-Metal-Lagen

	Face-Up TAB	Face-Down TAB	Flip-TAB	Wire-Bonding	Flip-Chip
Länge [mm]	2	2	0.5	2	0.07
Breite[µm]/ Pitch [µm]	100/200 (ILB) 150/300 (OLB)	100/200	100/200	⌀25/125	70/140
C_{11}[pF]	0.05 (1ML) 0.1 (2ML)	0.15	0.02	0.02	0.01
C_{12}[fF]	1(2ML)- 3(1ML)	1.2	0.9	10	6
L_{11} [nH]	0.7(2ML) 0.85(1ML)	0.5	0.1	1.7	0.05
L_{12}[nH]	0.02 (2ML) 0.04 (1ML)	0.006	0.001	0.01	0.001
R_{DC}[mΩ]	1?	1?	2.4	30(Au) 36(Al)	0.3
α [dB/m] *1GHz	0.21	0.43	0.26	0.31	0.05
t_d [ps]	10	8	4	8	0.5
f_g [GHz]	8	10	20	10	>20

4.3
Methoden zur Simulation und Optimierung thermischer Eigenschaften

4.3.1
Wärmeabfuhr

Aufgrund hoher Packungsdichten und einer zunehmenden Miniaturisierung der Schaltungen müssen beim Entwurf von mikroelektronischen Systemen thermische Aspekte berücksichtigt werden. Da die Verlustleistungsdichte hochintegrierter Schaltungen sehr hoch ist, müssen Konzepte entwickelt werden, um die entstehende Wärmeenergie der IC's abzuführen. Hierbei ist oft der Einsatz spezieller Kühlmaßnahmen notwendig. Je nach Anwendung kann aus einer großen Zahl verschiedener Kühlungsmechanismen gewählt werden. Die Bandbreite reicht von freier Konvektion mit der umgebenden Luft bis zu leistungsfähigen Durchflußkühlern. Dabei ist bei dem Systementwurf darauf zu achten, daß die Wärme möglichst gut von den Wärmequellen des IC's zu der bereitgestellten Wärmesenke fließen kann. In Abb. 4.14 werden exemplarisch, unter Verwendung eines Luftkühlers, dessen Lamellen in der Zeichnung angedeutet sind, zwei verschiedene Möglichkeiten gezeigt, wie ein Halbleiter-Chip auf eine Wärmesenke montiert werden kann.

Die beiden hier dargestellten Aufbaumöglichkeiten sind für unterschiedliche Problemstellungen jeweils die optimale Möglichkeit eines Wärmetransports zur Wärmesenke. In Abb. 4.14 a) ist der Chip auf ein wärmespreizendes Substrat geklebt oder gelötet, das wiederum auf einem Kühlkörper fixiert ist. Aufgrund der geringen Dicke des Interfacematerials in Verbindung mit der gegenüber Bumps relativ großen Kontaktfläche zwischen dem Chip und dem Wärmespreizer ist der thermische Widerstand in diesem Bereich gering. Da sich die Wärmequelle in der Regel auf der Oberseite des Halbleiterchips befindet, ist ein solcher Aufbau nur dann optimal, wenn der thermische Widerstand des Halbleitermaterials genügend klein ist. Silizium hat beispielsweise eine relativ hohe thermische Leitfähigkeit.

Die in Abb. 4.14 b) dargestellte Variante eignet sich aus thermischer Sicht sehr gut für Halbleitermaterialien mit einer deutlich schlechteren thermischen Leitfähigkeit (z. B. GaAs). Bei dieser Variante ist es nötig die Bumps zwischen Chip und Wärmespreizer nah an den Wärmequellen zu plazieren. Die Wärme wird also sofort über die thermisch gut leitenden Bumps (z.B. Au, AuSn oder PbSn) auf den Wärmespreizer abgeführt. Der hohe thermische Widerstand des schlecht leitenden Halbleitermaterials hat auf die Wärmeabfuhr einen nur geringen Einfluß. Bei sehr hohen thermischen Anforderungen können auch Mischformen aus beiden Anordnungen realisiert werden.

Um für das jeweilige Problem eine optimale thermische Lösung zu erhalten, ist es nötig die Wärmeverteilung im Betriebsfall zu ermitteln. Dies kann sowohl durch meßtechnische Verfahren, durch analytische Abschätzungen oder aber durch numerische Berechnungen geschehen. Wo immer analytische Lösungen zur Verfügung stehen, stellen sie gegenüber dem reinen Experiment und auch der Simulation eine weitaus kostengünstigere und zeiteffizientere Methode zur Be-

4.3 Methoden zur Simulation und Optimierung thermischer Eigenschaften

schreibung und zur anschließenden Minimierung der thermischen Problematik dar.

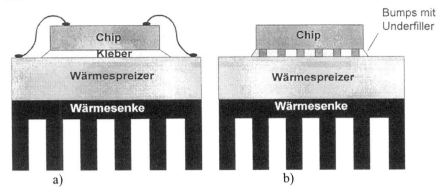

Abb. 4.14. Typische Wärmeableitungsanordnungen, a) Wire-Bond-Verfahren, Chip ist auf Board geklebt, b) Flip-Chip Variante

Für die thermische Betrachtung des Aufbaus müssen die Geometriedaten des Aufbaus und die Verlustleistung der Wärmequelle sowie verschiedene Materialparameter bekannt sein. Im Zweifelsfall müssen für diese Parameter Schätzwerte angenommen werden, wobei die Güte der Ergebnisse von der Güte der Schätzwerte abhängt.

Für eine erste grobe Abschätzung ist die Modellierung eines thermischen Widerstandsnetzwerkes sinnvoll. Diese Vorgehensweise reduziert die zum Teil komplexe Problematik der Wärmeleitung auf ein einfaches Netzwerk von thermischen Widerständen, die den Wärmefluß in den verschiedenen Materialschichten des Modells beschreiben. Die Berechnungsvorschriften für thermische Netzwerke sind analog denen für elektrische Netzwerke.

In dem nachfolgenden Kapitel werden die physikalischen Hintergründe der verschiedenen thermischen Widerstandsarten aufgezeigt. Im Anschluß daran wird anhand zweier einfacher Beispiele das Vorgehen bei der Ermittlung von thermischen Widerstandsnetzwerken gezeigt.

4.3.2
Physikalische Grundlagen thermischer Widerstände

In Abb. 4.15 wird ein Schnitt durch einen in der Mikroelektronik häufig angewandten Aufbau hoher Integrationsdichte dargestellt, der alle Arten der vorkommenden Wärmewiderstände enthält. Auf einem Rippenkühler, durch den ein Kühlmedium fließt, ist ein Chip geklebt oder gelötet. Auf der Oberseite des Substrats ist eine thermische Quelle zu sehen. Dieser Aufbau kann durch ein thermisches Widerstandsnetzwerk beschrieben werden.

230 4 Modellierung und Simulation von Einbaufällen

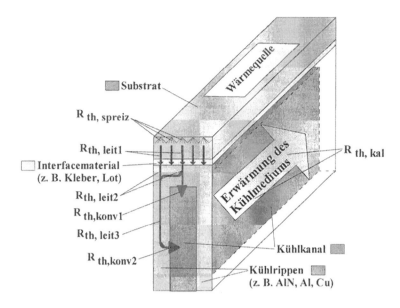

$$R_{th,\,sprei} + R_{th,\,leit} + R_{th,\,konv} + R_{th,\,kal} = R_{th,\,gesamt}$$

Abb. 4.15. Prinzipskizze für die Bezeichnung der Wärmewiderstände

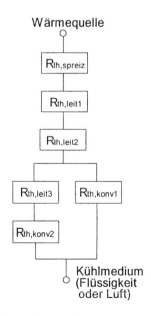

Abb. 4.16. Thermisches Widerstandsnetzwerk

4.3 Methoden zur Simulation und Optimierung thermischer Eigenschaften

Der gesamte thermische Widerstand eines Festkörpers, der aus verschiedenen aufeinandergeschichteten Materialschichten zusammen gesetzt ist, ergibt sich als Summe der Widerstände für die Wärmeleitung, $R_{th,leit}$, für die Wärmespreizung und $R_{th,spreiz}$, in den einzelnen Materialschichten. Für den einfachsten Fall wird dieser Zusammenhang in Gleichung (4.1) beschrieben.

$$R_{th,\,spreiz} + R_{th,\,leit} + R_{th,\,conv} + R_{th,\,kal} = R_{th,\,gesamt} \quad (4.1)$$

Um das thermische Widerstandsnetzwerk des in Abb. 4.15 dargestellten Aufbaus zu ermitteln, müssen aus dem Schichtaufbau zuerst die Wärmepfade extrahiert werden. Diese Wärmepfade sind in Abb. 4.15 dargestellt. Das thermische Netzwerk für diesen Aufbau ergibt sich dann aus einer Reihenschaltung des thermischen Widerstandes der Wärmespreizung im Substrat, aus dem Wärmeleitwiderstand des Substrats, des Klebers und des Kühlkörpers, des thermischen Widerstandes der Kühlrippen, sowie aus einer Parallelschaltung des Wärmeübergangs zum Fluid. Das resultierende Widerstandsnetzwerk ist in Abb. 4.16 dargestellt.

In den folgenden Abschnitten werden die Grundlagen zur Bestimmung der verschiedenen thermischen Widerstände und ihre physikalischen Hintergründe dargestellt. Dabei wird zunächst auf den reinen Wärmeleitwiderstand eingegangen.

4.3.2.1
Die Wärmeleitung von Schichten

Unter Wärmeleitung versteht man den durch einen Temperaturgradienten hervorgerufenen molekularen Wärmetransport durch feste, flüssige oder gasförmige Materialien. Für eine Wärmemenge Q, die in der Zeit t stationär durch eine Fläche A fließt, gilt das Fouriersche Gesetz

$$Q = -\lambda A \left(\frac{dT}{dx}\right) t \quad (4.2)$$

Für den Wärmestrom $\dot{Q}$ ergibt sich daraus

$$\dot{Q} = \frac{Q}{t} = -\lambda A \left(\frac{dT}{dx}\right) \quad (4.3)$$

Eine Handskizze dazu ist in Abb. 4.17 dargestellt.

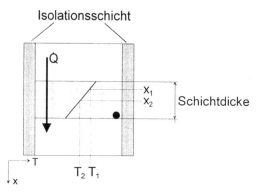

Abb. 4.17. Skizze zum eindimensionalen Wärmestrom durch eine beliebige homogene Materialschicht

Geht man für den Temperaturgradienten in die Differenzenschreibweise über, so folgt aus Gleichung (4.3)

$$\dot{Q} = -\lambda A \frac{\Delta T}{\Delta x} = -\lambda A \frac{T_2 - T_1}{x_2 - x_1}. \tag{4.4}$$

Die Gleichung (4.3) gilt für eine eindimensionale, stationäre Wärmeleitung ohne Wärmespreizung. Dabei ist allerdings vorausgesetzt, daß der auftretende Temperaturgradient nur in Richtung des Wärmeflusses von null verschieden ist, die dazu senkrechten Flächen aber isotherm sind.

Definiert man nun den thermischen Widerstand R_{th} in Analogie zum elektrischen Widerstand als Quotienten aus der Temperaturdifferenz und der eingeprägten Leistung, so ergibt sich

$$R_{th} := \frac{\Delta T}{\dot{Q}} = \frac{\Delta x}{\lambda A}. \tag{4.5}$$

In der vorangegangenen Herleitung stellt $\dot{Q}$ den Wärmestrom in W und ΔT die Temperaturerhöhung in K hervorgerufen durch den Wärmestrom dar. Die Wärmeleitfähigkeit eines Materials wird durch λ in W/(m K) angegeben. Sie ist eine temperaturabhängige Materialkonstante. Die Fläche normal zum Wärmefluß in m² wird von A angegeben. Δx ist die Dicke des Materials in m.

Aus der Definition des thermischen Widerstandes ist zu ersehen, daß die Dicke, die Wärmeleitfähigkeit und die Fläche normal zum Wärmefluß mit gleicher Wichtung den Wärmewiderstand bestimmen. Je kleiner die Schichtdicke, je größer die Wärmeleitfähigkeit und je größer die Fläche für den Wärmefluß ist, desto niedriger ist der Wärmewiderstand und damit auch die Temperaturerhöhung. Da eine Vergrößerung der Fläche A nicht nur den thermischen Widerstand einer Schicht sondern im Allgemeinen auch den Widerstand der nachfolgenden Schich-

4.3 Methoden zur Simulation und Optimierung thermischer Eigenschaften

ten sowie den der anschließenden Wärmesenke reduziert, stellt die Fläche einen wichtigen Faktor zur Reduzierung des thermischen Widerstandes dar.

Tabelle 4.3. Wärmeleitfähigkeiten λ für verschiedene Materialien

Materialgruppe	Material	λ in W/(m K)
Lote	AuSn	57
	PbSn	50
Substratmaterialien	FR4 / FR5	0.2
	Al2O3	25
	AlN	150
Metallisierungen	Cu	350
	Ni	60
	Al	180
	Au	300
	PI	0.2
Kleber	Epoxidharz-Kleber	1.0
	silbergefüllter Kleber	5.0

Einige gebräuchliche Werte der thermischen Leitfähigkeit λ für verschiedene Materialien werden in der Tabelle 4.3 wiedergegeben. Diese Materialwerte können naturgemäß nur ein kleiner Auszug aus den benötigten Daten sein. An dieser Stelle sei noch angemerkt, daß bei der Angabe der Wärmeleitfähigkeiten je nach Literatur und Hersteller Abweichungen von 100 % und mehr auftreten können. Diese großen Differenzen sind vor allem eine Folge von unterschiedlichen Temperaturmeßbereichen und Meßmethoden der Materialhersteller. Dementsprechend sorgfältig sollte bei der Beschaffung der Materialdaten vorgegangen werden.

Für die eindimensionale Wärmeleitung erhält man bei einfachen Geometrien und unter Vernachlässigung der Wärmespreizung aus der Differentialgleichung für den Energietransport eine einfache Berechnungsvorschrift für die Wärmeleitung.

4.3.2.2
Wärmeverteilung mit Hilfe von Wärmespreizern

Die Wärmespreizung in einem Aufbau ergibt sich aus der oft vorliegenden Situation, das eine kleinere Wärmequelle sich auf einem großen leitenden Substrat fixiert wird. Es kommt dann zu einer starken horizontalen Wärmeleitung innerhalb des Substrates. In Abbildung 4.18 wird dieser Sachverhalt verdeutlicht. Für die Wärmespreizung können keine einfachen Berechnungsvorschriften angegeben werden.

Verschiedene Autoren haben mit numerischen Methoden systematische Untersuchungen bezüglich der Wärmespreizung durchgeführt. Einige dieser Untersuchungen sind tabelliert und veröffentlicht. Eine sehr praktische Aufbereitung der Daten stammt von D. P. Kennedy. In [19] sind dimensionslose Spreizfaktoren H für verschiedene Geometrieverhältnisse graphisch angegeben. Dort findet man diese Spreizfaktoren allerdings nur für zylindrische Strukturen. Die Umrechnung

234 4 Modellierung und Simulation von Einbaufällen

der meist vorkommenden quadratischen Strukturen in zylindrische erfolgt über den sogenannten äquivalenten Radius a. Mit Hilfe dieser Spreizfaktoren berechnet sich der thermische Widerstand eines Substrats für den Fall einer Wärmespreizung nach

$$R_{th,spreiz} = \frac{H}{\lambda \pi a} \qquad (4.6)$$

Dabei ergibt sich der äquivalente Chipradius a aus der Fläche A_{Chip} des Chips:

$$a = \sqrt{\frac{A_{Chip}}{\pi}}. \qquad (4.7)$$

In Abb. 4.19 und 4.20 werden Diagramme für den Spreizfaktor H nach [19] dargestellt. Dort ist der Spreizfaktor über dem Verhältnis von äquivalentem Radius der Quelle zu dem des Spreizers aufgetragen. Es sind für unterschiedliche thermische Randbedingungen unterschiedliche Diagramme vorhanden.

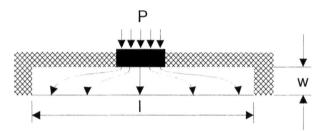

Abb. 4.18. Prinzipbild der Wärmespreizung im Substrat

Um eine gute Wärmespreizung zu bekommen, muß die laterale Wärmeleitung des Materials entsprechend groß sein (ca. 150 W/(m K) und mehr). Deutliche Wärmespreizung, die den technologischen Mehraufwand, hervorgerufen durch das Einfügen einer zusätzlichen Schicht, auch rechtfertigt, erhält man durch Diamantschichten ($\lambda_{Diamant} \geq 800$ W/(m K)) mit einer Dicke von 300 µm und mehr. In Abb. 4.21 wird zu diesem Sachverhalt der Zusammenhang zwischen Wärmeleitfähigkeit und dem Widerstand beim Wärmeübergang vom Festkörper in das Kühlmedium gezeigt. Für eine unendlich große Wärmeleitfähigkeit würde man eine unendlich große Wärmespreizung und damit einen gegen null gehenden Wärmewiderstand beim Wärmeübergang vom Festkörmer in das Kühlmedium erhalten.

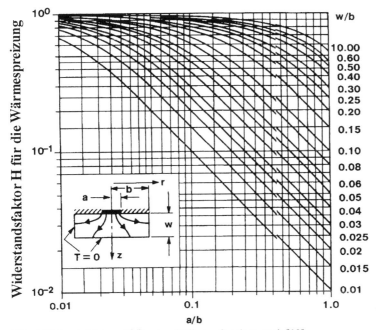

Abb. 4.19 Spreizfaktoren H für oben isolierten Spreizer, nach [19]

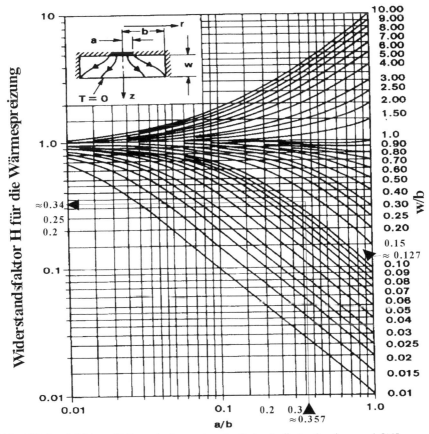

Abb. 4.20. Spreizfaktoren H für nach oben und an den Seiten isolierten Spreizer, nach [19]

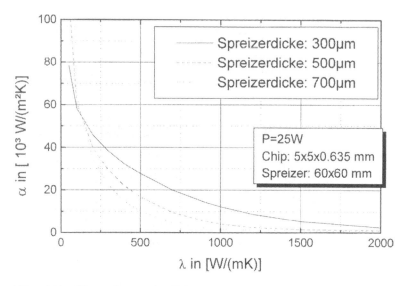

Abb. 4.21. Wärmeübergangskoeffizient in Abhängigkeit von der Spreizerdicke und -leitfähigkeit. Die Temperaturerhöhung zwischen der Chipoberseite und der Unterseite des Spreizers beträgt 20 K. Der in dieser Abbildung benutzte Wärmeübergangskoeffizient α ist ein Maß für die Güte des Wärmeübergangs vom Festkörper in das Kühlmedium. Er wird im folgenden Kapitel ausführlich beschrieben.

4.3.2.3
Wärmetransport aus dem System

Der Wärmeübergang vom Festkörper zum Fluid, im weiteren konvektiver Wärmeübergang genannt, ist für die hier behandelte Problemstellung mit Abstand der größte Wärmewiderstand im System. Deshalb ist es bei einer Vielzahl von thermischen Problemstellungen sinnvoll, besonderen Aufwand bei der Minimierung des konvektiven Wärmewiderstands zu betreiben. Die Konvektion besteht aus zwei zugleich auftretenden Mechanismen. Durch mikroskopische Bewegungen an der Grenzschicht zwischen Fluid und Festkörper kommt es zu einer Wärmeübertragung. Dies ist der Mechanismus der Wärmeleitung. Gleichzeitig kommt es zu makroskopischen Bewegungen der Molekühle des Kühlmediums hervorgerufen Dichteunterschieden (natürliche Konvektion) oder durch einen externen Antrieb (Ventilator, Pumpe) des Kühlmediums (erzwungene Konvektion) zu einem Wärmetransport.

Mit Konvektion wird der Wärmetransportmechanismus bezeichnet. Der konvektive Wärmewiderstand $R_{th,konv}$ einer umspülten Fläche (ebene Platte) berechnet sich allgemein aus

4.3 Methoden zur Simulation und Optimierung thermischer Eigenschaften

$$R_{th,konv} = \frac{1}{\alpha A}. \tag{4.8}$$

Dabei ist A die umspülte Oberfläche in m² und α der Wärmeübergangskoeffizient in W/(m² K).
Der Wärmeübergangskoeffizient läßt sich nach /Kay80/ aus folgendem Zusammenhang bestimmen:

$$\text{Nu} = \alpha \frac{L}{\lambda}. \tag{4.9}$$

Verwendet man Wasser oder Luft als strömendes Medium, gilt diese Formel für die ebene Platte und eine laminare 2-dimensionale Strömung in einem Temperaturbereich von 5°C bis 95 °C (und z. T. weit darüber). Für diesen Temperaturbereich läßt sich dann folgende Näherungsformel angeben:

$$\alpha \approx \frac{\lambda}{L} 0{,}366 \sqrt[2]{\text{Re}_L} \sqrt[3]{\text{Pr}}. \tag{4.10}$$

Bei den angegeben Gleichungen sind:
- α = Wärmeübergangskoeffizient im Abstand L von der angeströmten Vorderkante in W/(m² K).
- Re_L = Reynoldszahl (steht für strömungsmechanische Einflüsse) = $\frac{v L}{\nu}$
- Pr = Prandtlzahl (steht für den Einfluß der Stoffwerte) = $\frac{\nu}{a} = \frac{\eta\, c}{\lambda}$.
- L = Entfernung von der angestömten Vorderkante bis zur untersuchten Zone.
- λ = Wärmeleitfähigkeit in W/(m K).
- ν = kinematische Viskosität in m²/s mit $\nu\, \rho = \eta$.
- η = dynamische Viskosität in kg/(m s).
- ρ = Dichte in kg/m³.
- c = Wärmekapazität in J/(kg K)
- v = Anströmgeschwindigkeit des Kühlmediums in m/s
- a = Temperaturleitfähigkeit in m²/s

Die in der Gleichung für eine ebene Platte auftretenden Größen sind im wesentlichen die Stoffparameter des entsprechenden Kühlmediums und Geometriefaktoren. Damit ist die Berechnung des konvektiven Widerstandes unproblematisch. Die Stoffparameter sind in der Fachliteratur zahlreich aufgeführt. Für eine Temperatur des Kühlmediums von T = 20 °C gelten für Luft und Wasser für die beiden Stoffparameter Pr und ν die in Tabelle 4.4 dargestellten Werte.

Tabelle 4.4 Stoffparameter Pr und ν für Luft und Wasser

Werte für 20 °C	Wasser	Luft
Pr	7.01	0.713
ν in $10^{-6}\,m^2/s$	1.0	15.11

Zur Reduktion des Wärmewiderstandes ist eine Erhöhung der umspülten Oberfläche notwendig. Im Wärmeübergangskoeffizienten α sind die Einflüsse aus der Strömungskonfiguration berücksichtigt, im Fall der ebenen Platte ist dies in erster Linie die Strömungsgeschwindigkeit. Eine Änderung des thermischen Widerstandes über den Wärmeübergangskoeffizienten α ist daher deutlich schwieriger. Generell ist α nur durch aufwendige Simulationen oder Messungen zu ermitteln. Für wenige spezielle Problemstellungen gibt es analytische Lösungen (Strömung durch Kanäle mit kreisförmigen Querschnitt) oder semiempirische Lösungen (durchströmte Stiftkühler). Aufgrund der Fülle von Ansätzen bei der Bestimmung von α soll an dieser Stelle nicht näher auf diese Problematik eingegangen werden. Immer muß jedoch der Zusammenhang berücksichtigt werden, daß eine Verbesserung des konvektiven Wärmeüberganges mit einer Erhöhung des Druckverlustes und damit der Pump- bzw. Ventilatorenergie erkauft werden muß.

Da die Stoffwerte im allgemeinen temperaturabhängig sind, muß prinzipiell auch die Erwärmung des Fluids berücksichtigt werden. Da bei Wasserkühlung immer mit fließendem Wasser gearbeitet wird, kann dort eine Erwärmung des Kühlmediums für die erste Abschätzung vernachlässigt werden. Bei Luft kann für kurze Lauflängen die Erwärmung ebenfalls vernachlässigt werden.

Je nach anfallender Verlustleistung können verschiedene Kühlertypen zur Wärmeabfuhr verwendet werden. Typische Wärmeübergangskoeffizienten für verschiedene Kühlmechanismen sind in der Abb. 4.22 dargestellt.

Die Anwendung dieser Abbildung soll an einem Beispiel illustriert werden. Ein Chip mit einer Fläche A von 1 cm^2 ist mit einem thermisch sehr schlecht leitenden Kleber auf eine Leiterplatte geklebt. Aufgrund der schlechten Wärmeleitfähigkeit des Klebers und der Leiterplatte kann der Wärmestrom durch den Kleber und die Leiterplatte vernachlässigt werden. Wärme wird bei diesem Sachverhalt nur über Konvektion an der Oberseite des Chips abgeführt. Für diesen Fall kann bei freier Konvektion (α = 0.002 W/(cm^2 K)) aus Abb. 4.22 bei einer erlaubten Temperaturerhöhung von ΔT = 50 K eine Verlustleitung von Q_{Zul} = 100 mW als Wärme abgeführt werden.

4.3 Methoden zur Simulation und Optimierung thermischer Eigenschaften

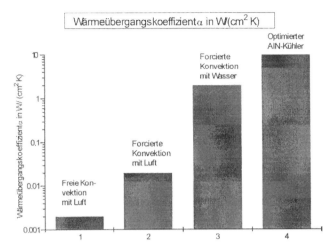

Abb. 4.22. Vergleich des Wärmeübergangskoeffizienten für verschieden Kühlertypen

Aus Gleichung (4.5) mit dem Ansatz aus (4.8) erhält man für die erlaubte Verlustleistung:

$$Q_{Zul} = \frac{\Delta T}{R_{th}} = \Delta T \, \alpha \, A = 50 \text{ K} * 1 \text{ cm}^2 * 0{,}002 \text{ W/(cm}^2 \text{ K)} = 100 \text{ mW}$$

Für die anderen angegebenen Konvektionsarten erhält man unter sonst gleichen Voraussetzungen:

Tabelle 4.5. Ergebnisse für die Konvektionsarten aus der Abb. 4.22

	α in W/(cm^2 K)	ΔT in K	A in cm^2	Q_{Zul} in W
Freie Konvektion mit Luft	0,002	50	1	0,1
Forcierte Konvektion mit Luft	0,02	50	1	1
Forcierte Konvektion mit Wasser	2	50	1	100
Optimierter AlN-Kühler	10	50	1	500

4.3.3 Thermische Abschätzungen am Beispiel von Single Chip Aufbauten

Anhand von zwei in der Mikroelektronik häufig vorkommenden Beispielen soll nun exemplarisch die Berechnungen von Halbleiteraufbauten mittels eines Widerstandsnetzwerkes durchgeführt werden. Um die Güte der Rechnung zu unterstreichen, werden den Überschlagsrechnungen numerische Simulation der Aufbauten gegenübergestellt. Für beide Beispiele wird als Modell ein Si-Chip verwendet.

4.3.3.1
Abschätzung eines geklebten Chips

Im vorliegenden Fall ist der Chip auf einer wärmespreizende Kupferplatte fixiert. Da der Grössenunterschied zwischen dem Chip und der Kupferplatte sehr groß ist, kommt es aufgrund der relativ hohen thermischen Leitfähigkeit des Kupfers zu einer starken Aufspreizung des Wärmeflusses in der Kupferplatte. Diese Kupferplatte ist auf einem Al_2O_3-Substrat angebracht, auf dessen Rückseite ein Kühler angenommen wird. Die thermische Quelle wird an der Oberseite des Si-Chips angenommen und hat eine Leistung von Q_{Zul} = 1 W. An der Unterseite des Al_2O_3-Substrats wird ein Wärmeübergang von α = 100 W/(m²K) angenommen, was freier Konvektion entspricht. In Abb. 4.23 wird die Geometrie des Modells dargestellt.

Die Wärmeleitfähigkeiten der in diesen Beispielen verwendeten Materialien, sowie die geometrischen Modelldaten werden wie folgt angenommen:

Al_2O_3-Substrat:	Breite	15.0 mm
	Länge	15.0 mm
	Dicke$_{Al2O3}$	1000 µm
	λ_{Al2O3}	25.0 W/(mK)
Spreizerschicht:	Breite	14.0 mm
	Länge	14.0 mm
	Dicke$_{Cu}$	1000 µm
	λ_{Cu}	372 W/(mK)
Si-Chip:	Breite	5.0 mm
	Länge	5.0 mm

Abb. 4.23. Geometrisches Modell des Beispiels

4.3 Methoden zur Simulation und Optimierung thermischer Eigenschaften

Kleber	Dicke $_{Si}$	635 µm
	λ_{Si}	130 W/(mK)
	Breite	5.0 mm
	Länge	5.0 mm
	Dicke $_{Kleber}$	50 µm
	λ_{Kleber}	0.5 W/(mK)

Der thermische Widerstand des gesamten Aufbaus ergibt sich aus der Reihenschaltung der Einzelwiderstände der Schichten und des Wärmeübergangs α. Da die verschiedenen Schichten unterschiedliche horizontale Maße haben, kommt es vor allem in der Kupferschicht zu einer Wärmespreizung. Es gilt also

$$R_{th,ges} = R_{th,Si} + R_{th,Kleber} + R_{th,Cu} + R_{th,Al2O3} + R_{th,\alpha} \quad (4.11)$$

mit $R_{th} = \dfrac{d}{\lambda A}$ und $R_{th,\alpha} = \dfrac{1}{\alpha A}$.

Dabei gibt A die Fläche senkrecht zum Wärmefluß an, d die Dicke der Schicht. Es ergeben sich die folgenden thermischen Widerstände für die entsprechenden Flächen:

	Chip	Kleber	Wärmesenke
R_{th} K/W	0.195	2.0	44.4
Fläche	A_{Si}	A_{Si}	A_{Al2O3}

Nach dem in Kap. 4.3.2 gezeigten Schema wird für jede wärmespreizende Schicht ein a/b und ein w/b bestimmt. Aus Abb. 4.20 kann man dann den Wert des Spreizfaktors H ablesen. Mit diesem H läßt sich der thermische Widerstand der entsprechenden Schichten bestimmen. Es ergeben sich:

	Cu-Schicht	Al$_2$O$_3$-Schicht
a/b	0.357	0.933
w/b	0.127	0.118
H	0.34	0.125
R_{th} K/W	0.103	0.201

Nach Gleichung (4.11) erhält man für das gesamte Modell einen analytisch abgeschätzten thermischen Widerstand von $R_{th,ges}$ = 46.94 K/W.

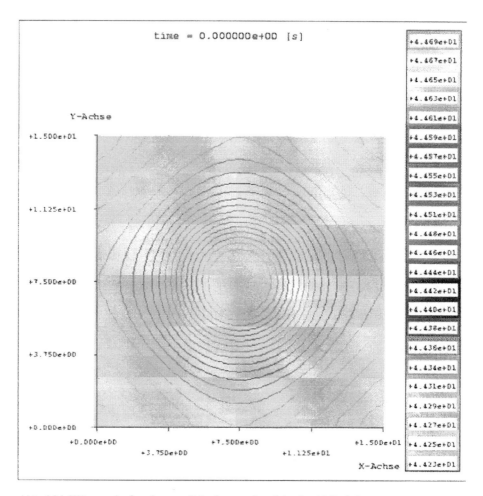

Abb. 4.24. Wärmeverlauf an der vom Chip abgewandten Seite des Al_2O_3-Substrats

4.3 Methoden zur Simulation und Optimierung thermischer Eigenschaften

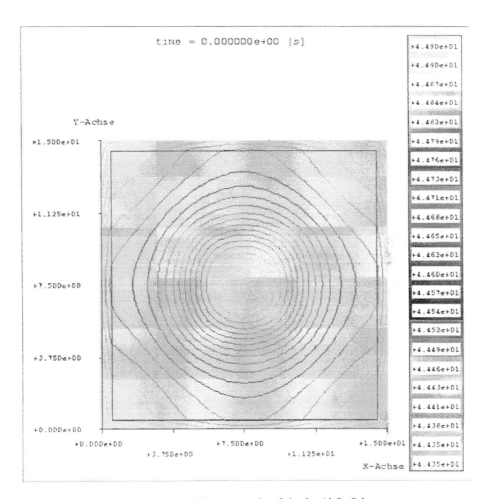

Abb. 4.25. Wärmeverlauf an der dem Chip zugewandten Seite des Al_2O_3-Substrats

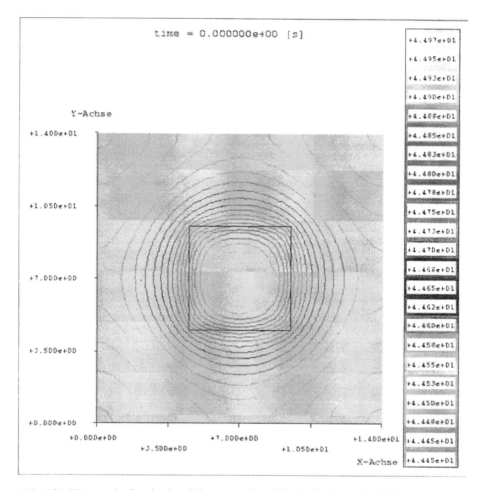

Abb. 4.26. Wärmeverlauf an der dem Chip zugewandten Seite der Kupferspreizschicht

4.3 Methoden zur Simulation und Optimierung thermischer Eigenschaften 245

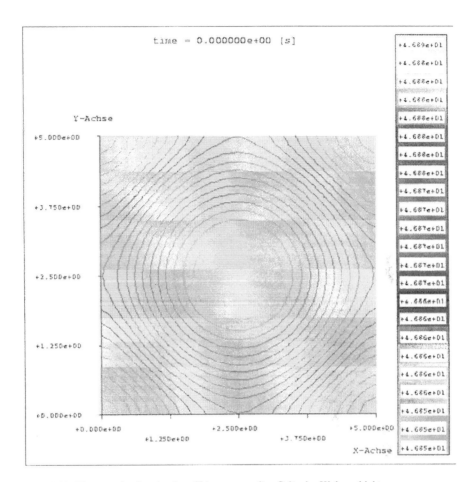

Abb. 4.27. Wärmeverlauf an der dem Chip zugewandten Seite der Kleberschicht

In den Abbildungen 4.24 bis 4.28 werden zum Vergleich mit dieser einfachen Abschätzung nun die simulierten Temperaturverläufe an den Übergängen der verschiedenen Materialien gezeigt. Der Wärmeübergangskoeffizient von $\alpha = 100$ W/(m^2 K) und die Wärmeleitung der Materialien wurden als Randbedingungen vorgegeben. Es sind hier jeweils die Temperaturerhöhungen zwischen den einzelnen Schichten und der Umgebungstemperatur von T = 20 °C dargestellt. Aus den abgebildeten Temperaturverläufen läßt sich für die thermische Quelle an der Oberseite des Si-Chips eine mittlere Temperaturerhöhung von T = 47.06 K ablesen. Daraus ergibt sich ein simulierter thermischer Widerstand für den gesamten Aufbau von

$$R_{th} = \frac{\Delta T}{\dot{Q}_{Zul}} = 47.06 \frac{K}{W}.$$

Im Vergleich zur Widerstandsnetzwerkmethode sollen nun die thermischen Widerstände der einzelnen Materialschichten berechnet werden. Zur Bestimmung der einzelnen Widerstände werden jeweils die mittleren Temperaturen auf den Schichtoberflächen aus den Abbildungen 4.24 bis 4.28 ermittelt. Die Berechnung des thermischen Widerstandes aus den Simulationen erfolgt dann mit

$$R_{th} = \frac{\overline{T}_{oben} - \overline{T}_{unten}}{\dot{Q}_{Zul}} \qquad (4.12)$$

aus der Differenz der gemittelten Temperaturen.

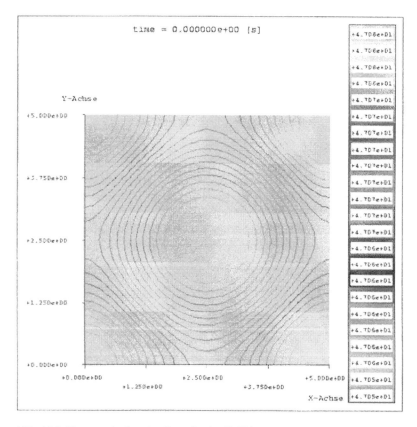

Abb. 4.28. Wärmeverlauf an der Oberseite des Si-Chips

4.3 Methoden zur Simulation und Optimierung thermischer Eigenschaften

Es sollen nun die aus den Simulationen und die aus der Netzwerkanalyse bestimmten thermischen Widerstände gegenüber gestellt werden.

		Simulation	Netzwerkanalyse
$R_{th,conv}$	K/W	44.5	44.4
$R_{th,Al2O3}$	K/W	0.2	0.2
$R_{th,Cu}$	K/W	0.08	0.1
$R_{th,Kleber}$	K/W	2.0	2.0
$R_{th,Si}$	K/W	0.2	0.195

Summiert man die Einzelwiderstände nun auf, erhält man als Ergebnis mit guter Übereinstimmung den thermischen Widerstand, der mit Hilfe des Widerstandsnetzwerkes berechnet wurde. Es zeigt sich, daß die Berechnung des thermischen Widerstandes mit Hilfe des Widerstandsnetzwerkes die Wärmespreizung näherungsweise beschreiben kann wenn einfache, hierarchisch gegliederte Aufbauten vorliegen.

4.3.4
Thermische Abschätzung eines Flip Chip gebondeten Chips

Als zweites Beispiel wird ein Flip Chip Aufbau untersucht. Als Grundlage für die thermische Analyse dient ein Aufbau, wie er in Abb. 4.29 gezeigt wird. Wie aus der Skizze zu ersehen ist, ist die Geometrie schwieriger zu beschreiben als im ersten Beispiel. Da die Abschätzung mit thermischen Widerstandsnetzwerken gekoppelte Wärmepfade nur unzureichend beschreiben kann, werden sich für die folgende Berechnung größere Abweichungen zu der begleitenden Simulation ergeben als im vorangegangenen Beispiel.

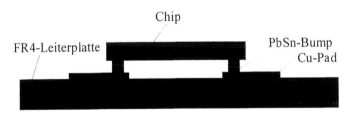

Abb. 4.29. Arbeitsskizze zum Flip Chip Aufbau

Die Wärmeleitfähigkeiten und geometrischen Daten sind wie folgt ausgewählt:

FR4-Substrat:	Breite	30.0 mm
	Länge	30.0 mm
	Dicke	1.6 mm
	λ_{FR4}	0.2 W/(mK)
Cu-Pads (44 Stck):	Breite	0.2 mm
	Länge	2.0 mm

4 Modellierung und Simulation von Einbaufällen

	Dicke	35.0 μm
	λ_{Cu}	372 W/(mK)
PbSn-Bumps (44 Stck):	Breite	100.0 μm
	Länge	100.0 μm
	Dicke	100.0 μm
	λ_{PbSn}	49.8 W/(mK)
Si-Chip:	Breite	10.0 mm
	Länge	10.0 mm
	Dicke	635.0 μm
	λ_{Si}	130 W/(mK)

Im vorliegenden Fall erhält man als thermisches Ersatzschaltbild eine Parallelschaltung. Zum einen wird an der Chipober- und -unterseite die Wärme durch freie Konvektion abgeführt, zum anderen wird ein Teil der Wärme durch die Bumps bis zur Unterseite des FR4-Substrates geführt und von dort durch freie Konfektion an die Umgebung abgegeben. Als Schaltbild in Formelschreibweise erhält man:

$$R_{th,ges} = R_{th,Aufbau} \parallel R_{th,\alpha,Si,oben} \parallel R_{th,\alpha,Si,unten}$$

mit

$$\frac{1}{R_{th,ges}} = \frac{1}{R_{th,Aufbau}} + \frac{1}{R_{th,\alpha,Si,oben}} + \frac{1}{R_{th,\alpha,Si,unten}} \qquad (4.13)$$

und

$$R_{th,Aufbau} = R_{th,Si} + R_{th,PbSn} + R_{th,Cu} + R_{th,FR4} + R_{th,\alpha,FR4} \qquad (4.14)$$

Die einzelnen Widerstände berechnen sich nach (4.5) und (4.8).

Der Wärmefluß durch den Aufbau muß vom Chip über die elektrischen Kontakte (Bump und Pad) zur Leiterplatte. Das bedeutet, daß die Wärme im Chip in lateraler Richtung zum Bump fließt, siehe Abb. 4.30. Weiter wird angenommen, daß die Wärme gleichmäßig über die 44 Bumps abfließen kann. Letzteres bedeutet, daß der Wärmefluß für einen Bump und ein Pad berechnet wird und das Ergebnis für 44 Bumps angepaßt wird.

4.3 Methoden zur Simulation und Optimierung thermischer Eigenschaften

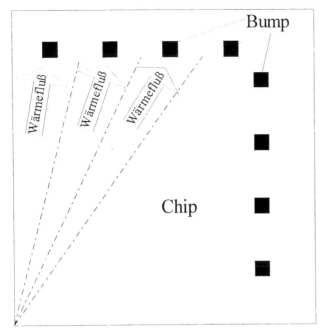

Abb. 4.30. Prinzipskizze zum Wärmefluß im Chip. Gezeigt wird ein Viertel des Chips

Für den Wärmefluß von der aktiven Zone des Si-Chips zu einem Bump erhält man $R_{th,Si}$ = 40.9 K/W. Die Fläche normal zum Wärmefluß beträgt A_{Si} = 0.51 mm², die gemittelten Weglänge L_{Si} = 9 mm

Im Bump wird ein homogener Wärmefluß angenommen. Mit den Geometriedaten und der Wärmeleitfähigkeit für die PbSn Bumps erhält man den Wärmewiderstand zu:

$R_{th,PbSn}$ = 200.8 K/W

Die Kupferpads und das FR4-Substrat werden unter Berücksichtigung der Wärmespreizung berechnet, obwohl dies für das FR4-Substrat nur in einem sehr geringem Maß zutrifft. Tabelliert ergeben sich dann die Wärmewiderstände auf ein Bump bezogen zu:

	Cu-Pad	FR4-Platine
a/b	0.157	0.357
w/b	0.098	1.6
H	0.57	1.02
R_{th} K/W	8.7	4547

Für den Abschluß der Berechnungen verbleiben noch die konvektiven Widerstände am Chip und am FR4-Substrat. Mit einem angenommenen Wärmeübergangskoeffizienten für freie Konvektion von 10 W/(m² K), einer Chipfläche von

250   4 Modellierung und Simulation von Einbaufällen

100 mm² und einer Substratfläche von 900 mm² erhält man die entsprechenden Wärmewiderstände zu:

$R_{th,\alpha,Si,oben/unten}$ = 1000 K/W und

$R_{th,\alpha,FR4}$ = 111 K/W.

Damit ergibt sich der Wärmewiderstand, der durch den Aufbau inkl. dem Wärmeübergang von der Leiterplatte zur Umgebung verursacht wird, nach (4.14) zu $R_{th,Aufbau}$ = 220 K/W. Dieser Wert ist bereits für den Aufbau mit 44 Bumps korrigiert.

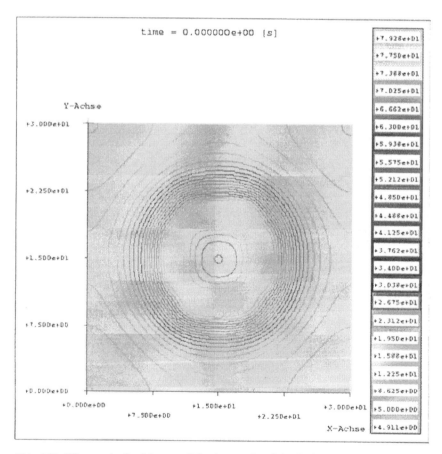

Abb. 4.31. Wärmeverlauf auf der vom Chip abgewandten Seite der FR4-Platine

Für den Gesamtwiderstand erhält man nach Korrektur für die 44 Bumps:

$R_{th,ges}$ = 153 K/W

4.3 Methoden zur Simulation und Optimierung thermischer Eigenschaften

Die Ergebnisse aus den Simulationen werden in den Abb. 4.31 bis 4.34 gezeigt. Es wird jeweils die Temperaturdifferenz zur Umgebung von 20 °C angezeigt. Für den Gesamtaufbau ergibt sich aus den Simulationen eine Temperaturerhöhung von 106 K bei einem angenommenen Wärmeübergang für freie Konvektion von $\alpha = 10$ W/(m^2 K). Dieser Wert führt zu einem thermischen Widerstand für das gesamte Modul von $R_{th,ges} = 106$ K/W

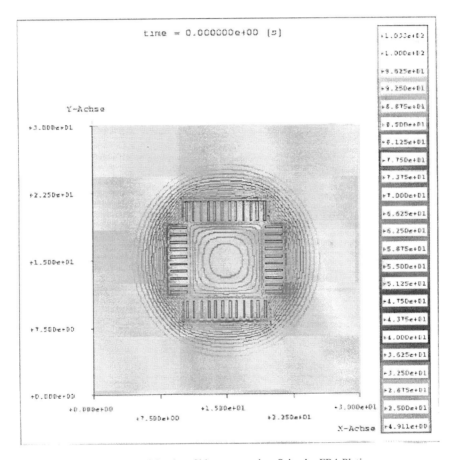

Abb. 4.32. Wärmeverlauf auf der dem Chip zugewandten Seite des FR4-Platine

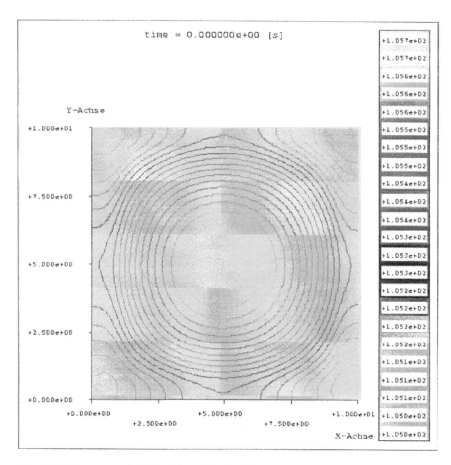

Abb. 4.33. Wärmeverlauf auf der aktiven Seite des Chips.

4.3 Methoden zur Simulation und Optimierung thermischer Eigenschaften 253

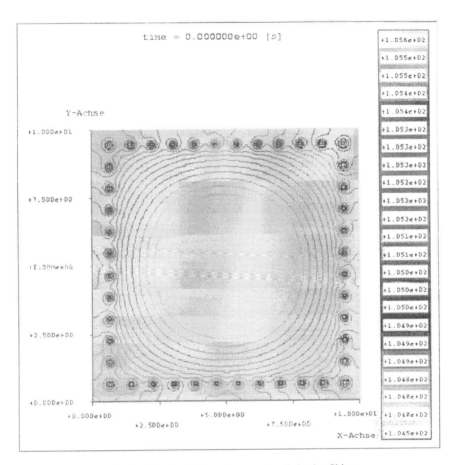

Abb. 4.34. Wärmeverlauf auf der dem Aufbau abgewandten Seite des Chips.

Zum weiteren Vergleich zwischen Netzwerkanalyse und Simulation muß der Wärmefluß ermittelt werden, der durch den Aufbau fließt. Der Wärmefluß teilt sich im umgekehrten Verhältnis der Wärmewiderstände auf. Man erhält mit dem Widerstand für den Aufbau einen Wärmefluß von 0.7 W. Mit dem zuvor berechneten Widerstand aus dem Wärmeubergang von der FR4-Platine zur Umgebung von $R_{th,\alpha,FR4}$ = 111 K/W ergibt sich eine abgeschätzte Temperaturerhöhung an der Unterseite der Platine von 77.7 K gegenüber der Umgebungsluft. Durch Aufsummieren der Schichtwiderstände können weitere Vergleichswerte mit der Simulation ermittelt werden. Im Folgenden werden entsprechende Ergebnisse verglichen.

4 Modellierung und Simulation von Einbaufällen

		Simulation	Netzwerkanalyse
$\Delta T\ (R_{th,\alpha,FR4})$	K	79.3	77.7
ΔT Oberseite Platine	K	103.3	149.8
ΔT_{ges}	K	105.6	153.0

Die Unterschiede zwischen Netzwerkanalyse und Simulation sind im vorliegenden Fall größer als im vorangegangenem Beispiel. Der Hauptgrund dafür ist, daß die Wärmespreizung in der schlecht leitenden FR4 Leiterplatte durch die Diagramme nach [19] offensichtlich nicht ausreichend genau beschrieben werden kann. Hier entsteht die größte Temperaturabweichung bezüglich der Simulation. Zusätzliche Abweichungen entstehen durch die Annahme, daß der Wärmefluß über alle Bumps homogen verteilt ist. So sind z. B. die Bumps in den Eckregionen weniger an der Wärmeentsorgung beteiligt, als die im übrigen Gebiet.

Trotz der Temperaturabweichungen ist die Netzwerkmethode eine gute Möglichkeit, um in der Entwicklungsphase schnelle Abschätzungen durchführen zu können. Man muß sich dabei immer wieder vor Augen führen, daß diese Vorgehensweise nur eine einfache eindimensionale Abschätzung ist.

4.4 Methoden zur Simulation und Optimierung mechanischer Eigenschaften

4.4.1 Einleitung

Elektronische Baugruppen werden während ihrer Herstellung und ihres Einsatzes Temperaturbelastungen unterworfen (äußere Temperatureinflüsse, innere Verlustleistungen). Diese verursachen mechanische Spannungen und Dehnungen (thermo-mechanische Beanspruchung) aufgrund unterschiedlicher thermischer Ausdehnungskoeffizienten der verwendeten Materialien sowie inhomogener Temperaturverteilungen. Zyklische Temperaturänderungen führen zu einer mechanischen Ermüdung der Baugruppe und somit zu ihrem Ausfall.

Durch Simulationen lassen sich reale thermische Belastungen mit folgenden Ergebnissen nachbilden:

- Gebiete mit hoher thermo-mechanischer Beanspruchung werden lokalisiert.
  → Bestimmung von Ausfallmechanismen
- Durch Parameterstudien kann ein Entwurf der Baugruppe mit minimaler Beanspruchung realisiert werden.
  → Hinweise für Design, Materialauswahl und Technologie (auch bevor ein Prototyp existiert)
- Lebensdauervorhersagen werden ermöglicht.

Ziel der Simulationsuntersuchungen sind die Effektivierung und Verkürzung des Entwurfszyklus. Eine Verifizierung der Ergebnisse durch praktische Tests bleibt jedoch unverzichtbar.

Als Simulationswerkzeuge haben sich Programme bewährt, die nach der Methode der finiten Elemente (FEM) arbeiten. Sie beherrschen sowohl den Umgang mit komplizierten Geometrien (3D) als auch mit nichtlinearen Materialeigenschaften (Plastizität, Kriechen,...). Leistungsfähige Computer-Hardware sowie kommerzielle Softwarepakete, die ein weites Anwendungsspektrum ausfüllen, sind verfügbar.

Der Grundgedanke der Methode der finiten Elemente ist die Unterteilung (Vernetzung) des Simulationsgebietes in eine endliche Anzahl von Teilgebieten (Elemente), für die jeweils eine Näherungslösung bestimmt wird. Eine praxisbezogene Einführung in diese Simulationsmethode und ihre Anwendung findet sich z.B. in [21].

4.4.2 Methodik

Vorbereitung der Simulation, Datenbeschaffung
Ausgehend von der Analyse der realen Verhältnisse ist eine präzise Fragestellung für die Simulation abzuleiten (z.B. entsprechend des erwarteten Ausfallmechanismus).

4 Modellierung und Simulation von Einbaufällen

Die benötigten Daten lassen sich unter den folgenden Punkten zusammenfassen:
1. Belastung: Wie ist der zeitliche Temperaturverlauf?
2. Geometrie: Welche Formen und Abmaße haben die Komponenten des Aufbaus? Welche Unstetigkeiten (Materialgrenzen, Kanten etc.) lassen besondere Beanspruchungen erwarten?
3. Werkstoffe: Welche zur Belastung passenden Materialkenngrößen sind erforderlich?

Die Beschaffung der Werkstoffdaten erweist sich in der Praxis als am schwierigsten. Da sie aus Literaturquellen meist nur zum Teil ermittelbar sind, sollte ein Mindestmaß an entsprechenden experimentellen Untersuchungen eingeplant werden. Minimal müssen folgende Kenngrößen bekannt sein:

- Elastizitätsmodul E
- Thermischer Ausdehnungskoeffizient α
- Querkontraktionszahl ν

In Erweiterung dazu benötigen viele Materialien zusätzliche Kennwerte, da ihre Verformungseigenschaften über die lineare Elastizität hinausgehen. Abb. 4.35 und Tabelle 4.6 verdeutlichen dies exemplarisch für eutektisches Blei-Zinn-Lot.

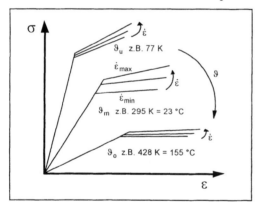

Abb. 4.35. Grundsätzliches Verformungsverhalten von Blei-Zinn-Lot

Tabelle 4.6. Zusätzlich benötigte Materialkennwerte für Blei-Zinn-Lot

Verformungsverhalten	Kennwerte
Plastizität	signifikante Punkte des Spannungs-Dehnungs-Diagramms, Festigkeitskoeffizient, Verfestigungsexponent
Kriechen	Aktivierungsenergie, Kriechkoeffizienten

Für viele Werkstoffe sind die Materialkenngrößen temperaturabhängig zu bestimmen (Polymere, Lote,...).

4.4 Methoden zur Simulation und Optimierung mechanischer Eigenschaften

Modellbildung
Für die o.g. Punkte Belastung, Geometrie und Werkstoffe müssen Modelle aufgestellt werden. Diese müssen einerseits die realen Verhältnisse hinreichend widerspiegeln und andererseits den Beschreibungsmöglichkeiten des Simulationsprogrammes angepaßt sein und Möglichkeiten zur Begrenzung des Rechenaufwandes berücksichtigen.

Oft gewählte Vereinfachungen im Rahmen der Modellbildung sind z.B.:
- Widerspiegelung einer 3D-Problematik durch eine 2D-Anordnung
- Betrachtung nur von Teilen der Geometrie unter Ausnutzung von Symmetrien
- Annahme einer homogenen Temperaturverteilung
- Vernachlässigung dünner Schichten
- Annahme der Werkstoffe als homogen und isotrop

Wichtige Werkstoffmodelle (elastisch, plastisch, Kriechen,...) werden durch die Simulationssoftware i.d.R. ebenso angeboten wie die Möglichkeit der automatischen Vernetzung des Geometriemodells mit Elementen.

Oft ist es günstig, die wesentlichen Kennwerte des Simulationsmodells (z.B. geometrische Abmaße) durch Parameter (Variablen) zu realisieren, um ihre einfache Zugänglichkeit z.B. für Parameterstudien zu gewährleisten.

Durchführung und Auswertung
Vor den Simulationsrechnungen ist ein Versuchsplan aufzustellen, in dem die zu optimierenden Parameter und ihre Wertebereiche festgelegt werden. Anschließend werden alle Rechnungen durchgeführt und die Ergebnisse gesammelt.

Als erster Schritt der Auswertung werden die in den interessierenden Materialbereichen thermisch induzierten mechanischen Spannungen und Dehnungen ermittelt. Indem diese Ergebnisse über dem variierten Parameter dargestellt werden, läßt sich die Abhängigkeit der thermo-mechanischen Beanspruchung von diesem Parameter ableiten und daraus eine Optimierung vornehmen.

Die simulierten Ergebnisse sind dabei stets auf ihre Plausibilität zu überprüfen.

Die Grenzen der Simulation liegen derzeit darin, daß gute qualitative Resultate für vergleichende Aussagen erzielbar sind, sich jedoch nur schwer gesicherte quantitative Aussagen treffen lassen. Hauptursachen dafür sind vorrangig der Mangel an geeigneten Werkstoffdaten und/oder ein zu hoher Rechenaufwand.

4.4.3
Darstellung am Beispiel: Kontaktformoptimierung an einem FC-Kontakt

Der Untersuchungsgegenstand sei ein Flip-Chip-Verbund auf einem flexiblen Substrat ohne Underfiller. Als Zielstellung soll der Einfluß der Kontaktform auf die thermo-mechanische Beanspruchung der Kontakte ermittelt werden.

Analyse von Belastung, Geometrie und Werkstoffen
Der FC-Verbund soll eine Abkühlung von 155°C nach 5°C durchlaufen. 99% der Temperaturspanne sollen dabei in 15 Sekunden überwunden werden.

4 Modellierung und Simulation von Einbaufällen

Tabelle 4.7 gibt die wichtigsten geometrischen Eckdaten sowie die verwendeten Materialien wieder.

Tabelle 4.7. Geometrische Abmessungen und Materialien des Beispielaufbaus

	Geometrische Eigenschaften	Material
Chip	7.4 x 7.4 mm Kantenlänge, 300 µm dick, Bondpads peripher mit einer Größe von 100 x 100 µm im Raster von 180 µm	Silizium
Substrat	9.0 x 9.0 mm, 50 µm dick	PI-Folie (Kapton-H)
Kontakte	Kontakthöhe von ca. 40...160 µm realisierbar (tonnenförmige bis hyperboloide Kontakte)	eutektisches Blei-Zinn-Lot

Modellbildung

Die Temperaturverteilung im Verbund soll als homogen angenommen werden. Die Abkühlungskurve wird durch eine Exponentialfunktion beschrieben (Abb. 4.36a), welche durch Geradenstücke genähert wird.

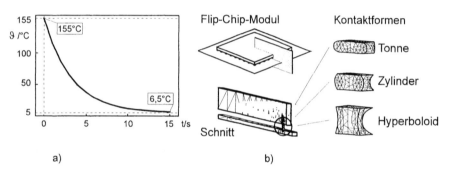

Abb. 4.36. Modell der Temperaturbelastung und Geometriemodell

Das Geometriemodell stellt einen Schnitt durch den Verbund mit einer Schnittdicke von ½ Kontaktraster dar (Abb. 4.36b). Wegen der Symmetrie der Anordnung enthält das Modell nur eine Hälfte des Schnitts. Um die runde Form der Kontakte korrekt wiedergeben zu können, ist ein 3D-Modell notwendig. Alle Dünnschichtsysteme (Unter-Bump-Metallisierung) und die Leitbahnen auf dem Substrat werden vernachlässigt.

Alle Werkstoffe werden als homogen und isotrop betrachtet. Sie besitzen elastische Eigenschaften. Das Blei-Zinn-Lot kann sich weiterhin instantan plastisch sowie durch Kriechen verformen. Die Tabellen 4.8 und 4.9 enthalten die Kennwerte der verwendeten Werkstoffmodelle.

4.4 Methoden zur Simulation und Optimierung mechanischer Eigenschaften 259

Tabelle 4.8. Elastische Modellkennwerte (bei Raumtemperatur)

Werkstoff	E/GPa	n	$\alpha/10^{-6} K^{-1}$
Silizium	148	0,18	2,5
Kapton-H	3	0,4	19
Sn60Pb	30	0,36	26

Tabelle 4.9. Zusätzliche Kennwerte für das Lot-Modell

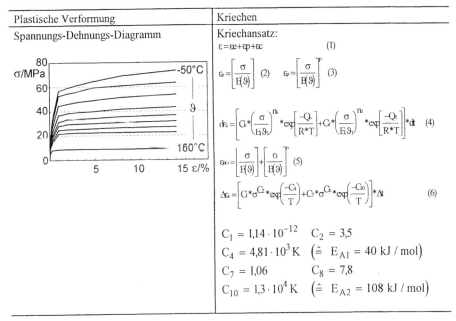

Plastische Verformung	Kriechen
Spannungs-Dehnungs-Diagramm	Kriechansatz: $\varepsilon = \varepsilon_e + \varepsilon_p + \varepsilon_c$ (1)

$$\varepsilon_e = \left[\frac{\sigma}{E(\vartheta)}\right] \quad (2) \qquad \varepsilon_p = \left[\frac{\sigma}{E(\vartheta)}\right]^p \quad (3)$$

$$d\varepsilon_c = \left[C_1 * \left(\frac{\sigma}{E(\vartheta)}\right)^{n_1} * \exp\left(\frac{-Q_1}{R*T}\right) + C_4 * \left(\frac{\sigma}{E(\vartheta)}\right)^{n_4} * \exp\left(\frac{-Q_4}{R*T}\right)\right] * dt \quad (4)$$

$$\varepsilon_{ep} = \left[\frac{\sigma}{E(\vartheta)}\right] + \left[\frac{\sigma}{E(\vartheta)}\right]^p \quad (5)$$

$$\Delta\varepsilon_c = \left[C_1 * \sigma^{C_2} * \exp\left(\frac{-C_4}{T}\right) + C_7 * \sigma^{C_8} * \exp\left(\frac{-C_{10}}{T}\right)\right] * \Delta t \quad (6)$$

$C_1 = 1{,}14 \cdot 10^{-12} \quad C_2 = 3{,}5$
$C_4 = 4{,}81 \cdot 10^3 K \quad (\hat{=} \; E_{A1} = 40 \text{ kJ/mol})$
$C_7 = 1{,}06 \quad C_8 = 7{,}8$
$C_{10} = 1{,}3 \cdot 10^4 K \quad (\hat{=} \; E_{A2} = 108 \text{ kJ/mol})$

Planung und Durchführung der Simulationsrechnungen
Die Kontakthöhe soll bei konstantem Lotvolumen optimiert werden, so daß die thermo-mechanische Beanspruchung des Lotes minimiert wird. Die Kontakthöhe kann im Bereich von ca. 40...160 µm variiert werden (siehe Abb. 4.36b).

Sechs Kontakthöhen werden ausgewählt, diese entsprechen verschiedenen Kontaktformen (Tonnen, Zylinder, Hyperboloide). Somit sind 6 Simulationsrechnungen durchzuführen.

Auswertung der Ergebnisse
Die Abb. 4.37 zeigt die maximalen Vergleichsspannungen ($\hat{\sigma}$) bzw. Vergleichsdehnungen ($\hat{\varepsilon}$), die in Abhängigkeit von der Kontakthöhe im Lot errechnet wurden. Die geringsten thermo-mechanischen Beanspruchungen ergaben sich im Kontakt mit 85 µm Höhe.

260 4 Modellierung und Simulation von Einbaufällen

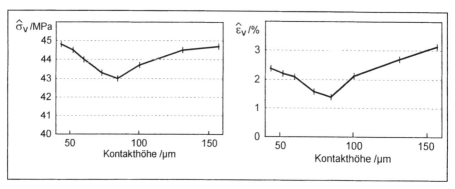

Abb. 4.37. Maximale Vergleichsspannung bzw. -dehnung im Lot

Die lokale Verteilung der Dehnungen im Lotkontakt mit 85 µm Kontakthöhe stellt Abb. 4.38 dar. Die größten Dehnungen befinden sich in der Nähe des Chips, jedoch in ausreichender Entfernung zu den Phasengebieten der Fügezone.

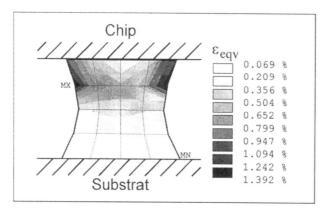

Abb. 4.38. Dehnungsverteilung im 85 µm hohen Lotkontakt

Die Plausibilität der Rechenergebnisse verdeutlicht Abb. 4.39. Da sich das Substrat flexibel verformt, ist im substratnahen Bereich des Lotkontaktes keine hohe Beanspruchung zu erwarten.

4.4 Methoden zur Simulation und Optimierung mechanischer Eigenschaften 261

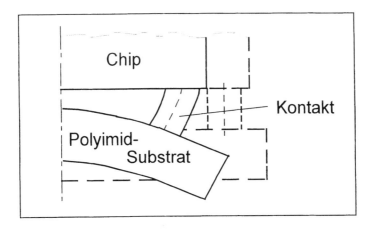

Abb. 4.39. Positives Ergebnis der Plausibilitätsprüfung

Aus den Simulationsergebnissen kann geschlußfolgert werden, daß für die betrachtete Anordnung hyperboloide FC-Kontakte mit 85 µm Kontakthöhe die niedrigste thermo-mechanische Beanspruchung und eine günstige Beanspruchungsverteilung aufweisen.

Das dargestellte Beispiel ist im wesentlichen entnommen aus [22]. Weitere Veröffentlichungen zur FEM-Simulation von thermisch induzierten mechanischen Beanspruchungen auf dem Gebiet des Packaging sind z. B. in [23], [24] und [25] zu finden.

4.4.4.
Hard- und Software-Anforderungen

Für die Simulation thermo-mechanischer Beanspruchungen mittels der Finiten-Elemente-Methode können sowohl moderne PCs als auch Workstations benutzt werden. Der Einsatz von PCs ist vorwiegend geeignet für ein- und zweidimensionale Probleme ohne nichtlineares Werkstoffverhalten (z.B. Plastizität). Im allgemeinen ist die Anschaffung einer leistungsfähigeren Workstation und eines kommerziellen Softwarepaketes zu empfehlen.

Der Resourcenaufwand für Simulationsrechnungen ist nicht zu unterschätzen. Einige Tage Rechenzeit und mehrere hundert MB Plattenspeicher-Bedarf für eine nichtlineare 3D-Simulation sind durchaus realistisch. Die Einarbeitungszeit in die Software muß mit mindestens einem halben Jahr veranschlagt werden.

Für das oben gezeigte Beispiel wurde eine Workstation HP 9000/735/50 und das Softwarepaket ANSYS® 5.0 benutzt.

4.5
Bewertung der Zuverlässigkeit an Beispielen

4.5.1
Einführende Bemerkungen

Die exakte Bewertung der thermomechanischen Zuverlässigkeit von Mikrobauteilen in elektronischen Packagingaufbauten stößt auf Grund der Komplexität der einzubeziehenden technologischen und werkstoffseitigen Phänomene in der Regel auf beträchtliche Schwierigkeiten. Diese nehmen mit steigender Miniaturisierung noch zu, was auch mit der Vielzahl der verbundenen Werkstoffe und den lokal stark schwankenden Werkstoffeigenschaften im direkten Zusammenhang steht. Der starke Einfluß lokaler und globaler Temperaturgradienten, der z.B. mit den elektrischen Strömen sowie unterschiedlichen dissipativen Mechanismen verbunden ist, ist zusätzlich auch mit lokalen Plastizierungserscheinungen sowie Schädigungsmechanismen wie Mikrorißbildung, Eigenspannungen, "Misfit-Effekten" etc. gekoppelt. Auch Kriecherscheinungen können insbesondere in den wichtigen Löt- bzw. Bond-Regionen der Miniatur-Komponenten nicht vernachlässigt werden. Deshalb werden Fragen der thermomechanischen Zuverlässigkeit zunehmend auch bereits in die Design- und Testprozeduren der Aufbau- und Verbindungstechnik integriert [26 - 28].

Zur Bewertung der Zuverlässigkeit von Packagingaufbauten werden in der Regel Zuverlässigkeitstests auf der Basis statistischer Methoden herangezogen, die auf dem Zufallscharakter der Parameter basieren. Auf der anderen Seite werden "deterministische" Untersuchungen durchgeführt, um die dominanten Versagensmechanismen im Detail zu studieren.

Für eine umfassende thermomechanische Zuverlässigkeitsbewertung ist die Nutzung von Ergebnissen aus folgenden Arbeitsrichtungen und Wissensgebieten erforderlich:

- Werkstoffmechanik von Mikroverbunden ("Micromaterials")
  Bestimmung von Werkstoffeigenschaften in kleinen Dimensionen, Skalierung von "Bulk"-Eigenschaften auf Mikrokomponenten
- Kopplung von Simulation und Experiment
  Kopplung von Experiment und Simulation zur mechanischen bzw. thermomechanischen Analyse von Packaging-Komponenten unter Verwendung von Bildverarbeitungssoftware, adaptiven Finite-Elemente-Netzgeneratoren und CAD-Tools
- Bruchvorgänge und Schädigungsmechanismen ("Fracture Electronics")
  Bewertung und Design von Packages auf der Grundlage von Bruch-, Riß- und Schädigungskonzepten auf deterministischer und probabilistischer Grundlage unter besonderer Beachtung der physikalischen Eigenschaften mikrotechnischer Aufbauten
- Probabilistische und Stochastische Zuverlässigkeits-konzepte
  Einbeziehung verschiedener stochastischer Aspekte in die thermomechanische Bewertung der Mikrokomponenten

4.5.2
Simulation thermomechanischer Beanspruchungen

4.5.2.1
Relevante Beanspruchungen

Aus thermischen Fehlanpassungen resultierende mechanische Beanspruchungen stellen typische Ausfallursachen für die sich bei der direkten Bauelementemontage ergebenden kompakten Aufbauten dar. Der Ursprung thermischer Spannungen liegt in der Verbindung von Materialien mit unterschiedlichem thermischen Ausdehnungsverhalten sowie in inhomogenen Temperaturverteilungen im Verbund.

Eine merkliche Beanspruchung kann auch durch die Einwirkung von Feuchte, insbesondere unter Wärmeeinfluß, nachgewiesen werden. Neben dramatischen Einflüssen der Feuchte auf die Festigkeit der Epoxide und deren Haftung bewirkt die Feuchtediffusion ebenfalls eine mechanische Verspannung im Verbund. Die Wirkung dieser Verspannung ist ähnlich einem durch thermische Dehnungen induzierten Spannungsfeld, da das Aufquellen des Werkstoffes ebenfalls mit einer Volumendehnung verbunden ist.

Während der Aushärtung kommt es zur Schrumpfung der Polymerwerkstoffe. Wenn die Aushärtetemperaturen in Temperaturbereichen oberhalb der Glasübergangstemperaturen liegen, kann wegen der stark viskosen Eigenschaften von Abdeckmassen, Underfillern und Klebern aber davon ausgegangen werden, daß die schrumpfungsbedingte Verspannung des Verbundes gegenüber anderen Beanspruchungen vernachlässigbar ist.

4.5.2.2
Modellbildung

Wesentliche Schritte der thermomechanischen Modellbildung der "Präzisions-Materialverbunde", wie sie Aufbauten der Direktmontage aus mechanischer Sicht darstellen, sind in Abb. 4.40 dargestellt.

Bei der Definition des Anfangszustandes kann es bereits erforderlich sein, Eigenspannungen [29], [30] im Werkstoff in Betracht zu ziehen. Diese treten z.B. im Gefolge von Polymerisationsvorgängen auf.

Wegen der starken Temperatur- und Zeitabhängigkeit der Materialeigenschaften von Fügewerkstoffen ist häufig nicht nur die Amplitude, sondern der zeitliche Verlauf der Beanspruchung von Bedeutung (Kriecherscheinungen oder kombinierte Creep-Fatigue-Effekte).

Schwierigkeiten bei der Modellbildung sind insbesondere in der komplizierten Geometrie der Aufbauten sowie den unterschiedlichen konstitutiven Eigenschaften der Werkstoffe zu sehen. In vielen Fällen ist es daher notwendig, die theoretischen Untersuchungen durch experimentelle Verfahren zu begleiten [31].

Komponenten der Mikrotechnik weisen jedoch oftmals eine große Streuung der lokalen Materialeigenschaften auf, beispielsweise in dünnen Schichten, an Materialübergängen, in inhomogenen Materialbereichen. Hinzu kommen - bezogen auf die absoluten Größen - vergleichsweise beträchtliche geometrische Imperfektio-

264   4 Modellierung und Simulation von Einbaufällen

nen, beispielsweise bei der Ausformung von Abdeckmassen oder Lotverbindungen, der Positionierung von Bumps oder durch die Lage und Form von Defekten und Mikrorissen.

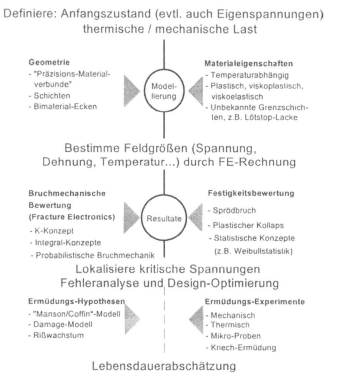

Abb. 4.40. Übersicht zur Bewertung der mechanischen Zuverlässigkeit

Für bestimmte streuende Materialeigenschaften, z.B. die Bruchfestigkeit von Silizium, existieren statistische Modelle wie das Weibull-Modell für die zufällige Streuung. Auch in Rißwachstums- oder Lebensdauermodellen werden teilweise die statistischen Eigenschaften einzelner Parameter einbezogen [32]. In diesem Zusammenhang sei auch auf die sogenannte Stochastische FEM verwiesen [33].

4.5.2.3
Geometriebestimmung

Eine weitere Voraussetzung für die Zuverlässigkeitsbewertung stellt die Bestimmung einer charakteristischen Geometrie dar, die der Simulation zugrunde gelegt wird. An dieser Stelle sei vor einer allzu groben oder idealisierten Modellierung ohne die Einbeziehung mikroskopischer Methoden an realen Objekten gewarnt, die oft wesentliche geometrische Einflüsse unbeachtet läßt. Eine gute und effiziente Lösung der geometrischen Modellbildung gelingt mit speziellen Softwaretools, die z.B. eine Geometrievermessung aus Mikroschliffen bzw. direkt über "Videometallographie" ermöglichen [34].

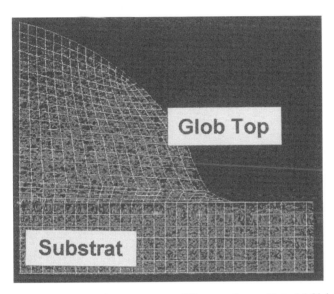

Abb. 4.41. Geometrievermessung und Netzgenerierung (Beispiel Glob Top)

4.5.2.4
Charakterisierung der Materialeigenschaften

Umfangreiche Materialuntersuchungen an Epoxid-Abdeckmassen haben gezeigt, daß diese Werkstoffe stark temperatur- und zeitabhängige Eigenschaften aufweisen (vgl. z.B. Abb. 4.42).
Auch unterhalb der Glasübergangstemperatur treten Kriech- bzw. Relaxationserscheinungen auf. Darüber hinaus besteht auch hier eine Abhängigkeit der mechanischen Eigenschaften von der Feuchte. Mechanische und thermische Ermüdungsbeanspruchungen haben ebenfalls einen Einfluß auf die mechanischen Eigenschaften der Abdeckmassen.
Die Materialeigenschaften der gefüllten Abdeckmassen werden jedoch wesentlich vom elastischen Verformungsanteil dominiert, vor allem im Temperaturbereich unterhalb etwa 70 °C. Die zeitabhängigen Eigenschaften können daher häufig mit Hilfe temperaturabhängiger viskoelastischer Modelle beschrieben werden (vgl. z.B. [35]).

266   4 Modellierung und Simulation von Einbaufällen

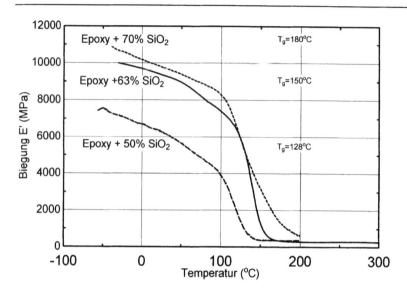

Abb. 4.42. Typischer E(T)-Verlauf von Epoxid-Massen, ermittelt mittels DMTA

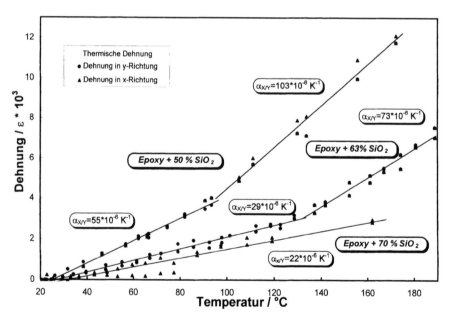

Abb. 4.43. Temperaturabhängigkeit des thermischen Ausdehnungskoeffizienten von Epoxid-Massen, ermittelt mittels Korrelation Mikrodeformationsanalyse

Damit ergibt sich z.B. ein in Abb. 4.44 veranschaulichtes Relaxationsverhalten handelsüblicher polymergefüllter Abdeckmassen für eine sprungartig vorgegebene Dehnung von 0,2 %.

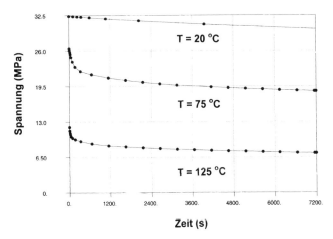

Abb. 4.44. Spannungsrelaxation für eine gefüllte Epoxid-Abdeckmasse in Abhängigkeit von der Temperatur

Das Diagramm demonstriert die Abnahme der elastischen Steifigkeit des Werkstoffes anhand der abnehmenden Spannung. Des weiteren wird die Spannungsrelaxation für die unterschiedlichen Temperaturen über einen Zeitraum von zwei Stunden deutlich.

4.5.2.5
Anwendung von Finite-Elemente-Softwaretools

Neben den üblichen Anwendungen der FEM im Bereich des elektrischen und mechanischen Designs wird diese Methode auch zunehmend zur Lösung thermomechanischer Probleme auf dem Gebiet der Mikroverbindungstechniken eingesetzt. Dabei befinden sich zahlreiche Fragen derzeit in Bearbeitung, beispielsweise solche hinsichtlich der konstitutiven Beschreibung der "Micro Materials". In engem Zusammenhang damit wird auch ihr Schädigungsverhalten untersucht. FE-Simulationen erfordern daher wachsende Möglichkeiten der komplexen nichtlinearen Materialmodellierung, wie sie z.B. in den kommerziell verfügbaren Programmen ABAQUS, ANSYS, ADINA, MARC, aber auch in Spezial-Programmen wie ASTOR [36] verfügbar sind. Darüber hinaus sollten auch Werkzeuge des Pre- und Postprocessing (z.B. I-DEAS, PATRAN) mit CAD-Interface und Anschluß an experimentelle Techniken verfügbar sein. Anspruchsvolle Schädigungsmodelle (bruchmechanische Bewertungskriterien, Rißfortschritt) müssen in die Analysen einbezogen werden. Für letzteren Aufgabenkreis gibt es spezielle FE-Programme (z.B. ALICE [36]).

268 4 Modellierung und Simulation von Einbaufällen

Gegenüber den allgemein einsetzbaren FE-Programmen haben Spezialprogramme wie ALICE z.B. folgende zusätzliche Möglichkeiten:

- adaptive Netzverfeinerung und Netzvergröberung (Abb. 4.45.)
- Simulation von lokalem Versagen unter Einbeziehung moderner Versagenskonzepte (z.B. Damage-Modelle, integrale Bruchkriterien)
- Einsatz einer "debond technique" für zeitabhängige Schädigungsentwicklung (z.B. Rißfortschritt)

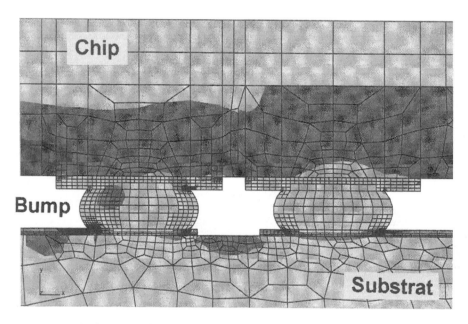

Abb. 4.45. Adaptive Netzverfeinerung am Beispiel eines Flip-Chip-Aufbaus

Probabilistische/stochastische/statistische Zuverlässigkeitsbewertungen von Mikrokomponenten enthalten in der Regel einen Vergleich der tatsächlichen Beanspruchung im Bauteil (infolge der Betriebsbedingungen) mit einer kritischen Beanspruchung oder kritischen Kennwerten. In Abhängigkeit vom Versagenskriterium kann die Bewertung über Charakteristika wie Last, Verschiebung, Dehnung, Spannung, Defektgröße, Spannungsintensitätsfaktor, J-Integral oder in speziellen Fällen auch über elektrische, optische und andere Größen erfolgen.

4.5.3
Beispiel Hybridmodul mit Glob-Top-Abdeckung

Abbildung 4.46 zeigt das Finite-Element-Modell des Werkstoffverbundes aus den Materialkomponenten Substrat, Kleber, Chip und Abdeckmasse.

Ein wesentlicher Beanspruchungsfall ist die zyklische thermische Belastung. Die maximalen Spannungen im Verbund treten bei der unteren Haltetemperatur von -55 °C auf. Für diesen Zustand ist in Abb. 4.47 die charakteristische Verteilung der Schubspannungskomponente τ_{xy} dargestellt.

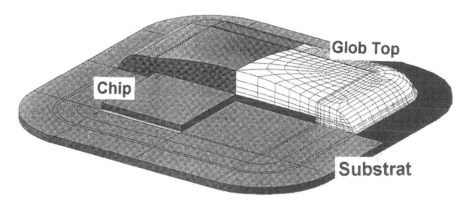

Abb. 4.46. Finite-Element-Modell eines Hybridmoduls, bestehend aus Substrat, Kleber, Chip und Abdeckmasse

270   4 Modellierung und Simulation von Einbaufällen

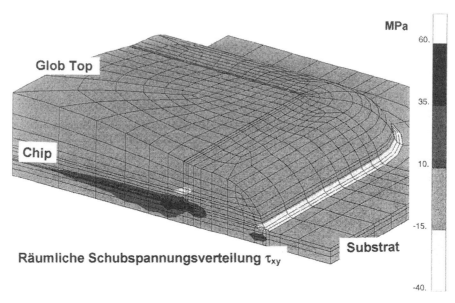

Abb. 4.47. Räumliche Verteilung der Schubspannung τ_{xy} für einen Hybridmodul mit Glob-Top-Abdeckung

Im Ergebnis der FE-Simulationen kann festgestellt werden, daß die mechanische Beanspruchung des Verbundaufbaus mit Glob Top dominiert wird von lokalen Beanspruchungskonzentrationen, in denen immer ein komplizierter räumlicher Spannungszustand vorliegt. Diese Spannungskonzentrationen mit teilweise singulärem Charakter treten an Material-Grenzflächen in Erscheinung, so daß das Grenzflächenverhalten (z.B. beeinflußt von Beschichtungen) stets als weitere Unbekannte in die Bewertung von Festigkeit und Zuverlässigkeit einzubeziehen ist. Die Beanspruchungsmaxima sind lokalisiert im Bereich der dem Substrat zugewandten Kante bzw. besonders der Ecke des Die, am Außenrand der Abdeckkung sowie an den oberen Die-Kanten bzw. -Ecken, wo jedoch praktisch keine Schädigungen festgestellt werden konnten.

Für die Ausbildung von Interface-Rissen zwischen Abdeckmasse und Keramik sind die Spannungsverläufe der Schälspannung an der Grenzfläche Abdeckung - Keramik von der Chipkante bis zum Außenrand des Glob Top wichtig. Abb. 4.48 zeigt die Spannungsverläufe für zwei verschiedene Formen des Glob Tops. Es wird deutlich, daß die flache und allmählich auslaufende Variante zu deutlich geringeren Schälspannungen führt als die hohe Variante mit Benetzungskehle. Es kann geschlußfolgert werden, daß niedrige Abdeckungsvarianten mit flachem Böschungswinkel bzw. einer gut ausgebildeten Benetzungskehle die Randbeanspruchung vermindern. Die experimentellen Auswertungen bestätigen, daß Risse auch verstärkt in den Glob Tops mit steileren Flanken auftreten (siehe Abb. 4.48).

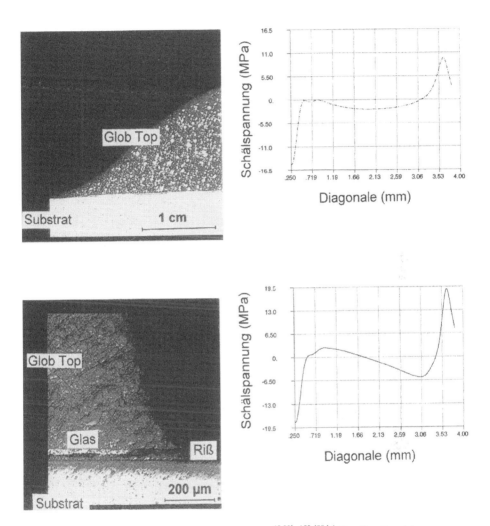

Abb. 4.48. Spannungsverläufe für zwei typische Varianten von Glob Top-Randbereichen

Der zweite Bereich mit einem lokalen Beanspruchungsmaximum befindet sich nahe der dem Substrat zugewandten Kante bzw. besonders an der Ecke des Die. Die Folge bei zyklischer thermischer Beanspruchung kann eine innere Delamination sein, die zunächst von außen nicht feststellbar ist. Bei fortschreitender zyklischer Beanspruchung breitet sich diese innere Delamination aus.

Die genauere Zuverlässigkeitsbewertung muß auch statistische Abweichungen der Geometrie- und Materialdaten berücksichtigen. Das kann z.B. mittels probabilistischer Methoden erfolgen. Die relativ inhomogene Kunststoffabdeckmasse sowie auch der Kleber weisen z.B. starke Streuungen in den thermischen Ausdehnungskoeffizienten und den E-Moduli auf. Außerdem kann die Form der Glob

Tops technologiebedingt etwas variieren. Die Methode der Stochastischen FEM gestattet es, derartige Streuungen der Materialkennwerte und der Geometriedaten in Finite-Elemente-Simulationen zu berücksichtigen. Hierzu existieren auch international noch keine allseitig im Einsatz befindlichen kommerziellen Programme. An Forschungseinrichtungen gibt es aber gute Erfahrungen mit der Stochastischen Finite-Elemente-Methode (z. B. Finite-Elemente-Software STOFEM [37], Forschungssoftware-Paket, entwickelt von der Chemnitzer Werkstoffmechanik GmbH und dem Fraunhofer-Institut für Zuverlässigkeit und Mikrointegration (IZM) Berlin).

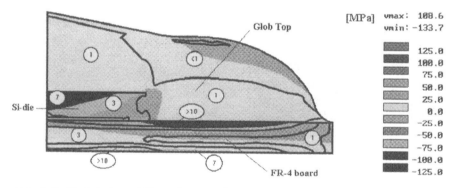

Abb. 4.49. Einfluß der zufälligen Streuung des thermischen Ausdehnungskoeffizienten des Boards auf die Biegespannungsverteilung im Verbund. (Dargestellt sind neben den üblichen Isobereichen der Biegespannung (im Kontext des Beispiels als Mittelwert der zufälligen Biegespannung zu interpretieren) auch die Isolinien ihrer Standardabweichung als Maß für die lokale Streuung und als Ausgangspunkt für die Angabe von Konfidenzbereichen der Biegespannung).

4.5.4
Mechanisch-thermische Zuverlässigkeit von Chipkarten

Chipkarten als Speicherkarten oder Smart Cards werden bereits heute in vielen Bereichen des privaten und öffentlichen Lebens eingesetzt [38]. Entwicklungstrends gehen dahin, eine Multifunktionskarte mit kontaktbehafteter oder kontaktloser Datenübertragung zu entwickeln, so daß die Anwendung der Chipkarte auf unterschiedlichste Gebiete erweitert werden kann. Beispiele möglicher Anwendungen sind: Zahlungsverkehr, Gesundheitswesen, Telekommunikation und Sicherheitsbereich.

4.5.4.1
Prinzipieller Aufbau von Chipkarten

Prinzipiell läßt sich der Aufbau einer Chipkarte in der herkömmlichen Chip-and-Wire-Technologie bzw. mittels Flip-Chip-Technologie verwirklichen (Abb. 4.50 und 4.51). Verglichen mit der Drahtbondtechnik ermöglicht die Flip-Chip-Technik die Realisierung höchster Packungs- und Anschlußdichten. Insbesondere für Chipkarten bietet die Flip-Chip-Technologie die Möglichkeit, die benötigte Substratfläche, die Gehäusegröße sowie das Gehäusegewicht zu verringern. Das wachsende Interesse an der Flip-Chip-Technologie für solche Low-Cost-Anwendungen führt neben der Auswahl geeigneter Prozesse und Verfahrensschritte auch zu Fragen der mechanischen und thermischen Zuverlässigkeit entsprechend hergestellter Module für Chipkarten.

Die Verwendung von Underfiller-Material, das zum Ausgleich mechanischer Spannungen infolge des Unterschiedes im Wärmeausdehnungskoeffizient zwischen Substrat und dem Chip dient, ist hierbei ein Aspekt für die Anwendbarkeit der Flip-Chip-Technologie. Die Wirksamkeit des Underfiller-Materials hängt von seinen Wärmeausdehnungskoeffizienten, Elastizitätsmodul und anderen mechanischen Parametern (z.B. visko-elastischen) ab. Darüber hinaus wird eine gute Haftung zwischen Underfiller, Substrat und Chip gefordert, damit keine Delaminationen auftreten, die die ausgleichende Funktion des Underfillers zunichte machen. Die exakte Bewertung der mechanisch-thermischen Zuverlässigkeit solcher Flip-Chip-Aufbauten stößt dabei auf Grund der Komplexität der einzubeziehenden technologischen und werkstoffseitigen Phänomene in der Regel auf beträchtliche Schwierigkeiten. So können Eigenspannungen, lokale Plastifizierung, Kriecherscheinungen und eventuelle Mikrorißbildung in den einzelnen Komponenten nicht vernachlässigt werden.

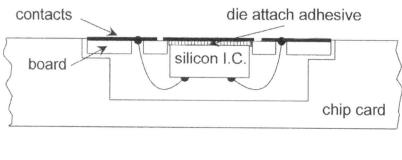
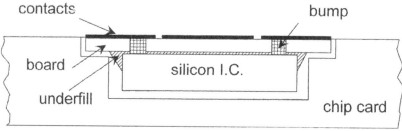

Abb. 4.50. Prinzipieller Aufbau von Chipkarten a) Chip-and-Wire-Technologie b) Flip-Chip-Technologie

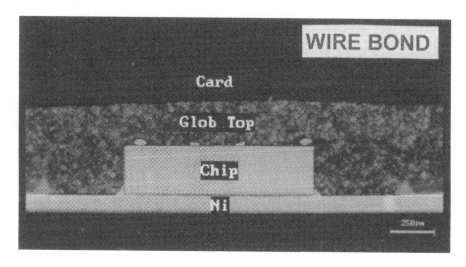

Abb. 4.51. Schliffbild eines Chipkarten-Moduls (Laserscanning-Mikroskopie)

4.5.4.2
Belastungsanalyse an Chipkarten mittels Finite-Elemente-Simulation

Neben experimentellen Prüfmethoden stehen vor allem numerische Simulationsrechnungen für eine Abschätzung der Lebensdauer zur Verfügung. Finite-Elemente-Codes gestatten, effektive Gebiete kritischer Dehnungen und Spannungen für ausgewählte Geometrien und Materialkombinationen zu ermitteln. Sind Versagensmechanismen bekannt, so kann über geeignete Versagensmodelle die zu erwartende Lebensdauer abgeschätzt werden. Durch Optimierung der Packaging-Geometrie und gezielte Anpassung der eingesetzten Materialien besteht die Chance, die mechanisch bedingte Lebensdauer der Komponenten zu erhöhen.

Numerische Simulationsrechnungen zum Thermozyklus zwischen -40 °C und 120 °C wurden an einer kompletten Chipkarte mit Flip-Chip-gebondeten 4×6 mm^2 großen Chips, eutektischen PbSn-Lotbumps (50 µm Höhe), FR-4-Boardmaterial (0,1 mm Dicke) mit Kupferkontaktplatte (35 µm Dicke) und Underfiller durchgeführt (Abb. 4.52 und 4.53, [39], [40]).

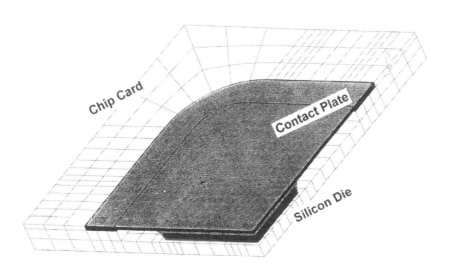

Abb. 4.52. 3D-Finite-Elemente-Netz einer Chipkarte

4 Modellierung und Simulation von Einbaufällen

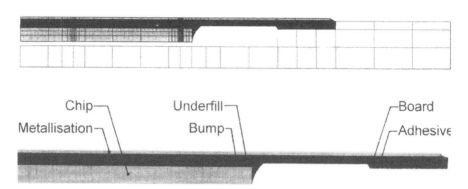

Abb. 4.53. Querschnitt einer Chipkarte, Flip-Chip-Technologie

Für die Werkstoffe Silizium (Chip), FR-4 (Board) und Underfiller wurden für die Rechnungen linear-elastisches Materialverhalten mit einer Temperaturabhängigkeit von Elastizitätsmodul und Wärmeausdehnungskoeffizient berücksichtigt, während für Kupfer (Kontaktplatte) elastisch-plastische Werkstoffeigenschaften benutzt wurden. Für die eutektischen Lotbumps wurden die elastischen sowie die zeitabhängigen und zeitunabhängigen plastischen Anteile an der Gesamtdehnungsrate berücksichtigt. Dabei sind die einzelnen Anteile in unterschiedlicher Weise von der Temperatur und der Mikrostruktur des Lotes abhängig.

Numerische Simulationsrechnungen zum Thermozyklus zwischen -40 °C und 120 °C ergeben für die beschriebene Chipkarte und bei Wahl der entsprechenden Materialeigenschaften folgende Ergebnisse:

- Maximale Spannungen existieren im Verklebungsbereich zwischen FR-4-Board bzw. Kupferkontaktplatte zur PVC-Basiskarte (Abb. 4.54).
- Für zwei Bumpreihen zu je vier Bumps sind die äußeren Eckbumps die maximal belasteten bei voraussichtlicher Schädigung am Chip-Bump-Interface.
- Der Spannungszustand im Silizium-Chip hängt wesentlich vom gewählten Underfiller-Material ab (Abb. 4.55)
  - "harter" Underfiller (großer E-Modul, kleiner thermischer Ausdehnungskoeffizient) verursacht maximale Biegespannungen in der Chipmitte und große Scher- und Schälspannungen am Interface Chip-ecke - Underfiller
  - Die Spannungsamplituden werden durch die Wahl von "weichem" Underfiller (kleiner E-Modul, hoher thermischer Ausdehnungskoeffizient) wesentlich verringert und verschwinden bei Flip-Chip-Aufbauten ohne Underfiller-Material.

4.5 Bewertung der Zuverlässigkeit an Beispielen

- Die umgekehrte Tendenz der Beanspruchung wird in den Lotbumps beobachtet. Ein Absenken der Underfiller-Steifigkeit ("weicher" statt "harter" Underfiller) bedeutet höhere Kriechdeformation in den Bumps, welche dann immer mehr den thermischen Mismatch zwischen Board und Underfiller ausgleichen müssen (Abb. 4.56).
- Die Abschätzung der Lebensdauer erfordert zusätzliche Hypothesen, wobei die numerisch ermittelte äquivalente visko-plastische Dehnung der Lotbumps in Verbindung mit der Coffin/Manson-Beziehung [41], [42] verwendet werden kann [43]. Deutlich läßt sich eine Erhöhung der zulässigen Zyklenzahl bei Verwendung eines "harten" Underfillers ($\approx$ 3000 Zyklen) gegenüber einem "weichen" Underfiller ($\approx$400 Zyklen) feststellen. Eine Konfiguration ohne Underfiller dagegen versagt bereits nach einer Zyklenzahl von ca. 10 (Abb. 4.57).

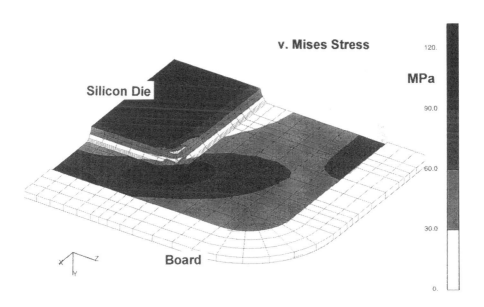

Abb. 4.54. Thermische Spannungen in einer Chipkarte (Flipchip-Technologie, "harter" Underfiller, Thermozyklus -40°C...120°C, v. Mises-Vergleichsspannungen in MPa)

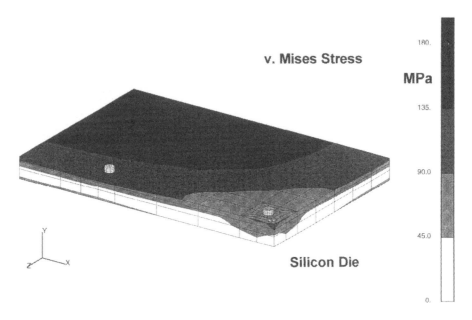

Abb. 4.55. Thermische Spannungen im Silizium einer Chipkarte (Flipchip-Technologie, "weicher" Underfiller, Thermozyklus -40 °C...120 °C, v. Mises- Vergleichsspannung in MPa)

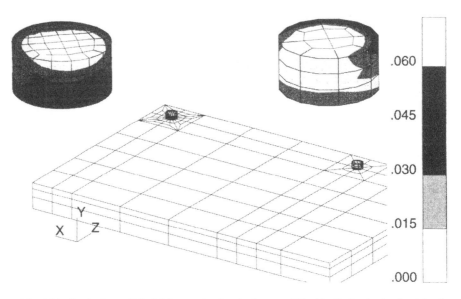

Abb. 4.56. Äquivalente Kriechdehnung in den Lötbumps (Flipchip-Technologie, "weicher" Underfiller, Thermozyklus -40 °C...120 °C)

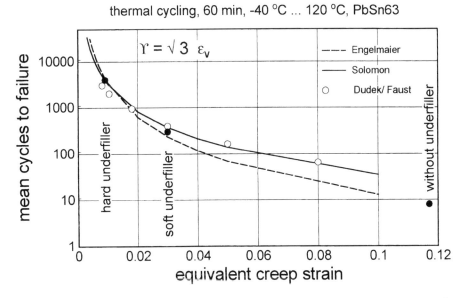

Abb. 4.57. Ermittlung der Lebensdauer thermisch gezykelter Chipkarten auf Flipchip-Basis anhand berechneter äquivalenter Kriechdehnung [44], [45] und eigene Untersuchungen

4.5.4.3
Lokale Deformationsanalyse an Chipkarten mittels MicroDAC-Verfahren im Rasterelektronenmikroskop

Deformationsfeldmessungen stellen einen hilfreichen Ansatz bei der Verifikation von mechanischen Modellen für Finite-Elemente-Simulationen dar. Im Gegensatz zur Fehlerdetektion nach dem Zyklen lassen sich mögliche Schwachstellen mechanischer Modellierung besser eingrenzen, da unzureichende Versagens- bzw. Ermüdungsmodelle ausgeschlossen werden können. Eine Überprüfung von Simulationsrechnungen kann direkt auf dem Niveau von gemessenen Verschiebungs- oder Dehnungsfeldern erfolgen. Zusätzlich bieten Deformationsfeldanalysen die Möglichkeit, ohne aufwendige mechanische Modellierungen und vorangehende Netzgenerierungen für FE-Rechnungen schnelle Erkenntnisse über das generelle Belastungsverhalten konkreter Konfigurationen zu gewinnen.

Abbildung 4.58 zeigt am Beispiel in einem Polymerbump gemessene Verschiebungsfelder, die sich im Resultat der Aufheizung eines FR-4-Boards mit einem Flip-Chip-gebondeten Chip ausbilden. Die Untersuchung wurde in einem Rasterelektronenmikroskop durchgeführt [46]. Dargestellt ist der äußere linke Bump einer Anordnung mit vier Reihen zu vier Bumps. Die dem Micrograph überlagerten Isolinien sind Orte gleicher Verschiebung in x-Richtung und y-Richtung. Die annähernd parallel zur x-Achse verlaufenden Isolinien repräsentieren eine Scherung des Bumps, die in diesem Fall aufgrund des großen thermischen Mismatch zwischen FR-4 und Silizium zu erwarten war.

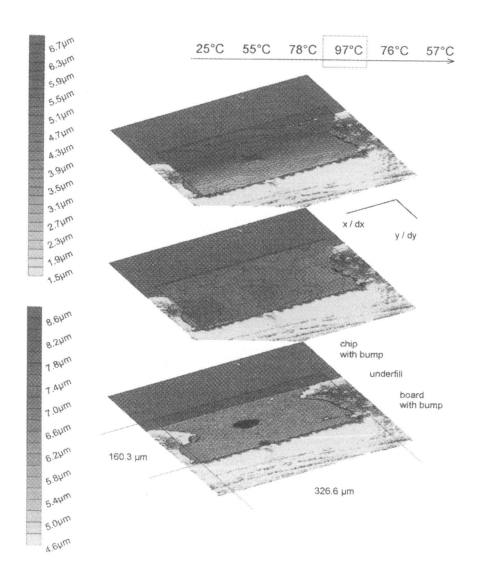

Abb. 4.58. Polymer-Bump-Deformation bei T = 97 °C, x- und y-Verschiebung in µm (mittels MicroDAC-Verfahren), Probenbereitstellung durch die Firma KSW Microtec Dresden

5 Produktbeispiele aus den Montagetechnologien

Der vorliegende Abschnitt soll beispielhaft aufzeigen, daß die Direktmontage von Si- oder anderen Chips in elektronischen Komponenten und Systemen erfolgreich eingesetzt wird. Dabei entstehen beim erstmaligen Einsatz dieser Technologien eine Reihe neuer zu lösender Aufgabenstellungen. Anhand einiger ausgewählter Beispiele aus verschiedenen Unternehmen, Anwendungsgebieten, Stückzahl- und Preisklassen wird die Anwendungsbreite der verschiedenen Montagetechnologien demonstriert. Auf diese Weise soll die verstärkte Nutzung von Technologien der Direktmontage angeregt werden.

5.1 Elektronischer Schlüssel

Es handelt sich um einen Pkw-Türschlüssel zur berührungslosen Aktivierung und Deaktivierung einer Zentralverriegelung. Die Datenübertragung erfolgt mittels Infrarotlicht.

Abb. 5.1. Bild des Systems in seinem Gehäuse

282 5 Produktbeispiele aus den Montagetechnologien

Abb. 5.2. Ansicht der bestückten Leiterplatte

Um die erforderliche Funktionalität auf engstem Raum erreichen zu können, wird die Chip-on-Board Technik in Kombination mit der SMD-Technik eingesetzt. Dabei erfolgt zuerst die SMD-Fertigung. Die Chipbestückung, Kontaktierung und der Verguß erfolgen danach. Während der SMT-Fertigung werden die späteren Bondflächen auf der Leiterplatte nicht speziell geschützt.
Folgende technologische Rahmenbedingungen liegen vor:

Chipgröße	ca. 2 x 2 mm
Anschlußzahl	16
Leiterplatte	zweiseitig durchkontaktiert FR4, Bondgold
Fertigungsnutzen	jeweils fünf Leiterplatten
Produzierte Stückzahlen	10.000-12.000 Stück/Monat

Die Autoren bedanken sich bei der Kiekert AG für die Erlaubnis, dieses Produktbeispiel veröffentlichen zu können.

5.2 Elektrischer Rasierapparat

Die geforderte Qualität und das funktionelle Design der Rasierer werden unter anderem auch durch den Einsatz modernster Aufbau- und Verbindungstechniken erreicht. So konnte beispielsweise der Elektronikteil von Rasierern durch den Einsatz der Chip-on-Board Technik hochminiaturisiert aufgebaut werden. Abb. 5.3 zeigt eine (Innen-) Ansicht eines modernen Scherfolienrasierers, während auf den Abb. 5.4 und 5.5 die unbestückte Leiterplatte mit dem bereits bestückten und gebondeten Chip zu erkennen ist. Die Fertigung des Produkts erfolgt im eigenen deutschen Werk.

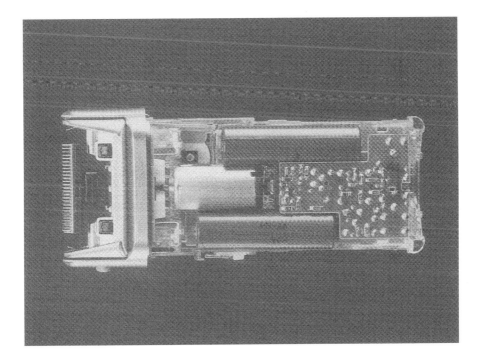

Abb. 5.3. Innenansicht eines Rasierapparats

Abb. 5.4. Chip-on-Board Leiterplatte eines elektrischen Rasierapparats

Abb. 5.5. Nahaufnahme des ungehäusten und gebondeten Chips auf der Leiterplatte

Nachfolgend einige Rahmendaten der zur Anwendung kommenden Technologien:

Leiterplatte:	FR4, einlagig, Oberfläche Ni/Au, Größe ca. 70 x 50 mm
Anzahl der Bauelemente auf der Platine:	75
Ein ungehäuster Chip pro Leiterplatte:	Größe 4 m x 4 mm, 39 Anschlüsse
Bondverfahren:	Wedge-Wedge Bonden
Draht:	AlSi1, 32 µm
Chipabdeckung	Epoxyd-Harz
Produzierte Stückzahl:	ca. 2000 Stück/Tag

Die Autoren bedanken sich bei der Braun AG für die Erlaubnis, dieses Produktbeispiel veröffentlichen zu können.

5.3 Magnetsensor

Für die Messung Drehzahlen und -winkeln sowie als Positionssensoren lassen sich magnetoresitive Sensoren einsetzen. Diese beruhen auf dem physikalischen Prinzip, daß ein stromdurchflossener Leiter unter Einwirkung eines Magnetfelds eine Widerstandsänderung erfährt.

Die Feldplatte FP410L4x80FM der Firma Siemens besteht aus einem hochdichten Ferritsubstrat mit aufgeklebten, als Brücke schaltbaren Halbleiterwiderständen. Die Konfektionierung erfolgt mit Hilfe der TAB-Technik, so daß für unterschiedliche Maße der eigentlichen Sensorelemente eine einheitliche Bauform der Feldplatte realisiert werden kann. Durch die flexible Aufhängung der Feldplatte im TAB-Rahmen wird diese nur sehr gering durch äußere mechanische Kräfte belastet. Die Verwendung geeigneter Polyimide für den TAB-Rahmen erlaubt einen Einsatztemperaturbereich von -40 bis +175 °C. Abb. 5.6 zeigt eine Gesamtansicht des Sensors, der für den jeweiligen Anwendungsfall passend in ein geeignetes Gehäuse eingebaut wird.

Die Montage der Feldplatten erfolgt in der Reihenfolge:

- Innerlead-Bonding des Chips in den TAB-Film
- Abdeckung der Chipoberfläche mit Schutzlack
- Aushärtung des Schutzlacks
- Elektrische Endprüfung der Chips im Film
- Optische Endkontrolle

Die Autoren bedanken sich bei der Siemens AG für die Erlaubnis, dieses Produktbeispiel veröffentlichen zu können.

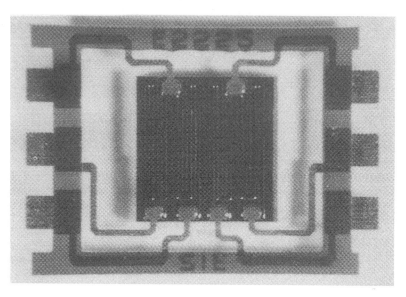

Abb. 5.6. Gesamtansicht der Feldplatte FP410L4x80FM

5.4 Chipkarten

Seit mehreren Jahren ist die Chipkarte zum Telefonieren in öffentlichen Telefonzellen am Markt eingeführt. Diese Karten sind mit einem Chip bestückt und mit der Drahtbondtechnik kontaktiert.

Die Gesamtdicke einer Telefonkarte von unter 1,0 mm ist die besondere Herausforderung an die Aufbau- und Verbindungstechnik des Chips. Hier ist die Verwendung gehäuster IC's nicht möglich. Abbildung 5.7 zeigt einen Querschnitt durch eine übliche Aufbauform einer Chipkarte, bei der die Drahtkontaktierung zur Anwendung kommt.

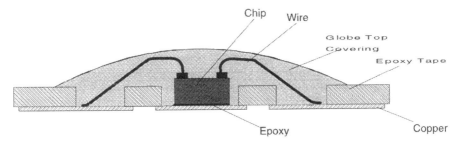

Abb. 5.7. Aufbau einer Chipkarte im Querschnitt

Nachfolgend werden typische technische Daten von Chipkarten bzw. dem Chipkarten-Inlet aufgeführt:

Kartendicke:	760 +/- 80 µm
Substrat des Inlets:	120 µm Glasepoxy, 35 oder 70 µm Kupfer, 10 µm Oberflächenveredelung des Kupfers
Dicke der Kleberschicht zum Chip:	30 µm
Größe des Chips:	1,82 mm x 1,85 mm
Dicke des Chips:	185 µm
Bondverfahren:	Thermosonic-Bonden
Draht:	Gold, Durchmesser 24 µm
Drahthöhe oberhalb der Chipoberfläche:	180 µm
Dicke des gesamten Inlets:	max. 600 µm

Die mit dem Rasterelektronenmikroskop aufgenommenen Abbildungen 5.8 und 5.9 zeigen Detailansichten zur Kontaktierung des Chips.

288   5 Produktbeispiele aus den Montagetechnologien

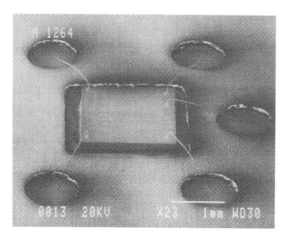

Abb. 5.8. Modul Seitenansicht

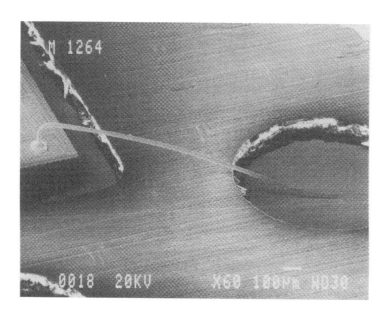

Abb. 5.9. Loopführung

Die Autoren bedanken sich bei der Siemens AG für die Erlaubnis, dieses Produktbeispiel veröffentlichen zu können.

5.5 Hörgerät

Die Abbildungen 5.10 und 5.11 zeigen ein digital programmierbares Hinter-dem-Ohr Hörgerät des (österreichischen) Herstellers Viennatone/Resound für mittleren bis hochgradigen Hörverlust. Das Hörgerät ist mit neuartigen Funktionen und Einstellmöglichkeiten ausgestattet, die zum Teil Weltneuheiten darstellen und in ihrer Vereinigung in einem Hörgerät bisher einmalig sind. Pro Jahr werden von verschiedenen Varianten des Geräts insgesamt mehr als 30.000 Einheiten hergestellt. Die hohe Funktionsdichte konnte maßgeblich durch den Einsatz der Flip-Chip Technik auf LTCC-Keramik Substraten aus dem Hause SIEGERT electronic GmbH erreicht werden.

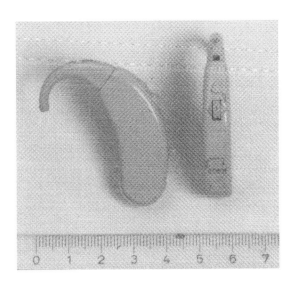

Abb. 5.10. Gesamtansicht Hörgerät Viennacord

Die Entwicklung der Flip-Chip Technologie wurde bei SIEGERT im Rahmen eines geförderten Verbundprojekts gemeinsam mit einem Forschungsinstitut erarbeitet. Der Anlauf der Fertigung erfolgte mit einem geeigneten Fertigungspartner. Nachdem die Technologie in der Praxis erprobt ist und stabil in der Fertigung beherrscht wird, wurde die Übernahme der Gesamtfertigung in das eigene Haus durchgeführt. Die Fertigungsfolge der Module ist wie folgt gestaltet:

- Herstellung der LTCC-Substrate mit integrierten Dickschichtwiderständen, Lötpads und Anschlüssen
- Flip-Chip Montage
- Montage der passiven Komponenten
- Test

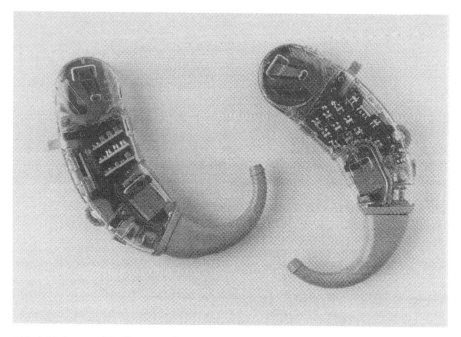

Abb. 5.11. Innenansicht Hörgerät Viennacord

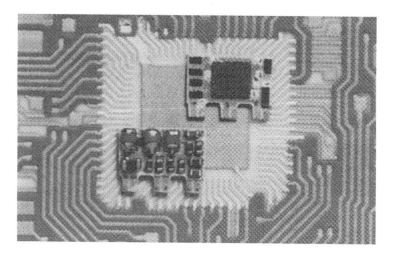

Abb. 5.12. Flip-Chip Modul auf LTCC-Keramik

Die zur Anwendung kommende Flip-Chip Technik unterliegt folgenden technologischen Rahmenbedingungen:

Größe des Einzelmoduls:	7 mm x 5 mm, 1 Chip pro Modul
Chip:	Größe 2,8 mm x 3,1 mm, Anschlußzahl 20
Bumptechnologie:	Gold, Pitch minimal 235 µm
Substrat:	vierlagige LTCC mit acht integrierten Dickschichtwiderständen
Leiterbahn-Pitch:	minimal 200 µm
Flip-Chip Verbindungstechnik:	Gold/Zinn-Löten

Die Autoren bedanken sich bei den Firmen Viennatone/resound und SIEGERT electronic GmbH für die Erlaubnis, dieses Produktbeispiel veröffentlichen zu können.

5.6 Computer-Interface

Es handelt sich hier um einen Schnittstellenumsetzer für die PC-Technik, der 1992 entwickelt wurde. Zu dieser Zeit verfügte das Unternehmen über umfangreiche Erfahrungen mit dem Drahtbonden auf Dickschichtschaltungen. Zum Drahtbonden auf Leiterplatten lagen jedoch keinerlei Erfahrungen vor.

Alle Komponenten des Systems waren als SMT-Versionen verfügbar. Die Außenabmessungen des Produkts waren jedoch durch die Abmessungen des Steckergehäuses vorgegeben, so daß schnell erkannt wurde, daß dieses Produkt nur mit einer höher miniaturisierenden Aufbau- und Verbindungstechnik realisiert werden kann. Da bei einer ersten Version zusätzlich auch bedrahtete Bauelemente verwendet werden mußten, entschied man sich gegen die Dickschichthybridtechnik und für die Chip-on-Board Technik auf Leiterplatte.

Nachfolgend sind die wichtigsten technologischen Randbedingungen zusammengestellt:

Leiterplatte:	FR4, zweiseitig durchkontaktiert mit Löt- und Bondseite
Leiterplattenoberfläche (Lötseite):	Hot-Air-Levelling
Leiterplattenoberfläche (Bondseite):	Bondgold, partiell vergoldet (siehe auch Bemerkungen im Text)
Anzahl der SMT-Bauelemente auf der Lötseite:	ca. 25
Anzahl ungehäuster Bauelemente auf der Bondseite:	zwei integrierte Schaltungen, vier Dioden
Chipgrößen:	3 mm x 3 mm und 5 mm x 10 mm
Anschlußzahlen:	10 und 14
Verwendeter Bondprozeß:	Ball-Bonden mit Golddraht oder Wedge-Bonden mit Al-Draht

Als ein Hauptproblem bei der Erarbeitung der Technologie stellte sich die Qualität der Leiterplattenvergoldung dar. Vielfach haben Leiterplattenhersteller Vergoldungen geliefert, die zwar bondbar waren, jedoch zu Problemen in der Langzeitstabilität der Bondverbindungen geführt haben. Vergoldungen wie sie für Steckkontakte verwendet werden, sind nicht ausreichend.

Zuerst wurde aus Platzgründen das Ball-Bonden verwendet. Diese Variante erlaubt eine höhere Miniaturisierung, weil der Bondkopf einen kleineren Arbeitsraum benötigt. Zusätzlich ist der Prozeß schneller gegenüber dem Wedge-Bonden. Nachteile des Verfahrens sind das kleinere Prozeßfenster, höhere Reinheitsanforderungen an die Leiterplatte und die Temperatur beim Bonden. In dem in Abb. 5.13 dargestellten Beispiel können beide Bondverfahren angewendet werden. Bei einem sicher beherrschten Prozeß überwiegen in dieser in hohen Stückzahlen gefertigten Anwendung besonders die wirtschaftlichen Vorteile des Ball-Bondens mit Golddraht.

Nach der Aufnahme der Produktion im eigenen Haus erfolgte die Verlagerung der Fertigung zu einem Tochterunternehmen nach Fernost. Das Produkt kann heute vom Endnutzer im Versandhandel bestellt werden.

Die Autoren danken der TEMIC MBB Mikrosysteme GmbH, dieses Produktbeispiel veröffentlichen zu dürfen.

Abb. 5.13. Schnittstellenumsetzer in Chip-on-Board Technik

6. Vergleich der Kontaktierungstechniken ungehäuster ICs

6.1
Allgemeines

Die Vielzahl und der Aufwand der beschriebenen Technologien macht eine sorgfältige Auswahl durch den Anwender notwendig.

Die wichtigsten Kriterien der Kontaktierungstechnik sind Aufbau, Struktur, Verfahren, Anwendbarkeit, Aufwand wie Kosten einerseits und erreichbare technische Kurz- und Langzeiteigenschaften andererseits. Ein Vergleich am Ende dieses Abschnittes versucht, die Eignung, den Nutzen und Aufwand deutlich zu machen. Hierbei können nur die wichtigsten Verbindungstechniken berücksichtigt werden, für die hinreichende Vergleichsdaten vorliegen.

Zunächst werden die Montagetechnologien, das Drahtkontaktieren, TAB-OLB d.h. TAB- Stempellöten sowie die Flipchip-Montage kurz definiert und abgegrenzt. Um Anhaltspunkte für eine erste fachgerechte Auswahl der geeignetsten Methoden zu bieten, wurden allgemein gültige Kriterien, wie Material-, Investitions-/Maschinen-, Fertigungs-, Prüf- und Reparatur-Kosten, elektrische, mechanische, thermische und physikalisch/metallurgische sowie elektrochemische Eigenschaften anwendungsbezogen und qualitativ verglichen und bewertet. Die Bewertung erfolgt in bekannter Weise relativ nach Punkten:

0 für ungeeignet, nicht bewertbar oder unbrauchbar;
1 für mangelhaft, niedrig, schlecht, gering, sehr aufwendig, unsicher;
2 für gut, brauchbar, sicher und
3 für sehr gut, hoch, Großserie, empfohlen.

Wichtige Kriterien, wie die Kosten, elektrischen Eigenschaften, das Langzeitverhalten oder die Zuverlässigkeit wurden differenziert bzw. mehrfach bewertet, um eine Gewichtung auszudrücken. Es wird empfohlen, bei der Auswahl der geeignetsten Technologie die Gewichtungsfaktoren den betrieblichen und anwendungstechnischen Gegebenheiten anzupassen: z.B. bei neuartigen, notwendigen Investitionen und hohem Kostendruck einen Faktor 5 für Investitionskosten zu wählen.

Die Beurteilungen wurden von mehreren Fachleuten unabhängig vorgenommen, sind aber trotzdem nur als subjektive, unverbindliche Schätzungen zu verstehen, die zu einer eigenständigen, differenzierten und produkt- wie betriebsspezifischen Auswahl der geeignetsten Montagetechnologie ungehäuster Bauelemente hinführen, aber keine Garantie bieten.

6.2
Anwendungen

Die Drahtkontaktierung ist von den beschriebenen Aufbautechniken meistens auch heute noch die erste Wahl. Sie ist in kleinen und großen Stückzahlen vielseitig einsetzbar. Kosten und die erforderlichen Maschinen, Werkzeuge sowie Erfahrungen stehen den Anwendern zumeist zur Verfügung

Golddrahtbonden nach dem Ball-Wedge-Thermosonicverfahren wird vorzugsweise für Hybrid- bzw. Chip-On-Board-Anwendungen mit Chip-Verguß und bei korrosiven sowie hohen thermischen Anforderungen eingesetzt.

Aluminiumdrahtkontakte nach der Ultrasonic-Wedge/Wedge Technik werden in der Hybridfertigung und für "Fine Pitch"-Anwendungen bevorzugt. Bei den vielfältigen Drahtbondtechniken sollte möglichst von der jeweils am besten beherrschten Technik ausgegangen werden.

Die Drahtkontaktierung gilt für Drähte bis zu 100 µm maschinen- und prozeßtechnisch als ausgereift und ist besonders für kleine und mittlere Serien empfehlenswert. Die Thermosonic-Ball-Technik wird vorzugsweise mit Gold-Feindrähten, das Ultraschall-Wedge-Verfahren mit Aluminium-Drähten durchgeführt. Gold-Drahtkontakte sind gegenüber Al-Drahtkontakte für Anwendungen mit hohen thermischen und chemischen Beanspruchungen vorteilhafter.

Die TAB-Technik zeichnet sich durch gute hochfrequenztechnische Eigenschaften, hohe mechanische Festigkeiten und durch die Testbarkeit sowie Burn-In-Fähigkeit aus. Der erforderliche Aufwand für Design, Tape, Bumping, Werkzeuge und Fertigungsvorbereitung erfordert meist einen Firmenverbund und macht TAB im allgemeinen nur für größere Serien profitabel. TAB- (Sn) Inner-Lead-Lötung erlaubt eine wirtschaftliche Produktion, die TAB- (Au) Inner-Lead-Thermokompressionstechnik einen hohen Qualitäts - sowie Zuverlässigkeitstandard.

In der Tabelle 6.3 wird bei der TAB-Technik nur der Aufwand hinsichtlich des Outer-Lead-Bondens von Schaltkreisen, die bereits mittels eines Inner-Lead-Bondverfahrens montiert werden, berücksichtigt. Das im Tabellen-Vergleich aufgeführte TAB-Stempellöten ist das bewährteste und wichtigste Montageverfahren für TAB-Schaltkreise auf Leiterplatten und Keramiksubstraten und ist maschinentechnisch ausgereift.

Flipchip-Kontaktierungen ermöglichen bei den üblichen Pin-, Kontakt- und Routing-Abständen die höchsten Kontaktierungs- und Packungsdichten. Allerdings erfordert die Flipchip Technologie gründliche Vorbereitungen zur Abstimmung von Design/Layout, Chip-Bumping/Chip- bzw. Substrat-Strukturierung von Montage-, Löt- und Underfilling-Anlagen. Eine sorgfältige Verfahrensoptimierung ist nötig, um sehr niedrige Ausfallraten der wirtschaftlichen Simultan-Kontaktierung zu erreichen. Flipchip-Montagen erfüllen die höchsten Anforderungen. Nachteilig ist die Notwendigkeit des Underfillingprozesses, der eine Reperatur erschwert aber bei Leiterplatten und Keramiksubstraten eine hohe Zuverlässigkeit garantiert.

6.3
Kosten und Aufwand

Für die heute übliche analytische Kostenberechnung müssen die anfallenden Montagekosten bekannt sein, die sich aus Investitions-, Material-, laufenden Betriebs-, Personal-, Prüf-, Nacharbeits- und Ausfallkosten zusammensetzen. Die Investitionen sind für ausgelastete Großserien-Fertigungslinien bei den besprochenen Montagetechnologien etwa gleich. Bei kleineren und häufig sich ändernden Stückzahlen und Produkten sind Drahtkontaktierungen mit mehreren Bondern kostengünstiger, zumal die Bonder nacheinander angeschafft und den Stückzahlen sowie Geometrien/Designs besser angepaßt werden können. Dagegen hat die Flipchip-Technik bei größeren Serien Kostenvorteile.

Die laufenden Betriebskosten ergeben sich aus dem Fertigungsumfeld sowie aus Wartungs-, Energie- und Reinraumkosten. Hinzu kommen die Materialkosten, die nicht nur durch die Einkaufspreise von Chips/Wafern, Substraten, Tapes, Bumping, sondern auch durch die Prüfkosten wie Meßgeräte und Testboards bestimmt werden.

Auch die Logistik, die Lieferbarkeit der Chipwafer mit Bumps, die Materialdisposition, die technologische wie terminliche Abstimmung der Abläufe, vor allem die Systemkosten durch Betriebsausfälle dürfen nicht unberücksichtigt bleiben.

Bei den Betriebs- und Personalkosten sind die direkten und indirekten Anteile je nach Fertigungsreife gegenläufig, bei eingeschwungener Produktion für die neuen Technologien am niedrigsten. Eine Fertigungsanpassung an Stückzahl- und Produktänderungen ist bei Drahtkontaktierungen einfacher. Auch die Anlauf- sowie Umrüstungskosten sind beim Drahtbonden geringer als bei Flipchip Montagen.

Die Stückzahl, Auslastung sowie die Möglichkeit und der Aufwand für Nacharbeit und Reparaturen sind als Kostenfaktoren nicht zu unterschätzen und sehr produkt- sowie fertigungsspezifisch.

Im folgenden wird versucht, auf der Basis wesentlicher Verbrauchskosten, Abschreibungskosten und Personalkosten einen Vergleich der wichtigsten Verfahrensvarianten durchzuführen. Es wurden die COB-Technik (Drahtbondkontaktierung auf Leiterplattensubstraten), die Flipchip-Technik auf Leiterplatte (PbSn-Bumping in Aufdampftechnik entsprechend der bekannten C4-Technologie und PbSn-Bumping durch Schablonendruck auf stromlose Ni-Au-Bumps) und die TAB-Technik (Au-Bumps gelötet auf die verzinnte Kupfermetallisierung des Tapes) auf Leiterplattensubstrate (Thermodenlötung) gewählt. Für die Kostenabschätzung werden folgende Faktoren berücksichtigt:

6 Vergleich der Kontaktierungstechniken ungehäuster ICs

Arbeitstage pro Jahr:	200
Arbeitsstunden pro Schicht:	7,5
max.Anzahl der Schichten:	3
Personalkosten (incl. Gemeinkosten) pro Jahr:	150 TDM
Abschreibedauer:	3 Jahre
Waferdurchmesser:	6 inch
Funktionsfähige Chips pro Wafer:	100
Anzahl der Kontakte pro Chip :	200

Bei den Verbrauchskosten wurden folgende Preise (1996) angenommen (mittlere bis kleine Stückzahlen):

Gold-Bonddraht pro m:	1,00 DM
Kleber pro Die:	0,01 DM
Tapekosten pro Die:	1,00 DM
Au-Bumping pro Wafer:	150,00 DM
PbSn-Bumping (konventionell) pro Wafer:	375,00 DM
Ni-Au-Bumping pro Wafer:	22,50 DM
PbSn-Schablonendruck und Reflow pro Wafer:	37,50 DM
Underfiller pro Die:	0,01 DM
Glob-Top pro Die:	0,01 DM

Für die Berechnung der Kosten für das Lot wurde von einem Bump-Volumen von 100 µm x 100 µm x 60 µm und einem Preis von 300 DM pro kg ausgegangen. Damit ergeben sich bei zweihundert Anschlüssen pro Chip bei der FC-Technik Kosten in Höhe von ca. 0,001 DM, die in der nachfolgenden Kalkulation vernachlässigt werden. Bei der TAB-Outer-Lead-Kontaktierung werden sie wegen der größeren Lotvolumina mit 0,01 DM in Ansatz gebracht.

Zur Berechnung der Investitions- und Abschreibungskosten wurden die in Tabelle 6.1 genannten Geräte (Die Preise sind Angeboten für Institute entnommen. Großkunden erhalten sicherlich günstigere Angebote.) berücksichtigt:

Tabelle 6.1 Zusammenstellung der Geräte und Preise zur Berechnung der Investitions- und Abschreibungskosten

COB		FC		TAB	
1 St. Diebonder	300 TDM	1 St. Die-Placer	650 TDM	1 St. ILB-Bonder	650 TDM
2 St. Cure-Ofen	280 TDM	2 St. Dispenser	450 TDM	1 St. Dispenser	200 TDM
4 St. Drahtbonder	800 TDM	1 St. Cure-Durchlaufofen	200 TDM	1 St. Cure-Ofen	80 TDM
1 St. Tester	50 TDM	1 St. Tester	80 TDM	1 St. OLB-Lötanl.	650 TDM
1 St. Dispenser	200 TDM	1 St. Mikroskop	20 TDM	1 St. Mikroskop	20 TDM
1 St. Mikroskop	20 TDM	1 St. Dieumsetzer	250 TDM	1 St. Tester	50 TDM
Summe COB	1650 TDM	Summe FC	1650 TDM	Summe TAB	1650 TDM

6.3 Kosten und Aufwand

Mit diesen Voraussetzungen wurden die Kosten pro Chip in Tabelle 6.2 berechnet. Zur Ermittlung der Taktzeit (Herstellung von Chips pro sec) wurden beim Die-Bonder bzw. beim Chip-Placer 3 Chips pro sec, beim Drahtbonder 6 Brücken pro sec und beim IL- als auch beim OL-Bonder 10 sec pro Chip (Bond- incl. Transport- und Justierzeit) vorausgesetzt. Die erreichbare Taktzeit orientiert sich nach den jeweils auftretenden Engpässen z.B. den Drahtbondern bei COB, dem Chipplacer bei FC und den IL- und OL-Bondern bei TAB. Bei der Drahtkontaktierung wurde vorausgesetzt, daß ein Die-Bonder vier Drahtbonder beliefern kann. Mit 3 Schichten erreicht man beim Drahtbonder eine Stückzahl von 1,95 Mio (~ 2 Mio) pro Jahr. Wegen der höheren Taktzeit der Chipplacer ergibt sich bei der Flipchip-Technik eine Produktion von 16 Mio Stück pro Jahr bei nur einer Schicht. Für die Produktion von 1,6 Mio Stück pro Jahr müssen bei der TAB-Technik drei Schichten angesetzt werden.

Tabelle 6.2. Berechnung der Montage- und Kontaktierungskosten pro Chip (200 Anschlüsse pro Chip, 100 funktionstüchtige Chips pro 6 " Wafer)

	COB	FC (konventionell)	FC (Ni-Au,PbSn-Schablonendruck)	TAB (incl. OLB und ILB)
Taktzeit (Chips pro sec)	0,03	3	3	0,1
Anzahl der Schichten	3	1	1	3
Stückzahl pro Jahr	2 Mio	16 Mio	16 Mio	1,6 Mio
Personalbedarf	4,25	1	1	4
Personalkosten pro Chip in DM	0,32	0,01	0,01	0,37
Abschreibungskosten pro Chip in DM	0,28	0,03	0,03	0,35
Verbrauchskosten in DM pro Chip	Kleber: 0,01 Draht: 0,20 Glob Top: 0,01	Bumping: 3,75 Underf.: 0,01	Bumping NiAu: 0,225 Bumping PbSn: 0,375 Underf.: 0,010	Bumping: 1,50 Film: 1,00 Lot: 0,01 Glob Top: 0,01
Verbrauchskosten pro Chip in DM	0,22	3,76	0,61	2,52
Gesamtkosten pro Chip in DM	0,82	3,80	0,65	3,24
Gesamtkosten pro IO in Pf.	0,41	1,90	0,33	1,62

Vergleicht man die COB-, FC- und TAB-Technik, so fällt auf, daß die Flipchip-Technik auf Grund ihrer sehr hohen Produktionsrate die geringsten Personalkosten und Abschreibungskosten pro Chip erreicht. Die Investitionen sind für jede Technologie annähernd gleich. Bei der Drahtbondtechnik fallen die Personal- und Abschreibungskosten deshalb relativ hoch aus, weil 200 Kontakte pro Chip angenommen wurden und deshalb die Taktzeit geringer ist. Die Abschreibungs- und Personalkosten erreichen die Werte der FC-Technik, wenn die Anzahl der Kontakte auf unter 20 pro Chip fällt. Auffällig sind die Verbrauchskosten bei der FC-Technik (PbSn konventionell, d. h. aufgedampft) und bei der TAB-Technik. Bei diesen Techniken tragen die Bumpingkosten maßgeblich zu den hohen Verbrauchskosten bei. Lediglich die FC-Technik mit Ni-Au-Bumps und PbSn-Schablonendruck liefert vertretbare Verbrauchskosten.

Insgesamt hängt aber der Vergleich zwischen den beiden kostengünstigsten Verfahren (Drahtbonden und FC-(Ni-Au)) sehr von der Anzahl der Kontakte auf dem Chip ab. Bei sehr geringen Anschlußzahlen pro Chip erreicht die Drahtbondtechnik sehr hohe Produktionsraten und ist damit mit der FC (Ni-Au)-Technologie vergleichbar (siehe Abb. 6.1). Bei sehr hohen Anschlußzahlen und großen Chipflächen wird die FC (Ni-Au) Technik wieder teuer, weil die Anzahl der Chips pro Wafer fällt und damit die Bumpingkosten pro Chip stark ansteigen. In einem Bereich unter 250 Anschlüsse pro Chip oder bei Chips mit sehr kleinen Kontaktmittenabständen (pitch < 200 µm) bzw. einer hohen Chipanzahl pro Wafer ist die FC (Ni-Au)-Technik preiswerter.

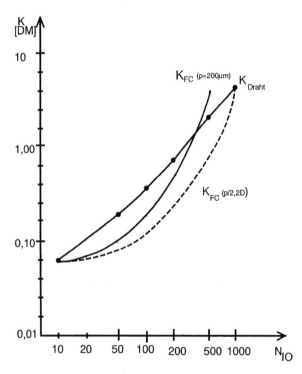

Abb. 6.1. Die Gesamtkosten der Drahtkontaktierung (K_{Draht}) und der FC(Ni-Au)-Kontaktierung (K_{FC}) in Abhängigkeit der Anzahl der IOs (N_{IO}) und der Anzahl der Chips pro Wafer (Nchip). Bei der Berechnung wurde vorausgesetzt, daß die Chipgröße durch die Anzahl der Kontakte (Pitch 200 µm) pro Chip festgelegt wird. Die gestrichelte Kurve ergibt sich bei einer doppelten Wafergröße (2D) oder bei einem halbierten Pitch (p/2).

6.4 Bewertungskriterien

Die Prüf- und Meßtechniken elektrischer Kontakte sind eingehend bekannt und in ISO/IEC- bzw. CEN/CENELEC-Normen übernational und national in DIN-Normen bzw. VDE-Bestimmungen sowie in Richtlinien des VDI und DVS- bzw. in Standards, z.b. des IEEE- und der NEMA, beschrieben und festgelegt.

Da aber für die verschiedenen Kontaktierverfahren nicht vergleichbare Prüfmethoden angewendet werden, sind die in der Tabelle 6.3 vorgenommenen Bewertungen als Orientierungshilfen zu sehen.

6.4.1 Elektrische Eigenschaften

Die in der Tabelle 6.3 aufgelisteten Bewertungen beruhen auf Literaturangaben [1]-[19] und Erfahrungen. Um die Gewichtung zu verdeutlichen, wurden die elektrischen Eigenschaften differenziert bzw. mehrfach und hinsichtlich Impedanz, Kontakt-Widerstand, Induktivität und Kapazität beurteilt. Die besten elektrischen Eigenschaften können aufgrund der kurzen und flächig weit verteilten Kontakte im allgemeinen mit Hilfe der Flipchip-Technik erzielt werden. Diese weist die höchsten Grenzfrequenzen auf. Die TAB-Technik erlaubt wellenwiderstandsgetreue Anschlußkonfigurationen (s. Abschnitt 4.2).

6.4.2 Mechanische und thermomechanische Eigenschaften

Die mechanischen Festigkeiten der Kontakte sind nicht nur eine Voraussetzung für einen stabilen elektrischen Kontakt, sondern auch für die Betriebssicherheit beim Transportieren und Belasten wesentlich. Da die Kontaktierungen je nach Design und Geometrie unterschiedlich auf Haftung bzw. auf Druck, Zug, Scherung, Schälung beansprucht und geprüft werden, mußte summarisch beurteilt werden. Als Maß für die Güte der Montagetechnik wurde die übliche Streubreite der Haftfestigkeitsmeßwerte bewertet.

Die Drahtkontaktierungen sind thermomechanisch wegen ihrer Verformbarkeit zwar beim Drahtbonden hoch belastbar, können aber im Heel-, Ball- sowie im Wedge-Bereich kritisch sein. Aufgrund des kleineren Querschnitts sind Drahtgegenüber TAB- und Flipchip- Kontaktierungen mechanisch unterlegen, jedoch thermomechanisch bei Temperaturwechsel-Beanspruchungen aufgrund ihrer Verformbarkeit überlegen. An Flipchip-Lötungen können durch die unterschiedlichen thermischen Ausdehnungskoeffizienten bei Temperaturwechseln oft starke mechanische Spannungen auftreten und zu Ermüdungsbrüchen führen.

6.4.3
Thermische Eigenschaften

Die obere Betriebstemperatur von Schaltungen wird durch die auf maximal 125 °C - 155 °C ausgelegten Bauelemente bestimmt. Gold-Drahtkontakte auf Au-Pads ertragen die höchsten Betriebstemperaturen (220 °C). Aluminium-Draht-/ Silber-Palladium Dickschichtkontakte können bis etwa 180 °C dauernd belastet werden.

Die Grenztemperaturen von TAB-und Flipchip-Kontakten liegen je nach Lot und Substrat zwischen 125 °C - 200 °C.

Die Chipbefestigungen sind bis zu 180 °C thermisch stabil, wenn ein geeigneter Kleber verwendet wird. Auch die thermomechanischen Spannungen können bei organischen Silberleit-Klebern zu einem Haftproblem werden, so daß Silber-Glas-Kleber vorzuziehen sind.

Bei organischen Klebern und Substraten sind die geringen Wärmeleitfähigkeiten oder die hohen thermischen Widerstände kritisch und beim Design besonders zu beachten. Hierbei sind thermische Simulationsprogramme hilfreich, um zu optimalen Lösungen zu kommen. Verlustwärme, Wärmefluß und Verteilung sind für die Funktion und Zuverlässigkeit der IC-Kontaktierungen bei hohen Packungs- bzw. Leistungsdichten wesentlich.

6.4.4
Ausbeute der Fertigungsverfahren

Eine hohe Ausbeute bei der Kontaktierung ungehäuster ICs erfordert eine eingeschwungene, beherrschte und kontrollierte Fertigung, um eng tolerierte Eigenschaftswerte und eine Ausfallwahrscheinlichkeit im ppm-Bereich zu erzielen, die heute in der Bauelemente-Montage verlangt wird. Bewertet wurden daher für die Produktionssicherheit folgende Kriterien:

Reproduzierbarkeit der Kontaktierungsverfahren
Die Kontaktierungsverfahren sollten sich durch eindeutig beschreibbare und überprüfbare Verfahrensangaben reproduzierbar einstellen lassen, so daß die Kontaktparameter nur geringe Streuungen aufweisen.

Stabilität der Kontaktierungsgeräte
Leicht überprüf- und einstellbare Einstellungen der Taktzeiten bzw. Frequenzen, Drücke und Temperaturen, kein Driften der Einstellwerte bzw. ein geringer Verschleiß der Werkzeuge, eine hohe Verfügungsrate bzw. seltene und kurze Ausfallzeiten, ein guter und schneller Service, sichere sowie einfache Bedienung und Wartung werden von zuverlässigen Geräten verlangt.

Prüfbarkeit
Bewertet wurde die Zuverlässigkeit, Aussagefähigkeit, Genauigkeit und der Aufwand der Prüf- und Meßtechnik.

Insbesondere bei den neuen Mikrotechnologien mangelt es bisher noch an Prüf- und Testmethoden. Das gilt vor allem für hochpolige, eng angeordnete Kontaktierungen, wie sie beim µ-BGA, MCM und TAB vorliegen.

Erfahrung und -Wissen (Know How), Normung zur Fertigungsbedingungen
Methoden zur Langzeit-Beanspruchung, -Prüfung und -Beurteilung bzw. zur Bestimmung der Ausfallwahrscheinlichkeit sind in zahlreichen Arbeiten untersucht und beschrieben worden: z.b. im MIL Handbook 217 D Reliability and Prediction of Electronic Equipment, October 1986, 536S.; MIL-Handbook 781, Reliability Test Methods, Plans and Environments for Engineering Development, Qualification and Production, 1987, 673S.; MIL Standard-883D, Test Methods and Procedures for Microelectronics, 1993. Die Prüfkriterien, -Methoden, -Bedingungen und -Auswertungen sind jedoch so vielfältig wie verschiedenartig, daß bisher vergleichbare Bewertungen noch fehlen und auch hier nur Abschätzungen möglich sind. Die starren und geometrisch eindeutig definierten Kontaktierungen sind entsprechend reproduzierbar, Verklebungen mit unterschiedlichen Klebflächen und -strukturen nur ungenau prüfbar.

6.4.5
Langzeit-Zuverlässigkeit

Klimaverhalten
Ungehäuste Chip-Kontaktierungen werden je nach Art und Intensität der Umweltbeanspruchungen, also durch Feuchte, Salznebel, SO_2, UV- bzw. Sonnenbestrahlung beansprucht sowie je nach chemischem Aufbau, elektrochemischen Potentialverhältnissen, Gefüge, Ober- und Grenzflächen unterschiedlich angegriffen. Daneben können organische Substrat-, Verguß-, Coating- bzw. Klebmaterialien durch Versprödung oder Spannungs- und Rißbildung Ausfälle bewirken. Unvergossene Chip-Goldbonds/Gold-Leiterbahnen auf Keramiksubstraten zeigen die beste Klimabeständigkeit. Bewertet wurde die Ausfallwahrscheinlichkeit/Zeit unter Klimaeinwirkung.

Mechanische Dauerbeständigkeit
Festigkeitsminderungen von Kontaktierungen erfolgen durch anhaltende Zug-, Scher- oder Schäl-Belastungen, Wechselbeanspruchungen durch Vibration oder durch Temperaturwechsel. Sie beeinträchtigen die Zuverlässigkeit elektronischer Schaltungen erheblich. Aufgrund von definierten Langzeit-Untersuchungen werden Alterungsfunktionen, z. B. nach Weibull oder Wöhler, gesucht, die extrapolierte Aussagen über die Ausfallwahrscheinlichkeit im Laufe der Schaltungslebensdauer erlauben. Hierbei sind die Art und Grenze der Belastungen genau festzulegen und Fremdbeanspruchungen auszuschließen, um zu vergleichbaren Belastungsgrenzwerten zu kommen. Derartige Langzeit-Untersuchungen sind problematisch, weil sie einerseits statistisch repräsentative und signifikante Ausfälle unter definierten, möglichst kurzzeitigen Überlastungen erfordern, wie sie aber andererseits praktisch nicht erwartet werden können. Trotzdem ist es selbstver-

ständlich sinnvoll, die Materialien bzw. Montageelemente vergleichbar bzw. standardisiert zu prüfen, um eine thermisch geeignete Auswahl zu treffen.

Die Schaltung aus einer Kombination von Materialien, Komponenten, die oft nicht bekannten Anwendungsbedingungen ausgesetzt werden, können dagegen nur unter Funktionsbedingungen beurteilt oder qualifiziert werden. Allerdings bieten die Grenzwerteigenschaften der verwendeten Materialien einen guten Anhalt bei der ersten Schätzung der mechanischen Beständigkeit.

TAB- und gut aufgebaute Flipchip-Kontaktierungen, die Schäl- und Scherkräfte kaum zulassen und großflächig sind, ertragen höhere mechanische Spannungen unter Dauerwärmebeanspruchungen und ergeben auch bessere Zuverlässigkeiten bzw. geringere Ausfallwahrscheinlichkeiten als Drahtkontaktierungen oder Verklebungen.

Thermomechanische Beständigkeit; Temperaturzyklen
Bewertet wurde die Ausfallwahrscheinlichkeit durch dauernde thermomechanische Spannungen infolge von Gefügeermüdungen u.ä. bei laufenden Temperaturunterschieden. Der Mechanismus der Ermüdungen zumeist aufgrund unterschiedlicher Material-Ausdehnungen bzw. Ausdehnungskoeffizienten ist bekannt und eingehend beschrieben worden.

Dauerwärmebeständigkeit
Die thermische Beständigkeit der Kontaktierungen wird weitgehend durch die verwendeten Materialkombinationen bestimmt und durch zusätzliche, insbesondere dynamische mechanische Beanspruchungen herabgesetzt.

Die thermische Alterung nimmt nach Arrhenius mit der Temperatur etwa exponentiell zu. Sie ist über 180 °C der dominierende Ausfallfaktor und läßt sich nach den DIN- und VDE-Richtlinien 0304, Teil 25, als Grenztemperatur beschreiben und erfassen. Die höchsten Grenztemperaturen (250 °C) haben die Au-Au Drahtkontaktierungen. Es folgen Al-Al Drahtkontaktierungen mit 200 °C und Chip/Si-WTi-Au-TAB mit 190 °C. Die Al-Au Drahtkontaktierungen ertragen wegen der Bildung spröder intermetallischer Phasen vergleichsweise dauernd < 170 °C, die TAB -CuSn und Flipchip-PbSn (UBM-Cu) Lötungen maximal 150 °C, je nach Schmelztemperatur und Gefügestabilität der verwendeten Lote. Bei FC-Techniken mit Ni-Au Bumps liegen Grenztemperaturen bei etwa 250 °C. Eindeutige Untersuchungen hierzu fehlen derzeit.

Elektrisches Langzeitverhalten
Auch bei elektrischen Langzeitschäden handelt es sich um Materialveränderungen, die durch die Kontaktierverfahren vorgeschädigt oder mechanische, thermische oder klimatische Belastungen verstärkt werden können. Deshalb sollte auch das Langzeitverhalten unter elektrischer Belastung der verwendeten Werkstoffe und Komponenten bei ihrer Auswahl und beim Design bekannt sein. Die Elektrochemie, die Diffusion, Migration und Korrosion in und an Kontaktierungen sind wesentliche elektrische Ausfallursachen. Bisher liegen hierzu zwar zahlreiche anspruchsvolle und phänomenologische Schadensuntersuchungen vor. Aber systematische Untersuchungen und vergleichbare statistische Voraussagen über

elektrisch direkt beeinflußte Ausfälle sind für die betrachteten Montagetechnologien noch unbekannt.

6.5 Tabellarischer Vergleich der Kontaktierungstechniken

In Tabelle 6.3 sind wichtige Eigenschaften der Drahtbond-, TAB- (nur OL-Bonden) und der FC-Technik gegenübergestellt. Die Drahtbondtechnik zeichnet sich durch eine hohe Flexibilität aus und dürfte für Kleinserien auch in Zukunft das dominierende Verfahren sein. Werden bereits beim Design geeignete Maßnahmen getroffen, so ist auch eine Reparatur möglich.

Die TAB-Kontaktierung ist zwar im Prinzip zur SMD-Technologie kompatibel, jedoch erfolgt sie meist in Form einer Zusatzbestückung (Thermodenlöten) und fügt sich schlecht in den Prozeßablauf ein. Sie ist relativ teuer und wird in Zukunft durch die FC-Technik auf Flex ersetzt. Diese Technik erfordert keine Strukturierung des Polymertapes und ist deshalb preiswerter.

Große Chancen werden in der Low-Cost-FC-Technik gesehen. Ein Beispiel hierzu stellt die beschriebene Ni-Au-Bump (PbSn Bumps mittels Schablonendruck) Flipchip-Technik dar. Ein wesentlicher Vorteil der FC-Technik ist, daß sie voll kompatibel mit der SMD-Technik ist. Nahezu alle Geräte der SMD-Technik sind für die Flipchip-Technik einsetzbar. Lediglich der Dispenser für den Underfillprozeß muß zusätzlich in die Linie integriert werden. Probleme für die Einhaltung sehr kurzer Taktzeiten bereiten auch der Dispenser (langsam) und der Durchlauf-Cure-Ofen (teuer) zum Aushärten des Underfillers. Andererseits stehen eine Vielzahl von Geräten zur Prozeßkontrolle zur Verfügung. Einige Bestücker gestatten z.B. die Bestimmung des Lotvolumens pro Bump während des Bestückungsvorganges. Gelingt es durch spezielle Maßnahmen auf dem Wafer eine thermomechanische Anpassung des Chips zur Leiterplatte zu erzielen (der Underfillprozeß könnte dann entfallen) hat eine derartige FC-Technik auch die Vorteile einer Reparaturfähigkeit wie andere SMDs. Die thermischen Eigenschaften von FC-montierten Chips können relativ gut dem jeweiligen Anwendungsfall angepaßt werden. Durch Kühlmaßnahmen von der Rückseite des Chips oder durch den Einsatz zusätzlicher thermischer Bumps (mit thermischen Vias im Polymer) kann eine bessere Wärmeableitung verglichen zur Drahtbondtechnik erzielt werden. In jedem Fall hat die FC-Technik den Vorteil, daß die elektrische Verdrahtung von der Wärmeleitung entkoppelt werden kann. Im Bereich der Zuverlässigkeit ist die Optimierung der Eigenschaften des Underfillmaterials, der mechanischen Charakteristiken, der Lötstopmaske, des Flußmittels und des Lotes von großer Bedeutung. Jedoch konnten bereits Zuverlässigkeitswerte von über 4000 Zyklen (-65 °C bis + 125 °C) experimentell nachgewiesen werden. Nachteilig bei der FC-Technik ist derzeit, daß insbesondere die Low-Cost-FC-Technik noch nicht genügend erprobt ist.

Tabelle 6.3 Vergleich der Kontaktierungstechniken

Technik	Drahtbonden			TAB-OLB	Flipchip
Technologie	TS-Au-Ball	US-Al-Wedge		AuSn20, Tape (Sn)	PbSn
Chip-Kontaktmetallisierung	Al	Al	Al	Au-Bump	NiAu-Bump
Substrat-Kontaktmetallisierung	Au	Au	AgPd	PbSn	PbSn
Systemeigenschaften					
Max. Anschl. Zahl	300	200	200	< 1000	> 1000
Min. Chippad pitch [µm]	120	80	80	50	200
Platzbedarf	1	1	1	1	3
Flexibilität	3	3	3	1	1
Know how	3	3	3	2	1
Visuelle Inspektion	3	3	3	3	1
Burn-In-Fähigkeit	1	1	1	3	1
Elektrische Eigenschaften					
Kontaktwiderstand	3	3	3	3	3
Induktivität	1	1	1	2	3
HF-Eignung	1	1	1	2	3
Def. Wellenwiderstand	1	1	1	3	3
Mechanische Eigenschaften					
Adhäsion	1	1	1	3	2
Streuung der Adhäsion	2	2	2	3	3
Thermische Eigenschaften					
Betriebstemperatur	1	1	1	3	2
Wärmeableitung	2	2	3	3	3
Fertigungs-Verfahren					
- Geräte	3	3	3	1-3	2-3
- opt. Inspektion	3	3	3	3	1
- Know How	2	2	2	2	1-2
Zuverlässigkeit					
Klima/Feuchte	3	2	1	2	1
- Mech. Stress	3	3	3	2-3	2
- Vibration	3	3	2	1-2	3
Thermomech. Stress	3	3	3	3	2
Dauer Wärme	3	2-3	2	2	1
- Elektr. Spannung	3	3	2	3	1-3
- Elektro-chemisch	3	2	1	2	1

Legende:
1:   schlecht, gering, kritisch
2:   befriedigend, mittel, unkritisch
3:   gut, groß, problemlos

6.5 Tabellarischer Vergleich der Kontaktierungstechniken

Der Tabelle 6.3 und den textlichen Ausführungen können folgende wesentliche Vor- und Nachteile der Kontaktierungstechniken, die in Tabelle 6.4 zusammengestellt sind, entnommen werden.

Tabelle 6.4. Vor- und Nachteile der Kontaktierungstechniken

Techniken	Vorteile	Nachteile
Drahtkontaktierung (COB)	- flexibel - opt. Inspektion möglich - bei niedr. Anschlußzahlen preiswert - Reparatur im Prinzip möglich	- serielles Verfahren - rel. gr. Flächenbedarf - Glob Top problematisch - Nachteile im HF-Verhalten - Wärmeabfuhr durch die Verdrahtungsebene - schlecht in die SMD-Technik integrierbar
TAB-Kontaktierung (nur OLB)	- Simultankontaktierungsverfahren - opt. Inspektion möglich - Reparatur gut möglich - Burn-In und HF-Testen möglich - gute HF-Eigenschaften - versch. Möglichk. der Wärmeabfuhr - hohe Zuverlässigkeit	- relativ teuer - relativ großer Flächenbedarf - Spezialgeräte nötig - schlecht in die SMD-Technik integrierbar
FC-Kontaktierung	- Low Cost Varianten verfügbar (z.B. Ni-Au-Bumps) - Simultankontaktierungsverfahren - gute HF-Eigenschaften - versch. Methoden der Wärmeabfuhr möglich - geringster Platzbedarf - gut in die SMD-Technik integrierbar - hohe Zuverlässigkeit	- Kosten hängen wesentlich vom Bumpingprozeß ab - Underfillprozeß ist nachteilig - keine opt. Inspektion möglich - schwierig bei kleinen Kontaktpitches

Zur Verdeutlichung der notwendigen Weiterentwicklung der verschiedenen Techniken für eine breite Anwendung sind in Abb. 6.2 einige wesentliche Ziele angegeben.

Abschließend sei bemerkt, daß dieser Abschnitt nur eine kleine Hilfestellung bei der Auswahl der verschiedenen Techniken liefern kann. Die Detailarbeit muß vom jeweiligen Interessenten selbst durchgeführt werden. Es wird empfohlen, Kontakte zu Dienstleistern, Geräteherstellern, Firmen, die bereits über Erfahrungen verfügen, und zu Instituten aufzunehmen, um den Auswahlprozeß zu beschleunigen.

6 Vergleich der Kontaktierungstechniken ungehäuster ICs

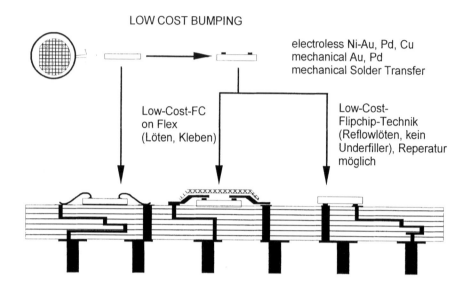

Abb. 6.2 Entwicklungstrends der Verbindungstechniken

7 Ausblick auf verwandte Montageverfahren

Die Bauelementetypen Ball Grid Array (BGA) und Chip Size Package (CSP) gehören im eigentlichen Sinne nicht zu den ungehäusten ICs. Kennzeichnend für diese Gehäuseformen ist das Fehlen der Anschlußbeinchen. Sie stellen aufgrund der flächenförmigen Anordnung der Kontakte unter dem Bauelement die Schnittstelle zwischen Flipchip- und SMT-Bauteilen dar. Sie vereinigen die Vorteile der einfachen Plazierung durch Verwendung robuster Lotkugeln mit einem entspannten Anschlußraster durch die flächenhafte Anordnung der Kontaktanschlüsse.

Ball Grid Arrays sind die logische Weiterentwicklung des Pin Grid Arrays (PGA) für die Durchstecktechnologie hin zur Technologie der Oberflächenmontage. Da die Anschlüsse der BGAs unterhalb des Chips oftmals ausgespart werden (Fan Out) und die Anschlußraster zwischen 1,0 und 1,5 mm liegen, sind die Gehäuse meist deutlich größer als der darin enthaltene Chip. Derzeit werden BGAs hauptsächlich im Bereich oberhalb 200 I/Os eingesetzt. Der Bedarf für niedrigpoligere Gehäuse ist lediglich dadurch gegeben, daß einige Anwender von BGAs die Zahl unterschiedlicher Gehäusetypen reduzieren und die Prozeßsicherheit der BGAs nutzen wollen.

Beim CSP werden die Anschlüsse in der Regel nur unterhalb des integrierten Chips gelegt. Auf diese Weise sind die Abmessungen des Gehäuses nur unwesentlich größer als der Chip, was aber auch zu einer Reduzierung des Anschlußrasters der Lotkontakte in den Bereich von 0,5 bis 1 mm führt. Das Einsatzgebiet der Chip Size Packages liegt daher eher bei kleineren Anschlußzahlen unter 200 I/Os. Erste Anwendungen werden im Bereich der DRAM's und SRAM's als auch der Chipkarte gesehen.

7.1
Ball Grid Array

Einige Elektronik-Firmen setzen die BGA-Gehäuse in ihren Produkten ein: Compaq und Motorola sind die Hauptanwender der Plastic Ball Grid Arrays (PBGA); sowohl AT&T als auch Bosch Blaupunkt verwenden Multichip-BGAs. Bei Hewlett-Packard und Sun Microsystems wird derzeit ein Masseneinsatz von PBGAs im Bereich der Workstations erwartet. Keramische Ball Grid Arrays (CBGA) sind bei IBM und Motorola schon seit längerer Zeit in ihren Produkten zu finden. In Europa werden diese CBGA-Gehäuse von Bull und Ericsson eingesetzt. Konsequenterweise bieten verschiedene Halbleiterhersteller ihre Produkte bereits in BGA-Gehäusen an (siehe Tabelle 7.1).

7 Ausblick auf verwandte Montageverfahren

Tabelle 7.1. Halbleiterbauelemente einiger Hersteller verfügbar in PBGA [1]

Unternehmen	HL-Bauelemente	Anschlußzahl	Gehäuse-Lieferant
Altera	FPGA	225	Amkor/Anam
AMD	Prozessoren, Kontroller	225, 313	Verschiedene
Hitachi	SRAMs	119	Intern
Hyundai	SRAMs		Intern
Intel	TBD	> 300	Verschiedene
LSI Logic	ASICs	> 225	Citizen, Amkor, IBM
Mitsubishi Electric	ASICs	225-477	Intern, verschiedene
Motorola	SRAMs, ASICs	119	Citizen
National Semiconductor	ASICS	225	Verschiedene
Samsung	SRAMs	119, 204	Intern
SGS-Thomson	ASICs	> 225	Citizen, Amkor
Sony	SRAMs	225	Verschiedene
Texas Instruments	ASICs	> 225, 313	Verschiedene
Toshiba	ASICs, SRAMs	225, > 300	Verschiedene
VLSI Technology	ASSP, ASICs	225-676 (T-BGA)	Amkor, IBM, intern
Xilinx	FPGA	225	Amkor/Anam

Die größten Dienstleistungsanbieter im Bereich Gehäuseherstellung und Bestückung von PBGAs sind Amkor/Anam, Citizen Watch, ASAT und Shinko. Bei den CBGAs treten als Anbieter die Firmen IBM, Motorola, Coors Electronic Package Company, Kyocera, NTK, Pacific Microelectronics Corporation (PMC), Sumitomo Metal Industry (SMI) und Micro Substrates Corporation in Erscheinung (siehe Tabelle 7.2)

Viele Hersteller haben elektrische und thermische Daten als auch Ergebnisse zur Feuchteaufnahme und Zuverlässigkeit ihrer BGA-Gehäuse veröffentlicht. Feuchteaufnahme, Koplanarität (der Lotkugeln), maximal erlaubte Durchbiegung des Gehäuses und der Leiterplatte, Leiterplattenlayout, Lötvorgang, sowie die Inspektions- und Reparaturmöglichkeiten sind Gegenstand weiterer Untersuchungen zur Verarbeitung von BGA-Gehäusen.

Tabelle 7.2. BGA-Gehäusehersteller, * Lizenzen erworben von Motorola

Unternehmen	Produktionsstatus	Gehäusevariante
Amkor/Anam*	Massenproduktion	Overmolded, Glob-Top, 225 und 313 I/O
ASAT*	künftige Massenproduktion	Overmolded, Glob-Top, 225 und 313 I/O
Citizen Watch*	Massenproduktion	Overmolded, Glob-Top, 225 und 313 I/O
Shinko*	Produktion	Overmolded, Glob-Top, 225 und 313 I/O
AT&T	Produktion	Plastikkappe, Overmolded, Glob-Top
Bosch Blaupunkt	Produktion	Plastikkappe, 169 und 289 I/O, Multichip-BGA
Hestia	Prototypenfertigung	Overmolded, > 300
Hyundai	Prototypen	
IBM	Massenproduktion	CBGA, 625 und 1089 I/O; T-BGA, 736 I/O
Kyocera	Massenproduktion	CBGA,
Siliconware	künftige Massenproduktion	
Swire	künftige Massenproduktion	Overmolded
Valtronic	Produktion	Glob-Top, < 100 I/O, Multichip-BGA

7.1.1 Gehäusetypen

Das BGA-Gehäuse ist ein hochintegriertes Package für die Oberflächenmontage. Mit den robusten Lotkugeln und dem entspannteren Anschlußraster stellt diese Gehäuseform eine Alternative zu den gebräuchlichen Gehäusetypen mit peripher angeordneten, empfindlichen Anschlußbeinen dar.

Die BGA-Substrate übernehmen die Aufgabe der Anschlußumverteilung und Aufweitung auf ein größeres, flächenhaft angeordnetes Rastermaß. Die Lotkugeln werden auf die Unterseite des Gehäuses angebracht, die ICs können sowohl auf der Oberseite (Cavity Up) als auch auf der Unterseite (Cavity Down) montiert sein. Bei oberseitig bestückten BGAs sind Durchkontaktierungen für elektrische Anschlüsse und gegebenenfalls für die Wärmeabfuhr zu der mit Lotkugeln bestückten Lage notwendig. In der Cavity-Down-Anordnung geht die Fläche, die für die Chipkontaktierung benötigt wird, für die Lotkugelbestückung verloren.

In den schon seit längerem auf dem Markt befindlichen keramischen Gehäuseversionen (CBGA) werden die ICs üblicherweise mittels Drahtbonden, Flip-Chip oder TAB kontaktiert. Die CBGAs können im Gegensatz zu anderen Gehäusetypen in hermetisch dichter Ausführung gestaltet werden.

In neueren Plastik BGAs (PBGA) werden die Chips typischerweise auf einem organischen Leiterplattenträger drahtgebondet. Führende BGA-Gehäusehersteller entwickeln mittlerweile ebenfalls Versionen für die Flip-Chip-Kontaktierung. Als Substratmaterial wird glasfaserverstärktes Epoxid, Polyimid, Polyester oder Bismaleimid-Triazin (BT) verwendet. Als gebräuchlichstes Material werden BT-Harze, aber auch glasfaserverstärkte Epoxidharze eingesetzt. Eine Weiterentwicklung der PBGA startete IBM mit der Einführung des Tape Ball Grid Arrays (T-BGA).

Die BGAs können als Singlechip- oder Multichip-Gehäuse eingesetzt werden. Als Gehäuseträger findet man sowohl ein- als auch mehrlagiger Substrate.

7.1.1.1
Plastik BGA

Aufgrund des Verschlusses lassen sich die PBGAs in weitere vier Kategorien einteilen: Overmolded, Glob-Top versiegelt, mit einem Plastik- oder Metallkappe versehen.

Overmolded PBGA
Die ersten erhältlichen Overmolded PBGA wurden von Motorola entwickelt und bei Citizen Watch produziert und unter dem Namen OMPAC (siehe Abb. 7.1) vertrieben. Firmen wie Amkor/Anam, ASAT, Hestia und Shinko haben Lizenzen erworben und stellen ebenfalls Overmolded PBGAs her.

Glob-Top Versionen
Citizen Watch hat die Glob-Top Version entwickelt; sie unterscheidet sich im Aufbau kaum vom Overmolded PBGA und verspricht ähnliche Eigenschaften und Vorteile (siehe Abb. 7.2). Anstelle des Moldings werden Epoxidharze als Abdeckung verwendet, was die Höhe des Gehäuses vergrößert. Valtronic fräsen daher den Glob-Top teilweise ab, um einen flacheren Aufbau und eine bessere Handhabbarkeit bei der Aufnahme und Plazierung zu erzielen.

7.1 Ball Grid Array

Abb. 7.1. Motorola OMPAC

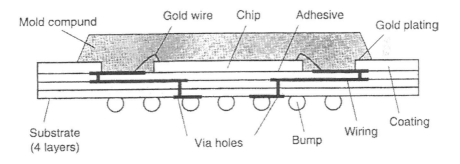

Abb. 7.2. Glob-Top PBGA

Kappenversionen
Bosch Blaupunkt entwickelte ein PBGA mit einer Plastikkappe zur Abdeckung der Chips (Abb. 7.3). Die Kappe ist mit einem Loch versehen, um ein ungehindertes Austreten von Gasen zu ermöglichen. Die Chips sind mit silbergefülltem Kleber fixiert, Golddraht gebonded und mit Silicongel abgedeckt. Als Substrat wird ein Glasfaser-Epoxidlaminat FR-5 verwendet. Eutektisches Lot wird auf die Unterseite gedruckt und zu Kugeln umgeschmolzen [2].

Andere Firmen wie Samsung benutzen eine Metallkappe. Neben dem mechanischen Schutz wird die Metallkappe auch zur Wärmeabfuhr eingesetzt.

Abb. 7.3. Bosch Blaupunkt

7.1.1.2
Tape BGA

IBM führte einen weiteren BGA-Typ auf organischer Materialbasis ein. Sie versahen ein TAB-Tape mit Lotkugeln auf der Unterseite und nannten es Tape Ball Grid Array (T-BGA). Der Chip wird auf einen strukturierten Träger (TAB-Tape oder flexible Leiterplatte) mittels Flip-Chip, Drahtbond oder TAB auf die Unterseite montiert, um eine hohe Wärmeabfuhr zu erreichen. Als Versteifung wird eine metallische Verstärkung verwendet (siehe Abb.7.4). Man findet auch Versionen mit Verstärkungen aus Kunststoff oder Leiterplattenmaterial. Die Feuchteaufnahme ist im Vergleich zu PBGAs geringer.

Neben IBM haben die Firmen NEC, ASAT und Hitachi Cable T-BGAs entwickelt. Das Kontaktrastermaß beträgt meistens 1,0 oder 1,27 mm mit bis zu 736 Anschlüssen. Das Gehäuse ist mit einer Höhe zwischen 1,27 und 1,5 mm sehr flach und kann für Anwendungen mit höherer Leistung eingesetzt werden.

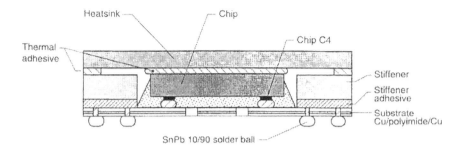

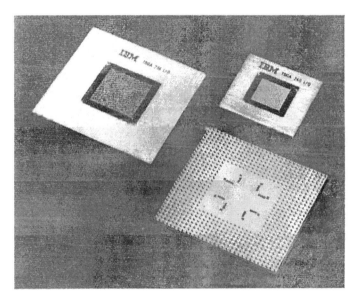

Abb. 7.4. Tape BGA von IBM

7.1.1.3
Keramik BGA

Die Keramik BGAs (CBGA) wurden ebenfalls von IBM und Motorola entwickelt. Die Gehäuseform wird von den Firmen IBM, Coors Electronic Packaging, Kyocera, NTK, PMC und Somitomo Metal Industries angeboten. Als Trägermaterial wird ein mehrlagiges Keramiksubstrat verwendet, das eine hohe Leiterbahndichte ermöglicht (Cofired Ceramic). Neben einigen Drahtbondversionen findet man typischerweise Flip-Chip-Montagen auf Aluminiumoxidkeramik (Abb. 7.5). Der Aufbau des Gehäuses ähnelt dem PIN Grid Array (PGA), die Stifte wurden hier jedoch durch Lotkugeln ersetzt. CBGAs werden hauptsächlich für hohe Anschlußzahlen und bei hohen Leistungen eingesetzt und sind unempfindlich gegen Feuchteaufnahme.

Eine weitere Variante wird Ceramic Column Grid Array (CCGA) genannt, anstelle der Kugeln werden Säulen aus hochschmelzendem bleireichem Lot verwendet.

Abb. 7.5. Keramik BGA

7.1.1.4
Metall BGA

Olin Interconnect Technologies haben ein Metall BGA (MBGA) in Cavity-Down-Anordnung vorgestellt (Abb. 7.6). Die Leiterbahnen werden mit Dünnfilmtechniken auf einem eloxierten Aluminiumträger erzeugt, der gleichzeitig als Wärmesenke dient. Gehäusegrößen von 27, 31 und 35 mm sind erhältlich.

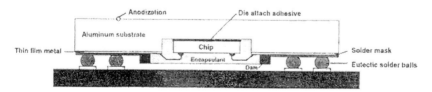

Abb. 7.6. Metal BGA

7.1.2
Elektrisches Verhalten

Aufgrund der guten elektrischen Eigenschaften werden PBGA-Gehäuse für schnelle SRAMs eingesetzt. Gegenüber Gehäusetypen wie beispielsweise QFPs weisen PBGAs eine geringere Werte der Induktivität, der Kapazität und des elektrischen Widerstands auf. Bei Verwendung eines optimierten Entwurfs für die Spannungsversorgung und Erdung in BGAs wird eine niedrige Induktivität erreicht [3,4] Flip-Chip-Versionen in BGA-Gehäusen steigern wegen der kurzen Signalwege die elektrische Performance nochmals deutlich.

7.1.3
Thermisches Verhalten

Das thermische Verhalten der BGAs wird durch mehrere Faktoren bestimmt: Aufbau des Gehäuses und verwendete Materialien, Chipverbindungsmethode, Gestaltung der Leiterplatten, Konvektion, Nähe zu anderen Komponenten und Lage auf der Leiterplatte. Vierlagige PBGA-Substratträger mit innenliegenden großflächigen Kupferlagen für die Spannungsversorgung und Erdung haben sich gegenüber zweilagigen bezüglich der Wärmeleitung als vorteilhafter erwiesen. Als Wärmepfade werden thermische Durchkontaktierungen über die Lotkugeln zu großflächigen Erdungslagen in der Leiterplatte genutzt. Je nach Ausführung der PBGA-Gehäuse werden können zwischen 1 und 5 Watt Verlustleistung abgeführt werden [5,6] Sogenannte „Thermal Enhanced BGAs,, sind in der Erprobung, die durch die Verwendung von mehrlagigen Substraten, Flächen zur Wärmespreizung und zusätzliche Wärmesenken größere Verlustleistungen abführen sollen.

7.1.4
Herstellung und Verarbeitung

Die meisten PBGAs basieren auf BT-Epoxid, einige auf glasfaserverstärkten Epoxidharzen. Zweilagige Leiterplatten werden am häufigsten als Trägermaterial eingesetzt. Bei höheren Ansprüchen hinsichtlich der elektrischen und thermischen Performance werden vierlagige Substrate eingesetzt. Die Herstellung erfolgt ähnlich wie bei den Lead-Frame-Gehäusen in Streifenform. Die Gehäuse werden in der Regel mit vorgefertigten Lotkugeln bestückt; nur wenige Firmen erzeugen die Lotkugeln durch Schablonendruck. Für keramischen BGAs verwendet IBM anstelle der Lotkugeln auch Lotsäulen.

7.1.4.1
Lotkugelbestückung

Für die Lotkugelbestückung von PBGAs und TBGAs benutzt Motorola eutektische Lotkugeln mit einem Durchmesser von 0,76 ± 0,025 mm. Mit einer Ansaugvorrichtung werden die Kugeln gleichzeitig für mehrere BGAs in streifenförmiger Anordnung aufgenommen und auf Vollständigkeit mittels automatischer Bilderkennung und optischer Sensoren überprüft. Durch einen Stempelvorgang werden die Kugeln mit einem haftvermittelnden Flußmittel benetzt und auf die Anschlußflächen der BGA-Gehäuse abgesetzt. Eine optische Inspektion der leeren Ansaugvorrichtung sichert, daß die Lotkugeln vollständig übertragen wurden. Der Umschmelzprozeß findet in einem Infrarotofen statt. Die halbkugeligen Lotkontakte haben nach dem Umschmelzen eine Höhe von 0,56 mm. Nach einem Reinigungsschritt werden die BGAs vereinzelt.

Kyushu Matsushita Electric Co. stellen die Lotkugeln für die PBGAs mittels Siebdruck her. Für ein BGA-Substrat mit 1 mm Rasterabstand und eine Kontaktfläche von 0,5 mm Durchmesser benutzen sie eine 0,4 mm dicke Schablone mit Öffnungen von 0,7 mm Durchmesser. Die verwendete Fine-Pitch-Lotpaste aus eutektischem SnPb hat eine Körnung von 30 µm. Die gelegentlich beobachtbare Brückenbildung nach dem Lotpastendruck verschwindet nach dem Umschmelzen in Stickstoff-Athmosphäre. Die erzielten Lotkontakte haben eine Höhe von 0,38 ± 0,04 mm. Bosch Blaupunkt und Valtronic stellen die Lotkugeln ebenfalls mit Siebdrucktechnik her.

Für keramische BGA-Gehäuse (CBGA) werden von IBM und Motorola bleireiche Lotkugeln bevorzugt, da mit ihnen gegenüber den eutektischen eine größerer Abstand (0,94 mm) zwischen dem BGA-Gehäuse und der Leiterplatte erreicht wird. Der vergrößerte Abstand erhöht die Lebensdauer gegenüber thermischer Ermüdung - eine typische Belastung bei Komponenten mit hoher Verlustleistung. Die Lotkugeln aus SnPb (10/90) mit einem Durchmesser von 0,89 ± 0,05 mm werden auf ähnliche Weise wie zuvor für PBGAs beschrieben übertragen. Vor dem Aufbringen der Lotkugeln wird jedoch das Keramiksubstrat mit Lotpaste bedruckt. Beim Umschmelzen der eutektischen Lotpaste werden die bleireichen Lotkugeln mit den Kontaktanschlüssen des Substrats verbunden ohne selbst aufzuschmelzen.

Neben den CBGAs entwickelte IBM eine Variante mit säulenförmiger Kontaktform: (CCGA); die Lotsäulen bestehen aus dem bleireichen Lot SnPb (10/90). Hierzu werden Lotdrahtstücke in einer Vorrichtung fixiert, auf das mit eutektischer SnPb-Lotpaste bedruckte CCGA-Gehäuse gesetzt, umgeschmolzen und durch einen Schervorgang auf einheitliche Höhe gekürzt. Die Säulen besitzen einen Durchmesser von 0,5 mm und eine Höhe von 2,21 mm. Alternativ zur Verwendung von Lotdrähten für die Herstellung der Lotsäulen wurde auch ein Gießverfahren entwickelt. Der gegenüber den Lotkugeln erhöhte Abstand des Gehäuses von der Leiterplatte ermöglicht eine bessere Luftzirkulation und verringerte die Belastung der Gehäuseanschlüsse durch thermische Fehlpassungen.

Beim Tape-BGA erfolgt die Bestückung der vorgefertigten bleireichen Lotkugeln SnPb (10/90) mit einem modifizierten Drahtbonder.

7.1.4.2
Leiterplattenlayout

Wegen der hohen Anschlußzahlen durch die flächenhafte Anordnung der Lotkugeln bei gleichzeitig reduzierten Gehäuseabmessungen steigen die Anforderungen an die Leiterplattentechnik. Die Leiterbahnen aus dem inneren des Anschlußrasters müssen zwischen den äußeren Kontaktreihen des Gehäuses und den wegführenden Leiterbahnen herausgeführt oder über Durchkontaktierungen auf tieferliegende Signalebenen verlegt werden. Mehrlagige Substrate mit geringem Durchkontaktierungsdurchmesser, kleiner Leiterbahnbreite und -abstand sind daher für die Montage der Gehäuse geeignet.

Um die Lagenzahl gering zu halten muß die Leitungsführung sorgfältig geplant werden[7]. In vielen Fällen lassen sich durch geeignete Vorkehrungen beim Entwurf des BGA-Gehäuses die Anforderungen an die Leiterplatte-Lagenzahl, minimale Leiterbahn- und Durchkontaktierungsgeometrien und damit die -kosten reduzieren:

- Die Versorgungsspannung und Erdung sollten als Innenlagen geführt werden.
- Eine Verlagerung der thermischen Anschlüsse und der Anschlüsse für die Versorgungsspannung und Erdung in die Mitte des Gehäuses erleichtert die Signalführung in der Leiterplatte. Da auf der anderen Seite eine stärkere, flächenhafte Verteilung der Versorgungs- und Erdungsanschlüsse zu einer geringeren Störung der Signale bei Schaltvorgängen führt, wird als Kompromiß auch eine Verteilung dieser Anschlüsse auf die Mitte und die Ecken des Gehäuses vorgeschlagen.
- Bei geringeren Anschlußzahlen kann durch wiederholtes Auslassen von Kontakten in versetzter Anordnung das Kontaktrastermaß vergrößert werden.

Die Größe der Kontaktanschlußfläche bzw. der Öffnung in der Lötstopmaske beeinflussen die Kontaktgeometrien nach dem Umschmelzvorgang. Bei eutektischen Lotkontakten schmilzt die Lotkugel komplett auf, die Größe der Kontaktfläche beeinflußt daher den Abstand des BGA-Gehäuses von der Leiterplatte.

Bei der Verwendung von ungefüllten Durchkontaktierungen wird empfohlen, die Kontaktfläche in der Form eines „Hundeknochens„ auszuführen, um dem teilweisen Verlust von Lot durch ein Füllen der Durchkontaktierung zu verhindern. Bei dieser Anschlußform wird die Anschlußfläche neben die Durchkontaktierung angelegt und mit einem kurzen Leitungssteg verbunden. Der Leitungssteg ist ebenfalls mit Lötstoplack versehen, um eine Benetzung der offenen Durchkontaktierung zu verhindern und eine gleichmäßige Höhe des Lotkontaktes zu erzielen [8,9].

7.1.4.3
Lotauftrag

Für den Lotauftrag können grundsätzlich die gleichen Verfahren wie für SMD-Technologie angewendet werden. Vor dem Plazieren werden Flußmittel mit Dispensern auf die Kontaktflächen oder durch einen Stempelvorgang auf die Lotkontakte des BGA-Gehäuses aufgetragen.

Für die Montage der BGA-Gehäuse ist ein ausreichender und gleichmäßiger Lotpastenauftrag der kritischste Prozeß. Neben der Verbindungsbildung dient das eutektische Lot auch zum Ausgleich von Implanaritäten. Zur Kontrolle des plazierten Lotvolumens werden vor dem Aufsetzen und Löten der BGA-Gehäuse visuelle Inspektionssysteme eingesetzt. Zum Beispiel empfiehlt IBM für CBGAs und CCGAs eine minimales Lotvolumen von 0,1 mm^3 für Anschlußflächen von 725 µm. Eine Abweichung des aufgetragenen Volumens von 25% gilt hier als akzeptabel. Implanaritäten bis zu 60 µm können bei dieser Lotmenge ausgeglichen werden.

7.1.4.4
Montage

Die Montage der BGA-Gehäuse erfolgt mit standardmäßig in der SMD-Technologie vorhandenen Geräten, die Anschaffung zusätzlicher Ausrüstung ist nicht notwendig. Die Aufnahme und Plazierung der BGA-Gehäuse auf die Leiterplatte erfolgt mit modifizierten SMT-Bestückern. Derzeitige Bestückungsgeräte zentrieren das BGA-Gehäuse entweder mechanisch oder benutzen Bilderkennungssysteme zur Erkennung des Umrisses. Neuere Systeme lokalisieren die äußeren Lotkugelreihen und kalkulieren aus den Werten den Absetzvorgang.

Die Selbstzentrierung der BGA-Gehäuse während des Lötvorgangs erfordern keine größeren Anforderungen an die Plaziergenauigkeit wie beispielsweise bei den SMT-Bauelementen im Fein-Pitch-Bereich. Tests bei Hewlett-Packard an PBGAs mit 1,5 mm Kontaktraster zeigten, daß bei einem Versatz bis zu 0,64 mm eine Selbstzentrierung erreicht wird. Allgemein gilt eine Fehlpositionierung um die Hälfte des Durchmessers der Anschlußflächen als tolerierbar, was durch derzeitige Bestückungsgeräte ohne großen Aufwand erreicht wird.

Untersuchungen von Compaq [10] mittels Röntgenmikroskopie ergaben, daß geringe Fehlpositionierungen nicht korrigiert werden sollen, da die Selbstjustage zu einer Zentrierung des Bauteils führt. Bei größeren Fehlpositionierungen wird keine Korrektur sondern die Entfernung des Bauteils empfohlen, um eine hohe Ausbeute zu erhalten.

7.1.4.5
Koplanarität

Einen größeren Einfluß auf die Ausbeute haben die Höhenverteilung der Lotkugeln, der Abstand des BGA-Gehäuses von der Leiterplatte nach dem Löten und die Implanaritäten des BGA-Gehäuses und des Substrats. Die absolute Implanarität steigt mit der Größe der Gehäuseabmessungen und kann bei organischen BGA-Gehäusen (PBGAs, T-BGAs) beachtlich sein. Der JEDEC-Standard fordert für PBGAs eine Koplanarität von 150 µm, derzeit werden aber höhere Werte (> 200 µm) erreicht. Um eine sichere Kontaktierung zu gewährleisten, muß zumindest die Höhe des niedrigsten Lotkontakts größer sein als der erzielte Abstand nach dem Löten zuzüglich der Implanaritäten des Substrats und des BGA-Gehäuses. Der am häufigsten genannte Fehler sind offene Kontakte, die sich auf zu eine zu niedrige Lotkontakthöhe zurückführen lassen. Eine Verbesserung des Lotpastendrucks und des Inspektionsverfahrens führen hier zu einer Verbesserung der Ausbeute.

7.1.4.6
Lötprozeß

Das Löten erfolgt in einem gemeinsamen Umschmelzprozeß mit den SMT-Komponenten. Dadurch werden Ausbeute und Durchsatz erhöht, im Gegensatz zu vielen Fine-Pitch-Bauelementen, die separat umgeschmolzen werden müssen. Meistens werden Konvektionsöfen mit erzwungener Umluft unter Stickstoff oder Infrarot-Öfen für den Lötprozeß verwendet. Eine weitere Variante bietet der Einsatz des Dampfphasenlötens für die Montage.

7.1.4.7
Feuchteaufnahme

Die PBGA-Gehäuse sind empfindlich gegen Feuchteaufnahme. Während des Lötprozesses führt die aufgenommene Feuchtigkeit zur Bildung von Wasserdampf, der bei der Freisetzung im Gehäuse zu Delaminationen und Rißbildung führt (Popcorning). Die Feuchte kann sowohl vom Gehäusesubstrat (im allgemeinen BT-Epoxid), vom Molding bzw. dem Glob-Top, dem Lötstoplack als auch vom Diebond-Kleber aufgenommen werden. Alternative Materialien mit geringerer Feuchteaufnahme werden derzeit von einigen Hersteller auf ihre Einsatzfähigkeit hin untersucht. Die Feuchteaufnahme hängt stark von den eingesetzten Materialien und dem Design des Gehäuses ab.

Die meisten Hersteller von PBGA-Gehäusen kontrollieren daher die Feuchteaufnahme während der Fertigung. Eine weitere Methode zur Reduzierung des Feuchtegehalts ist das langsame Tempern in einem Ofen und anschließende Verschließen in mit Stickstoff gefüllten Packungen. Nach dem Öffnen der Packung wird eine Verarbeitung innerhalb von 48 Stunden empfohlen, danach muß das PBGA erneut getempert werden. Bei 125°C werden Temperzeiten von mehreren Stunden bis zu einem Tag angegeben.

7 Ausblick auf verwandte Montageverfahren

Tabelle 7.3. Verarbeitungszeit und Testbedingungen für verschiedene JEDEC-Levels, X=zusätzliche Zeit, die der Hersteller bis zum Abpacken in die Trockenboxen beötigt.

Level	Verarbeitungszeit	Testbedingungen T[°C]/RH	Zeit [h]
1	unbegrenzt / < 85% RH	85/85	168
2	1 Jahr / < 30°C/60% RH	85/60	168
3	1 Woche / < 30°C/60% RH	30/60	168+X
4	72 Stunden / < 30°C/60% RH	30/60	72+X
5	24 Stunden / < 30°C/60% RH	30/60	24+X
6	6 Stunden / < 30°C/60% RH	30/60	6+X

Zur Bestimmung der Zeit zwischen der Entnahme des PBGAs aus der Trockenpackung bis zum Lötprozeß ist die Einstufung nach dem JEDEC-Level (bzw. der IPC-Klassifizierung) entscheidend. Hierfür wurden 6 verschiedene Stufen eingeführt, die die maximale Verarbeitungszeit und die zugehörigen Testbedingungen festlegen (Tabelle 7.3).

CBGAs und T-BGAs sind aufgrund geringerer Feuchteaufnahme unempfindlicher gegenüber „Popcorning,,.

7.1.4.8
Zuverlässigkeit

Abhängig vom geplanten Anwendungsgebiet werden verschiedene Zuverlässigkeitstests durchgeführt. Bisherige Arbeiten zur Zuverlässigkeit von PBGAs sind auf die Anwendungen im Bereich Consumer Electronic beschränkt. Die Gehäusehersteller veröffentlichen laufend ihre Ergebnisse. Für den Bereich Telecommunication und Automotive wird in einigen Firmen die Zuverlässigkeit evaluiert [1].

Die Auswertung von Ermüdungsrissen in Lotkugelkontakten von PBGAs ergaben, daß diese auf Unterschiede in der thermischen Ausdehnung zwischen dem BT-Epoxid des Gehäuses und dem Silizium zurückzuführen sind. Der hiervon ausgehende Stress führt zur Ermüdung der darunterliegenden Lotkontakte. Abhilfe schafft hier die Verwendung dickerer Gehäusesubstrate, die Reduzierung der Unterschiede in der thermischen Ausdehnung oder der Verzicht auf Lotkontakte unterhalb des Chips[11].

7.1.4.9
Ausbeute

Bei einem Kontaktmittenabstand unter 0,5 mm verzeichnen viele Firmen Einbrüche in der Ausbeute bei der Montage von QFPs wegen der empfindlichen Anschlußbeinchen und den Anforderungen an eine genaue Plazierung. Bei 304 Anschlüssen erreichen die QFPs eine Größe von 40 x 40 mm^2. Größere Gehäuseformen sind nur mit erhöhtem Aufwand in der SMT einsetzbar. Bis 40 mm Seitenlänge lassen sich 504 Anschlüsse realisieren, wenn ein Kontaktmittenabstand von 0,3 mm gewählt wird. Die Ausbeute geht hierbei jedoch stark zurück.

Compaq [3] veröffentlichte Untersuchungen zur Ausbeute und Zuverlässigkeit von PBGAs im Vergleich zu PQFPs. PBGAs mit 225 Anschlüssen und einem Kontaktraster von 1,5 mm zeigten eine Fehlerrate von 0,0-0,5 ppmj (parts per million joints). PQFPs mit 160 Anschlüssen und einem Kontaktmittenabstand von 0,65 mm ergaben eine Fehlerrate von 20-40 ppmj und mit einem Kontaktmittenabstand von 0,5 mm bei 208 Anschlüssen von 80-100 ppmj. Die Ausbeute ist bei PBGAs somit deutlich höher im Vergleich zu PQFPs.

7.1.4.10
Test und Inspektion

Nach dem Löten der BGA-Gehäuse ist eine optische Inspektion wegen der flächenhaften Anordnung der Kontakte unter dem Gehäuse nicht möglich. Für elektrische Tests müssen die Leiterbahnen unter dem BGA-Gehäuse zu Testpunkten auf der Leiterplatte geführt werden. Dies erhöht die Substratfläche und die Lagenzahl.

Mit abbildenden Röntgenverfahren lassen sich bestimmte Fehler erkennen: Kurzschlußbrücken, fehlende Lotkugeln, Fehljustagen, Delaminationen, Einschlüsse und Lotrückstände [12]. Diese Methode wird insbesondere während der Prozeßeinführung und für die stichprobenartige Prozeßkontrolle empfohlen. Weitere Inspektionssysteme wie Akustomikroskopie und IR-Mikroskopie sind für die Fehleranalyse bei manchen Gehäusetypen einsetzbar[13,14]

Eine offene Verbindung oder zu geringe Lotmengen sind mit herkömmlichen Röntgenverfahren allerdings nicht detektierbar. Dreidimensionale Abbildungsverfahren erlauben die Darstellung von Schnitten in verschiedenen Ebenen, mit dieser Methode wären auch offene Verbindungen feststellbar [15]. Eine andere Methode zur Detektion von offenen Verbindungen wird von Kyushu Matsushita Electric vorgeschlagen: Wählt man die Größe der Kontaktfläche auf der Substratseite größer als die des BGA-Gehäuses und der Lotkugel, so vergrößert sich der Durchmesser in der Abbildung bei Benetzung der Substratseite.

7.1.4.11
Reparaturverfahren

Um defekte BGA-Gehäuse zu ersetzen wurden verschiedene Reparaturverfahren entwickelt. Die meisten Geräte benutzen eine geteilte Optik, um die Lotkugeln des BGA-Gehäuses zu den Kontaktflächen des Substrats auszurichten und arbeiten mit Heißluft. Für den Austausch der BGA-Gehäuse muß ein ausreichender Abstand zu benachbarten Komponenten vorhanden sein, um das Werkzeug einzusetzen als auch um die Temperaturbelastung für benachbarte Bauteile gering zu halten. Bei zu hohen Temperaturen können in der Nähe liegende PBGAs durch aufgenommene Feuchtigkeit zu „Popcorning" neigen.

Nach dem Aufschmelzen der Lotkontakte wird das defekte Gehäuse abgehoben und zurückgebliebenes Lot von der Kontaktfläche entfernt. Die Zugabe von Flußmitteln vor dem Aufschmelzen der Lotkontakte wird von einigen Herstellern empfohlen. Bei Gehäusen mit eutektischen Lotkugeln (wie beispielsweise

PBGAs) ist der Einsatz zusätzlichen Lotes nicht notwendig. Es wird ein Flußmittel auf die Kontaktflächen und teilweise auch auf die Lotkugeln aufgetragen, das BGA-Gehäuse plaziert und gelötet. Bei PBGAs sollte auf die Verwendung von frisch aus den Trockenpackungen entnommenen Austauschgehäusen geachtet werden.

Die Reparatur von CBGAs ist wegen der Verwendung bleireicher Lotkugeln aufwendiger, da eutektisches Lot zusätzlich aufgebracht werden muß. Da die bleireichen Lotkugeln sowohl zum Gehäuse als auch zum Substrat hin mit eutektischem Lot verbunden sind, bleibt ein Teil der Lotkugeln auf der Leiterplatte zurück, die entfernt werden müssen. Die bleireichen Lotkugeln gewährleisten auf der einen Seite einen größeren Abstand zwischen Gehäuse und Leiterplatte, auf der anderen Seite ist die Fähigkeit zum Ausgleich von Implanaritäten geringer. Hinzu kommt, daß durch die lokale Erwärmung das Substrat sich verziehen kann. Das Substrat muß daher um die Reparaturstelle herum erwärmt und durch Aufbringen einer Kraft flach gedrückt werden. Zusätzliches eutektisches Lot wird vor dem Plazieren und Löten des Austauschgehäuses auf die Lotkugeln gedruckt. Die Andruckkraft muß auch während des langsamen Abkühlvorgangs aufrechterhalten werden.

Beim Entfernen von Lotrückständen nach dem Auslöten der BGAs ist darauf zu achten, daß die Kontaktfläche nicht delaminiert, was auf zu hohe thermische Belastung zurückzuführen ist. Beschädigungen der Lötstopmaske um die Kontaktfläche sollten ebenso vermieden werden, besonders dann, wenn sie die Kontaktfläche von einer offenen Durchkontaktierung trennt. Fehlt die Lötstopmaske, kann das Lot während des Lötvorgangs in die Durchkontaktierung gelangen und steht für die Verbindung nicht mehr zur Verfügung.

7.1.5
Standardisierung

Die unterschiedlichen BGA-Typen wurden teilweise bereits in JEDEC (Joint Electron Device Engineering Council) standardisiert.

7.1.5.1
PBGA

Die Außenabmessungen sind zwischen 7 und 35 mm in 2 mm Schritten gestaffelt; zwischen 35 und 50 mm betragen die Abstufungen 2,5 mm. Die Toleranz der Außenmaße ist mit 0,2 mm angegeben.

Für den Lotkugel-Mittenabstand wurden bislang 1,0, 1,27 und 1,5 mm standardisiert. Der Standard erlaubt auch die Auslassung von Lotkugeln in versetzter Anordnung, um eine Vergrößerung des Mittenabstands zu verwirklichen. Diese Varianten sind nur für hohe I/O-Zahlen für einen Lotkugel-Mittenabstand von 1,0mm und 1,27mm vorgesehen. Eine ungerade Rasterzahl wird für Anschlußzahlen größer 400 verwendet, versetzte Anordnungen werden nur bei ungeraden Rasterzahlen eingesetzt, um die Symmetrie der Anordnung zu wahren.

Ein minimaler Überhang (Entfernung zwischen Außenkante und Lotkugelmittelpunkt der äußersten Reihe) von 1,25 und 2,5 mm wird für Lotkugel-Mittenabstände von 1,27 und 1,5 mm benutzt. Für Lotkugel-Mittenabstände von 1,0 mm beträgt der minimale Überhang 1,0 mm (unter 400 Lotkugeln) und 1,25 mm (bei mehr als 400 Lotkugeln). Der obere Abschluß des BGAs kann über die Außenkante hinausragen und besteht aus Preßmasse, Epoxidharz, Metall, Keramik oder anderen Materialien.

Die Abmessungen der Lotkugeln und die Koplanaritätsrichtlinien wurden festgelegt. Die höchste zulässige Abweichung in der Lotkugelhöhe wurde mit 0,15 mm innerhalb eines Package unabhängig von seiner Größe festgelegt.

7.1.5.2
TBGA

Für die Außenkantenabmessungen bei TBGAs wurden Größen zwischen 20,32 und 40,64 mm in Abstufungen von 2,54 mm festgelegt. Der Überhang beträgt einheitlich 1,27 mm. Die Lotkugelraster reichen von 15x15 bis 31x31 mit ungeraden Zwischengrößen. Eine Auslassung von Lotkugeln in verschobener Anordnung ist zur Erzielung eines größeren Lotkugel-Mittenabstands möglich. Der standardisierte Lotkugel-Mittenabstand beträgt 1,27 mm und die Standarddicke des PBGA 1,45 mm.

7.1.5.3
CBGA/CCGA

Es wurden auch verschiedene Vorschläge für die Standardisierung der Keramik BGAs eingebracht. Die Außenabmessungen reichen von 11 bis 33 mm in Abständen von 2 mm. Zusätzlich wurden noch Abmessungen von 18,5 und 32,5 mm genannt. Der Lotkugel-Mittenabstand ist der gleiche wie bei den PBGA: 1,0, 1,27 und 1,5 mm. Für die Column Grid Arrays (CCGA) werden Außenkantenabmessungen von 25 bis 35 mm in Abstufungen von 2 mm angegeben. Zusätzlich gibt es noch Abmessungen zwischen 32,5 und 45 mm in Abständen von 2,5 mm.

7.2
Chip Size Package

Aufgrund zunehmender Anforderungen an die Anschlußdichten wurden aus den BGAs heraus weitere Gehäuseformen entwickelt, die die Größe der Chips nicht überschreiten und als Chip Size Packages (CSP) bezeichnet werden. Im Gegensatz zu den BGAs werden die Anschlüsse von der peripheren Anordnung auf den Chips nicht auf eine größere Fläche verteilt (Fan Out), sondern unter dem Chip angeordnet (Fan In). Geringfügig größere Gehäuse als das implementierte Chip werden auch Chip Scale Package (ebenfalls abgekürzt mit CSP) oder Near Chip Size Package (NCSP) genannt. Die Abgrenzung der CSPs gegenüber anderen Gehäusetypen wurde von der Electronics Industry Association of Japan (EIAJ) willkürlich durch das Verhältnis der Siliziumfläche des Chips zur Gehäusefläche mit

0,8-1 festgesetzt. Die Gehäuseform CSP kombiniert die Vorteile der Flip-Chip-Technologie mit der SMT. Gegenüber den BGAs zeichnen sich CSP-Gehäuse durch ihre geringere Größe und durch ein kleineres Rastermaß der Lotkugelkontakte aus. Der Vorteil gegenüber der Flip-Chip-Technologie ist die Testbarkeit, die Burn-In-Fähigkeit und die robuste Handhabbarkeit der CSPs.

Wegen ihrer geringen Größe finden CSP-Gehäuse im Bereich der portablen elektronischen Geräte ihr Anwendungsgebiet. Die Testbarkeit und Burn-In-Fähigkeit dieser Gehäuseform eröffnet den CSPs als Alternative zu Known Good Die (KGD) ein weiteres Anwendungsfeld.

Mehrere Unternehmen in den USA, Japan, Korea und Israel entwickeln CSP-Varianten. Einige Firmen haben bereits Produktionsstatus erreicht: ChipScale (früher Micro SMT, Inc.) montieren Dioden und Transistoren mit dem Micro-SMT-Prozeß. Bei Tessera läuft die Massenproduktion der µBGAs an. Von Matsushita, Motorola und NEC sind erste Probegehäuse für Testzwecke erhältlich. Shinko Electric hat Lizenzen von Tessera erworben und bietet Kunden die Bestückung der µBGAs an. Weitere Firmen, z.B. Amkor/Anam haben bereits Lizenzverträge mit Tessera abgeschlossen.

7.2.1
Gehäusetypen

Eine Arbeitsgruppe der EIAJ (Electronic Industry Association of Japan), die sich mit Standardisierungsfragen zu CSPs befaßt, hat eine Einteilung in vier Gehäusetypen vorgeschlagen: mit starren und mit flexiblen Zwischenträger, mit angepaßten Lead-Frames und Molded CSPs. Eine andere Einteilung sieht sechs Gehäusetypen vor: CSPs mit flexiblen und starren Schaltungsträgern, mit angepaßten Lead-Frames, Molded CSPs, Waver-Leveled CSPs und mit TCP-Lead-Frames [16]. In der folgenden Übersicht soll die letztere Einteilung benutzt werden.

7.2.1.1
Flexible Schaltungsträger

Zu diesen Vertretern zählt das Fine-Pitch Ball Grid Array (FPBGA) von NEC, das MCSP von Nitto Denko, das µGBA von Tessera und das TZOP von General Electric. Kennzeichnend ist die Verwendung eines flexiblen Zwischenträgers zum Umverdrahten der Anschlüsse des Chips

Das µBGA ist die derzeit am weitesten verbreitete Gehäusevariante im Bereich CSP. Die Besonderheit von Tesseras µBGA besteht in einer flexiblen Elastomerschicht, die zwischen Chip und flexiblem Leitungsträger liegt. Der 25 µm dicke Leitungsträger besteht aus Polyimid (PI) und ist beidseitig mit Cu beschichtet. Die Verbindung zwischen Flex Circuit und Al-Bumps auf dem Chip wird mit Golddrähten hergestellt. Der Bond-Prozeß zu den Al-Pads des Chips ähnelt einem Single Point TAB-Prozeß. Der gesamte Verbindungsbereich wird nach der Kontaktierung mit einem Si-Elastomer mit niedrigem Modul vergossen, um Spannungskonzentration an den Drähten zu vermeiden (Abb. 7.7).

Bei unvergossener Chiprückseite kann das Package in Multichip-Modulen (MCM) eingesetzt werden (Chip Size Type). Zusätzlicher mechanischer Schutz ist durch das Anbringen eines Kovar-Metallrings um den Chip möglich (Ring Type). Alternativ zu den oben beschriebenen Methoden ist eine Metallkapselung von Rückseite und Seitenfläche des Chips möglich, um mechanische Festigkeit und Wärmeableitung zu optimieren (Can Type).

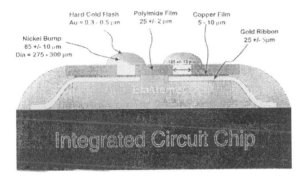

Abb. 7.7. µBGA (Tessera)

Bei der Herstellung der µBGAs können verschiedene Ausführungen des flexiblen Leitungsträgers (Flex Circuit) und der Kontakthöcker (Bumps) verwendet werden. Die Bumps lassen sich aus Goldbeschichtetem Nickel, aus Kugeln aus eutektischem Lot und aus lotbeschichteten Cu-Höckern fertigen.

7.2.1.2
Starre Schaltungsträger

Vertreter dieser Gehäusevariante sind das CSTP (Toshiba), das mini-BGA (IBM), das keramisches LGA unter Verwendung von mechanischen Goldbumps (Matsushita) und das SLICC (Motorola). Kennzeichnend ist die Verwendung eines starren Zwischenträgers zum Umverdrahten der Anschlüsse des Chips. Er kann aus einer organischen Leiterplatte oder aus Keramik hergestellt sein.

Das SLICC-Substrat für die Flip-Chip-Montage der ICs besteht aus FR-4 oder BT-Epoxy. Die Durchkontaktierungen (Vias) werden durch Bohren hergestellt. Zwei Kontaktraster existieren für die Anschlußflächen der Lotkugeln: 0,81 und 0,89 mm; die Anschlußflächen haben einen Durchmesser von 0,51 mm.

Das mini-BGA ist zwar vom Verhältnis Chip- zu Gehäusefläche definitionsgemäß kein CSP, besitzt aber alle wesentlichen Voraussetzung hierfür. IBM benutzt es für Prozessor-Anwendungen mit hoher Taktfrequenz [17]. Die Montage des 10 x 10 mm großen Chips erfolgt zusammen mit 16 Kondensatoren auf einem Al_2O_3-Keramiksubstrat unter Verwendung des C4-Prozesses mit hochschmelzenden Lotbumps. Ein Aluminiumdeckel verschließt das Gehäuse.

IBM entwickelte für das mini-BGA eine neue Methode der Lotkugelbestückung des Gehäuses. Lotpaste wird in eine Edelstahlform versehen mit Löchern in gleichem Kontaktraster wie das mini-BGA gedruckt. Das Substrat wird darüber plaziert, das Lot umgeschmolzen und die Lotkugeln auf die Anschlüsse des Gehäuses übertragen. Fehlende oder mangelhaft ausgebildete Lotkugeln werden einzeln ergänzt, um nach einem zweiten Umschmelzprozeß eine gleichmäßige Lotkugelverteilung zu erhalten.

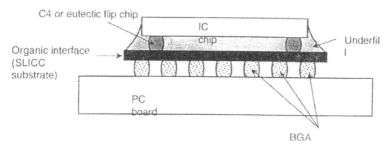

Abb. 7.8. SLICC (Motorola)

7.2.1.3
Angepaßte Lead-Frames

Vertreter dieser Gehäusevariante sind das LOC und das µstud BGA (Hitachi), das MF-LOC und das Tape-LOC (Fujitsu) und das BLP (LG Semicon). Die Gehäusevarianten wurden aus den Lead-Frame Gehäusetypen entwickelt. Die Kontaktierung der ICs erfolgt durch Drahtbondtechnik und das Gehäuse wird durch Spritzgußtechnik hergestellt. Die Lead-Beinchen sind am Gehäuserand abgetrennt, die freiliegende Unterseite des Lead-Frames bildet die Kontaktfläche zur Leiterplatte.

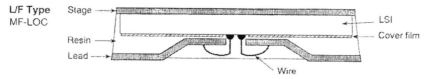

Abb. 7.9: Lead-On-Chip CSP (Fujitsu)

7.2.1.4
Molded CSP

Mitsubishi Electric Co. entwickelte ein CSP, bei dem der Chip mit einer dünnen Kunststoffschicht umspritzt wird und die Anschlüsse mit Kontakthöckern versehen wurden. Zunächst werden auf dem Wafer die Kontaktanschlüsse der ICs umverdrahtet, um die Anschlußkonfiguration des Gehäuses zu erhalten. Auf den Kontaktanschlüssen werden Kontakthöcker aus hochschmelzendem Sn/Pb (5/95) aufgebracht und mit Kupferhöckern verlötet. Die ICs werden anschließend in einem Moldingprozeß verkapselt. Vor der Bestückung mit Lotkugeln wird ein Flußmittel auf die Anschlußflächen gegeben.

7.2.1.5
Wafer-Level CSP

Kennzeichnend für diese Gehäusevariante ist die Fertigung im Waferverbund. Wichtige Vertreter dieser Technologie sind die CSPs von ShellCase und von ChipScale.

Von ShellCase wurde ein CSP entwickelt, das hergestellt wird, während sich die Chips noch auf dem Wafer befinden [18]. Der Chip ist voll gekapselt und hat auf beiden Seiten Substratschutzschichten, typischerweise aus Glas. Das Package ist um 100 µm länger und breiter als der Chip, die Dicke des Packages liegt zwischen 0,3 und 0,7 mm, der minimale Kontaktmittenabstand (Pitch) liegt bei 0,25 mm.

Ein Querschnitt durch das Package ist in Abb 7.10 zu sehen. Bei Anwendungen, die eine hohe Wärmeableitung erfordern, kann für das Substrat statt Glas AlN verwendet werden. Die drei Hauptschritte der Herstellung sind Verbreiterung der Chipkontaktflächen in die Sägespur, Vereinzeln der Chips durch Ätzen von der Waferrückseite und Abscheiden, Festlegen und Ausformen der externen Metallkontakte. Das ShellCase Package kann mit herkömmlicher SMT-Technologie auf Leiterplatten aufgebracht werden.

Von ShellCase wurden umfangreiche Tests zur Zuverlässigkeit, zumeist mit auf Leiterplatten montierten Packages, erfolgreich durchgeführt (u.a. Klima/Feuchte, Temperaturwechsel, Warmauslagerung). Weitere Untersuchungen sind geplant, darunter Bestätigung der bisher erhaltenen Tests mit einer größeren Anzahl von Proben, Einführung von weitergehenden Tests im Hinblick auf zukünftige Anwendungen und die Verwendung von aktiven Bauteilen in den Tests.

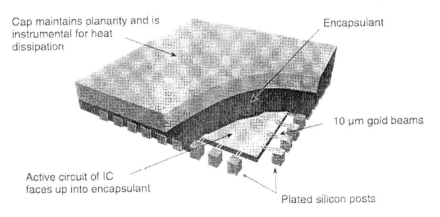

Abb. 7.10. CSP von ChipScale, Inc.

ChipScale, Inc., entwickelte aus dem Micro-SMT-Verfahren ein CSP. Für die Kontaktanschlüsse werden peripher angeordnete, metallisierte Siliziumstifte verwendet, die durch Naßätzen und Sägen in der um 400 µm verbreitert ausgelegten Sägespur des Wafers hergestellt werden. Metallische Brücken von den Anschlußflächen des ICs zu den Siliziumsockeln werden durch galvanische Abscheidung von Gold erzeugt (Abb. 7.).

Die Koplanarität der Anschlüsse wird durch die obere Siliziumscheibe sichergestellt und mit ± 3 µm angegeben [19]. Sie dient zusätzlich als Wärmespreizer und zur Impedanzkontrolle. Die elektrische Performance ist wegen der kurzen Leiterbahnführung vergleichbar zur Flip-Chip-Technologie. Die metallisierten Siliziumanschlüsse sind aufgrund ihrer Robustheit für Test und Burn-In gut geeignet. Mit dieser Technologie werden Gehäuse mit bis zu 144 Anschlüssen und einer Höhe von 0,51 mm hergestellt.

Zuverlässigkeitstests wurden bislang nur an kleinen Komponenten (Dioden) durchgeführt (Temperaturwechsel -50/125°C, Thermoschock -65/125°C, Vibration 20 G, mechanischer Schock 500 G und beschleunigte Alterung 160°C). Fehler traten bei diesen Tests nicht auf.

Sandia National Laboratories haben ein CSP entwickelt, das sie Mini Ball Grid Array (mBGA) nennen. Die Umverdrahtung der Anschlüsse des ICs werden auf dem Wafer vorgenommen. Hierfür wird Polyimid als Dielektrikum und Kupfer für die Leiterbahnen verwendet. Die Kontaktanschlüsse bestehen entweder aus Gold-Bumps oder aus Lötkugeln (40/60 oder 95/5 Pb/Sn).

7.2.1.6
TCP Lead-Frame

Von Rohm wurde ein CSP entwickelt, das auf einer Tape Carrier Package (TCP) Technologie basiert und bei dem ein spezielles TAB-Tape verwendet wird [20]. Rohms CSP wird für Chips mit kleiner Kontaktzahl gefertigt, insbesondere analoge ICs, wie z.B. Schalter, Mischer und Low-Noise Verstärker, die in Funktelefonen verwendet werden. Es existieren zwei quadratische CSPs, eines mit einer Kantenlänge von 2 mm mit 8 I/Os und eines mit 4 mm Kantenlänge und 32 I/Os. Die Breite der äußeren Kontakte beträgt 200 µm bei einem Kontaktmittenabstand von 400-500 µm (Abb 7.11).

Tape Carrier Package Leadframe

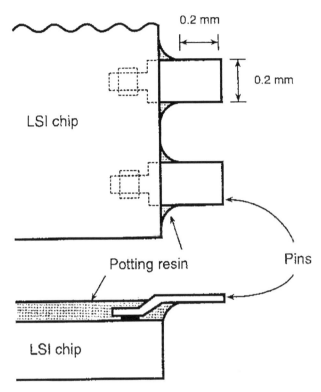

Abb. 7.11. Rohms CSP mit TCP-Kontaktfüßchen

Die kontaktierte Unterseite des Chips wird mit Harz vergossen und kann dann on-line getestet werden. Die Kontaktbeinchen werden auf eine Länge von 0,2 mm gekürzt.

Die Rohm CSPs wurden verschiedenen Zuverlässigkeitsprüfungen, wie Temperatur/Feuchte und Pressure-Cooker-Tests unterworfen. Die Ergebnisse waren zufriedenstellend.

Literatur

Grundsatzliteratur für alle Abschnitte:

[1] Reichl, H.: Hybridintegration, 2. überarbeitete Auflage, Hüthig Buch Verlag GmbH, Heidelberg, 1989
[2] Hacke, H.-J.: Montage integrierter Schaltungen, Springer Verlag 1987, Berlin
[3] Schade, K.; u.a.: Halbleitertechnologie, Verlag Technik, Berlin, 1983
[4] Haag, J.F.; Kolbeck, A.: Stand und Entwicklung der Drahtbondtechnik, AVT Report, Berlin, 4, August 1991
[5] Hoffmann, Th.: Miniaturisierung auf Baugruppenebene, Heidelberg. Hüthig Buch Verlag GmbH, 1992

Abschnitt 2

[1] Wolf, S.; Tauber, R.N.: Silicon Processing for the VLSI Era, Vol 1, Lattice Press, California, USA, 1995
[2] Hahn, L.; Munke, I.: Werkstoffkunde für die Elektrotechnik und Elektronik, VT Berlin, 1986
[3] Döhring, E.: Werkstoffkunde der Elektrotechnik, F Vieweg & Sohn Verlagsgesellschaft, 1988
[4] Runyan, W.R.; Bean, K.E.: Semiconductor Integrated Circuit Processing Technology, Addison Wesley Publishing Comp., 1990
[5] American Society for Testing and Materials (ASTM) Std F-81, F-225, F-613, F 534-84, F 657-80
[6] Semiconductor Equipment and Material Institute (SEMI), M1-85
[7] Semiconductor Equipment and Material Institute (SEMI), Standard M 28-96
[8] Wilson, S R.; u.a.: Handbook of Multilevel Metallization for Integrated Circuits, Noyes Publications, USA, 1993
[9] Wasa, K.; Hayakawa, S.: Handbook of Sputter Deposition Technology, Noyes Publications, USA, 1992
[10] Muraka, S.: Metallization - Theorie and Praktice for VLSI and ULSI, Butterworth-Heinemann, USA, 1993
[11] Harman, G. G.: Reliability and Yield Problems of Wire Bonding in Microelectronics, NIST, USA, 1991

[12] Kern, W.: Handbook of Semiconductor Wafer Cleaning Technology, Noyes Publications, USA, 1993
[13] Licari, J.J.; Enlow, L.R.: Hybrid Microcircuit Technology Handbook, Noyes Publications, USA, 1988
[14] Matisoff, B.S.: Handbook of Electronics Packaging Design and Engineering, Van Nostrand Reinhold, NY, USA, 1990
[15] CRM Grovenor: Microelectronic Materials, IOP Publishing Ltd, London, 1992
[16] BCB-Dielectric, Datasheet, The Dow Chemical Company
[17] M.Mills et al.: Benzocyclobutene (BCB) Polymer as an Interlayer Dielectric (ILD) Material, DUMIC 95
[18] Tabata, Y.; u.a.: Polymers for Microelectronics, Kodansha, Japan, 1990
[19] D.W. van Hrevelen: Properties of Polymers, Elsevier 1990
[20] C4 Product Design Manual, IBM, USA, 1990
[21] Produktinformation Thesys GmbH
[22] Tummala, R.R.; Rymaszewski, E.J.: *Microelectronics Packaging Handbook* Van Nostrand Reinhold, New York, 1989, Spez.
[23] Marcotte, V.C.; Koopman, N.G.; Totta, P.A.: *Review of Flip Chip Bonding,* Proc. ASN Int., 1989, 73-81
[24] Moreau, W.M.: *Semiconductor Lithography*; Principles, Practices and Materials, Plenum Press, New York and London, 1988 Spez. Cpt.12: Additive Processes
[25] Wenzel, C.; Urbansky, N.; Burmeister, D.: *Lift-off Patterning of Thin Film Structures,* Proc. 4th Int. Symp. TATF/11th Conf. HVITF'94, Dresden, March 7-11, 1994, 564-567
[26] Blasek, G.; Krautz, H.; Wenzel, C.: *Zur Eignung des Kontaktsystems Cu-Al für FCT und TAB.,* Proc. VTE Fellbach 1991 in DVS-Berichte 129, 1991, 235-238
[27] Krautz, H.; Wenzel, C.; Blasek, G.: *Barrier behaviour of TiW between copper and aluminium,* Phys. Stat. Sol. (a), 110, 1988, K77
[28] Schubert, R.; Wenzel, C.; Oppermann, B.: *Herstellung dünner WRe-Schichten als Diffusionsbarriere im Dünnschichtsystem Al-WRe-Cu.,* Proc. VTE Fellbach 1992 in DVS-Berichte 141, 1992, 190-193
[29] Blasek, G.; Kätzel, W.; Urbansky, N.; Wenzel, C.: *Herstellung und Eigenschaften auf Ni aufgedampfter In-haltiger Lotlegierungen,* Proc. VTE Fellbach 1992 in DVS-Berichte 141, 1992, 150-153
[30] Plötner, M.; Sadowski, G.; Rzepka, S.; Blasek, G.: *Aspects of indium, solder bumping and indium bump bonding useful for assembling cooled mosaic sensors,* Hybrid Circuits 25, 1991/May, 27
[31] Sadowski, G.: *Prozeßkontrolle in mikrogalvanischen Verfahrensschritten,* Proc. SMT/ASIC/Hybrid Nürnberg, Mai 1994
[32] Thierbach, S.; Lamprecht, A.; Werner, W.: *Einsatz metallografischer und mikroanalytischer Untersuchungsmethoden zur Charakterisierung von Unterbumpmetallisierungen in Flip-Chip-Kontakten,* Proc. MICROMAT'95, 28./29.11.95 Berlin

[33] Dettner, H.W.; Elze, J. (Hrsg.): *Handbuch der Galvanotechnik II*, 457, Carl Hanser Verlag, München, 1996
[34] Eidenschink, R.; Dommain, K.: *Die galvanische Abscheidung von Bi auf Al und Stahl*, Metalloberfläche 20, 1966, 173
[35] Miller, L.F.: *Controlled Collapse Reflow Chip Joining*, IBM J. Res. Dev. 13, 1969, 239-250
[36] Urbansky, N.; Wenzel, C.; Burmeister, D.; Thierbach, S.; Klimes, W.: *Bumpherstellung mittels Lift-off-Technik*, Proc. SMT/ASIC/Hybrid, 3.-5.5.95, Nürnberg, 425-437
[37] Wenzel, C.; Urbansky, N.; Burmeister, D.; Drescher, K.: *One and Two Step PVD Bumping with High Aspect Ratio for Flip Chip/TAB Application*, Proc. ITAP'95, Febr. 14-17, 1995, San Jose, 96-99
[38] Venkatraman, R.; Jimarez, M.; Fallon, K.: „Decal Solder Bumping Process for Direct Flip Chip Attach Applications", Flip Chip, BGA, TAB&AP Symposium 95, San Jose, USA, pp. 88-95, 1995
[39] US-Patent 5,219,117, 1993
[40] US-Patent 5,217,597, 1993
[41] Wolf, J. et al.: Alternative Solder Deposition Using Transfer Technique, Micro System Technologies 96, Berlin, 1996
[42] Ogashiwa; Kamada; Inoue; Masumoto: „Solder Bump formation for Flip Chip interconnection by ball bonding method", IMC 1990 Proc. Tokyo, May-June 1990, pp. 228-234
[43] Liu, J.: „Development of a Cost-effective and Flexible Bumping Method for Flip-Chip Interconnections", Hybrid Circuits, No.29, 1992, pp. 25
[44] Zakel, E.; Reichl, H.: „Flip Chip Assembly using the Gold, Gold-Tin and Nickel-Gold Metallurgy" in J.Lau (editor) „Flip Chip Technologies", McGraw Hill
[45] Ostmann, A.; Kloeser, J.; Zakel, E.; Reichl, H.: „Implementation of a chemical wafer bumping process", Proc. IEPS 1995, San Diego, 1995
[46] Herstellerinformation TANAKA Kikinzoku K.K. Japan
[47] Jung, E.; Eldring, J.; Kloeser, J.; Ostmann, A.; Zakel, E.; Reichl, H.: „Flip Chip Soldering on Printed Wiring Boards using Vapor Phase Reflow", Proc. ITAP '95, San José, 1995, pp. 22-31
[48] Azdasht, Kasulke et al.: Jahresbericht d. FhG-IZM, 1995
[49] Kloeser, J.; Zakel, E.; Gwiasda, J.; Ostmann, A.; Reichl, H.: „Flip-Chip Kontaktierung auf organischen Substrat-Materialien", SMT-ASIC Hybrids '94, Nürnberg, pp. 173-184
[50] Liu, T. S.; Rodrigues, W. R.; Zipperlin, P. R.: A Review of Wafer Bumping for Tape Automated Bonding. Solid State Technology, March 1980, S. 71-76
[51] Hacke, H. J.; Steckhan, H.-H.: Micropack Packaging Technology. Siemens Forsch.- u. Entwickl.-Bericht Bd 17, 1988 Nr. 5, Springer-Verlag, S. 227-229

[52] Engelmann, G.; Ehrmann, O.; Simon, J.; Reichl, H.: Development of a Fine Pitch Bumping Process. Micro System Technologies 90, Berlin: Springer, 1990, S. 435-440

[53] Love, D.; Boucher, P.; Chou, B.; Grilleto, C.; Holalkeri, V.; Moresco, L.; Wong, C.: Wire Interconnect Technology, a New High-Reliability Tight-Pitch Interconnect Technology. Proceedings '96 Flip Chip, BGA, TAB & AP Symposium, 1996, S. 53-58

[54] Adachi, K.: Packaging Technology for Liquid Crystal Displays. Solid State Technology, January 1993, S. 63-71

[55] Milosevic, I.; Jasper, J.: Straight Wall Bumps for High Lead Count Devices:Photolithography and Physical Properties. MRS Symposium Proceedings Vol. 154, Electronic Packaging Material Science IV, San Diego, 1989, S. 425-430

[56] Engelmann, G.; Dietrich, L.; Renger, E.; Gentzsch, S.; Reichl, H.: Spin Coating in UV Depth Lithography and 3D Microfabrication. 8. Internationale Messe mit Kongreß für Sensoren, Meßaufnehmer und Systeme, Nürnberg, Kongreßband IV, 1997, S. 115-120

[57] Reid, F. H.; u. a.: Gold als Oberfläche. Eugen G. Leuze Verlag, Saulgau 1982

[58] Simon, J.; Zilske, W.; Simon, F.: The Development of a High Speed Gold Sulfite Electrolyte for Bumping. Proc. '95 Flip Chip, BGA, TAB & AP Symposium, S. 275-289

[59] Gemmler, A.; Keller, W.; Richter, H.; Rueß, K.: Mikrostrukturen. Metalloberfläche 47, 1993, 9, S. 461-468

[60] Skilandat, H.: Kinetik und technologische Anwendung von Ätzprozessen. Galvanotechnik 87, 1996, 1, S.81-86

[61] Visser, A.; Junker, M.; Weißinger, D.: Sprühätzen metallischer Werkstoffe. Eugen G. Leuze Verlag, Saulgau 1995

[62] Masumoto, K.; Okazaki, T.; Masumoto, M.: „Stud Bumped Flip On Flex (FoF) in Hard Disk Drive Applications", Proc. ITAP'96, Sunnyvale, 1996, pp. 59-63

[63] Ogashiwa; Akimoto; Shigyo; Murakami; Inoue; Masumoto: „Direct Solder Bump Formation Technique on Al Pad and Its High Reliability", Jpn. Appl. Phys, vol. 31, 1992, pp. 761-767

[64] Eldring, J.; Song, H.H.; Seo, S.M.; Heo, Y.W.: „Flip Chip Epoxy Bonding by use of Gold Ball Bumping", Proc. IEPS, Austin, 1996, pp. 71-77

[65] Budweiser, W.: Thesis, TU Berlin, 1993

[66] Eldring, J.; Jung, E.; Aschenbrenner, R.; Zakel, E.; Reichl, H.: „Mechanisches Bumping für die Flip Chip Technologie", Proc. SMT, ES&S, Hybrid, 1995, pp. 449-463

[67] Eldring, J.; Zakel, E.; Reichl, H.: „Flip Chip Attachment of Fine Pitch GaAs Devices using Ball Bump Technology", Int. J. Microcircuits & Electronic Packaging, 1994

[68] Powell, Trivedi: „Flip Chip on FR-4 Integrated Circiut Packaging", 43rd ECTC, 1993, pp. 183-186

[69] Kusagaya, T.; Kira, H.; Tsunoi, K.: „Flip Chip Mounting Using Stud Bumps and Adhesives for Encapsulation", Proc. ICEMM, 1993, pp. 238-246
[70] US Patent # 5074947, December 1991
[71] Kulesza, F.; Estes, R.: "Solderless Flip Chip Technology", Hybrid Curcuit Technology, Feb. 1992, pp. 24 - 27
[72] Aschenbrenner, R.; Zakel, E.; Azdasht, G.; Kloeser, A. and Reichl, H.: „Fluxless Flip Chip Bonding on Flexible Substrates: A Comparison Between Adhesive Bonding and Soldering", Proc. Surface Mount International 1995, pp 91 - 101
[73] Ostmann, A.; Simon, J. and Reichl, H.: "The Pretreatment of Aluminum Bondpads for Electroless Nickel Bumping", Proc. IEEE MCM Conf. Santa Cruz 1993, pp 74-78
[74] Eldring, J.; Zakel, E.; Reichl, H.: "Flip Chip Attachment of Fine Pitch GaAs-Devices Using Ball Bumping Technology", The Int. Journal of Microcircuits & Electronic Packaging, IEPS&ISHM, Vol. 17, No. 2, Second Quarter 1994, p. 118
[75] Richter, H.; Baumgärtner, A.; Baumann, G.; Ferling, D·: "Flip Chip Attachment of GaAs-Devices and Application to Millimeter Wave Transmission Systems, Proc. of Microsystem Technologies '94, pp. 535-543, VDE-Verlag GmbH
[76] Bessho, Y.; Horio, Y.; Tsuda, T.; Ishada, T.; Sakurai, W.: "Chip-on-glass mounting technology of LSIs for LCD module" IMC 1990 Proceedings, pp. 183-189
[77] Baumann, G., Ferling D. Richter H.: Comparison of Flip Chip and Wire Bond Interconnactions and the Technology Evaluation on 51 GHz Transceiver Modules. proc. 26th European Microwave Conf., pp. 98-100, Prague, 1996

Abschnitt 3

[1] Tiederle, V.: Markt, Potential, Wirtschaftlichkeit von COB-Technik, VDI-Workshop "Chip on Board", Berlin 1994
[2] Lang, K.-D.: Qualitätssicherung bei der Herstellung elektronischer Bauelemente am Beispiel des Drahtbondens, Diss. B, Humboldt-Universität zu Berlin, 1988
[3] Thiede, M.: Einfluß der Metallisierungsschicht und ihrer Schichtdicke auf die Bondbarkeit von Halbleiterbauelementen, Wissenschaftliche Zeitschrift der Humboldt-Universität zu Berlin, Math.-Nat. RXXXIV, 1985,2, S. 164-168
[4] Schmidt, G.: Untersuchungen zum Drahtfügen von Metallisierungsschichten auf Halbleitermaterialien, Dissertation A, Humboldt Universität zu Berlin, 1983
[5] Rudolf, F.; u.a.: Technologien und Ausrüstungen zum Kontaktieren von mikroelektronischen Halbleiterschaltkreisen - eine Übersicht., Teil 1:

Schweißtechnik, Berlin, 32, 1982, 11, S. 497-499 Teil 2: Schweißtechnik, Berlin, 32(1982)12, S. 554-557

[6] Rudolf, F.; Schulenburg, H.: Prüfverfahren für Mikrodrahtverbindungen, Schweißtechnik, Berlin, 30(1980)11, S. 504-507

[7] Bonddrähte für die Halbleitertechnik, Firmenschrift der W.C. Heraeus GmbH, 1994

[8] Bonding Wire, Firmenschrift der Müller Feindraht AG, 1995

[9] Schade, K.; u.a.: Halbleitertechnologie, Bd. 1 Mechanische und chemische Kristallbearbeitung, Schichtherstellung, Verlag Technik, Berlin, 1981, S. 101

[10] Zusatzwerkstoffe für Mikroverbindungen-Bonddrähte und Bändchen, DVS-Merkblatt 2807, Teil1, Düsseldorf 1992

[11] Neuheit von F&K Delvotec: Automat im Handbonder, Firmenschrift der F&K Delvotec Bondtechnik GmbH 1995

[12] Farassat, F.: Erfolgreich durch Zusammenarbeit, SMT, 1995, 3

[13] Hieber, H.: Zuverlässigkeit von Mikroschweißverbindungen, Philips Forschungslaboratorium, Hamburg, 1984

[14] Lindner, K.: Grundlagen der Drahtbondtechnik, SMT/ASIC/HYBRID, Tutorial VI, Nürnberg, 1991

[15] Firmenschrift Fa. Erosionstechnik Neudegger

[16] Firmenschrift Fa. Aprova SA

[17] Riches, S.T.: Microjoining for Electronics, Verbindungstechnik in der Elektronik und Feinwerktechnik Düsseldorf, 2(1990), 3

[18] Carlson, J.: Advances in ultrasonic wire bonding, Solid State Technology, 29, 1986, 3

[19] Positive Results from Negative EFO, Firmenschrift der Kulicke and Soffa Industries, Inc.

[20] Viewpoints-Precision, Firmenschrift der Aprova Bonding Tools LTD. und Smal Precision Tools, (Mai 1995)2

[21] High Technology Bonding Tools, Firmenschrift der Gaiser Tool Company 1989 mit den jeweiligen aktuellen Ergänzungen

[22] Semiconductor Bonding Handbook für the 80's, Firmenschrift der Aprova Bonding Tools LTD. 1988 mit den jeweilige aktuellen Ergänzungen

[23] Lang, K.D.: Chip on Board Technik - Stand und Entwicklungstrends Verbindungstechnik in der Elektronik und Feinwerktechnik, Düsseldorf, 6, 1994, 1

[24] Jaecklin, V.P.: Room Temperature Ball Bonding Using High Ultrasonic Frequencies, Proceedings of the SEMICON/Test, Assembly & Packaging, Singapore, 4 May 1995, S. 208-214

[25] Ramsey, T.H.; Alfaro, C.: The effect of ultrasonic frequency on intermetallic reactivity of Au-Al bonds, Solid State Technology, 34, 1991,12, S. 37-38

[26] Bischoff, A.; Aldinger, F.: Ball Bonding of Nonprecions Metal Wires, Semiconductor International, 5, 1982,8, S. 65-80

[27] Fritzsche, H.; Trapp, T.U.: Untersuchungen zum Ball-Wedge-Bonden von Dickdrähten auf Nichtedelmetallbasis, Verbindungstechnik in der Elektronik und Feinwerktechnik, Düsseldorf, 7, 1995,2, S. 151-152

[28] Rudolf, F.; u.a.: Entwicklungstendenzen beim Drahtbonden, Verbindungstechnik in der Elektronik und Feinwerktechnik, Düsseldorf, 7(1995)1, S. 52-54

[29] Aluminium-Dünndrahtbonder der Reihe 6300, Firmenschriften der F&K Delvotec Bondtechnik GmbH, München, 1993, 1994

[30] Golddrahtbonder Modell 3006, Firmenschrift der ESEC SA, Cham (CH), 1994

[31] Shiara, Y.; u.a.: High Reliability Wire Bonding Technology by 120 kHz Frequency of Ultrasonic, ICEMM Proceedings'93., 1993, S. 366-377

[32] Tsujino, T.; u.a.: Ultrasonic wire bonding using a complex vibration and highfrequency welding tip, In: DVS-Berichte, Band 158, Düsseldorf: DVS Verlag 1994, S. 206/208

[33] High Frequency Ultrasonic Bond Technology, Firmenschrift der Verity Instruments, 1994

[34] Schafft, A.: Testing and Fabrication of Wire-Bond Electrical Connections - A Comprehensive Survey, Washington: National Bureau of Standards Technical, Note 726, 1972

[35] Rudolf, F.; u.a.: Prüfverfahren für Drahtbondverbindungen, Teil 1: Mechanische Festigkeitprüfung, Verbindungstechnik in der Elektronik, Düsseldorf, 7(1995)3, Teil 2: Visuelle und elektrische Prüfung Verbindungstechnik in der Elektronik, Düsseldorf, 7(1995)4

[36] Lindner, K.: Mechanische Festigkeitsprüfung von Bondverbindungen in der Mikroelektronik, Elektronik Produktion und Prüftechnik, Leinfelden-Echterdingen, 1987, H.12, S.52/55

[37] Harman, G.G.: Reliability and Yield Problems of Wire Bonding in Microelectronics - The Application of Materials and Interface Science, National Institute of Standards and Technology, USA 1989

[38] Harman, G.G.: Microelectronic Ball-Bond Shear Test - A Critical Review and Comprehensive Guide to its Uses, Solid State Technology, 1984, Heft 5

[39] MIL-STD 883C (März 1989), Methode 2010 und 2017

[40] Grigoraschwili, J.; u.a.: Charakterisierung von US-Schweißverbindungen durch Messen des elektrischen Durchgangswiderstandes Schweißtechnik, Berlin, 30(1984), Heft 10

[41] Zschech, E.: Methoden zur Beurteilung der Zuverlässigkeit von Drahtbondkontakten, Workshop "Neuzeitliche Technologien und Qualitätssicherungssysteme beim Bonden in der Mikroelektronik", TU Berlin, 1994

[42] Melzer, K.: Prüfverfahren zur Untersuchung des Alterungsverhaltens von Mehrschichtkontaktsystemen für die Chipanschlußkontaktierung und Analyse von Ausfallmechanismen, Dissertation, TU Dresden, 1987

[43] Gerling, W.: Electrical and Physical Characterization of Gold-Ballbonds on Aluminium Layers, 34th Proceedings IEEE Electron. Conf.,San Diego, 1984

[44] Kashiwabara, M.; u.a.: Setting and Evaluation of Ultrasonic Bonding for Al Wire, Electr. Communic. Labor., Tokio, 17(1979) Heft 9

[45] Ueno, H.: Influence of Al Film Thickness on Bondability of Au Wire to Al Pad, Materials Transactions, JIM, 33, 1992, Heft 11

[46] Kohl, W.; u.a.: Intermetallische Phasenbildung im System AuAl, Produktronik, München, 1989, Heft 3

[47] Howard, J.K. und White, J.F.: Intermetallic Compounds of Al and Transitions Metals: Effect of Electromigration in 1-2-µm wide lines, Jour, Applied Physics, 49(1978), Heft 7

[48] Nitzsche, K.: Prüfung von Kontaktstellen der Bauelemente-Elektronik, Fernmeldetechnik, Berlin, 18(1978), Heft 3

[49] Scheel, W.; Lang, K.D.; u.a.: Drahtdeformationskontrollierte Zeitsteuerung beim Drahtbonden, Verbindungstechnik in der Elektronik und Feinwerktechnik, Düsseldorf, 3, 1991, 1

[50] Stockham, N.; u.a.: Quality Control in Ultrasonic Wire Bonding, Welding Institute Bulletin, Cambridge, 1984

[51] Galuschki, K.P.; Lang, K.D.; u.a.: Qualitätssicherung beim Drahtbonden - Eine Übersicht, Teil 1, Verbindungstechnik in der Elektronik und Feinwerktechnik, Düsseldorf, 3(1991)4

[52] Galuschki, K.P.; Lang, K.D.; u.a.: Qualitätssicherung beim Drahtbonden - Eine Übersicht, Teil 2, Verbindungstechnik in der Elektronik und Feinwerktechnik, Düsseldorf, 4(1992)1

[53] Schneider, P.: Höchste Zuverlässigkeit, Elektronik Produktion und Prüftechnik, Leinfelden-Echterdingen, 1995)7, S. 36-37

[54] Lilienhof, J.; Rottmann, F.: Technologien der Dünnschichttechnik, In: Aufbau- und Verbindungstechnik - Sonderdruck aus der Fachbeilage Mikroperipherik, Berlin, VDI/VDE Technologiezentrum Informationstechnik GmbH, Oktober 1990, S. 39-40

[55] Farassat, F.: COB-Die Zukunft, Elektronik Produktion und Prüftechnik, Leinfelden-Echterdingen, 1995, 7

[56] Feil, M.: Haftfestigkeit von Metallisierungen, In: Aufbau- und Verbindungstechnik - Sonderdruck aus der Fachbeilage Mikroperipherik, Berlin, VDI/VDE Technologiezentrum Informationstechnik GmbH, Oktober 1990, S. 37-38

[57] Biel, W.: Mit Chip-on-Board in neue Dimension, Productronic, München, 1995,3, S. 134-137

[58] Schneider, W.: Anforderungen der COB-Technik an die Leiterplattenindustrie, ZVE-Technologieforum, Oberpfaffenhofen, 1995 CADS, 1995,4, S. 38-40

[59] IPC-Standard SM 784

[60] Wakamoto, S. (Sharp) COB Technology, Proc. 7th Intern. Conf., Yokohama, 1992

[61] Schaller, R.: Wirtschaftliche Fertigungsverfahren mit photoinitiierten Klebstoffen Productronic, 1991,11, S.64

[62] Epoxyd und Polyimid Klebstoffe für die Hybridtechnik Firmenschrift Polytec, 1995

[63] Messmer, R.; Riege, R.: Lichthärtende Klebstoffe mit neuen Möglichkeiten ADHÄSION kleben & dichten, 1993,7/8

[64] Eigenschaften und Applikationen der Hybrid - und Chip-on-bord -Technik SMT, 1993,4, Seite 58-61

[65] Keck, Manfred: Dosieren im Aufschwung E P P, 1994,7/8, Seite 48-50

[66] Gerber; Heller; Weber; Kohl: Umhüllung von Silicium - Schaltkreisen mit organischen Polymeren Wiss. Zeitschr. der TU Dresden, 35(1986)1, Seite78-60

[67] Dexter Hysol: HYSOL Microelektronic Liquid Encapsulants for microelectronic Applications, Technical Information 4/91 - 2M

[68] Habenicht, G. Kleben Springer Verlag, Berlin, 1990

[69] Scheel, W. Technologieforum - Leitkleben in der Technik ZVE-Oberpfaffenhofen, 1996

[70] Reichl, H.: Hybridintegration, 2. überarbeitete Auflage, Hüthig Buch Verlag GmbH, Heidelberg, 1989

[71] Hacke, H.-J.: Montage integrierter Schaltungen, Springer Verlag 1987, Berlin

[72] Schade, K.; u.a.: Halbleitertechnologie, Verlag Technik, Berlin, 1983

[73] Haag, J.F.; Kolbeck, A.: Stand und Entwicklung der Drahtbondtechnik, AVT Report, Berlin, 4 (August 1991)

[74] Hoffmann, Th.: Miniaturisierung auf Baugruppenebene, Heidelberg: Hüthig Buch Verlag GmbH 1992

[75] Haag, J.F. Untersuchung der Degradation des Kontaktwiderstands von Al-Drahtbondverbindungen auf Au- Dickschichtpasten Dissertation, DVS-Verlag, Düsseldorf 1992

[76] Hacke, H.-J.: Montage integrierter Schaltungen, Springer-Verlag 1987, 81-107

[77] Lau, J.H.; Erasmus, S.J.; Rice, D.W.: Overview of TAB, Circuit World Vol.16 No.2 1990, 6-24

[78] Reichl, H.: Tape Automated Bonding, DVS 129, 10-24

[79] Möller, W.; Knödler, D.: MCM-D mit Laser-TAB-Verbindungen für Muster- und Kleinserienfertigung, VTE 3 / 95, 214-219

[80] Tummala, R.R.; Rymaszewski, E.J.: Microelectronics Packaging Handbook, Van Nostrand Reinhold, New York, 1989, p. 361 - 391

[81] Koopman, N.: Solder Joining Technology, Mat. Res. Soc. Symp. Proc. Vol. 154, p. 431 - 440

[82] Scribner, D.A.; Kruer, M.R.; Killiany, J.M.: Infrared focal plane array technology, IEEE Proc., vol. 79, pp 66-85, January 1991

[83] Kulesza, F.W.; Estes, R.H.: Solderless Flip Chip Technology, Hybrid Circuit Technology, Februar 1992

[84] Sato, H.; Miyauchi, M.; Sakuno, K.; Akagi, M.; Hasegawa, M.; Twynam, J.K.; Yamamura, K.; Tomita, T.: Bump heat sink technology - a novel assembly technology suitable for power, GaAs IC Symp., pp. 337-340, 1993

[85] Onishi, K.; Seki, S.; Taguchi, Y.; Bessho, Y.; Eda, K.; Ishida, T.: A 1,5 Ghz-band SAW filter using flip chip bonding technique, 1993 Japan Int. Electr. Pack. Conf. Proc. pp. 519-527, 1993

[86] Inoue, T.; Matsujama, H.; Matsuzaki, E.; Narazuka, Y.; Ishino, M.: Micro carrier for LSI chip used in the HITAC M-880 processor group, 1991 Proc. 41st Electr. Comp. Techn. Conf., pp. 349-354, May 1991

[87] Ambrosy, A.; Richter, H.; Hehmann, J.; Ferling, D.: Silicon Motherboards for Multichannel Optical Modules, IEEE Transactions on Components, Packaging, and Manufacturing Technology - Part A, Vol. 19, NO.1, pp. 34-40, March 1996

[88] Pedder, D.J.: Flip Chip Solder Bonding for Microelectronic Applications, Hybrid Circuits, Heft 15, S. 4

[89] Ferling, D.; Baumann, G.; Richter, H.; Baumgärtner, A.; Meier, U.: Multichip Modules with Integrated Planar Antenna for mm-Wave Radio Communication, Proceedings 25th European Microwave Conference, p.111-116, Bologna, Italy, Sept. 4-8, 1995

[90] Lau, John H. (Editor): Flip Chip Technologies. McGraw-Hill, New York, 1996

[91] Yamamura, K.; Atarashi, H.; Kakimoto, N.; Sakota, N.; Miyauchi, M.; Naito, K.; Nukii, T.: „Flip-chip bonding technology for GaAs-MMIC power devices", 1993 ISHM Proceedings, November 1993, pp. 433-438

[92] DiStefano, T. and Fjelstad J.: A Compliant Chip-Size Packaging Technology", Chapter 14, pp. 408 in Flip Chip technologies (Editor J. H. Lau), McGraw-Hill, New York, 1996

[93] Tech Search International, Inc.: Worldwide Developments in Flip Chip Interconnect, Chapter 4.2, pp. 115-117, 1994,. 9430 Research Blvd. Building 4 Suite 400, Austin, Texas 78759, USA

[94] Cysarek, G.: C4 - Controlled Collapse Chip Connection, Proccedings of Flipchip-Workshop, Dresden, December 8, 1992

[95] Richter, H.; Florjancic, M.; Heck, W.; Schleeh, T.; Löhnert, A.: Flipchip Integration in SMT-Bestückprozesse, SMT 3/96, S. 46-51

[96] Data Sheet "Chipcoat 8401", Metech Polymers Cooperation, 3650 Research Way, Bldg. 21, Carson City, NV 89706, USA

[97] Data Sheet "XE 90037-3 Flip Chip Underfill", Graca N.V., Nijverheidsstraat 7, 2260 Westerlo, Belgium

[98] Tsukada, Y., Tsuchida S., Mashimoto Y.: Surface Laminar Circuit Packaging. Proc. 42nd IEEE Electr. Comp. and Tech. Conf., pp. 22-27, May 1992

[99] Richter, H.; Rueß, K.; Gemmler, A.; Leonhard, W.: Präzisionsgalvanik für die Flipchip-Montagetechnik, Die Mikroabscheidung hochreiner Pb/Sn-Legierungen, Metalloberfläche 11/95, S. 850 - 856, Carl Hanser Verlag, München

[100] C4 Product Design Manual Volume I: Chip and Wafer Design, IBM Techn. Products East Fishkill
[101] Shutler, W.F.: MCM Applications Mid-Range, IBM Techn. Products East Fishkill, p. 11
[102] Trigg, A.D.: Silicon Hybrid Multichip Modules, Mat. Res. Soc. Symp. Proc Vol. 154, p. 58 - 60, 1989 Materials Research Society
[103] Baumann, G.; Richter, H.; Baumgärtner, A.; Ferling, D.; Heilig, R.; Hollmann, D.; Müller, H.: 51 GHz Frontend with Flip Chip and Wire Bond Interconnections from GaAs MMICs to a Planar Patch Antenna, Proceedings IEEE MTT-S International Microwave Symposium '95, pp. 1639 - 1642, Orlando May 15 -19, USA
[104] Tech Search International, Inc.: "Worldwide Directory of Multichip Module Vendors and Related Companies", 1991, 9430 Research Blvd. Building 4 Suite 400, Austin, Texas 78759, USA
[105] *Hvims, H.L.*: "Conductive Adhesives for SMT and Potential Applications", Proc. ISHM - Nordic, Helsinki 1994, p. 217
[106] *Gilleo, K·* "Next Generation Anisotropic Conductive Adhesive", Proc. ISHM - Nordic, Helsinki 1994, p. 207
[107] Liu, J.: "Polymeric Electronic Packaging - Worldwide Achievements and Future Challenges", Proc. Adhesives in Electronics, VDI/VDE - Conf., Berlin 1994
[108] Adachi, K.: "Packaging Technology for Liquid Crystal Displays", Solid State Technology, January 1993, pp. 63-71
[109] Hogerton, P.B.; Carlson, K. E.; Hall, J.B.; Krause, L. J. and Tingerthal, J.M.: "An Evaluation of a Heat Bondable Anisotropically-Conductive Adhesive As an Interconnection Medium for Flexible Printed Circuitry" Proc. IEPS Boston 1990
[110] Kapnias, D.: "Polymer Flip Chip as it Applied in the Manufacture of Smart Cards", Proc. Adhesives in Electronics, VDI/VDE - Conf., Berlin 1994
[111] Habenicht, G.: "Kleben", Springer Verlag Berlin / Heidelberg 1990
[112] Estes, R.: "Polymer Flip Chip A Technology Assessment of Solderless Bump Processes and Reliability", Proc. Adhesives in Electronics, VDI/VDE - Conf., Berlin 1994
[113] Aschenbrenner, R.; Zakel, E.; Azdasht, G.; Kloeser, A. and Reichl, H.: „Fluxless Flip Chip Bonding on Flexible Substrates: A Comparison Between Adhesive Bonding and Soldering", Proc. Surface Mount International 1995, pp 91-101
[114] Kusagaya, T.; Kira, H. and Tsunoi, K.: "Flip Chip Mounting Using Stud Bumps and Adhesives for Encapsulation", Proc. ICEMM 1993, p.238
[115] Caers, J.F.J.M.: "Reliability Aspects of the Interconnections to Flat Panel Display", Proc. ESREF, Bordeaux 1993, p. 569
[116] *Kloeser, J.; Ostmann, A.; Eldring, J.; Zakel, E. and Reichl, H.*: "Cost Effective Flip Chip Interconnections on FR-4 Boards", Proc. ISHM, Boston 1994, p. 491

[117] Lau, J.; Krulevitch, T.; Schar, W.; Hydinger, M.; Erasmus, S. and Gleason, J.: "Experimental and Analytical Studies of Encapsulated Flip Chip Solder Bumps on Surface Laminar Circuit Boards", Circuit World Vol 19, No. 3, 1993, pp. 18 - 24

[118] Masuda, M.; Sakuma, K.; Satoh, E.; Yamasaki, Y.; Miyasaka, H. and Takeuchi, J.: "Chip on Glass Technology for Large Capacity and High Resolution LCD", Technical Proc. Semicon Japan 1991, p. 99

[119] Takahashi, W.; Murakoshi, K.; Kanazawa, J.; Ikehata, M.; Iguchi, Y. and Kanamori, T.: „Solderless COG Technology Using Anisotropic Conductive Adhesive", Proc. IMC Yokohama 1992, pp93 - 97

[120] Aschenbrenner, R.; Gwiasda, J.; Eldring, J.; Zakel, E. and Reichl, H.: "Flip Chip Attachment using Non-Conductive Adhesives and Gold Ball Bumps", Proc. IEPS Atlanta 1994, pp 794 - 807

Abschnitt 4

[1] Tummala, R.; et.al.: Microelectronics Packaging Handbook, International Thomson Publishing, Part I, 1997

[2] Seraphim, D.: et.al.: Principles of Electronic Packaging. Mc Graw-Hill, Inc., 1989

[3] Waldow, P.; Wolff, I.: The skin effect at high frequencies. IEEE Trans. MTT-33, 1985, 1076-82.

[4] Gruodis, A. J.; Chang, C. S.: Coupled Lossy Transmission Line Characterization and simulation. IBM J. Res. Dev. vol. 25, No.1, Jan 1991, pp. 25-41.

[5] Simsek, A.: Dissertation "Ein Verfahren zum automatischen Tape-Layout-Entwurf und zur Hochfrequenzcharakterisierung der Tape-Strukturen", TU Berlin 1992

[6] Simsek, A.; Eder, A.: A Model for Verification of Coupled High-Speed Packages and Interconnects"6th Annual IEEE International ASIC Conference Sep. 27-Oct.1, 1993, Rochester,New York, USA; S. 538-541

[7] Maxwell, J.C.: A Treatise on Electricity and Magnetism, London 1873

[8] HFSS High Frequency Structure Simulator, Hewlett-Packard Company, Rockville, MD, USA

[9] MAFIA Lösung der MAxwellgleichungen durch den Finiten-Integrations-Algorithmus, TH Darmstadt

[10] Yen et al: Time Domain and Skin effect model for transient analysis of lossy Transmission lines. Proc. IEEE, Vol. 70, No.7, July 1982, pp. 750-757.

[11] Easter, B.: The equivalent circuit of some microstrip discontinuities. IEEE vol. MTT-23, No. 8, Aug. 1975

[12] Cangellaris, A.: Frequency dependent Inductance and resistance calculation for three dimensional structures in high-speed interconnect systems. IEEE vol. CHMT-13, No.1, March 1990

[13] Simsek, A.; Owzar, A.; Eder, A.: Measurements on the Electrical Properties of Transmission Lines on Flexible Circuits" IEEE 3rd Topical Meeting on Electrical Performance of Electronic Packaging, Nov. 2-4, 1994, Monterey, CA, USA.; Seite: 202-205EPEP

[14] Simsek, A.; Dümcke, R.: CATLAY, Design Automation and High-Frequency Characterization of Tape-Layouts, ITAB 91, 3rd Int. TAB Symposium, 10-13 Feb 1991, p.119-123.

[15] Herrell, D.: High-Frequency Performance of TAB, IEEE Vol. CHMT-10, No. 2, June 1987, S. 199-203

[16] Wentworth, S.; Neikirk, D.: The High-Frequency Characteristics of Tape Automated Bonding (TAB) Interconnects, IEEE Vol. CHMT-12, No.3, Sep. 1989, S. 340-347

[17] Collier, P.: Chip Attach for Silicon Hybrid Multi-Chip Modules. IEEE/ISHM '90 IEMT Symposium, Italy, 1990, pp. 53-62.

[18] Kays and Crawford, Convectiv heat and mass transver. Mc Graw-Hill, New York 1980

[19] Kennedey D. P. : Heat Conduction in a Homogeneous Solid Circular Cylinder of Isotropic Media, TR 00.15072.699, IBM-Bericht, 1959

[20] Wagner W.: Wärmeübertragung: Grundlagen, Vogel, Würzburg 1988

[21] Müller, G.; Rehfeld, I.: *FEM für Praktiker,* Expert-Verlag, Renningen-Malmsheim, 1995

[22] Rzepka, S.; Waidhas, B.: *C4 Flip Chip Modules with Flexible Substrates: FEM Simulations and Experimental Investigations,* Proc. First Intl. Symposium on Flip Chip Technology, San Jose, CA, USA, 1994, pp. 142-149

[23] Dudek, R.; Michel, B.: *Thermomechanical Reliability Assessment in SM- and COB-Technology by Combined Experimental and Finite Element Method,* Proc. Intl. Reliability Physics Symp., San Jose, CA, USA, 1994, pp. 458-465

[24] Darveaux, R.; Banerji, K.: *Fatique Analysis of Flip Chip Assemblies Using Thermal Stress Simulations and a Coffin-Manson Relation,* Proc. 41st Electronic Components and Technology Conference, New York, NY, USA, 1991, pp. 797-805

[25] Mertol, A.: *Stress Analysis and Thermal Characterization of a High Pin Count PQFP,* Transactions of the ASME, Journal of Electronic Packaging, Vol. 114, Iss. 2, 1992, pp. 211-220

[26] Tummala, R. R., Rymaszewski, E.J. (eds.): "Microelectronics Packaging Handbook", Van Nostrand Reinhold, New York, 1989

[27] Lau, J.H.: "Thermal Stress and Strain in Microelectronics Packaging", Van Nostrand Reinhold, New York, 1993

[28] Dudek, R.; Michel, B.: "Thermomechanical Reliability Assessment in SM- and COB-Technology by Combined Experimental and Finite Element Method", Proc. Int. Reliability Physics Symp., San José, California, April 11-14, 1994, 458-465

[29] Schubert, A.; Kämpfe, B.; Michel, B.: "X-Ray Residual Stress Analysis in Components of Microsystem Technologies", Proc. of the 4th Int. Conf. on

Residual Stresses '94, Baltimore, Maryland, June 8-10, 1994, pp. 1113-1122

[30] Schubert, A.; Michel, B.:"Residual stress analysis in components of microsystems", Proc. of the 4th Int. Conf. Micro System Technologies '94, Berlin, Oct. 19-21, 1994, vde-verlag gmbh, Berlin, Offenbach, 124-135.

[31] Michel, B.; Schubert, A.; Dudek, R.; Großer, V.: Experimental and Numerical Investigations of Thermomechanically Stressed Micro-Components, Microsystem Technologies, 1, 1994, 1, 14-22

[32] Michel, B.; Winkler, T.; Skurt, L.: "Physical and Micromechanical Aspects of Stochastic Fatigue Crack Growth", in: Stochastic Approach to Fatigue (ed. K. Sobczyk), CISM Courses and Lectures No. 334, Springer-Verlag Wien-New York 1993, 79-120.

[33] Skurt, L.; Michel, B.: "Stochastic finite element method for solid mechanic problems with uncertain values", Mathematical Research, vol. 86, 1992, 28-33.

[34] Döring, R.; Auersperg, J.; Dudek, R.; Michel, B.: "Kopplung von Experiment und Berechnung am Beispiel von Beanspruchungsanalysen im Bereich der elektronischen Verbindungstechnik", Tagungsband, 4. PATRAN Anwender Forum Dresden, 21./22.04.1994

[35] Dudek,R.; Michel, B.; Krause, F.; Döring, R.: "Mechanische Simulation und meßtechnische Bewertung von COB-Aufbauten", Tutorial "Neue Aufbau- und Verbindungstechniken in der Baugruppenmontage", SMT Nürnberg 1996

[36] Auersperg, J.; Dudek, R.; Michel, B.: "Untersuchungen zum mechanisch-thermischen Feldkopplungseffekt bei quasi-statischer Rißausbreitung und Anwendung in der Mikrosystemtechnik", Proceedings zum deutschsprachigen ABAQUS Anwendertreffen, Ulm, 1995

[37] Michel, B., Winkler, T., Kaulfersch, E.: "Reliability Evaluation of Components using Fracture Mechanics in spite of Uncertain Data", Proc. of the 5th Int. Conf. on Structural Failure, Product Reliability and Technical Insurance (SPT-5), Vienna, July 1995, Chapman&Hall 1996

[38] Weinstein, St. B.: "Smart Credit Cards: The Answer to Cashless Shopping", IEEE Spectrum, February, 1984, 43-49

[39] Schubert, A.; Dudek, R.; Vogel, D.; Michel, B.: "Einige Aspekte der mechanisch-thermischen Zuverlässigkeit von Chipkarten", Deutsche ISHM-Konferenz 1995, München, 23.-24.10.1995

[40] Schubert, A.; Dudek, R.; Michel, B.: "Some Thermo-Mechanical Reliability Aspects of Chip Cards", 2nd International Symposium on Advanced Packaging Materials, Atlanta, Georgia, March 6-8, 1996

[41] Manson, S. S.: "Thermal Stress and Low Cycle Fatigue", McGraw-Hill, New York, 1966

[42] Coffin, L. F.: "Low Cycle Fatigue: A Review", Appl. Mech. Res. 1(3), October 1962, 129-141

[43] Dudek, R. : "Zuverlässigkeitsprobleme von Lötverbindungen", Tutorial VII, SMT/ ASIC Nürnberg 1993

[44] Solomon, H.D.:"Fatigue of 60/40 Solder", IEEE Transact. on Components, Hybrids, and Manufacturing Technol., Vol. CHMT-9, No. 4, Dec. 1986, 423-432

[45] Engelmaier, W.: "Functional Cycles and Surface Mounting Attachment Reliability", Circuit World, Vol. 11, No. 3, 1985, 61-72

[46] Kühnert, R.; Michel, B.: "Measurement of Thermal Microdeformations in Bumps", Proc. Area Array Packaging Technologies, Workshop on Flip Chip and Ball Grid Arrays, Nov. 13-15, 1995, 6.3

Abschnitt 6

[1] Feil, M.; Kolbeck, A.; Lenk, P.; Reichl, H.; Ziegler, E.: Hybridintegration, Montage und Kontaktierung ungehäuster Halbleiterbauelemente, Heidelberg 1986, S.183-221

[2] DVS - Merkblätter 2802 u.a.: Ultraschallschweißen, 1970,

[3] Harper, Ch.A.: Electronic Packaging& Interconnection Handbook, Part.2, 6-10, 10.72, Interconnection Technologies, N.Y.1991

[4] Jafari, S.: Analyse und Optimierung qualitätsbestimmender Einflußgrößen beim US- und Thermosonic-Schweißen mikroelektronischer Drahtkontaktierungen, Schweißtechnische Forschungsberichte DVS Bd.36, Berlin 1990, S. 158

[5] Nagesh, V.K.; Miller, D.; Moresco, L.: A Comparative Study of Interconnect Technologies, Proc. Int. Electronic Packaging Conf. 1989, Vol. I, pp. 199-208

[6] Pedder, D.J.: Flip Chip Soldering for Microelectronic Applications, Hybrid Circuits, 15.1.1988, Tab.1, S.5

[7] Harman, G.G.: Wire Bonding to MCM, ICMECM 95, Denver, Proc.292-301

[8] Lindner, K.: Drahtbonden, Verfahren, Werkstoffe, Anwendungen, VTE 2/89, S.77

[9] Messner, G.: Price/Density of Multichip Modules, Hybrid Circuits, No.19, May 1989

[10] Vardaman, E.J.: A Cost / Performance Analysis of MCM Interconnects, ISHM 91, Proc. 27-32

[11] Tiederle, V.: Markt, Potential und Wirtschaftlichkeit der COB Technik, VTE 2/94, 68-73

[12] Harman, G.G.: Wire Bonding towards 6s Yield and Fine Pitch, IEEE-CHMT, Vol.15, No.6, 1005-1011

[13] Spletter, P.; Mehretra, P.; Lee, S.G.: A Comparison of HF-Electrical Performance of Bipolar Junction Transistore Packaged by 3 different Chip Interconnect Methods, 1994 IEPS Conf. Proc. 826-834

[14] Poh, S.Y.; Michalka, T.L.: An Electrical Comparison of Multimetal TAB Tapes, IEEE-CHMT Aug.1992, Vol.15, No.4, 524-541

[15]   Lamson, M.: A Comparison of the Electrical Parameters of TAB versus QFP IC Packages, Proc. III. Int. TAB Symposium 91, 94-104
[16]   Lau, J.H.; Erasmus, S.J.; Rice, D.W.: Overview of TAB, Circuit World Vol.16 No.2, 1990
[17]   Zakel, E.; Reichl, H.: Investigations of Failure Mechanisms of TAB-bonded Chips during Thermal Ageing, IEEE-CHMT Vol.13, No.4, Dec.1990
[18]   Zakel, E.; Leutenbauer, R.; Reichl, H.: Investigations of the Cu-Sn and Cu-Au Tape Metallurgy and of TAB-Inner Lead Contacts after Thermal Aging, Proc.III. Internat. TAB Symposium, 91, 78-93
[19]   Möller, W.; Knödler, D.; Belschner, R.: The Reliability of MCM Interconnections at High Temperatures, Transact. II. Int. High Temp. Electr. Conf. June 1994, Proc. VIII. 3-7
[20]   Richmond, R.A.: Environmental Test Results and Reliability of TAB Technology, Proc. III. Internat. TAB Symposium 91, 54-77

Abschnitt 7

[1]   Vaderman, E.J.: Ball Grid Array Packages, Market and Technology Developments, TechSearch International, Inc., Austin 1994
[2]   Czaya, C.P.: *Low Cost Multi Chip Modules from Blaupunkt,* Area Array Packaging Technologies, Nov. 1995
[3]   Jackson, R.; Mawer, A.; McGuiggan, T.; Nelson, B.; Petrucci, M.; Roeckes, D.: *A Feasibility Study of Ball Grid Array Packaging,* Proceedings NEPCON East 1993, S. 417
[4]   Lynch, B.; Marrs, R.; Molnar, R.; Mescher, P.; Olachea, G.: *A High Performance, Low Cost BGA Package,* Area Array Packaging Technologies, Nov. 1995
[5]   Johnson, R.; Cawthorn, D.: *Thermal Characterization of 140 and 225 Pin Ball Grid Array Packages,* Proceedings NEPCON East 1993, S. 423-430
[6]   Johnson, R.; Moore, D.; Wright, T.: *Thermal Characterization of 313 Pin BGA Package,* Surface Mount International Proceedings, 1994, S. 208-211
[7]   Huang, W.; Casto, J.: *CBGA Package Design for C4 PowerPC™ Mikroprocessor Chips, Trade-off between Substrate Routability and Performance,* Proceedings 44th ECTC, 1994, S. 88-93
[8]   Munroe, R.; Mawer, A.: *An Overview of Ball Grid Array (BGA) Technologies at Motorola MMTG, Austi, Texas,* Area Array Packaging Technologies, Nov. 1995
[9]   Kromann, G.; Gerke, D.; Huang, W.: *A Hi-Density C4/CBGA Interconnect Technology for a CMOS Microprocessor,* Proceedings 44th ECTC, 1994
[10]   Fauser, S.; Ramirez, C.; Hollinger, L.: *High Pin Count PBGA Assembly, Solder Defect Failure Modes and Root Cause Analysis,* Surface Mount International Proceedings, 1994, S. 169-174

[11] Ramirez, C.; Fauser, S.: *Fatigue Life Comparision of the Perimeter and Full Plastic Ball Grid Array,* Surface Mount International Proceedings, 1994, S. 258-266
[12] Frank, U.E.: *BGA and Flip Chip Inspection Using Microfocus X-Ray Technique,* Area Array Packaging Technologies, Nov. 1995
[13] Kearney, M.: *State of the Art in Nondestructive Inspection of BGA and Flip Chip Packaging Using the Acoustic Scanning Microscope,* Area Array Packaging Technologies, Nov. 1995
[14] Lin, D.; Jiang, H.K.; Jung, E.; Zakel, E.; Reichl, H.: *Non-Destructive Investigation of Flip Chip Underfill - A Comparison between Acousto- and Infrared (IR) Microscopy,* Area Array Packaging Technologies, Nov. 1995
[15] Adams, J.: *Using Cross-sectional X-ray Techniques for Testing Ball Grid Array Connections and Improving Process Quality,* Proceedings NEPCON West 1994, S. 1257
[16] Crowley, R.T.; Goodman, T.W.; Vardaman, E.J.: *Recent Developments in Chip-Size Packaging,* Area Array Packaging Technologies, Berlin, Nov. 1995
[17] Master, R.N.; Jackson, R.; Ray, S.; Ingraham, A.: *Ceramic Mini-Ball Grid Array Package for High Speed Device,* Proceedings 45th ECTC, Las Vegas, Mai 1995, S. 46-50
[18] Badihi, A.; Por, E.: *ShellCase - a Chip Size Integrated Circuit Package,* Area Array Packaging Technologies, Berlin, Nov. 1995
[19] Young, J.L.: *Chip Scale Packaging Provides Known Good Die,* Proceedings NEPCON West 1995, S. 52-59
[20] Nikkei Electronics, S. 18, 16 Jan. 1995

Autoren

R. Aschenbrenner -

Rolf Aschenbrenner studierte Maschinenbau und Physik an den Universitäten Konstanz und Gießen. Von 1991 bis 1992 arbeitete er an der Universität Gießen im Bereich „Neue Werkstoffe". Im Jahre 1993 wechselte er an die Technische Universität Berlin, Forschungsschwerpunkt Technologien der Mikroperipherik, und arbeitete auf dem Gebiet der stromlosen Metallabscheidung. Seit März 1994 ist er am Fraunhofer Institut für Zuverlässigkeit und Mikrointegration Berlin (IZM) tätig, wo er für die Forschungsarbeiten auf dem Gebiet der Flip Chip Klebetechnologien verantwortlich ist. Auf der Konferenz „Surface Mount International (SMI)" in San Jose (USA) wurde Herrn Aschenbrenner 1995 der „Best International Paper Award" für den besten ausländischen Vortrag verliehen. Seit 1996 leitet Herr Aschenbrenner am IZM die Gruppe „Chip on Glass".

R. Dudek -

Rainer Dudek erlangte 1980 den Diplom-Abschluß und 1986 den akademischen Grad Dr.-Ing. in der Fachrichtung „Angewandte Mechanik" an der Technischen Universität Chemnitz. In den Jahren 1986 bis 1992 war er wissenschaftlicher Mitarbeiter in der Abteilung „Bruch- und Mikromechanik" am Institut für Mechanik, Chemnitz. Nach der Aufnahme seiner Tätigkeit am Fraunhofer-Institut für Zuverlässigkeit und Mikrointegration (IZM) Berlin im Jahre 1993 befaßte er sich hauptsächlich mit der Finite-Elemente-Simulation thermo-mechanischer Probleme in der Aufbau- und Verbindungstechnik. In Verbindung damit gilt sein Hauptinteresse der konstitutiven Modellierung sowie der Anwendung von Schadenshypothesen für Werkstoffe der Elektronik und Mikrotechnik, insbesondere auch im Vergleich mit experimentellen Analysen. Dr. Dudek ist Autor einer Reihe von Fachveröffentlichungen. Er ist Mitglied des VDI und des IEEE, CPMT Chapter. Im Deutschen Verband für Materialforschung (DVM) ist er im Arbeitskreis „Mikrosystemtechnik" aktiv.

R. Dümcke -

Dr. Rolf Dümcke ist Leiter der Abteilung Multichip-Module am Fraunhofer-Institut für Zuverlässigkeit und Mikrointegration. Er studierte Physik an der Technischen Hochschule Aachen und der Universität München, wo er 1981 promovierte. Nach einer Tätigkeit als wissenschaftlicher Mitarbeiter trat er 1984 in die CAD-Gruppe des Fraunhofer-Instituts für Festkörpertechnologie ein, deren Leitung er 1986 übernahm. Von 1987 bis 1995 war er Leiter der Abteilung Simulation/CAD am Forschungsschwerpunkt Technologien der Mikroperipherik der Technischen Universität Berlin. Seit Juli 1995 ist er in seiner jetzigen Position tätig.

Frank Feustel -

Frank Feustel studierte Mikroelektronik a der Technischen Universität Dresden. Von 1995 bis 1996 war er Stipendiat des Graduiertenkollegs „Sensorik" an der Fakultät Elektrotechnik der TU Dresden. Seit September 1996 ist er als wissenschaftlicher Mitarbeiter am Institut für Halbleiter- und Mikrosystemtechnik der TU Dresden tätig. Sein Arbeitsschwerpunkt liegt auf dem Gebiet der Modellierung und Simulation der Zuverlässigkeit moderner Packaging-Aufbauten.

H.-J. Hacke -

Hans-Jürgen Hacke, Dipl. Ing., Technische Universität München, Fachrichtung Verfahrenstechnik. Seit 1965 in Zentralabteilungen der SIEMENS AG tätig. Zunächst fertigungstechnische Entwicklung von gedruckten Schaltungen und Mehrlagenverdrahtungen sowie Vertretung des Themas in nationalen (DKE) und internationalen (IEC TC52) Normungsgremien. Später Entwicklung von IC-Direktmontageverfahren mit dem Schwerpunkt Herstellung und Verarbeitung von TAB-Bausteinen. Heute im Zentralbereich Technik Leitung von Projekten zum Thema Packungstechnik. Verfasser eines Handbuches über die Montage integrierter Schaltungen, Vortrags- und Lehrtätigkeit.

E. Jung -

Erik Jung studierte Physik und Physikalische Chemie an der Universität Kaiserslautern. Seit 1994 arbeitet er am Fraunhofer Institut für Zuverlässigkeit und Mikrointegration im Bereich der Chipkontaktierung. Hier liegt sein Arbeitsschwerpunkt auf dem Bumping von IC's sowie der Kontaktierung von Multi Chip Modulen in Flip Chip Technik bzw. mit Chip Scale Packages.

W. Keller -

Dr. Wolfgang Keller wurde 1939 in Hanau geboren. Er studierte Physik und Maschinenbau in Hamburg und Karlsruhe und promovierte 1989 an der Universität Karlsruhe zum Dr.-Ing. Seit 1989 arbeitet er im Institut für Mikrostrukturtechnik des Forschungszentrums Karlsruhe auf dem Gebiet der Aufbau- und Verbindungstechnik für die Mikrostrukturtechnik mit Schwerpunkt Laser- und Klebtechnik.

H. Kergel -

Helmut Kergel, geboren 1960, ist Diplom-Ingenieur des Maschinenbaus/Feinwerktechnik. Er ist seit 1988 als wissenschaftlicher Mitarbeiter in der Abteilung „Aufbau- und Verbindungstechnik" des VDI/VDE-Technologiezentrum Informationstechnik GmbH tätig. Herr Kregel ist zuständig für die Begleitung und das Projektmanagement von industriellen F & E-Kooperationsprojekten auf dem Gebiet der Mikrosystemtechnik und die Beratung von vorwiegend kleinen und mittleren Unternehmen bei der Umsetzung neuer Technologien im Bereich der Informationstechnik und Elektronik.

K. D. Lang -

Dr. Klaus-Dieter Lang studierte von 1976-1981 Elektrotechnik an der Humboldt Universität zu Berlin. Seine Diplomarbeit beschäftigte sich mit der Herstellung spezieller Metallisierungsschichten für GaAs- und GaAsP-Bauelemente. Während seiner anschließenden Tätigkeit an der Humboldt Universität promovierte er 1985 zum Dr.-Ing. (Bonden von Mehrschichtstrukturen) und habilierte 1989 (Qualitätssicherung in der Aufbau- und Verbindungstechnik). Von 1992 - 1994 war er an der SLV Hannover tätig, wobei er am Aufbau einer Ableitung für Mikroverbindungstechnik mitwirkte. Seit 1993 ist Dr. Lang als Gruppenleiter für Bondtechnik am FhG- IZM Berlin verantwortlich für die Chip- und Drahtkontaktierung.

R. Leutenbauer -

Dipl.-Ing. Rudolf Leutenbauer studierte Elektrotechnik an der Fachhochschule München. Seit April 1987 ist er an der Technischen Universität Berlin am Institut für Mikroperipherik als Entwicklungsingenieur tätig, wo er sich zuerst mit der TAB-Kontaktierung von VLSI-Schaltkreisen, später mit dem Entwurf von Mikrosystemen beschäftigte. Im Oktober 1996 wechselte er zum Fraunhofer-Institut für Zuverlässigkeit und Mikrointegration (IZM), Abteilung Mechanical Reliability and Micro Materials.

E. Meusel -

Prof.Dr.-Ing. habil. Ekkehard Meusel (1937) hat bis 1961 Elektrotechnik an der TU Dresden studiert und war anschließend mehrere Jahre in einem Forschungs- und Fertigungszentrum für medizinische Elektronik und Gerätetechnik tätig. Nach seiner Rückkehr an die TU Dresden arbeitet er seit mehr als 20 Jahren in der universitären Lehre und Forschung auf dem Gebiet der Aufbau- und Verbindungstechnik, speziell in der Flip-Chip-Technik sowie im Chip- und Drahtbonden für die Anwendung in hybriden Aufbauten der Mikrosystemtechnik.

B. Michel -

Bernd Michel studierte Physik an der Martin-Luther-Universität Halle-Wittenberg. 1973 promovierte er zum Dr. rer. nat. auf dem Gebiet der Festkörperphysik. 1979 habilitierte er und hatte von 1982 bis 1991 eine Professur für Festkörperphysik inne. Im gleichen Zeitraum war er Leiter der Abteilung Bruchmechanik und Mikromechanik am Institut für Mechanik in Chemnitz. In den Jahren 1991 und 1992 war Professor Michel Geschäftsführer der Chemnitzer Werkstoffmechanik GmbH und Leiter des Zentrums für Mikromechanik. Seit 1993 ist er Leiter der Abteilung Mechanical Reliability and Micro Materials am Fraunhofer-Institut für Zuverlässigkeit und Mikrointegration IZM in Berlin. Weiterhin ist Professor Michel Vorsitzender des Arbeitskreises Mikrosystemtechnik im Deutschen Verband für Materialforschung und -prüfung sowie Mitglied der Academy of Sciences New York und des IEEE. Im Jahre 1995 wurde eine neue Konferenzreihe „Micro Materials" ins Leben gerufen, dessen Chairman er ist.

W. Möller -

Dr. rer. nat. Werner Möller studierte Chemie in Münster/Westf.. Er arbeitete in Entwicklung und Fertigung (bei BBC, AEG, DASA, TEMIC) auf den Gebieten: Elektro-Material, Hochspannungsisolation, Vakuum-, Beschichtungs-Oberflächen, Mikroelektronik/Mikrosystem- und Laser-Technik (zahlreiche Veröffentlichungen, Patente).

H. Oppermann -

Hermann Oppermann, geboren 1958, absolvierte das Studium der Werkstoffkunde und Werkstofftechnik an der TU Clausthal im Jahre 1985. Am Institut für Metallfoschung der TU Berlin promovierte er 1992 mit dem Thema „Ausscheidungskinetik von Karbiden aus kohlenstoffdotiertem hochreinem α-Eisen". Seit 1993 ist er am Forschungsschwerpunkt Technologien der Mikroperipherik der TU Berlin tätig. Dort leitet er die Arbeitsgruppe „Materialien in Chipverbindungsprozessen", wo er maßgeblich mit an der Entwicklung des AuSn-Lötens für die Flip Chip Montage beteiligt war. Am Fraunhofer Institut Zuverlässigkeit und Mikrointegration (IZM) koordiniert er innerhalb der Abteilung Chipverbindungstechniken die Gruppe „Montage optoelektronischer Komponenten".

A. Ostmann -

Andreas Ostmann erhielt 1991 ein Diplom in angewandter Halbleiterphysik an der Technischen Universität Berlin. Seit 1992 ist er am Forschungsschwerpunkt „Technologien der Mikroperipherik" der TU-Berlin tätig. Er entwickelte dort ein stromloses Bumpingverfahren, welches in Zusammenarbeit mit dem Fraunhofer Institut IZM zur Fertigungsreife gebracht wurde. Derzeit ist er als Projektleiter im Bereich Flip-Chip-Montage und Low-Cost-Bumping tätig.

E. Reese -

Frau Reese studierte an der Universität Bonn Physik. 1987 promovierte sie an der Universität Düsseldorf. Anschließend trat sie in die VDI/VDE Informationstechnik ein, in der sie später die Abteilung für Aufbau- und Verbindungstechnik leitete. Seit 1995 arbeitet Frau Reese im Technologie Management für den Produktbereich Dickfilm der W. C. Heraeus GmbH

H. Reichl -

Prof. Dr.-Ing. H. Reichl (Herausgeber) ist der Leiter des Forschungsschwerpunkts "Technologien der Mikroperipherik" der Technischen Universität Berlin. Er leitet gleichzeitig den Forschungsinstitut FhG-IZM Fraunhofer Institut für Zuverlässigkeit und Mikrointegration Berlin. Er ist Mitglied der Gesellschaft Mikroelektronik, Mikro- und Feinwerktechnik GMM sowie Leiter des Fachausschusses Aufbau und Verbindungstechnik dieser Fachgesellschaft. Weiterhin ist er Mitglied zahlreicher Gremien. Am 2.11.1995 wurde ihm von der Fakultät für Elektrotechnik der TU Chemnitz-Zwickau die Ehrendoktorwürde verliehen. Er ist Herausgeber des Handbuches "Hybridintegration" und zahlreicher anderer Tagungsbänder.

H. Richter -

Dr. rer. nat., studierte Chemie an der Universität Stuttgart. Er ist seit 1980 bei Alcatel SEL in Stuttgart tätig und arbeitete zunächst auf dem Gebiet der Oberflächenanalyse und Charakterisierung elektronischer Bauteile. 1983 wechselte er als Projektleiter in das dortige Forschungszentrum und ist seit 1986 verantwortlich für die Technologieentwicklung auf dem Gebiet der „Aufbau- und Verbindungstechnik". Seit 1993 leitete er die Prozeßtechnik zur Realisierung elektronischer und optoelektronischer Schaltungsträger und Chipverbindungstechnologien. Er ist Autor mehrerer Publikationen mit den Schwerpunkten MCM- und Flip-Chip-Technologie.

F. Rudolf -

Dr.-Ing. Frank Rudolf studierte an der Sektion Elektronik-Technologie und Feingerätetechnik der TU Dresden. Von 1976 bis 1991 arbeitete er als wissenschaftlicher Assistent bzw. Oberassistent an den Sektionen Elektronik-Technologie und Feingerätetechnik bzw. Informationstechnik der TU Dresden, wo er auch promovierte. Seit 1991 arbeitet er als wissenschaftlicher Mitarbeiter am Institut für Halbleiter- und Mikrosystemtechnik der TU Dresden und ist seit 1997 Mitglied des Institutsrats.

A. Schubert -

Andreas Schubert studierte von 1977 bis 1981 an der Bergakademie Freiberg in der Fachrichtung „Entwicklung metallischer Werkstoffe". 1985 erhielt er den akademischen Grad Dr.-Ing. in der Fachrichtung „Physikalische Metallkunde" an der Bergakademie Freiberg. In den Jahren 1985 bis 1992 war er wissenschaftlicher Mitarbeiter im Bereich „Festkörpermechanik, Bruchmechanik und Mikromechanik" am Institut für Mechanik Chemnitz. Seit 1993 ist Dr. Schubert wissenschaftlicher Mitarbeiter am Fraunhofer-Institut für Zuverlässigkeit und Mikrointegration Berlin, Abteilung „Mechanical Reliability and Micro Materials" und seit 1996 Leiter der Gruppe „Fracture Electronics". Seine wesentlichen Arbeitsgebiete sind die experimentelle Werkstoffmechanik von Mikroverbunden, Bruchvorgänge und Schädigungsmechanismen in Packaging-Aufbauten sowie die thermo-mechanische Zuverlässigkeitsanalyse von modernen Aufbau- und Verbindungstechniken wie Flip Chip und Chip Scale Packages. Er ist Managing Editor der Zeitschrift Microsystem Technologies (Springer Verlag International Heidelberg) und Editor des European Packaging Newsletter. Darüber hinaus ist er Mitglied der IMAPS - International Microelectronics and Packaging Society.

K. H. Segsa -

Geboren 1945 in Berlin; Abitur 1964; 1969 Dipl.-Phys. an der Humboldt-Universität Berlin. 1974 Promotion zum Dr. rer. nat. mit Arbeiten zu tiefen Störstellen in GaAs. 1975-82 wiss. Mitarbeiter / Akademie der Wissenschaften, Berlin; Grundlagen-Untersuchungen (EPR) an tiefen Störstellen in Si; verschiedene internationale Publikationen. 1983-91 wiss. Mitarbeiter/Gruppenleiter am Institut f. Nachrichtentechnik, Berlin; Arbeiten zu Schichttechnologien, insbes. Bedampfung u. Sputtertechnik; mehrere Patente. Seit 1991 Geschäftsführer Fa. „Spree Hybrid & Kommunikationstechnik GmbH", Berlin; mittelständiges high-tech Unternehmen; Hybridtechnik, Leiterplattenbaugruppen.

A. Simsek -

Frau Dr. Arzu Simsek studierte Elektrotechnik an der Technischen Universität Berlin. Von 1987 bis 1994 arbeitete sie als wissenschaftliche Mitarbeiterin am FSP Mikroperipherik des Fachbereichs Elektrotechnik der TU Berlin, wo sie in 1992 promovierte. Sie ist seit 1995 Wissenschaftliche Mitarbeiterin des Fraunhofer Instituts Zuverlässigkeit und Mikrointegration IZM in Berlin und Leiterin der Abteilung Multichip-Module. Ihr Interessengebiet umfaßt Entwurf und elektrische Simulation der Multichip-Module sowie meßtechnische Charakterisierung der elektrischen Eigenschaften der Multichip-Module und der Mikrosysteme.

C. Wenzel -

Dr. rer. nat. Christian Wenzel studierte von 1970 bis 1976 Experimentalphysik an der Moskauer Staatlichen Universität. Die Promotion erfolgte 1981 auf dem Gebiet der Oberflächenanalytik. Seit 1980 befaßte er sich am Institut für Halbleiter- und Mikrosystemtechnik zunächst mit speziellen Fragestellungen des Werkstoffeinsatzes und der -analytik an Mikrokontakten der Aufbau- und Verbindungstechnik und insbesondere an Flip-Chip-Kontaktierungen. Maßgeblichen Anteil hatte er an der Entwicklung verschiedener Bumping-Technologien und der Charakterisierung der Wechselwirkungen im Bereich der Unterbumpmetallisierung. Seit ca. 5 Jahren leitet er das Labor für Wafertechnologie und verbindet in Lehre und Forschung die gesammelten Erfahrungen mit Back-End-Prozessen der Mikroelektronik.

J. Wolf -

Jürgen Wolf erhielt 1979 sein Diplom in Elektrotechnik an der Technische Universität Chemnitz. Von 1979 bis 1989 arbeitete er in der Industrie als Entwicklungsingenieur im Bereich Chip- und Drahtkontaktierung. Von 1990 bis 1993 war er wissenschaftlicher Mitarbeiter an der TU Berlin, FSP Technologien der Mikroperipherik. Im Rahmen eines Forschungsprojektes war er maßgeblich an der Entwicklung von Bumping-Verfahren für Flip Chip Applikationen beteiligt. Seit 1994 arbeitet Hr. Wolf am Fraunhofer Institut für Zuverlässigkeit und Mikrointegration Berlin. Als Projektleiter ist er für die Entwicklung und Anwendung von Multichip Modulen auf der Basis der Dünnfilmtechnologie verantwortlich. Dipl.-Ing. J. Wolf veröffentlichte zahlreiche Beiträge zum Thema Aufbau- und Verbindungstechnik für Multichip Module und ist an mehreren Patenten beteiligt.

Sachverzeichnis

µBGA 325

Abriß 128
Abschreibung 296
AES 158
Ag 135
Ag-Pd 107
Akustikmikroskopie 321
Al 110, 129, 304
Aluminium *Siehe*
American Society for Testing and Materials *Siehe* ASTM
Analogsimulation 222
Anschlußpad 11
Area-Konfiguration 191
Aspektverhältnis 31
ASTM 164
Ätzen 19, 30
Ätz-Prozess 11
Ätztechnik 76
Ätzzeit 26
Au 110, 129, 135, 304
Aufdampfen 135
Auger-Elektron-Spektroskopie *Siehe* AES
Ausbeute 300
  BGA 320
Ausdehnungskoeffizient 107, 256
Ausdiffusion 12
Aushärtetemperatur 108
Aushärtezeit 108
Aushärtung 106, 263
Ausheilen 19
Ausrüstung 91
  Glob-Top 123

Außenkontakt 141
Außenkontaktierung 161
Automatische Drahtbonder 117

Ball Grid Array *Siehe* BGA
Ball Limited Metallurgy *Siehe* BLM
Ball/Wedge-Bonden 79, 96, 114, 118
Ball-Bond 97, 130
Barriereschicht 161
Bauelementenmontage 148, 184
BEM 208
Beschichter 33
BGA 179, 307, 321
BLM 17
Bondbarkeit 100
Bonden 118, 299
  Flußmittelfrei 193
Bondgeräte 123
Bondkapillare 115
Bondkeil 112
Bondkraft 81, 113
Bondloophöhe 134
Bondpadgröße 134
Bondpads 17, 135
Bondparameter 191
Bondverfahren 110
Bow 9
Brechungsindex 14
Bruchfestigkeit 264
Bruchlast 49
B-Stage-Klebstoff 195
Bügellöten 151
Bulk-Eigenschaften 262
Bump 48, 79, 180

Sachverzeichnis

Deformation 280
Gedruckt 59
Geometrie 190
Gold-Ball 200
Metall 17
Polymer 83, 196
Sn 43
Solder 17
Bumperzeugung 17
Galvanisch 30
Bumphöhe 42, 43
Bumping 17, 48, 67, 79, 81, 91, 93
Low Cost 56
Bump-Lead-Delamitation 157
Bumpless ILB 143
Bumplot 182
Bumpplater 33
Bumpwerkstoff 18
Burn-In 5, 6

C4 17, 91, 178, 326
Cavity Down 309, 314
Cavity Up 309
CBGA 308, 309, 313, 316, 323
CCGA 316, 323
Ceramic Ball Grid Array *Siehe* CBGA
Ceramic Column Grid Array *Siehe* CCGA
Chemical Vapour Deposition *Siehe* CVD
Chip 91, 93, 141, 179, 247
Chip On Flex *Siehe* COF
Chip on Glass *Siehe* COG
Chip Size Packed *Siehe* CSP
Chipbefestigung 5, 102
Chipfenster 164
Chipkarte 272, 286
CMOS-Technologie 16
COB 135, 284, 292, 296, 297
COF 101, 135
COG 197, 199
Column Grid Array *Siehe* CCGA
Computer-Interface 291
Controlled Collapse Chip Connection *Siehe* C4

Creep-Fatigure-Effekt 263
Crosstalk *Siehe* Übersprechen
CSP 46, 179, 307, 323
 Molded 326
 Wafer-Level 327
CSTP 325
Cu 110, 135

Dauerbeständigkeit 301
Deformation 279
Dehnung 110
Delamitation 157
Delta-I-Noise 213, 221
Designregeln
 Bondpads 15
 Drahtbonden 133
 Tape 164, 167
Dichte 107
Dickeabweichung 9
Dickschichtkontakte 300
Dickschichttechnik 99, 135
Die-Bonden 102
Dielektrizitätskonstante 15
Diffusionsbarriere 18, 25, 67, 69
Direktmontage 3
Disignrichtlinien
 Bondpads 15
 Goldbumps 77
 IC-Anschlußpad 189
Diskontinuitäten 224
Dispensertechnik 83, 187
Dosiernadel 123
Draht 49, 96, 110, 129
Drahtbond 186, 216
Drahtbonden 79, 108, 130, 227, 229, 298, 304
Drahtbonder
 automatische 117
 manuelle 116
Drahtbrücken 132
Drahtkontaktierung 6, 16, 95, 135, 297
Drucken 135
Dünnschichttechnik 98, 135
Durchbiegung 9
Durchbruchfestigkeit 15

Duroplaste 194
Durschhärtung 106

Ebenheit 9
EDS 158
EIAJ 164, 323, 324
Einbrennen *Siehe* Burn-In
Elastizitätsmodul 256
Electron Dispersive Spectrum *Siehe* EDS
Elektrisch Leitende Klebstoffe 106
Elektrische Eigenschaften 299
  BGA 315
Elektrischer Rasierapperat 283
Elektrolyte 33
Elektromigration 11
Electronic Industry Association of Japan *Siehe* EIAJ
Elektronischer Schlüssel 281
Endmetallisierung 182
Endschichten 182
Entwurfsschritte 165
Eutektisches Legieren 102, 103

Face-Down Montage 149
Face-Up Montage 149
Fan-out 164, 172
Fan-Out-Bereich 164
Fase 9
FC 7, 17, 44, 91, 174, 178, 179, 184, 191, 216, 227, 229, 247, 257, 296, 297, 304, 325
FDM 208
Feldsimulation 209
FEM 208, 255, 275
  Softwaretools 267
Festigkeit 110
Feuchteaufnahme 319
Film-Format 168, 169
Filmperforation 173
Fine-Pitch Ball Grid Array *Siehe* FPBGA
Finite-Differenzen-Methode *Siehe* FDM
Finite-Elemente-Methode *Siehe* FEM

Firmen
  Chippräperation 92
  Drahtbonden 137
  Flipchip (FC) 205
  PBGA 308
  TAB 177
Flat 9
Flatness 9
Flex Circuit *Siehe* Flexibler Schaltungsträger
Flexible Schaltungsträger 324
Flipchip *Siehe* FC
Flußmittelfreies Bonden 193
Focal Plane Deviation 9
Footprint 181, 190
Fotolithografie 19, 23, 70
Fotoresist 70
FPBGA 324
Füllstoff 107, 122, 195

GaAs 82, 87
Galvanik 17, 72, 91
Galvanische Bumperzeugung 30
Galvanische Metallabscheidung 72
Galvano-Rahmen 173
Gehäuse 179, 309, 324
Gekoppelte Leitungen 226
Gel-Pak 7
Glasübergangstemperatur 15, 100, 107, 193
Glob-Top 122, 186, 187, 268, 270, 271, 310
  Ausrüstung 123
Gold 107 *Siehe* Au
Gold-Ball-Bump 200
Goldbumperzeugung 73
Goldbumping 67
Golddraht 80
Golddrahtbumping 48
Goldleiterbahnen 99
Ground Bounce 221

Haftfestigkeit 11, 25, 147
Halbleitertechnik 135
Hardware
  Simulation 161

Härte 107
Härtetemperatur 105
Heatsink *Siehe* Wärmesenke
Herstellung
 BGA 315
HF-Sputterätzen 26
Hillockbildung 12
Höcker 6, 141
Hörgerät 289
Hybridmodul 268

III/IV-Halbleiter 87, 179
Innenkontakt 141
Innenkontaktierung 143
Inner-Lead-Bereich 164, 171
Inner-Lead-Bonder 177
Institute
 Chippräperation 92
 Drahtbonden 137
 Flipchip (FC) 205
 TAB 177
Interface 291
Ionenätzen
 reaktives 12
Ionenstrahlätzen 14, 25
IR-Mikroskopie 321
IR-Reflowlöten 150
Isotrop leitfähiger Klebstoff 194

JEDEC 146, 164, 320
Joint Elektron Device Engeneering
 Council *Siehe* JEDEC
Justierzeit 297

Kartusche 123
Keramik 107, 135
Keramik BGA *Siehe* CBGA
KGD 6
Kleben 103, 186, 193
Kleber 107, 193, 232
Klimaverhalten 301
Knoop-Härte 102
Known Good Die 6
Kontaktform 258
Kontaktierungstechniken 304
Kontaktraster 325

Kontaktwiderstand 26, 200, 202
Kontamination 93
Konvektion 239, 248
Koplanarität 318, 328
Koplanarleitung 214
Kopplung 117, 225
Korrosion 15, 126
Kosten 295
Kostenreduzierung 203
Kriechen 256
Kriecherscheinung 263
Kristallorientierung 8, 10
Kupfer 107 *Siehe* Cu

Lackmaske 30
Langzeitverhalten 301
Läpp-Prozeß 10
Layout
 Bondpads 15
 Drahtbonden 133
 Flipchip (FC) 188
 Goldbumps 77
 IC-Anschlußpad 189
 Leiterplatten 316
 Tape 164, 165, 167
LC-MCM 312
Leaddelamitation 157
Lead-Frames 326
Legieren
 Eutektisch 102
Legierung 60, 91
Leitfähiger Klebstoff 194
Leitfähigkeit 195
Lichtaktivierbare Klebstoffe 105
Lieferform 7, 144
 Flipchip 180
Lift-Off 19, 21, 25, 42, 91
Lithographie 91
Lot 232
Lotabscheidung 39
Lotauftrag 317
Lötbügellöten 150
Lotbumps 43, 48, 70, 181, 247
Lotdepot 46
Löten 103
Lotkugelbestückung 315

Sachverzeichnis

Lötprozeß 319
Lottransfer 45
Low Cost Bumping 56, 306

Magnetronsputtern 28
Magnetsensor 285
Manuelle Drahtbonder 116
Materialeigenschaften 265
MBGA 314
MCM 120
MCM-C 3
MCM-D 3
MCM-L 3
Mechanische Eigenschaften 299
Metall BGA *Siehe* MBGA
Metallabscheidung 32
   Stromlos 62
Metallascheidung
   Galvanisch 72
Metall-Bump 17
Metallisierung 10, 232
Metallisierungsschichten 12, 135
MicroDAC 279
Mikrostreifenleitung 214
Mikrosystemtechnik 2
Mini BGA 325
Mischbestückung 182
Mischphase 96
Misfit-Effekt 262
Modellbildung 224, 257, 263
Modellierung 207
   Lot 259
   Verbindungsleitungen 224
Molded CSP 326
Montage 2, 148, 226, 227, 281, 307
   BGA 318
   Face-Down 149
   Face-Up 149
   FC 184
   SMT 186
Multichip-Modul *Siehe* MCM

Nacktchip 7
Nacktchipmontage 5
NCSP 323

Near Chip Size Package *Siehe* NCSP
Netzwerkanalyse 222, 254
Ni 107, 135
Ni-Bäder 64
Nickel *Siehe* Ni
Normung 301
Nußelt-Zahl 237

Oberflächenmontage 309
Ohmsche Verluste 220
OLB 161, 168, 304
OLB-Fenster 169
Optimierung
   Mechanischer Eigenschaften 255
   Thermisch 228
Optische Prüfung *Siehe* Visuelle Prüfung
Outer-Lead-Bonder 177
Outer-Lead-Fenster 164
Outer-Leads 164
Overmolded PBGA 310

Packaging 1
Packungsdichte 203
Padmetallisierung 25
Paladium *Siehe* Pd
Partikelgröße 60
Passivierung 11, 13, 15, 19, 66, 159
Passivierungsöffnung 16, 189
PBGA 308, 310, 315, 322
Pd 110, 135
PGA 307
Phasenbildung 126
Phosphin 13
Phosphorsilikatglas 13
Physial Vapour Deposition *Siehe* PVD
Pilzkopf-Bump 31
Pin Grid Array *Siehe* PGA
Pitch 92, 135, 168, 179, 198, 227
Plastic BGA *Siehe* PBGA *Siehe* PBGA
Plastic-Quad-Flatpack *Siehe* PQF
Platingbase 67
Polyadditionsklebstoffe 104

Polykondensationsklebstoffe 106
Polymer 15
Polymerbump 83, 196
Polymerfolie 135
Polymerisationsklebstoffe 104
Polymerschicht 14
Polymid 15
Popcorning 319
Postbake 71
PQFP 1
Prandtlzahl 237
Prebake 71
Prozeßgas 48
Prüfbarkeit 300
Prüfung
    Außenkontaktierung (OLB) 161
    Flipchip (FC) 188
    Innenkontaktierung (ILB) 155
    TAB 155
PSG 15
Pulltest 128
PVD 18, 19, 27, 91

QFP 179
Quad Flat Pack *Siehe* QFP
Querkontraktionszahl 256

Rakel 197
Randelemente-Methode *Siehe* BEM
Rasterelektronenmikroskopie 159, 279
Reaktives Ionenätzen *Siehe* Ionenätzen
Reaktives Ionenstrahlätzen 14
Reflow 19, 43, 91, 186
Reflowlöten 150
Reinigungsphase 96
Reißlast 110
Reperatur
    BGA 321
    Drahtbond 120
    Flipchip (FC) 186
    Innenkontaktierung 154
Resistmaske
    für Bupabscheidung 23
    für Herstellung UBM 22

Reynoldzahl 237
RIE 14, 15
Rißbildung 13, 126
Rißwachstum 264
Rückseitenmetallisierung 13
Rückwärtskopplung 217

Sägespur 16
Sauerstoffplasma 70
SBB 54
Schablonendruck 83, 91, 196
Schaltungsträger 181
    Flexibel 324
    Starr 325
Scherfestigkeit 107
Scherprüfung 129
Schichtdicke 15, 99
Schlifftechnik 162
Schrumpfung 106
Service
    Chippräperation 92
    Drahtbonden 137
    Flipchip (FC) 205
    TAB 177
Shore Härte 107
Si 8, 135
Siebdruck 83, 91
Signaldämpfung 219
Signaldispersion 213
Signalreflexionen 213
Signalübertragung 221
Signalverzerrung 215
Signalverzögerung 213
Silan 13
Silber 107
Silberleitklebstoff 196
Silizium *Siehe* Si
Siliziumdioxid 15
Siliziumnitrid 15
Siliziumnitridschicht 14
Siliziumoxidschichten 13
Siliziumscheibe *Siehe* Wafer
Simulation 207, 254
    Elektrische Eigenschafte 213
    Mechanischer Eibenschaften 255
    Thermisch 228

thermomechanischer
  Beanspruchung 263
Skineffekt 220, 225
Skinwiderstand 220
SLICC 325
Slump-Effekt 58
SMT 178, 184, 307
SMT-Montage 186
Sn-Bump 43
Solder Ball Bump *Siehe* SBB
Solder-Bump 17
Spezifikation
  Wafer 9
Spider 142
Spike 12
Spin Coating 14
Spreizfaktor H 235
Sprühschleudern 29
Sputtern 135
Stanzfläche 173
Starre Schaltungsträger 325
Stress 14, 174
Strippen 19
Stromlose Metallabscheidung 62
Stud-Bumping 82
Substrat 93, 135, 182, 232
Systemträger 5

TAB 6, 44, 67, 91, 141, 150, 177,
  216, 227, 296, 297, 304
Taktzeit 297
Tape 174
  Hersteller 177
Tape Automated Bonding *Siehe*
  TAB
Tape Ball Grid Array *Siehe* T-BGA
Tape Carrier Package *Siehe* TCP
Tauchentwicklung 71
T-BGA 310, 312, 315, 323
TC-Bonden 96, 110, 155, 191
TCP 144, 176
TCP Lead-Frame 328
TEM-Analyse 222
Temperatureinflüsse 256
Temperaturfestigkeit 147
Testfeld 29, 35

Testpad 16, 164, 168, 170, 173
Testsockel 171
  Herstellung 177
Testverfahren
  Burn-In 6
  Pulltest 128
  Scan 38
  Scherprüfung 129
  Visuelle Prüfung 130
  Zugprüfung 129
Thermisch Leitende Klebstoffe 106
Thermische Eigenschaften 300
  BGA 315
Thermische Ermüdung 263
Thermischer
  Ausdehnungskoeffizient 15
Thermischer Widerstand 229
Thermisches Widerstandsnetzwerk
  230
Thermokompressionsbonden *Siehe*
  TC-Bonden
Thermomechanische
  Beanspruchung 263
Thermomechanische Eigenschaften
  299
Thermoplaste 194
Thermosonic 118
Thermosonicbonden *Siehe* TS-
  Bonden
Total Indicator Reading 9
Total Thickness Variation 9
Tranferverfahren 197
Triplateleitung 214
TS-Bonden 79, 81, 95, 110, 114,
  119, 304

Überschwingen 216
Übersprechen 217, 225
UBM 17, 18, 25, 67
Ultraschall 50, 81, 118
Ultraschallbonden *Siehe* US-
  Bonden
Umhüllung 120
Umwelt 60
Under Bump Metallisation *Siehe*
  UBM

Unterfüllung 187
Unterschwingen 216
US-Bonden 95, 111, 304
US-Reinigung 126
UV-härtende Klebstoffe 105

Vaporphase 150
Verdrahtungsträger 98, 99
Verformung des Drahtes 131
Very Thin Small Outline Packages
   Siehe VTSOP
Visuelle Prüfung 130, 204
Volumenwiderstand 107
Vorwärtskopplung 217
VTSOP 1

Wafer 8, 66, 78, 91, 93
Wafer-Level CSP 327
Wafle-Pak 7
Wärmeabfuhr 173, 174, 228
Wärmefluß 249
Wärmeleitfähigkeit 107, 233, 240
Wärmeleitung 231
Wärmesenke 229, 313

Wärmespreizer 229, 233
Wärmestrom 232
Wärmeübergangskoeffizient 236
Wärmewiderstand 230
Warp 9
Wedge/Wedge-Bonden 96, 111, 118
Wedge-Bond 97
Wellenwiderstand 215
Welligkeit 9
Wire Bonding *Siehe* Drahtkontaktierung
Wismutabscheidung 38

Zersetzungstemperatur 107
Zugprüfung 129
Zugtest
   Innenkontaktierung 156
Zuverlässigkeit 201, 261, 264, 301
   BGA 320
   Chipkarte 272
   Drahtbonden 125
   Wafer-Level CSP 328

Printed in Germany
by Amazon Distribution
GmbH, Leipzig